U0008017

All Voices from the Island

島嶼湧現的聲音

塵封的椰影

Archived Shadows

Hosokawa Takahide's Seven Adventures in South Seas Mandate and the Story of Botanists in the age of Taihoku Imperial University

細川隆英的南洋物語
和臺北帝大植物學者們的故事

胡哲明 著

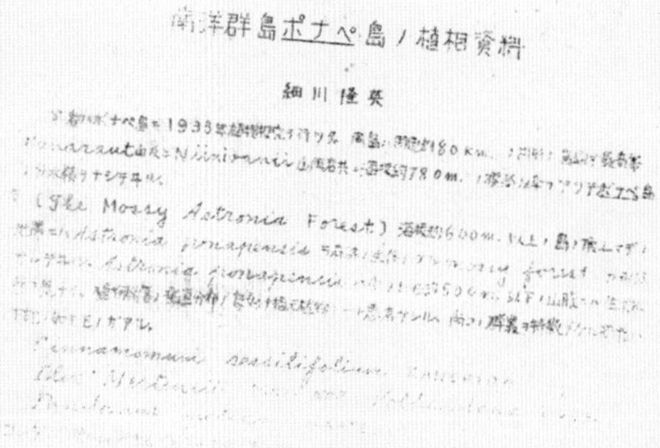
南洋群島ポナペ島ノ植相資料

細川隆英

〔The Mossy Astronia Forest〕

目次

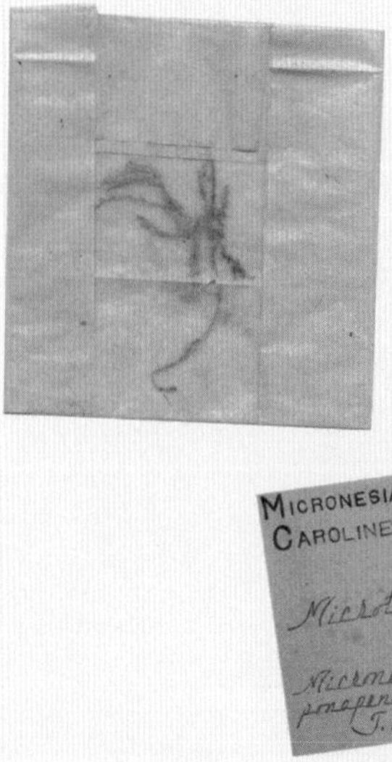

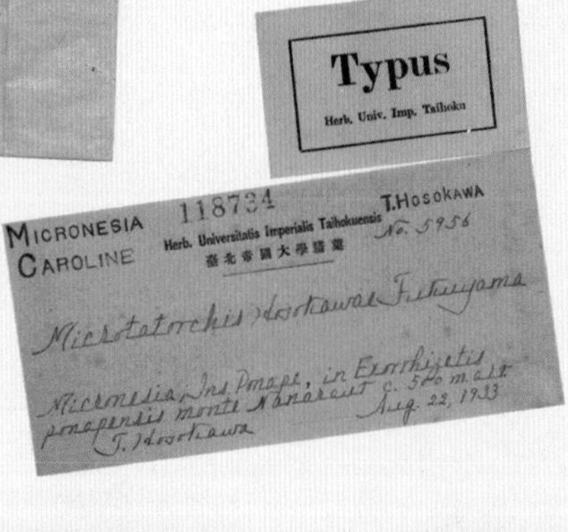

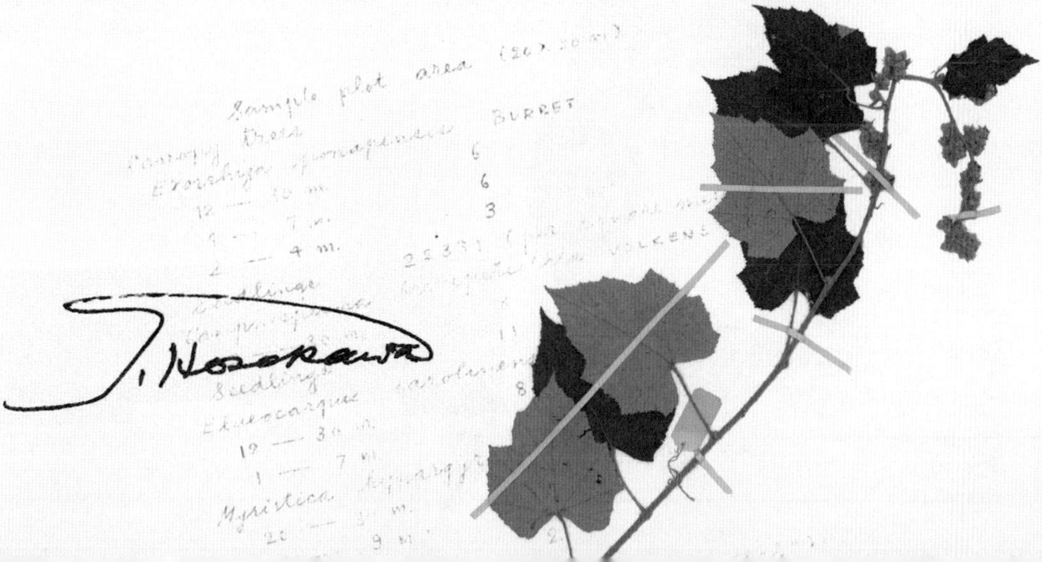
Sample plot area
Myristica
T. Hosokawa

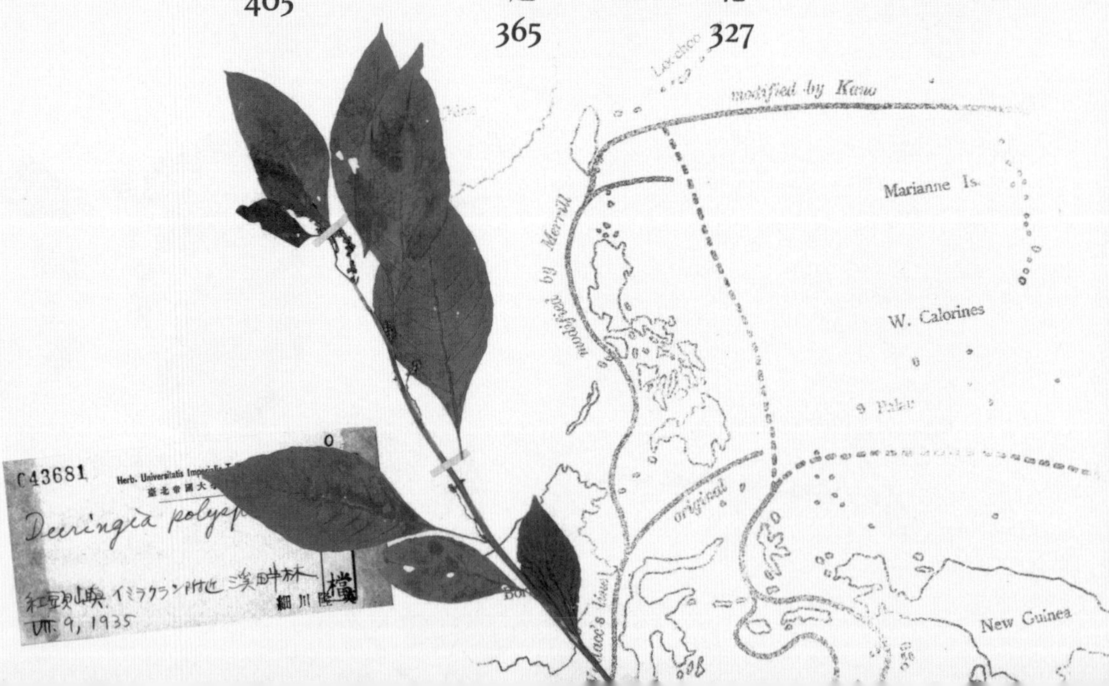

modified by Kano
Marianne Is.
modified by Merrill
W. Calorines
original
New Guinea
C43681

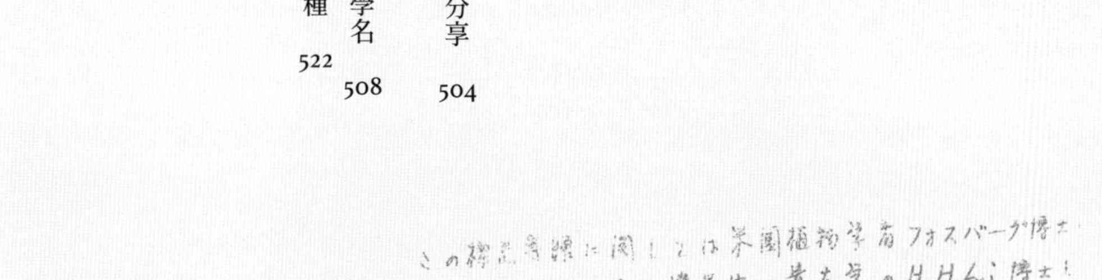

069876
Herb. Universitatis Imperialis Taihokuensis
臺北帝國大學腊葉
8312
Semecarpus Kraemeri Lauterb.
Caroline: Truk islet Tol, in a primary forest at upper altitudes
VII.27.1936
細川隆英

南洋廳
パラオ支廳

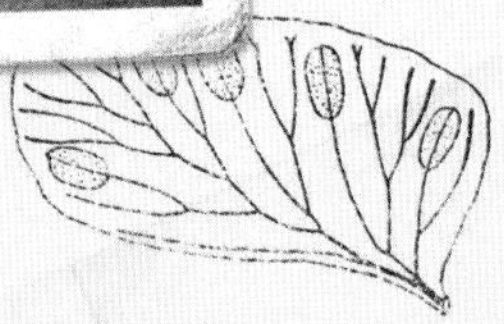

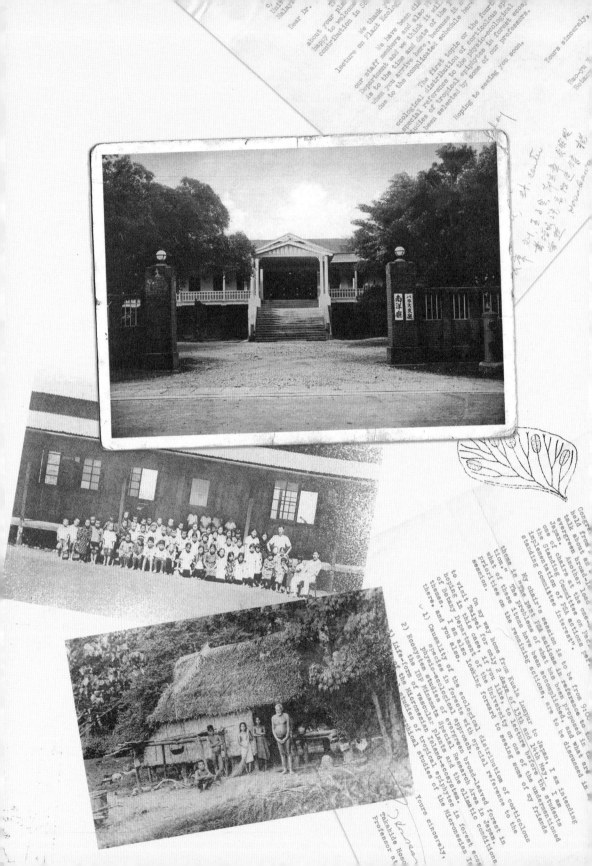

細川隆英
七次下南洋

- 1933年（昭和8年） 7/11-10/28 第一次南洋調查（塞班、科斯雷、波納佩、楚克、帛琉）
- 1934年（昭和9年） 6/24-8/24 第二次南洋調查（馬里亞納群島）
- 1936年（昭和11年） 6/26-9/23 第三次南洋調查（波納佩、楚克、菲律賓）
- 1937年（昭和12年） 7/12-9/22 第四次南洋調查（雅浦、帛琉）
- 1938年（昭和13年） 6/23-9/12 第五次南洋調查（科斯雷、塞班、賈盧伊特環礁、楚克）
- 1940年（昭和15年） 7/15-9/30 第六次南洋調查（波納佩）
- 1941年（昭和16年） 7/7-9/25 第七次南洋調查（馬里亞納群島、帛琉）

專文

散發歷史溫度的追尋

呂紹理／臺灣大學歷史學系教授

二〇一四年七月我收到胡哲明老師的信，邀請我去參觀他所主持的植物標本館。第一次走進植標館，滿屋書架改裝的展示櫃伴著清幽的檜木香，搭配溫暖的光線，雅致的擺設，十分吸引人。胡老師除了介紹展間正在進行的工藤祐舜標本展和其他藏品外，也引領我們參觀二樓的標本收藏室，還同時邀請他指導的學生鄭怡如來報告她正要開始進行的學位論文：「臺北帝大時期太平洋島嶼的植物資源調查」。我在那兒第一次接觸到細川隆英和他採集的標本，極為驚訝植標館竟然保存了四千七百餘件來自密克羅尼西亞的植物標本，而且有超過四千二百件出自細川之手。這些標本雖然都已數位化，但胡老師希望能進一步釐清標本採集的歷史脈絡。令人驚喜的是，九年後胡老師以鄭小姐的研究為基礎，以細川隆英為主角，寫成了這本精采的大作！

近五年間臺灣史的研究成果中，有不少與東南亞相關的作品，例如鍾淑敏費時三十年完成的巨著《日治時期在南洋的臺灣人》，或者蔡思薇將川上瀧彌至南洋的旅行文字譯為中文的《椰子的葉蔭》。兩書封面都以東南亞豐富的植物為構圖，凸顯當地色彩繽紛的多樣生態。胡老師這本《塵封的椰影》也用了深具熱帶意象的椰子作為書名，而主角細川隆英正是探究這些多樣植物的重要學者。不過，許多讀者一定對細川和他致力探究的密克羅尼西亞群島感到非常陌生。二〇二一年十月媒體曾報導千元鈔票上印有的「臺灣薊」，過去曾被誤認為「細川薊」，細川即是細川隆英，這可能是我們社會與細川最近一次擦身之遇。可是除了這則新聞花絮外，很少人再追問細川何許人也？胡哲明老師為了這個與我們距離如此遙遠的人與事寫一本書，究竟有何重要性？

其實，日常生活中有著太多看似與我們遠隔或無關的人、事、物，都反應了我們習以為常的邊界和盲點，以及因著這些盲點而產生的集體遺忘。就以密克羅尼西亞群島來說，目前中華民國的十三個邦交國中，有近三分之一在此群島內或鄰近的玻里尼西亞地區，分別是一九七九年建交的吐瓦魯，一九八〇年的諾魯，一九九八年的馬紹爾群島及一九九九年建交的帛琉。帛琉與吐瓦魯和臺灣的關係最為穩固，新聞媒體也經常出現這兩個國家在各種國際場合力挺臺灣的報導，而帛琉亦為臺灣觀光的熱點之一，在新冠疫情之前，臺灣每年有一萬多人赴帛琉觀光。然而，在目前書肆中，除了幾本觀光旅遊手冊外，極少看到有關帛琉、吐瓦魯或密克羅尼西亞群島歷史文化相關的書籍。我們對這幾個國家的認識也止於一九八〇年代後的外交、經貿關係，卻不知一九四五年以前臺灣曾與這一大片海中島國有著許多相連的歷史，而細川隆英就是牽起兩地相連最重要的人物之一。

密克羅尼西亞群島曾經是日本的殖民地，十九世紀時被日本稱為「裡南洋」，今日的東南亞則為「外南洋」。該群島在二十世紀前先後被西班牙和德國領有。歐戰結束後，日本透過《凡爾賽和約》取得該群島委任統治權（mandate），並於一九二二年設立南洋廳管理開發當地。臺灣總督府在一九三〇年代開始積極主導南進政策，進入戰爭時期，在拓務大臣小磯國昭的支持下，還曾規劃以臺灣為基地且統轄南洋廳的「南方總督」，此事最後在陸軍及外務兩省反對下中止，卻可顯示總督府意欲以臺灣為核心拓展「裡南洋」的企圖。二戰結束後，此區轉由美國託管，但截至今日，日本的外務省網站中仍然表達該群島對日本在太平洋航運、糧食和物資的重要性。臺灣則是在中美斷交後返回該群島，重建與該地的關係。換言之，政權的移轉構成了我們對該群島記憶斷裂的重要外因。

生物、地理學者經常是帝國擴張初期進入新領地的前哨，就如同一八九五年日本領有臺灣後不久，即派遣東京帝大學者來臺調查自然資源一般，在取得密克羅尼西亞前，第一位赴此區進行調查的博物學家田代安定，後來對臺灣發展熱帶植物深具影響。而取得密克羅尼西亞後，一樣也有為數不少的生物學者進入群島進行各種調查，有的具有非常實務的資源獲取和經濟開發的目標，但仍然有不少進行自己研究調查的空間。細川隆英赴密克羅尼西亞進行調查，也有一些相似的脈絡。一九三三年，他年僅二十四歲，剛取得臺北帝大學位，就開啟了密克羅尼西亞群島的植物調查，往後近十年，他七次進出該群島，遍歷馬里亞納群島的塞班、天寧、羅塔等島，西加羅林群島的雅浦、帛琉、楚克和東加羅林群島的波納佩和科斯雷，收集了七千多件的標本（本書第二至五、七至九章）。以此為基礎，他和鹿野忠雄在一九三五年重新討論「華萊士線」北端延伸線，修正梅里爾（Elmer Drew Merrill）和金平亮三的觀點，將蘭嶼視為與臺灣和南邊巴丹不同的生物地理區（本書第六章）。一九八二年日本植物學會為慶祝成立百年而編纂《日本植物學百年》（日本植物學百年の歩み），其中有關植物生態學的研究中，特別標舉細川在密克羅尼西亞的植物生態研究以及細川線，可以看到他在日本植物學界的重要性。

胡老師的大作還原細川植物與生態調查研究歷程，這個還原充滿了太多需要各種場景的考究與描繪。透過龐大豐富的文獻材料和細膩的詮釋，胡老師編織出生動活潑、虛實相間的情節，讓讀者能夠聽得到細川在旅行中的各種見聞，甚至可以感受到船上的海風、南洋島嶼各種植物的顏色形狀與氣味，和當地的風土民情。搭配詳盡的地圖和照片，我們得以跟著細川的腳步，穿梭在密克羅尼西亞各個島嶼之間，體會他探察這些植物的心境與人生的起伏。

這些深描細繪的場景極為多采，如果我們將這本書中屢屢提到的植物相改造成為「植物研究歷史相」的話，那麼，浮在最表層的圖像是以細川隆英為主角，奔波於臺灣紅頭嶼（蘭嶼）、密克羅尼西亞群島細緻的植物調查過程，第二層歷史相，則是支撐細川隆英得以到達這些數千里外的日本帝國的軍事、商業網絡（包括南洋興發株式會社、南洋拓殖株式會社、太田興業）與行政力量（南洋廳），以及這些政商力量對當地影響力的展現；第三層歷史相，則是搭乘帝國政商網絡而能親臨大洋洲的生物學者，包括細川的老師、同學及後輩，他們最後也形構了臺北帝國大學理農學部植物分類、生物地理學以及生態學的知識生產者。穿插在這三層歷史相之間，除了引人入勝的虛構對話和場景之外，最值得注意也最珍貴的，是庋藏在臺大植物標本館中細川隆英及帝大植物學教室成員由全球各地採集而得的大量標本，包括珍貴的四百多張模式標本。從另一個角度看，那些靜靜躺在標本櫃裡的標本，經過胡老師鍥而不捨地爬梳後，得以讓一張張分立割裂的標本，放回到它原來被採集的時空脈絡下，有了可以讓人重新理解它們漂洋過海，最後歸宿於植標館的歷程。

第二個穿梭其間的故事，則是日本與其他諸帝國之間在太平洋上的競合關係。這層關係，除了帝國版圖、經濟商業利益之外，其實還包含日本想要與歐美植物學研究一爭雄長的野心。這表現在細川、鹿野、金平亮三對於華萊士線之修正的討論，以及亞洲植物區系的重新調查與劃定。另一個慘烈的競合關係，則是本書第九章開始的戰爭時期，細川過去曾多次造訪的田野地，如塞班島和楚克群島，均在烈焰戰火中夷為焦土。細川雖幸運逃過戰爭，卻難逃戰火對研究的中斷、以及目睹對島嶼之人和環境的摧殘。胡老師也透過自己的詮釋，凸顯細川反對戰爭及過度開發的心願。

第三個穿梭其間的，則是密克羅尼西亞群島各地的文化、歷史與風俗。胡老師透過細川的眼睛，讓我們體驗波納佩歷史與社會，還有當地麵包果的特殊發酵法；帛琉、雅浦等地傳統聚會所和草裙等等豐富的人類學視角，也充分展現細川在植物學外，才華洋溢的民族學根底。

最後一條貫串全書的故事，也是本書動人之處，則是胡老師與細川隆英之間的神遊、他和細川家族在戰後的交誼與互動，以及三千多件離開臺大返回日本、隱身於筑波科學博物館的細川標本重見天日的過程。這些追溯，讓原本乾枯的標本充滿了熱情與生命，我也赫然明白，這份熱情，正是九年前走進臺大植標館感受到它散發歷史溫度的來源。

本書不僅是植物學與歷史學的相連，還包含民族植物學和社會學的元素，透過文學的筆法，融合博物館展示場景的設計，使得這本書充滿了鮮活的畫面。胡老師在書的末尾的一段話，讓我印象特別深刻，讀來心有戚戚焉，也道出他寫本書的意義與價值：「我特別喜歡抽空坐在臺大植物標本館二樓的長桌前工作，那是一種與歷史相連的感覺，在這建置超過九十年的典藏庫裡觀察標本。悠遊於植物研究的同時，我也希望有朝一日自己能成為代代相傳，眾多知識傳承者的一分子。」

專文

從分類學至生態學到「生態學」

洪廣冀／臺灣大學地理環境資源學系副教授

二〇二三年八月二十四日，當胡哲明教授的《塵封的椰影：細川隆英的南洋物語和臺北帝大植物學者們的故事》書訊出現在網路上時，我正在德國的法蘭克福，參與東亞科學與技術史學會的年會。雖然預計要為該書撰寫的導讀已有雛型，但還不成篇，因為我還找不到在科學史中定位該書的方式。

苦惱之際，我來到法蘭克福的森根堡自然史博物館（Senckenberg Natural History Museum）。該館成立於一八二一年，為德國數一數二的自然史博物館。我晃過化石區、標本區與名人區，行經一條長廊，然後在兩側的櫥窗前停下腳步。透過玻璃，我看著當中栩栩如生的標本，以及博物館員為這些標本精心布置的生育地。我靈光一閃。我知道該如何定位細川隆英在科學史中的位置了。此種展示手法稱為diorama，流行於十九世紀下半葉至二十世紀中葉的歐美各大博物館，也逐漸成為世界各地博物館的標準配套。至於此展示手法與細川隆英的關係為何，我認為，diorama的緣起與流行正巧攫取了細川置身的科學氛圍及其轉變，即生物學（biology）至生態學（ecology）以及「生態學」的轉變。

新博物館運動——整理的關連性

為何生態學要出現兩次，且當中一個生態學還要加上引號？讓我先說明diorama為何成為自然史博物館常見的展示手法。十九世紀中葉起，歐美首屈一指的博物館（如紐約的美國自然史博物館與柏林自然史博物館）發起所謂「新博物館運動」。論者認為，博物館的職責是與公眾溝通，而不只是儲存標本以及為標本編目；換言之，博物館本身應該是知識的生產地與傳播地，而不是典藏研究材料的「倉庫」。影響所及，博物館開始出現面向公眾的前臺，以及為研究者所設的後臺。此空間分化也賦予「curator」（策展人）與標本製作者（如剝製師，即taxidermist）特殊的地位。原先，這些博物館員的工作就是為學者服務；他們代為鑑定標本，為標本編目，每年行禮如儀地出版藏品清單。然而，在前述新博物館運動的浪潮下，他們開始構思，該如何運用他們對標本的熟稔，發明新的展示手法，讓參觀者體會什麼是當今社會最迫切的議題。以現在的話來說，博物館得承擔一定的「社會責任」。

什麼是十九世紀中末期博物館應當擔負的社會責任？要回答此問題，我們得先回答當時的歐美社會經歷何種轉變。答案是都市化與工業化。當愈來愈多的人湧入都市，造成衛生問題、貧困與階級衝突，就人們而言，社會彷彿變得支離破碎，傳統的社群（Gemeinschaft, community）生活已一去不復返。所謂現代社會（Gesellschaft, society）是什麼，在什麼意義上此「社會」可被視為一個整體，以及此社會與社群間的差別為何，便成為有識之士探討的問題。

此問題意識同樣感染了博物學界。十九世紀末，當社會學者滕尼斯（Ferdinand Tönnies, 1855—1936）提出Gemeinschaft與Gesellschaft的區別，博物學者莫比烏斯（Karl August Möbius, 1825—1908）則提出了生物社會（Biologische Gesellschaft, biological society）的概念。就莫比烏斯而言，過去的博物學者過於關心個別物種本身，忽略了物種與環境以及物種與物種之間的關係。就他而言，自然界中繽紛的物種，就如同當代社會一般，或許乍看之下，彼此間毫無關連，但物種與物種之間卻形成功能上的互補，形成牽一髮而動全身的整體。博物館的社會責任便是彰顯此整體性。但問題是，傳統一件接著一件的標本展示手法，搭配得用放大鏡才看得清楚、上頭只書明學名、採集者與採集地的標籤，對於醉心分類與鑑定的學者，或許有用，但對於一般大眾而言，恐怕就只能走馬看花，船過水無痕。

在前述新博物館運動中，diorama的展示手法應運而生。新博物館運動的實踐者認為，新世紀的博物館應該要設有diorama區；該區依照生物地理而分為數個小區，每一個小區應展示特定生物地理區的代表物種，以及這些物種如何與環境發生關係，又如何彼此相連，構成獨一無二的生物社會。在前述追尋、組裝與再現生物社會的風潮中，所謂的生物學（biology）也被賦予新的意義。「Biology」一詞於一八〇〇年左右出現，意指「探究生命與生物的科學」。在那個人們還相信物種為造物者所創、相當於造物者心目中的「type」的同時，生物學者探究生物的形態學及系統分類，藉此一窺造物者心目中的藍圖與計畫。如此以分類學為基調的生物學在十九世紀中葉達到頂峰後，便逐漸走下坡。至十九世紀末期，有意鑽研生物學的年輕學子，再也不認為分類學與形態學算得上一種嚴肅的志業。與其在昏暗的博物館中翻揀標本，他們鍾情的是在明亮清潔的實驗室中探究生命的機制，展開所謂生理學（physiology）的研究。就在前述新博物館運動中，被認為遲早將被時代淘汰的生物學者找到了新的天命。他們認為，從分類出發的博物學式探究還是有其意義；只是生物學者不能就此止步，得進一步探究物種如何構成社會或社群，以及此生物社會或社群與環境的關連。以科學史家琳恩．尼哈特（Lynn K. Nyhart）的話來說，這便是流行於十九世紀末期至二十世紀上半葉的生物學觀點（biological perspective）。

很快的，這些新生物學者把他們所做的事嫁接在德國動物學者海克爾（Ernst Haeckel）於一八六六年提出的博物學分支：生態學（ecology）。海克爾為活躍於十九世紀末期的生物學者，也是德國最著名的達爾文主義者。當他提出ecology一詞時，他想像的是一種探究生物如何與環境產生關連的科學。乍看之下，海克爾的生態學與生物學觀點沒有什麼不同；然而，至少就研究方法而論，兩者可說是位在光譜的兩端。在海克爾的年代，博物學者還是採取採集、觀察、分類與歸納的研究方法，但十九世紀末期的新生物學者已不滿於此。他們的前輩是至自然中「探險」，採集標本，攜回博物館或大學中悉心研究，新一代的生物學者則是在野外設置實驗站，當中部署研究設備、人力等長期監測所需的基礎設施。在他們眼中，生態學不應是傳統博物學的續編，反倒是實驗科學的首要篇章。為了凸顯如此歷經實驗轉向之「生態學」與博物學式生態學的不同，我將十九世紀末浮現的生態學加上引號，以示區別。

一九二〇年代，當「生態學」轉為實驗科學，且從歐陸傳播至美國後，又因當時美國的企業家如卡內基與洛克斐勒等人，大力贊助生態學研究，讓考爾斯（Henry Chandler Cowles）、克萊門茨（Frederic Clements）等人，得以在消化長期且大範圍的生態資料後，提出演替（succession）與極相（climax）的概念。簡單來說，這些美國生態學者將生物界理解為一個又一個的群落（community），認為此「群落」就如同物種，同樣受到天擇（natural selection）的機制所引導，即群落會演化，挺不過天擇的群落將會被淘汰。一九三〇年代，英國植物學者坦斯利（Arthur George Tansley, 1871–1955）又提出生態系（ecosystem）的概念。受到佛洛依德心理學的啟發，坦斯利強調生態系中的能量流動與平衡。變動、平衡、相連、整體、測量與長期監測逐漸成為生態學的招牌。一九七〇年代，當公眾開始關心公害問題，生態學更躍身為解釋自然為何反撲的架構，以及解釋度量自然反撲程度的尺度。

在生態學中成長的一代

細川隆英便經歷了前述從生物學至生態學再到「生態學」的轉型階段。日文的「生態學」為東京帝國大學的植物學者三好學所創。一八九五年，甫從萊比錫大學留學歸國的三好學（一八六二—一九三九），出版《歐洲植物學輓近之進步》，介紹他留學期間目睹的學術發展。在論及日本植物學界較為熟悉的分支——如植物形態學（Pflanzenmorphologie）、植物分類學（Pflanzensystematik）與植物生理學（Pflanzenphysiologie）時，他沒遇到什麼問題；但他遇到 Pflanzenbiologie 一詞時，他認為，與其沿用「生物學」這個常用的翻譯，他得創個新字。以三好學的話來說，在此植物學分支中，研究者以生物之生活狀況為起點，依據「遺傳變化之理」，探究植物對外界狀況之感應、生物分布之狀態等問題；要言之，此分支的研究者觀察與分析「生活上的諸顯象」，並「解剖」當中涉及的「原力」（Faktor）。既然這是個環繞著生活與生存狀態的研究分支，三好學決定稱之為生態學。

對照德國生物學的發展，不難發現，三好學準確地抓到前述「生物學觀點」的內涵。在他看來，十九世紀末期德國流行的生物學，已不是傳統講求分類與形態的舊生物學，故他創了「生態學」此新詞來指涉此新興的學科。此外，在留學期間，三好學也注意到植物學者康文茲（Hugo Conwentz）正在推動 Naturdenkmal（直譯為天然紀念物）的保護運動。他大為所動。他認為，明治維新不過過了幾十個年頭，工業化、都市化對日本環境的戕害已歷歷在目。他登高一呼，召集學術社群與社會名流，籌組「史蹟名勝天然紀念物保存協會」。他主張，那些曾經見證日本之興衰與星霜的老樹與生物群落，就如同「國寶」。然而，他感嘆，當藝術家製作的「國寶」已在國家博物館中獲得妥善保存，天然的「國寶」卻在文明的蠶食鯨吞下岌岌可危。在三好學的運籌帷幄下，日本政府於一九一九年公告實施史蹟及天然紀念物的保存辦法，可說是日本帝國成立後的首次自然保護法案。

當細川隆英於一九二九年進入臺北帝國大學就讀時，日本植物學研究的地景，相較於三好學的時代，已不可同日而語。讓我先交代細川隆英的師承關係。細川於臺北帝大的老師為工藤祐舜（一八八七—一九三二），工藤師承北海道帝國大學的宮部金吾（一八六〇—一九五一），宮部則是哈佛大學教授阿薩．格雷（Asa Gray, 1810-1888）所收的最後一位學生。格雷跟宮部均是傳統博物學中的分類學者（即便宮部在哈佛攻讀博士期間已開始學習實驗方法），但工藤已開始結合生態學的視野，把植物的「群落」當成分析單位。一九二八年，當他擔任臺北帝大的植物學講座教授時，他專攻的領域便是植物分類與生態研究。在這個意義上，工藤可說是把生態學思潮引入臺灣的先驅。

那麼，對那時的殖民地臺灣，生態學的意義為何？首先，一九二〇年代末期，在川上瀧彌、森丑之助、早田文藏、金平亮三、佐佐木舜一等人不懈的努力下，臺灣的植物相已逐步明晰。對臺北帝大的植物學者而言，發現新種已不太容易，可能也不再是他們首要的關切。當歐美以及內地的生物學研究已轉向生理學與遺傳學，若臺北帝大的研究者仍是汲汲營營地想發現新種，恐怕只會落得「殖民地學術終究是落後於母國」的口實。在此背景下，探討物種如何相連並與環境發生關係，以整體視野探討臺灣生態環境的特色，對臺北帝大的植物學者而言，可能是在高度競爭之學術生態中取得一席之地的不二途徑。

再者，可以理解的，當這些生態學研究者試著以整體與關係的角度看待植物，他們應當也可體會，過去數十年總督府推動的殖產興業已擾動了臺灣的生態環境。若你是當時的大稻埕居民，你可能會感嘆，以前舉目可見大屯山彙，現在此景已被灰濛濛的煤煙所掩蓋。此外，臺灣傲視全世界的樟樹原生林，在日治初期的樟腦專賣政策下，已遭到大量砍伐，徒留繁雜的次生林以及幾被茅草淹沒的樟樹造林地。最後，臺灣得天獨厚的霧林帶以及藏身其中的檜木巨靈，也在技術官僚的運籌帷幄下遭到「更新」或「改良」。但問題是，當樹齡動輒數千年的巨木化為一堆堆原木，而造林速度彷彿永遠趕不上伐木的速度時，號稱「無盡藏」的檜木林恐怕也不是真的無盡藏。

總督府並非沒有意識到這些問題。事實上，於一九二六至一九二八年擔任臺灣總督、且在臺北帝大的創立上扮演關鍵角色的上山滿之進（一八六九—一九三八），曾是日本山林局長，在臺灣的主要業績便是推動生態保育。一九二五年起，殖產局山林課啟動為期十年的森林計畫事業，將絕大多數臺灣僅存的天然林劃入「要存置林野」，劃設事業區，為每個事業區編定能永續經營的計畫。與之同時，有識之士也開始呼籲成立國立公園、將具代表性的臺灣物種及其生育地指定為天然紀念物等。前述努力於一九三〇年代末期有了初步成果。一九三七年底，總督府指定大屯山彙、新高阿里山與次高太魯閣共三處國立公園；在日本帝國的範圍內，除了內地外，只有臺灣擁有自己的國立公園。

在生態學成為顯學、生態保育已為政策一環的時代中成長的細川隆英，在工藤祐舜的指導下，完成以豆科分類為主題的學士論文。一九三二年，工藤英年早逝，但他的學生並未氣餒。他們自組讀書會，並投入田野工作，相互砥礪與精進，避免臺北帝大的植物學研究與世界脫節。在校園中如海綿般地汲取新知後，當細川邁開步伐、走上自己的專業化道路時，他走得比師長更遠。關鍵在於日本帝國已開始鞏固其在「南洋」的勢力範圍。一九三三年後的近十年間，細川七次前往密克羅尼西亞群島調查。就細川——乃至於對當時的植物生態學界——而言，能夠親炙熱帶，且還是蘊含著物種演化之祕密的熱帶島嶼，無疑是千載難逢的機會。科學史家奇塔迪諾（Eugene Cittadino）主張，植物生態學之所以在德國成為顯學，且德國植物學者的研究成果還成為後續生態學研究的基石，正是因為德意志帝國於十九世紀末期將東印度、非洲等地納入版圖，從而讓生態學者可以展開細緻的田野調查，「將自然轉為實驗室」。以臺灣植物相之精細研究馳名的早田文藏，更是在親赴中南半島採集後，為解釋熱帶物種間的糾纏關係，從傳統的分類學中破繭而出，以嶄新的物種分類與演化理論，與當時的主流視野互別苗頭。熱帶之於細川隆英的意義也是如此。在每次的調查中，他劃設樣區、系統地採集標本、觀察群落、分析當中優勢的物種、釐清群落演化的機制。然而，日本帝國最終的傾頹，讓細川的生態學研究無以為繼。他在十年間累積的七千餘份標本，從此塵封臺大植物標本館、日本國立科學博物館等典藏機構中，等待著有個可以讀懂它們的人。

超過一甲子後，植物學者胡哲明，連同其指導學生鄭怡如，以超過十年的光陰，完成這些標本的清點，並由胡教授完成《塵封的椰影》一書。胡教授不僅讓這些標本重見天日，更讓臺灣讀者首度認識到，隱身在這些標本背後，那位有著清秀臉龐、眉宇之間有股傲氣的年輕人。

在傳記裡創造連結

在科學史研究中，傳記一直是最重要的文體之一。畢竟，以有血有肉的科學從業者為中心，科學彷彿就多了些人性，而非乾癟的標本或冰冷的數據而已。此外，如果說科學史最重要的命題便是論證科學自社會中誕生、也終將改變社會，以特定科學家的生涯為中心，無疑是彰顯此命題的最佳切入點。然而，寫出好的科學家傳記並不容易；不用說科學家的生活點滴得仰賴研究者悉心考證，在內容安排上，稍不小心就會成為研究業績的羅列與排比，讓理應成為主幹的「血肉」或「社會」成為點綴或佐料。從科學家傳記書寫的角度，《塵封的椰影》無疑是上乘之作。當中，我們不僅看到細川隆英的養成與專業化、其學術的突破與成就，也充分體會到科學、政治與社會間彼此糾結的關係。或許可以這樣比喻，胡教授就如同十九世紀末期diorama的設計者，既有科學素養，又有藝術的想像力及文學的詩意與才情；在他的巧思下，原本乾癟、失去生氣的歷史材料，被擺回其環境中，並被賦予生命。《塵封的椰影》就如同一個diorama；當你翻開書頁，眼前不只出現了時空的縱深，還呈現物物相連與共構的森羅萬象。

專文

述說一段湮沒的歷史

謝長富／臺灣大學生態學與演化生物學研究所兼任教授

在二〇〇二至二〇一二年間行政院推展一系列的「數位典藏國家型科技計畫」，臺灣大學植物標本館也藉此機會參與了植物標本與歷史文獻數位化、臺灣散佚海外博物珍品數位化、臺灣歷年來植物名稱之整合及應用等計畫，之後本人也再參加文化部的臺灣植物及南洋植物探索史素材擴充計畫。這些計畫最重要的是將植物標本掃描成影像檔，再建置標本之後設資料，包含每一份標本標籤上各種語文所記載的學名、採集地點、採集日期、採集者、附注等。其中歷史文獻是指清末、日治時代及戰後與植物相關的重要名錄、植物誌、圖譜，以及新種發表的文獻及全文等。植物標本包括臺灣大學植物標本館所有臺灣及太平洋的標本，日本、美國幾個大學及博物館典藏的臺灣模式標本（新種發表時所指定的證據標本）。以上所有標本及資料數位化之後再納入資料庫網站，完成目前使用的多功能「臺灣植物資訊整合查詢系統」。進入此系統就可以設定條件（如採集者、時間、地點、物種），跨時空查詢，比如可將臺北帝國大學時期（一九二八—一九四五年）

所有師長、助手、學生所採集的標本全部依設定查詢的次序表列出來。

以本書的主角細川隆英為例，他在一九二九年一進入帝大生物學科就開始連續兩年在琉球嶼採集，共採獲五百四十一份標本，依據這些標本，他曾於一九三二至一九三三年間連續在《臺灣博物學會會報》發表三篇植物名錄〈高雄州琉球嶼植物小誌〉。再搜尋細川隆英一九三二年採集的標本，其中八月十九日在知本越嶺道的知本—追分途中採到銀脈爵床的新種標本，也是新屬，發表於《臺灣博物學會會報》，模式標本的影像及文章全文在查詢系統均可看到，到目前為止銀脈爵床是臺灣唯二的特有屬，另一屬為分布於中海拔的華參屬。

一九二八年臺北帝國大學的創立，在地理位置歷史現實條件之下，被視為日本南進的重要據點和跳板。因此臺北帝大具有南進國策大學的特殊學術使命，致力於臺灣、華南與南洋地區自然人文的研究探勘，並非純以教學為主要目標的大學。細川隆英自入學帝大到一九四六年返日的十八年間都在臺北帝大度過，可以說接觸到所有的帝大理農學部植物學科的師長及學兄弟。本書先以細川隆英的出生就學過程為始，逐步穿插帶出工藤祐舜、正宗嚴敬、日比野信一、山本由松、鈴木重良、福山伯明、森邦彥、鈴木時夫等師長與同學的簡歷以及彼此間的互動情節，詳細述說腊葉館（植物標本館在日治時期名稱）內大家如何進行臺灣各地採集行程的規畫、器材設備的購置準備、採集過程、標本製作及歸檔、物種比對研究、心得討論、成果及論文發表等工作業務。雖然人力不足，眾師生們仍竭盡所能在十七年間自臺灣平野、高山及外島為標本館蒐集到超過四萬九千三百餘份的標本，其中模式標本達一千五百七十四份，此對戰後至今許多植物相關議題的研究、植物誌的編撰、生物多樣性及氣候變遷的探討均有長遠的助益。接著本書引領讀者進入一九三三年之後細川隆英七次南進密克羅尼西亞的探勘採集行程，包含塞班島、科斯雷島、波納佩島、楚克島、帛琉島等十餘個大小島嶼，累計採集超過七千份標本。藉由「臺灣植物資訊整合查詢系統」即可以追查出每一天採查的地點、採集的標本及物種，以及每份標本的影像以及一百六十四個新種的發表文章全文。書中也配合圖片介紹各島嶼的特殊植物及民俗植物，同時隨著採集的進展，逐島介紹過去的殖民歷史、文化差異、宗教信仰、特色產業、發展現況、醫療教育、交通設施等，特別是日本移民政策的成效、殖民產業狀況等項目，讓讀者更能深入其境地瞭解當時南洋群島的整體風貌。

回顧過去臺灣有關自然史的相關研究書刊，不論人物傳奇、採集探險、植物發現史、古道採集史等，其編撰書寫過程均以文獻內容匯編或全文翻譯為主，這包含專書、論文、期刊、報紙、機構檔案等的蒐集，如《臺灣博物學會會報》、《植物學雜誌》、《植物研究雜誌》、《臺灣日日新報》、《臺灣植物圖譜》等是最常參考使用的書刊。資料內容雖然豐富，但整體的結構比較鬆散，讀者不易有完整的時代面貌。本書的編寫特色除參閱過去的各類文獻資料之外，也整合近年國內外各圖書館、政府機構學校的數位化網站平臺所累積的豐富多元的數位資源等，加上細川隆英後代家人提供的許多珍貴的照片、手稿紀事、生平回憶等資料，串連出極富臨場感的故事。本書亦完整生動地展現細川和其他臺北帝大的師生們許多過去從未提及的事蹟、艱辛的採集過程、精采生動的人生片段，及其後太平洋戰爭的殘酷情節。全書以散文體的方式述說日治時期臺灣植物學研究的一段輝煌重要但早已湮沒多時的歷史，以專業及平易的語句陳述每個細節，重現當年的情境，讓讀者更容易感受到這群帝大植物學家的活力、熱情與貢獻。讀之再三，彷佛人物歷史再現，躍然紙上，引人入勝，深深觸動了讀者的心。

作者序

一般人對於植物學家的想像，可能不外乎喜歡在溫室裡養花蒔草，或是熱中於穿梭熱帶雨林間探險獵奇。但對從事基礎植物學研究的學者而言，瞭解植物的形態分類，為什麼會生長在特定的地方，又是如何適應各種生態環境而有多樣性的面貌，其本身就是饒富趣味的問題。他們對農業開發和自然資源的利用沒有太強烈的興趣，而毫無節制的開墾砍伐通常只會令他們搖頭嘆息。這類的植物學家往往没没無名，但常常是身為第一線的自然觀察者，擁有與眾不同的視野，以及對於人與環境互動倫理更深刻的體認。

這本書的核心人物細川隆英，就是這樣一位畢生鑽研植物分類生態的學者。他的前半生在臺灣度過，是臺北帝國大學第二屆的學生，畢業後也一直留在學校任職直至二戰結束，可以說他的研究歷程見證臺北帝大的起落。而他因緣際會下在南洋地區進行多次調查研究，是極少數在南洋長期實地進行探索的自然研究學者。大部分讀者對南洋的想像也許都很浮面，也幾乎絕不知道在臺大留存有數千份來自南洋的珍貴植物標本。除此之外，臺北帝大時期的植物研究相當活躍，不管是老師和學生們都有豐富的成果發表和採集標本，本書內容雖然以細川的生平為主軸，但它敘述的，其實也包含二十世紀初期這些在臺灣植物學家們努力的故事。

植物腊葉標本是由植物分類學者在田野工作時所採集，再經烘乾壓製而成，並且附上包含採集日期、地點等資訊的標籤。植物標本館給一般人的印象都是泛黃的紙張和乾枯黑褐的葉子，被堆放在一個又一個的櫃子裡，只有專門的植物分類學者才會去翻出來看。但是它們除了是研究上的證據標本，本身就存在學術價值，在過去的幾十年來，有不少新的延伸研究，利用標本的標籤資料來重建過去植物的時空分布。這本書的研究契機也是如此，希望藉由標本標籤上的資訊，來建構植物學者們的採集歷程。由於臺北帝大腊葉館的這些研究人員，幾乎沒有留下任何的旅行日記或採集紀錄手稿，只有大量的腊葉標本留存在館內，和多篇正式出版的學術文章，因此在重建他們的生命史和學術探索歷程時有非常大的困難。所幸過去「數位典藏國家型科技計畫」和「國家文化記憶庫」有許多整飭成果和資料庫可供快速查找，大量資料累積下，採集者的田野歷程可以依此重新建構重現。而有關細川隆英在大洋洲的標本整理，則是由我的學生鄭怡如，花費數年時間檢視比對，並以此作為論文主軸完成的資料。有了這些資訊為基礎，我才得以重建構本書相關各人物的採集歷程和網絡關係。

不過在實際的寫作上，除了推敲人物之間的關係外，當時的社會環境，以及學術界的交流狀況，甚至當時的天氣情況，都必須花費很多時間進行文獻爬梳和查證。部分的學者如工藤祐舜、正宗嚴敬和細川隆英等，在退休或逝世時有出版紀念文集或回顧文章，較容易依此略窺其生平，但許多時候植物學者和細川隆英所遇相關人物的生平資料則近乎空白，我只能從各種蛛絲馬跡尋找可能的線索。而為了讓本書有連續性和故事性，我也花費一番心思，加入其他文獻中提及的事蹟，或是在文章中設計對話，配合自己的田野經驗，進行全書的撰寫。部分有關人類學的描述，也承蒙臺大人類學系的羅素玫老師提供寶貴建議，不致流於模糊謬誤。

在文獻整理上，我得益於近年國內外許多公開資料的平臺，使資料查找可以快速有效，如臺灣學電子資源整合資料庫、臺灣研究古籍資料庫、臺灣總督府職員錄系統、日本國會圖書館、國立公文書館亞洲歷史資料中心（アジア歴史資料センター）、Japan Search、琉球大學附屬圖書館網站等。在這幾年的寫作期間，也在舊書網站購買許多珍貴的參考書籍，加上臺大總圖書館、植物標本館，和中研院近史所圖書館的豐富藏書，都對本書完成有莫大幫助。

此外，因為我和細川隆英的後人有多次聯繫，細川的二女兒華那子和女婿永野洋提供相當多珍貴的家庭照片史料和軼聞趣事，讓故事脈絡的梳理更為清晰。而我每找到新的相關資料也會寄給他們分享，有許多意料之外的發現，像是在小琉球國小由張簡振豐校長找到的細川隆英父親細川隆顯生平資料，或是在臺北高等學校學生刊物《翔風》中有關細川隆英的運動紀錄等，都讓細川的家人感動不已。這幾年永野洋、華那子也和女兒美那子每年寄送他們店裡烘焙的餅乾給我和植標館的同仁，禮尚往來的同時，心中倍感溫馨。最後我也要特別感謝我的父親胡定河和母親吳彩月，不僅協助我不少日文文獻的翻譯，解決各種疑惑，還分享他們童年時的許多生活記憶。他們都年逾九旬，是極少數還能提供一九三〇、四〇年代第一手資料的長者，讓我能身歷其境地馳想在昭和時代的氛圍中。

臺灣雖然在一九四〇年代也籠罩在戰爭的恐懼中，但嚴格說來因為並沒有經歷真正的登陸戰，主要是美軍空襲的破壞，以及隨之而來的火災等間接傷害，和中國、東南亞、太平洋島嶼等戰場比起來，一般民眾比較缺乏實際的臨場震撼。我在書寫本文時，特別在最後兩章加上部分戰時、戰後的描寫，讓讀者也能約略體會戰爭的殘酷，以及許多人生中的無可奈何。整本書的寫作，包含植物分類學、民族植物學、歷史學、社會學等不同面向，野心也許太大，無法通順地整合，但也希望讀者能通過跨域的連結，有不同以往的體認。

澄子、菲歐菈、多雷斯等人是本書少數虛構的配角，可是都有其角色設定原型之真實人物。這些人物在細川故事中的穿插，主要是為了帶出當時的情境，和特定的小主題，例如民族植物的利用，或是科學繪圖書籍的介紹等，不至於讓文章太過枯燥無味。另外如菲歐菈的草裙，雖然是虛構的情節，但其實也是想提供細川留給臺大人類學博物館的草裙標本一個合理的解釋，只不過我嘗試加上自己一些浪漫綺思的想像吧。

謹將本書獻給細川隆英，和那些在艱困年代中努力奮鬥的人們。

序章

太陽か太平洋の水平線から沒すると間もなく夜の帳は下る。月明りが椰子の葉を透して，闇を明るく照した。南海の月はこんなに明るいものとは知らなかつた。村の男女は焚火を圍んで解からぬ言葉で喋り合つてゐる。蠟燭の明りと，月陰を賴りにベランダーで標本の整理をすませた頃，……私は珍奇な南洋の夕食を興味深く味つた。此の家には曾て九大の金平亮三博士が宿泊された事があると村長は得意に話してくれた。リーフに碎ける波の音は絕え間なく，慣れぬ土人相手の旅の夜は容易に寢就かれなかつた。

太陽從太平洋的海平面緩緩下沉，天空悄悄地換了夜色，月光從椰葉間穿透，從不知道南洋的月亮可以如此地耀人。村內男女圍著營火，以聽不懂的言語交談。我在門前走廊上藉著燭光整理完標本，……享受著南海的珍肴。村長得意洋洋地對我說：九州大學的金平亮三博士也曾經住在這棟房子。耳邊不斷迴盪的是礁岩碎裂波浪的聲音，由於還不太習慣與原住民共度旅行，這一晚我翻來覆去，徹夜未眠。

一九三三年七月三十一日，從橫濱港出發過了近兩週，長途航海的疲勞已經被熱帶植物採集旅行的興奮所取代，細川隆英吃完晚餐，手邊植物標本的整理工作剛告一段落，將野外工具略事清潔放乾，圓框眼鏡也細心收好後，在密克羅尼西亞的科斯雷島（Kosrae Island）寫下了這段文字。①

這次的旅程是植物學者細川隆英在昭和八年（一九三三），臺北帝國大學畢業後第一次進行的南洋群島採集調查，前後花費三個月的時間，是細川隆英在接下來的八年內七次到密克羅尼西亞群島進行採集的開端，也是他歷次旅行中停留時間最長的一次。

細川隆英是臺北帝大第二屆的畢業生，畢業後也在臺北帝大理農學部擔任助手②等工作直至二戰結束，最後輾轉回到日本九州大學任教至退休。他在國立臺灣大學植物標本館（日治時期為臺北帝大腊葉館）留下超過六千份的植物標本，其中包含近四百份珍貴的模式標本（type specimen）。模式標本有別一般的標本，是指植物學者在新發表一個物種學名時，在該論文中所引用的標本，研究者若要確認一個學名的使用，則必須要檢視其所對應的模式標本，引用時不因時空差異而有不同，是每個物種最重要的特殊標本。研究者往往必須特別前往收藏這些模式標本的標本館檢視標本，故收藏模式標本的數量，也有時可以作為一個標本館歷史和規模的指標。臺灣收藏模式標本超過一千份的只有林試所植物標本館和臺大植物標本館兩間。臺大植物標本館目前全館共收藏約一千四百份的模式標本，細川隆英所採集的就占了將近三分之一。館內所藏細川隆英的標本大部分

① 細川隆英（1934d），原文發表於〈クサイエ島の植物概觀〉。

② 在臺北帝大的系統中，除了教授、助教授外，也有針對教學或行政庶務成立的各種職位，如講師、副手、助手、囑託、雜役等。細川隆英除了雜役外，從囑託到講師都曾在臺北帝大做過。

都採自於密克羅尼西亞群島，但在二戰結束後有很長一段時間都塵封於標本館中，沒有人進行整理，而這些標本對於臺灣的植物研究學者來說也相對陌生，所以一直以來知道細川隆英其人其事的人並不多。不過除了這批植物標本在學術上有相當的重要性，細川隆英本人其實和臺灣有很深的淵源，他往來臺灣和密克羅尼西亞的研究，也是當時臺灣和南洋交流的一個重要見證。

二十世紀初期日本政府開始對外擴張，其中在明治時期以降的南進政策影響下，日本對於南洋地區一直抱有很大的興趣和野心。日本南進的路線有兩個主軸，一條是經由小笠原群島往南至密克羅尼西亞，前往被統稱為南洋群島的廣大區域，這個地區同時也泛稱為「內南洋」或「裡南洋」。另外一條則是經由沖繩（琉球）、臺灣，以至東南亞的菲律賓、馬來群島等地，一般會將這個臺灣以南的區域稱為「外南洋」以作區隔。[1]日本在「內南洋」的開發較早，最重要的轉折在第一次世界大戰結束後，日本依《凡爾賽條約》德國所放棄的殖民地中，得到赤道以北太平洋的所有德國領土，管轄包含今日馬里亞納群島、帛琉、加羅林群島、馬紹爾群島等區域。（見頁13）日本於一九二二年在此地設立了「南洋廳」，行使正式的治權。在日本管治期間，除鼓勵移民開發外，也進行各項基礎建設，如教育、衛生、司法、警察等機構的設立。根據一九三九年年底的統計，南洋廳當時的總人口數有近十三萬人，其中日本人就占了七萬七千人，比原住島民還多。[2]

南洋熱與南洋想像

在南進政策推行的初期，日本政府在本國徵求各種人才到南洋各地進行商業、教育，以及資源調查等的活動。而就像所有殖民主義國家一樣，最開始的拓荒者多帶有前往淘金的夢想。因此會勇往直前到南洋者，大多是想要經商營利，或是想要創建新家園安居落戶的人，而「南洋熱帶」對日本人來說代表的是一個普遍存在的浪漫想像，一個逐夢之地。對於剛經歷過明治維新的許多人而言，前進南洋也代表著新一代國民的實踐，類似「我也可以像歐美一樣擁有殖民地般的強大」的想法，存在不少民眾的心中。當然找機會做生意的人多，去做不賺錢的事相對而言就很少，原因有許多種，比如在南洋進行基礎資源調查這類不是快速獲利的工作，主要吸引的就是少數熱愛自然或想踏查未知世界的人們。這些人千方百計也要想辦法前往南洋各地探訪新天地，探索本身就是一種滿足。自然資源調查需要專業能力，但除非有學術機構支持，並不是任何人想去就能去，人力、經費、交通等困難都得克服，要想前進南洋地區當然也不例外。

說起南洋，一般人的想像大概脫不了搖曳的椰子樹和蔚藍的海岸，慵懶的生活步調，豐富的海洋資源，辛香的料理等。特別是南洋特產的香料，正是十七世紀以來東南亞地區殖民戰爭中的核心，加上各種熱帶果樹和林木，不管是從民生經濟或是休閒旅遊的角度，南洋都是充滿遐想之所在。但對於生物學者而言，熱帶地區同時還代表了一個豐富而有待探索的寶藏，擁有令人興奮目眩的生物多樣性。相較於物種數少得多的溫帶地區，熱帶的生物往往千奇百怪，讓人嘆為觀止。自大航海時期開始的全球博物學調查，再再揭示了熱帶地區有無可比擬的物種多樣性。[3]邁爾斯(Norman Myers)等人二〇〇〇年的世界生物多樣性熱點調查中，全球二十五個熱點，東南亞到太平洋地區就占了六個：中南半島(Indo-Burma)、巽他陸塊(Sundaland)、菲律賓(Philippines)、華萊士區(Wallacea)、新喀里多尼亞(New Caledonia)，以及玻里尼西亞—密克羅尼西亞(Polynesia/Micronesia)，顯示此區域具有非常豐富的生物多樣性。[4]

南洋地區的熱帶植物相一直以來的確也吸引了全世界眾多博物學者想一窺究竟，在西班牙、荷蘭與英國列強在東南亞各地建立殖民據點下，著名的博物學者們如瑞華德(Caspar G. C. Reinwardt, 1773-1854)、華萊士(Alfred R. Wallace, 1823-1913)等人都在東南亞留下非常豐富的採集調查紀錄。瑞華德是荷蘭在東印度地區的代表性植物學者，同時也是印尼茂物植物園標本館的第一任館長。茂物植物園標本館是東南亞最具規模的標本館，建立到今天已有一百七十餘的歷史，標本館目前館藏已超過二百萬份。華萊士是英國博物學者，他曾在東南亞進行過長達八年的野外自然史研究，一八五八年和達爾文聯名發表的天擇理論讓他聲名大噪，他在東南亞的研究也是生物地理學的重要基石。[5]日本在後明治維新時期方興未艾的科學化影響下，鼓舞許多對於自然史有興趣的學者在熱帶亞洲進行研究，包含田代安定③，金平亮三④等植物學者，都留下非常豐富的熱帶植物研究成果。

③ 田代安定（一八五六—一九二八），明治三年生於鹿兒島，植物學者，一八九六年起任臺灣總督府民政局技師，二十年工作期間對熱帶植物和農林業之研究貢獻卓著。

④ 金平亮三（一八八二—一九四八），明治十五年生於岡山，東京帝大農科大學林學科畢業，一九一〇年歷任臺灣總督府技師、中央研究所林業部長，一九二八年起任九州帝大教授，為植物和農林學者，著有《熱帶有用植物誌》、《南洋群島植物誌》、《臺灣樹木誌》等書。

南洋群島的前期植物探查史

金平亮三在一九三三年出版《南洋群島植物誌》，將當時南洋群島的植物研究概況做了相當完整的初步整理，根據書中內容，一九三〇年以前在南洋群島的植物學術調查，大抵可以依統治國家分成三個時期：西班牙、德國和日本時期。

（一）西班牙時期（一六六八至一八九九年）

葡萄牙和西班牙人在十六、十七世紀陸續抵密克羅尼西亞地區，是最早開啟殖民活動的西方人，他們也將之視為太平洋航行的中繼站之一。此地區的島群現代名字多在這個時期由西班牙國王所命名。比如區域北邊的馬里亞納群島（Mariana Islands）在一六六八年，西班牙對外宣稱擁有此地區的主權後，即由國王菲利普四世（Felipe IV）以他的第二任王后奧地利的瑪麗安娜（Mariana of Austria）為名，以取代原來被稱為「盜賊群島」（Islas de los Ladrones, or the Thieves' Islands）⑤之名。區域南邊的加羅林群島（Caroline Islands）則是稍晚後，以西班牙國王卡洛斯二世（Carlos II）為名的島嶼。西班牙人的影響力持續到十九世紀末期，直到一八九九年美西戰爭戰敗後，西班牙將關島割讓給美國，同時將加羅林群島和馬里亞納群島轉賣給德國為止。[6]

這個時期的密克羅尼西亞學術探索始於西班牙馬拉斯賓那（Alejandro Malaspina）所帶領

⑤ 根據Nowell（1962）的說法，盜賊群島名字的來源是因為在西班牙人剛到關島時，當地的原住民查莫洛（Chamorros）常常會偷偷跑到他們船上拿取任何可拿之物，故西班牙人稱這幾個島嶼為盜賊之島。

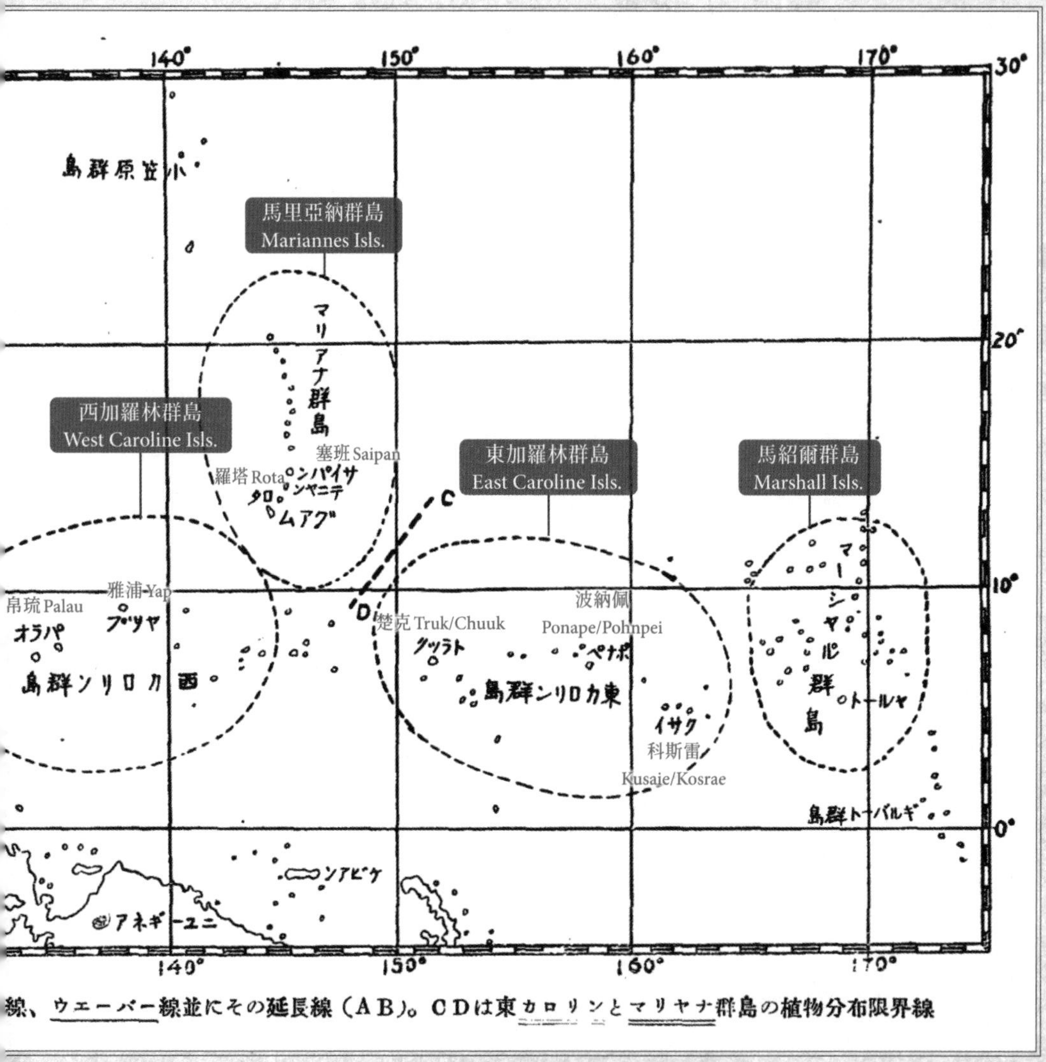

圖0-1　一九三〇年代密克羅尼西亞概要圖　（地圖改自金平亮三1931）

一九三〇年代密克羅尼西亞概要

日本在二十世紀初期所統治的太平洋島嶼密克羅尼西亞（Micronesia）地區，以金平亮三（1931）所繪地圖來說明，包含了馬里亞納群島（the Mariannes Islands）、西加羅林群島（West Caroline Islands）、東加羅林群島（East Caroline Islands），以及馬紹爾群島（Marshall Islands）等。馬里亞納群島由十五個小島嶼組成，可分為北馬里亞納群島和南馬里亞納群島兩部分，其中比較大的塞班島（Saipan）、天寧島（Tinian）、羅塔（Rota）及關島（Guam，為美國屬地）都位在南馬里亞納群島。

細川隆英在密克羅尼西亞進行研究的地區，主要集中在馬里亞納群島，東、西加羅林群島內，以及馬紹爾群島中的賈盧伊特環礁，但不包括當時在美國控制下的關島。

密克羅尼西亞主要島嶼面積與海拔高度（馬紹爾群島除外）

島嶼	面積（平方公里）	最高海拔（公尺）
馬里亞納群島		
塞班（Saipan）	185	474
天寧（Tinian）	98	172
羅塔（Rota）	125	492
關島（Guam）	544	394
西加羅林群島		
雅浦（Yap）	216	179
帛琉（Palau）	386	206
楚克群島（Truk/Chuuk）	54	410
東加羅林群島		
波納佩（Ponape/Pohnpei）	375	785
科斯雷（Kusaie/Kosrae）	116	654

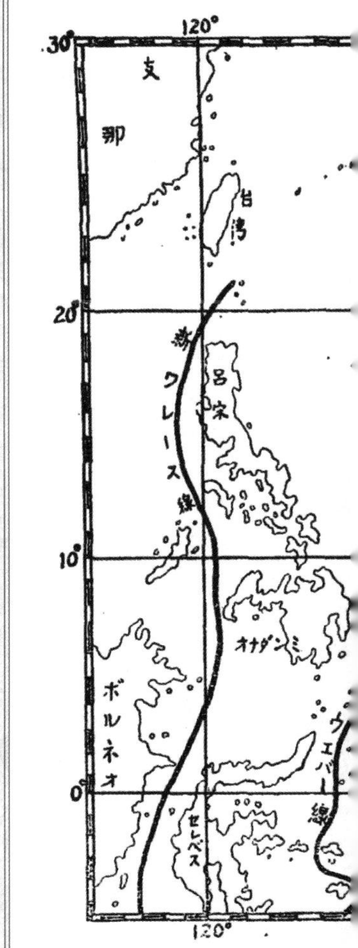

南洋群島の位置、メリ

的探險隊，⑥經由大西洋、南美洲，再橫跨太平洋到菲律賓的旅程。在五年間的長途航程（一七八九至一七九四年）中，船隊曾短暫在一七九二年下旬於馬紹爾群島和關島進行探險，團隊中的自然史研究者漢克（Thaddäus Haenke）所採的植物標本，後來存放於捷克布拉格的國家博物館中。⑦之後零星有幾位研究者在此地進行採集，比較重要的植物踏查是法國弗雷西內（Louis de Freycinet）所領航的探險隊在一八一九年巡經太平洋群島時，由船上的植物學者高第薛德—博普雷（Charles Gaudichard-Beaupré），在關島、羅塔島、天寧島所進行的植物採集，標本最後存放在法國自然史博物館中。⑧

另外一個重要人物是法國的探險家迪維爾（Jules Dumont d'Urville），他同時具有船長、植物學家，以及地圖繪製師的身分。他在一八二四年和一八三九年兩度造訪科斯雷島、關島等地，採集的標本存放在日內瓦市立植物園和柏林植物標本館內。迪維爾是第一個使用「密克羅尼西亞」（Micronesia）和「美拉尼西亞」（Melanesia）這兩個名稱的人，以和當時探險家們熟知的太平洋玻里尼西亞（Polynesia）群島做區別。

（二）德國時期（一八九九至一九一四年）

德國在十九世紀晚期先取得了馬紹爾群島的控制權，而在美西戰爭後也從西班牙處再得到馬里亞納和加羅林群島的殖民權，德國遂以雅浦作為其在太平洋的基地，直至第一次世界大戰結束。這個十五年的短暫時期，只有零星幾位植物學者在密克羅尼西亞進

⑥ 兩艘三百噸級的巡洋艦Descubierta和Atrevida為此行建造，並同時在一七八九年四月八日出發。

⑦ 這趟科學探險所採集的標本比先前庫克船長時期還要多，但是馬拉斯賓那船長回到西班牙後，歐洲因為法國大革命的影響動盪不安，而他也因為政治立場問題被關進監牢，之後又被放逐。身為波希米亞人的植物學家漢克遂將所採標本帶回布拉格，研究成果一直到後來才由Presl, K.B.等人（1825-1830, 1831-1835）整理發表。

⑧ 臺灣露兜樹科的兩種植物，除了海邊常見的林投之外，另一個種山林投（*Freycinetia formosana* Hemsl.）的屬名*Freycinetia*，就是高第薛德紀念弗雷西內船長所用的名字。

行採集，一位是柏林大學的講師佛根斯（Georg Ludwig August Volkens），在馬里亞納和加羅林群島進行數個月的調查，並發表雅浦島和密克羅尼西亞兩份植物名錄。[7]另一位瑞士的園藝家雷德曼（Carl Ludwig Ledermann），則在一九一三到一九一四年於加羅林群島採集了上千份的植物標本，之後由德國植物學者笛艾斯（Friedrich Ludwig Emil Diels）整理發表。[8]

同一時期的美屬關島地區，則有美國植物學者沙弗德（William Edwin Safford）在一九〇五年出版《關島有用植物》（*The useful plants of the island of Guam*），介紹關島的人文歷史，以及動植物相等自然景觀和植群類型。其後時任美國農業部派駐菲律賓的植物學者梅里爾（Elmer Drew Merrill），也曾在一九一四年和一九一九年發表關島的植物名錄。[9]

（三）日本時期（前期：一九一四至一九三〇年）

日本在第一次世界大戰期間向德國宣戰，一九一四年底趁著德國軍艦戰略性撤離時，派遣軍隊占領馬里亞納群島，並在一九一九年《凡爾賽條約》簽署後正式取得原由德國控制的密克羅尼西亞各島嶼。與此同時，由文部省遴選各帝大和高等師範學校、農林學校、商業學校的人員，開始到密克羅尼西亞群島各地調查風土民情和自然資源。前期來此地的研究人員後來大部分發表的是一般性的植物調查，如鹿兒島高等農林學校的河越重紀發表〈新領南洋諸島植物目錄〉和〈占領南洋諸島產植物考察〉，以及東京帝大小泉源一的〈賈盧伊特島植物〉和新種發表等文。[10]昭和二年（一九二七）南洋廳發表了第一份系統性的南洋群島調查報告《委任統治地域南洋群島調查資料》，[11] 其中與植物相關的有河越重紀的〈新占領南洋諸島植物調查報告書〉、草野俊助的〈南洋群島的森林〉（南洋諸島ノ森林）、宗正雄的〈熱帶作物研究報告書〉、小泉源一的〈賈盧伊特島植物地理〉（ヤルート島植物地理），以及刈米達夫的〈波納佩島藥用植物調查報告〉（ポナペ島藥用植物調查報告）等。而植物學最具代表的學術性文獻則是由金平亮三在一九三三年發表的《南洋群島植物誌》。這些熱帶地區的探索成果，鼓舞了不少想要進行熱帶生態研究的年輕學者，包含本書的主角細川隆英。

細川隆英對於熱帶植物研究的啟蒙，始於他在臺北帝大時期指導老師工藤祐舜的教導。工藤祐舜是臺北帝大成立時的植物學第一講座教授，負責植物分類與生態方面的教學和研究。細川隆英對工藤教授在植物生態學課程上，講授到熱帶雨林植物的特性，比如巨大的藤本植物，或是筆直高聳的雨林喬木生態時都特別感到興趣盎然。而在大三時，細川隆英讀到金平亮三發表在《植物學雜誌》（*The Botanical Magazine*）一篇介紹密克羅尼西亞木本植物的文章（圖0-2），[12] 讓他對南洋植物有初步認識。金平教授後續的幾篇相關調查研究的報導，指出大洋洲地區仍然有許多未知的生物多樣性，加上這個熱帶區域有不少是日本的新領地，因此讓他對於前往密克羅西亞地區進行研究產生很大的興趣。

但對一個才二十歲出頭，名不見經傳，剛畢業於臺北帝國大學的年輕人而言，細川隆英仍然還有許許多多的困難要克服才能前往南洋地區進行植物研究。這包含蒐集過往國內外的零散科學文獻，想辦法認識南洋地區不熟悉的植物，連結當地人脈關係，以及籌措經費前往調查等。細川隆英身為臺北帝大第二屆的年輕畢業生，雖有著對學術的澎湃熱情並懷抱著熱帶植物研究的夢想，但想要親身探索南洋自然風貌，實在並非一蹴可幾的事情。

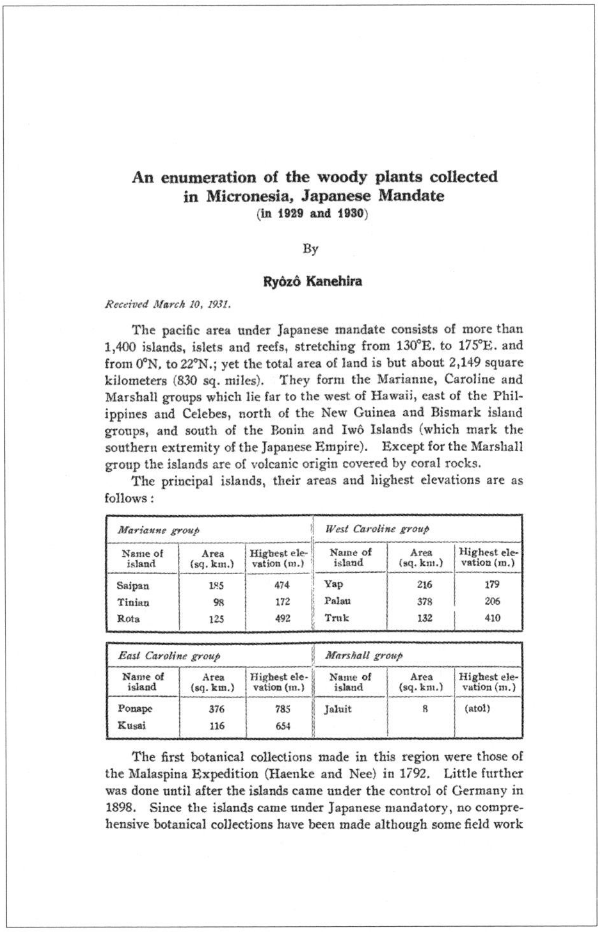

An enumeration of the woody plants collected in Micronesia, Japanese Mandate
(in 1929 and 1930)

By

Ryôzô Kanehira

Received March 10, 1931.

The pacific area under Japanese mandate consists of more than 1,400 islands, islets and reefs, stretching from 130°E. to 175°E. and from 0°N. to 22°N.; yet the total area of land is but about 2,149 square kilometers (830 sq. miles). They form the Marianne, Caroline and Marshall groups which lie far to the west of Hawaii, east of the Philippines and Celebes, north of the New Guinea and Bismark island groups, and south of the Bonin and Iwô Islands (which mark the southern extremity of the Japanese Empire). Except for the Marshall group the islands are of volcanic origin covered by coral rocks.

The principal islands, their areas and highest elevations are as follows:

Marianne group			*West Caroline group*		
Name of island	Area (sq. km.)	Highest elevation (m.)	Name of island	Area (sq. km.)	Highest elevation (m.)
Saipan	185	474	Yap	216	179
Tinian	98	172	Palau	378	206
Rota	125	492	Truk	132	410

East Caroline group			*Marshall group*		
Name of island	Area (sq. km.)	Highest elevation (m.)	Name of island	Area (sq. km.)	Highest elevation (m.)
Ponape	376	785	Jaluit	8	(atol)
Kusai	116	654			

The first botanical collections made in this region were those of the Malaspina Expedition (Haenke and Nee) in 1792. Little further was done until after the islands came under the control of Germany in 1898. Since the islands came under Japanese mandatory, no comprehensive botanical collections have been made although some field work

圖0-2　金平亮三（1931）所著〈密克羅尼西亞木本植物〉之第一頁

然而，細川隆英又是因什麼樣的機緣遠渡重洋進行植物調查研究呢？故事得從他年少時的經歷以及在臺北帝大的學習養成開始說起。

細川家族

細川隆英來自日本九州地區著名的細川家族支系「牧崎細川家」（見頁23），整個細川家族建立已有數百年歷史，開枝散葉後分出許多家族支系，但牧崎細川家的支系在細川隆英的祖父細川隆虎當家期間，已無過往的大家族風貌。而日本此時也正值明治維新後和第一次世界大戰期間的大變動期，各地物力維艱，細川隆虎一家只能辛苦維持家計，不幸家族裡又發生雪上加霜的事件。大正三年（一九一四），牧崎細川家的執事在負責家族財務之時，利用職務之便捲款潛逃，導致家族的經濟突然陷入困境，時年五十四歲的細川隆虎自責不已。細川隆英的父親細川隆顯這一年剛滿三十歲，時當壯年，家裡除了父母外，還有妻子艾（エイ）、五歲的兒子隆英和兩歲的女兒貞子。在家族破產後，細川隆顯必須要肩負起養育全家之責，一方面覺得有些愧對其他支系家族成員，一方面也希望能尋找外地其他的工作機會，遠離本家重新開始。細川隆顯夫人（細川艾）的家族本身並非望族，但是她姨婆露子的丈夫是明治維新有功的著名政治家安場保和，安場的兩個女兒也都嫁給知名人士，其中和子嫁給剛卸任臺灣總督府民政長官的後藤新平，另一個女兒友子則嫁給曾任臺東製糖社長、臺東開拓社長，後來成為貴族男爵議員的安場末喜⑨。後藤新平在臺灣的成功經驗，影響不少日本人想要到臺灣發展，包括細川隆顯在內。

細川隆顯畢業於九州熊本師範學校，原本在熊本當地春日小學校擔任教師，薪水微薄但有固定收入，不過家庭的經濟狀況受累於無良執事而陷入困境後，他開始考慮做些改變。因著朋友的介紹，細川隆顯聽聞臺北大坪林公學校（今新北市新店大豐國小）有個臨時教職的機會，教臺灣的小朋友讀書。當時日本政府有鼓勵內地小學老師到臺灣進行基礎日語教育的政策，加上遠親如後藤新平等和臺灣有很深的淵源，細川隆顯於是決定隻身前往臺灣想先試試水溫，考慮移居的可能。細川隆顯內心有不少掙扎，畢竟是離鄉背井遠赴海外，雖然臺灣像是個新天地，但離開世代久居的九州熊本總是個很艱難的決定。臺灣的環境雖然也不是那麼理想，但穩定的工作機會相當難得，還可以避開每天面對熊本親戚的尷尬。最後在細川隆顯確定環境許可後，翌年初讓妻子細川艾帶著兩個稚兒，三人離開了熊本老家，帶著家當到九州北邊的門司港，坐上開往基隆港的笠戶丸客船，正式移居臺灣，住在細川隆顯任職的大坪林公學校校舍內。⑩

細川隆英的早期求學

大坪林公學校位在當時的文山郡大坪林庄二十張，臺北城的南郊，是景尾（景美）到

⑨ 安場末喜本是熊本藩士下津休也的五男，後來成為安場保和的養子。資料來源：細川隆英女兒華那子及女婿永野洋家族資料。

⑩ 當時住址為臺北廳文山堡大坪林庄二十張八八四番地，今新店區大豐里、明德里附近。資料參考「臺灣總督府職員錄系統」，及國史館臺灣文獻館所藏《總督府公文類纂》。

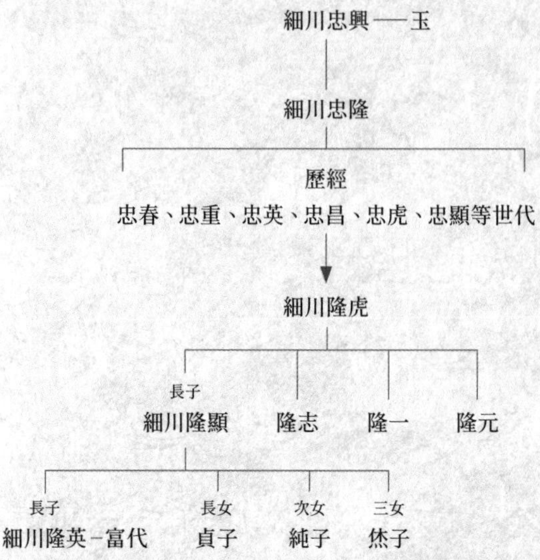

圖0-3　細川隆英家族族系簡圖（資料來源：永野洋與永野華那子提供之細川家族系譜）

愈興旺，不僅是九州當地，即使是今日的日本政經各界，都仍有相當的影響力。細川家族近代的名人包括曾任日本眾議院議員的細川隆元，以及歷任參眾議院議員、熊本縣知事和內閣總理大臣的細川護熙等。而明治維新有功的安場保和，曾任臺灣總督的田健次郎，以及臺灣總督府民政長官的後藤新平等人，則都和細川家族有姻親關係。

細川忠興的長子細川忠隆是細川隆英的直系祖先，細川忠隆的妻子千世（前田利家之女）在伽羅奢身亡之時出逃尋求姊姊豪姬保護，細川忠興因而要求忠隆與之離婚。但細川忠隆不願意照辦而惹怒父親，在關原之戰後的一六〇四年遭到廢嫡。家督的位置後來由與德川家康家族熟稔的三男細川忠利繼承，成為肥後熊本藩的初代藩主。雖然細川忠興和細川忠隆的父子關係後來有緩解，細川忠興甚至曾希望重新立長子（忠隆）為繼承人，但是細川忠隆最終拒絕繼承家督，而選擇在京都出家隱居，法號長岡休無，其子細川忠春成為「長岡內膳家」，其後再傳至細川忠顯另立「牧崎細川家」，細川隆英的父親細川隆顯即為牧崎細川家第三代當主。[13]

細川家族歷史脈絡

細川家族是日本九州地區的知名望族，追溯其先祖，可以追到日本十四世紀南北朝時期的足利尊氏，但以歷史上說，家族中最有名的當是江戶時期的武將細川忠興（一五六三—一六四六）。細川忠興在日本江戶幕府時代曾先後為織田信長、豐臣秀吉、德川家康三大家族的家臣，彼此間有著千絲萬縷的關係。細川忠興的妻子玉（本名明智たま）是日本戰國歷史上著名的悲劇美女，她的父親即是發動著名的本能寺之變（一五八二年）的明智光秀。當時織田信長聲勢如日中天，即將統一全日本，明智光秀是他的得力家臣。明智光秀在織田信長停留於京都本能寺時發動叛變，織田信長被逼自殺。細川忠興在本能寺之變當時拒絕明智光秀的謀反邀請，站在對立的一方，可是也因妻子的背景關係，背負著叛徒女婿的身分。然而細川忠興也不願意放棄妻子，只好將她幽禁於丹後國（今京都府北部京丹後市），並離婚以示切割。細川忠興在叛亂敉平後，成為豐臣秀吉（當時名羽柴秀吉）的家臣，並隨之參與多場戰役。事件平息後，在羽柴秀吉的允許下才重新和妻子玉回復夫妻關係。細川玉在幽禁期間開始信奉天主教，受洗名為伽羅奢（ガラシャ），後世也因此常稱她「伽羅奢夫人」。

日本戰國後期的霸主豐臣秀吉在一五九八年過世時，繼任者豐臣秀賴才六歲，其委託監護人前田利家也在隔年離世。家臣間分裂成武斷派和文治派的對立集團，武將德川家康不斷壯大其影響力，成為勢力最大的「大名」⑪。不滿家康專政的文治派以石田三成、上杉景勝、毛利輝元、宇喜多秀家等為代表（西軍），一六〇〇年向德川家康和武斷派的前田利長、伊達政宗、加藤清正等人（東軍）宣戰，而在當年七月的時候拘捕支持東軍的大名家人作為人質。立場傾向德川的細川家族，部分人先行逃離，留下的細川伽羅奢因為不肯被西軍當作人質，又不想拖累丈夫，但天主教教義不允許自殺，故伽羅奢請家臣小笠原少齋放火燒屋，並殺死自己。細川忠興（武斷派代表之一）也在此事件後更堅定地加入德川家康的東軍，最後協助德川家康的統一大業。這段故事成為不少日本作家的創作來源，也出現在日本的許多大河劇之中，如三浦綾子的《細川伽羅奢夫人》（細川ガラシャ夫人）和永井路子的《血紅的十字架》（朱なる十字架）等。細川家族因輔佐有功，在之後的幾個世紀愈來

⑪ 戰國時代具有一定生產量土地及當地支配權的將軍稱號。

新店間唯一的一間公學校。雖然二十張在大坪林庄附近算是開發較早的區域，但基本上附近大部分的地區都還是水田。（圖0-4）雖然在臺北的生活非常簡單，也沒有太多親朋好友，細川隆英仍有許多快樂的童年回憶。細川隆英在搬到臺灣那一年（一九一五）的三月進入臺北廳臺北第二尋常小學校（後來在一九二二年改為旭小學校，也就是今日臺北東門國小前身）就讀，前三年的時間細川都在大坪林居住，放學後或假日成天帶著妹妹貞子一起在父親任職的公學校中遊玩到傍晚，童年時光就在陽光普照的田園和色彩繽紛的花草樹木中度過。不管是田間的白鷺鷥，牛背上的烏秋，還是顏色豐富的變葉木，都能讓細川隆英感到十分有趣，特別是自然中千變萬化的色彩，是他記憶中最難忘懷的印象。隔鄰住的校長家是細川隆英最常拜訪的地方之一，因為那裡種了非常多校長喜愛的蘭花，從大花蕙蘭或臺灣原生的蝴蝶蘭等不一而足，令細川隆英時常讚嘆造物者的神奇，流連忘返。

在細川隆英小學三年級時，父親細川隆顯轉調到臺北城南尋常小學校（今臺北南門國小）擔任教諭⑫，家裡也跟著搬到了市內古亭街七丁目四番戶⑬。同時在大正六年（一九一七）年底，細川隆英也迎來第二個妹妹純子，家裡變得更加忙碌，可以四處亂跑的田園生活也變成難得的活動，他和貞子兩人得幫忙分擔家務，照顧襁褓中的妹妹。不過由於城南小學校南邊緊鄰的就是當時總督府的苗圃和林業試驗場（今臺北植物園），想必細川隆英也會不時在附近走走吧。

⑫ 日治時期臺灣初等學校的正式教師包括校長、教諭及訓導三類。教諭為判任官，主導教學工作，而校長通常也由教諭之一兼任，但偶有例外（王麗蕉2020）。

⑬ 今日重慶南路／福州街／牯嶺街交會口附近，其後改制為佐久間町二丁目五番地。

細川隆顯在城南小學校工作三年後，又再次轉調到了臺北州的雙溪尋常小學校（與雙溪公學校區分，今新北市雙溪區雙溪國小）擔任學校長。在大正十年（一九二一）時，包含雙溪貢寮一帶的整個三貂堡日籍住民還不到兩百人，只占當地全部人口的百分之一左右，[14]而因為小學校僅招收日本籍的小學生，比雙溪公學校規模小得多，只有含校長兩個教員而已，不過月薪和先前在城裡的學校工作比起來翻了一倍之多，略微減輕生活上的壓力。⑭雖然並不清楚確切的時間點，但是細川隆顯的父母親也在這段期間搬到臺灣與他們同住，所以小小的家裡擠了七個人，而細川隆顯的教職收入是全家經濟的主要來源。⑮雙溪區域在當時人口仍算相當少，周圍有山有水，自然環境非常豐富，細川隆英應該是有不少機會去拜訪在雙溪工作的父親。細川隆英很喜歡大自然，而因為家中貧困，細川隆英也會自己手工用桐木製作採集箱，來蒐集野外採集的昆蟲和蝴蝶，並帶回給妹妹貞子和出生後就身體不太好的二妹純子一同觀察。對於在九州出生的細川隆英來說，亞熱帶各式各樣的動植物，每每讓他目不暇給，任何一朵沒見過的花都能讓他觀察許久，興趣盎然。

細川隆英的父親雖然是全科的小學老師，但本身對於生物學也相當感興趣，在手頭拮据的情形下，仍然買了如丘淺次郎的《生物學講話》和《進化論講話》等書籍在家，也成為細川隆英小學畢業前最喜歡翻閱的文本，讀了好多次也不厭倦。丘淺次郎是日本近代生物學教育的先驅者，也是最早將演化學概念介紹給日本教育界的學者，將劃時代的

⑭ 根據臺灣總督府職員錄及琉球公學校所藏職員履歷資料，細川隆顯在大正十年的薪資為每月五十八圓，比一般雇員或教諭待遇都好得多。

⑮ 細川隆英的祖母アイ歿於大正十二年（一九二三）十月二十五日，祖父細川隆虎歿於昭和三年（一九二八）三月，兩者戶籍資料都注記死亡時住址為佐久間二丁目五番地（和細川隆顯相同），顯示他們全家至少在一九二三至一九二八年間一直住在一起，資料來源：永野洋。

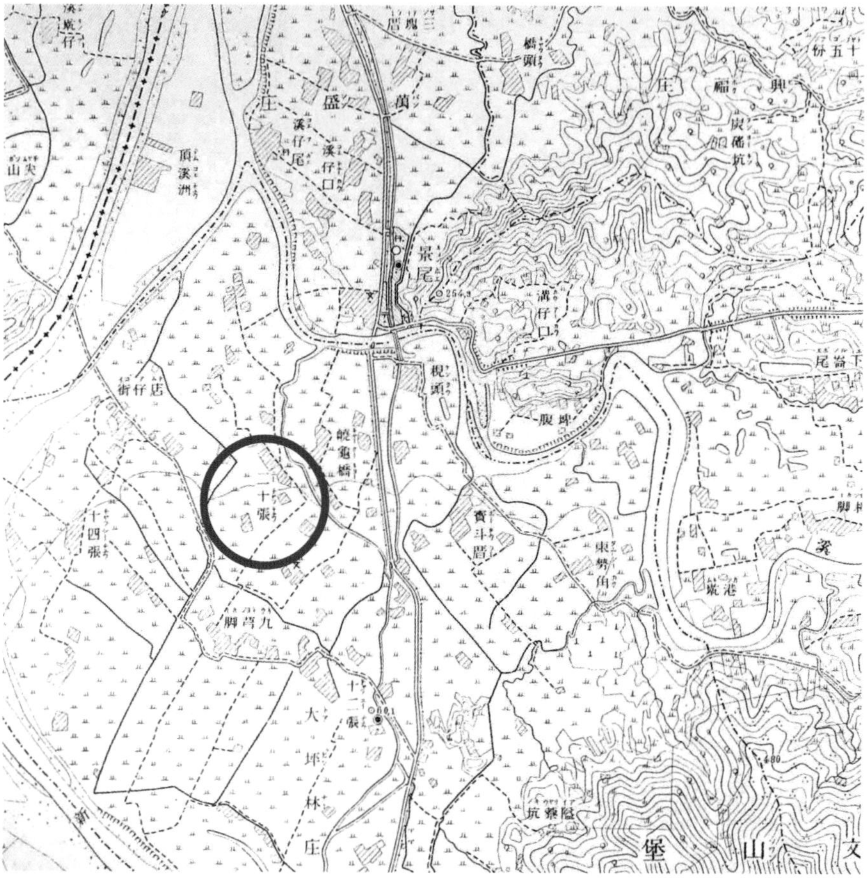

圖0-4　臺灣堡圖（1921）中，文山堡大坪林庄二十張附近地圖。棕色圓圈即為二十張，現今捷運大坪林站附近。

現代生物學知識，以生物哲學的角度解讀自然，並建構在生物學教育之中。也因為具有天擇、進化這樣動態的自然觀，迥異於純粹描述性的分類學為主的傳統博物學訓練，所以細川隆英在求學的歷程中，往往會跳脫制式學科的思考，不僅觀察、描述動植物，也會思考為什麼會有這些現象。可以說對於生物學研究的熱情與執著，從小就種在細川隆英心中。

大正十年（一九二一）細川隆英小學畢業，正值臺灣教育體制大變動之時。臺灣總督府決定設立七年制的高等學校（中學），並準備銜接預計在一九二八年成立的臺灣第一所大學。幾經折衝，一九二二年在《臺灣教育令》正式發布後，總督府終於在同年成立臺北高等學校（臺北高校）尋常科（相當於四年制初中），第一年同時招收一年級和二年級生。[15]在五百多名考生中，臺北高校尋常科第一年最後共錄取八十一名學生（兩個年級合算），細川隆英也是一年級生其中的一員。在就讀臺北高校期間，細川隆英的祖母在大正十二年（一九二三）十月過世，三個月後的一月（一九二四）小妹俅子出生，四個小孩的家裡變得更加熱鬧。同年父親細川隆顯再度調職，這次是到離家較近的臺北州木柵公學校擔任訓導。

大正十四年（一九二五）細川隆英直升進入第一屆的臺北高校高等科，在昭和四年（一九二九）三月十日成為高等科第二屆的畢業生。⑯細川隆英的大妹貞子則進入臺北第一高等女學校（今北一女）就讀。臺北高校以特立獨行的自由學風著稱，前後屆的知名校

⑯ 細川隆英旭小學校和臺北高校就學時間參考永野洋提供資料，但為何細川隆英花了四年的時間從高等科畢業，以目前資料仍不得而知。

友，包含原本高細川一年級，但因留級而同年畢業的博物學家鹿野忠雄，以及晚一屆的人類學者國分直一等。但在就讀臺北高校期間，父親細川隆顯又再次調職，這次是遠到高雄州琉球公學校（今屏東縣琉球鄉琉球國小）擔任訓導職務（兼校長，一九二五至一九三〇年）。

細川隆英在中學時期的學業成績平平，除了熱愛田徑之外，並沒有什麼特別突出之處，師長給他的評語是「木強忠實，品行方正」，比對起印象中臺北高校學生離經叛道、時而高歌放舞（ストーム）⑰的行徑，看來比同學們低調得很多。當時臺北高校的校長是三澤糾，以新式教學聞名，延攬不少傑出的教師，如教授英文的林原耕三、植物學的神谷辰三郎、地質學的齋藤齋，以及繪畫的鹽月桃甫等，都是一時之選。神谷教授出自東京帝大著名植物學者三好學門下，對於植物地理學特別有興趣，也影響許多臺高的學生，包含鹿野忠雄和細川隆英，但他也在昭和四年（一九二九）退休離開臺高，接替的是另一個臺高傳奇老師河南宏⑱。

細川隆英臺北高校畢業後就直接就讀剛成立的臺北帝大理農學部，成為臺北帝大第二屆的入學生。臺北高校第二屆一百二十名畢業生中有四十名選擇就讀臺北帝大，大多數的同學選擇法或農科等就業可能較容易的學科，而細川隆英是該屆學生中唯一就讀臺北帝大理科的學生，[16]這點還是看得出細川隆英特立獨行之處，其實隱藏在他的安靜之下。在臺北帝大的學籍簿中，畢業師長給細川隆英的評語是「覇気アリ・自負心強シ」，⑲

⑰ ストーム（storm），自臺北高校開校以來宿舍晚間放歌飲酒，率性跳舞的情境，參考徐聖凱（2012）。

⑱ 河南宏原本任教於日本第六高等學校，一九二八年受聘至臺北高等學校教授植物學，帶領學生至臺灣各地採集植物。一九四一年年初進行理科實驗時不慎因鎂爆炸灼傷眼睛，一眼失明，後來重度神經衰弱於該年十月十二日自縊身亡。

⑲ 直譯為：「具有霸氣，對自己非常自負。」資料來源：臺北帝國大學學籍簿。

大抵描繪了對細川隆英個性的面貌。

細川隆英在臺灣留下的個人資料不算多，我們對於細川家庭生活的細節所知也相當有限，沒有任何的手稿或是個人日記可供參考。不過從臺大植物標本館所藏細川隆英採集的標本資料、發表文獻，及其家族所述的片斷資訊，我們可以間接地整理出他在不同時期的足跡，從而拼湊出他的生命歷程鮮為人知的一面。細川隆英的學術生涯，也自臺北帝大入學開始，歷經多年的南洋研究，直到戰後回到日本九州大學任教、退休。

接下來述說的，就是細川這段學術歷程中發生的故事。

右：圖0-5　細川隆英就讀臺北高校時，與就讀臺北州立第一高等女學校（今北一女）的妹妹貞子（前）合照，大約一九二六至一九二七年間。（永野洋與永野華那子提供）

左：圖0-6　細川隆英的父親細川隆顯（左），與母親細川艾（右）。（永野洋與永野華那子提供）

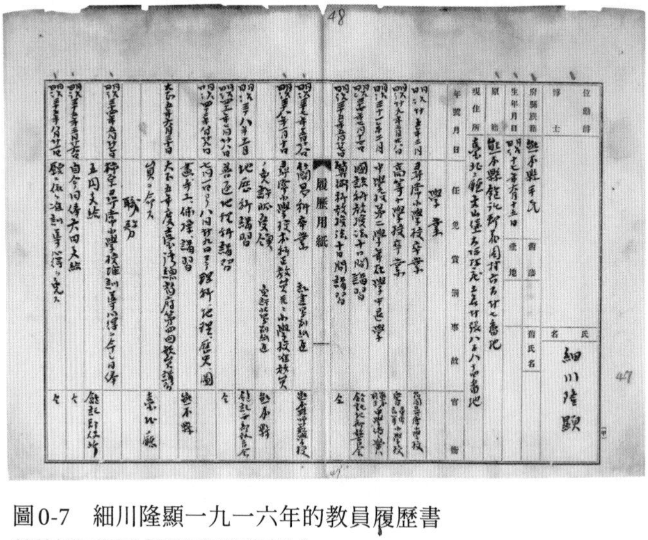

圖0-7　細川隆顯一九一六年的教員履歷書

（資料來源：檢索自「臺灣史檔案資源系統」）

第一章 臺北帝大

昭和四年（一九二九）臺北市的東南郊，如果從城裡往新店的方向走，會經過古亭町、水道町，以及富田町三個街區。富田町的南邊有一個當地稱之為蟾蜍山的小山丘和文山郡接攘，整個富田町大部分都是農田，也是臺北帝國大學前一年（一九二八）開始設校的所在，創校初期有的大型建築多半是先前高等農林學校舊有的校舍。接近蟾蜍山的山腳，有三棟排成一排的房舍，東邊的兩棟是農林專門部的學寮（學生宿舍），西邊的小棟建築則是學寮講堂，學生集會或是聆聽大型演講就會在此進行。

不過說起高等農林學校立校的源由，則還得再往前推十年。最早它的前身是臺灣總督府在大正八年（一九一九）舊總督府廳舍[①]成立的「臺北農林專門學校」，而在大正十一年（一九二二）因應教學空間需求遷校至富田町，並改制成為「臺灣總督府高等農林學校」。臺北帝國大學確定立校後，高等農林學校又改稱「臺灣總督府臺北高等農林學校」，一九二八年併入臺北帝大之下，更名為「農林專門部」，繼續訓練農林業相關的技術人才。

昂揚的青春

昭和四年（一九二九）四月五日，這一天是臺北帝大第二屆學生的入學宣誓典禮，早上十點半開始的典禮到近午才結束，學寮講堂內外擠滿了人，細川隆英和一群學生步出講堂，外面的陽光雖不太強烈，但走出戶外還是讓他瞇起眼睛。細川伸個懶腰，吸一大

① 即今日臺北植物園內清朝臺灣巡撫衙署的布政使司衙門所在。

口帶有稻草味的空氣，剛好看到迎面走來兩個年輕人向他招手。細川隆英也舉起手和他們打招呼，眼前兩位是臺北高等學校（簡稱臺高）高他一屆，去年一起進入臺北帝大理農學部就讀的學長。

「細川君！歡迎來到臺北帝大。」其中一個身材結實魁梧，臉上帶著笑意的人說道，又指著身旁略矮的同伴，「記得平川豐嗎？我們是生物學科的代表喔，其實也就我們兩個學生而已，哈！幣原總長（校長）的訓示是不是太冗長了？這麼好的天氣實在不應該關在房子裡。」

細川隆英笑笑向兩人敬個禮，退一小步挺起胸膛大聲地說：「兩位先輩好，細川隆英來報到了。」

先前說話的是小花三郎，比細川矮半個頭，他手搭上細川的肩膀，笑鬧一番後向左右張望，「不是還有另一位，嗯，姓菊竹的學生嗎？」

細川隆英回答：「你說的是菊竹醇②吧，他可能還在講堂裡，我之前看到他和幾位老師在說話。」

平井豐點點頭又問：「你知道今年我們臺高有幾個人來讀臺北帝大嗎？」

「我知道有不少人決定來讀，」細川隆英一邊低頭扳著手指數著，「像中村暎、秋山勇雄、鈴木武雄、高瀨文之、上村延太郎、日笠香門、石田良弘，不過他們都是農學科的。」

又側頭想一想，「農藝化學科應該也有兩三個，對了，和去年不同，今年好像沒有要念化

② 菊竹醇和前一年入學的小花三郎都沒有在臺北帝大完成學位，提早離校，資料參見臺北帝大《學內通報》第三十九號（昭和六年）。

學科的學生。」[1]

這時平川背後突然傳來另一個聲音，「不只沒有臺高生，今年化學科一個學生也沒有。」眾人嚇一跳轉頭看，一個瘦瘦高高，頭髮梳得油亮的青年，後面跟著幾位老師模樣的人，走近他們說道。

「鈴木桑不要隨便嚇我啊，」平川豐開玩笑地假裝蹲下，又抬頭向細川隆英介紹，「這是農林專門部的鈴木重良，帶我們植物學實驗課，他對我們學生最照顧了。」

鈴木重良身後其中一人乾咳一聲，「平川君，學長要有學長的樣子啊。毛毛躁躁的，你還跟我說將來想當中學老師呢。」走前而來的是一個身材不太高，年紀和鈴木相仿，大約三十來歲的男子，戴著一副黑圓框眼鏡，可能由於他嘴唇上方留著一點小鬍子，看起來穩重而嚴肅，他是生物學科的山本由松助教授。和他一道來的還有另外三個人，一個是細川剛才提到過的菊竹醇，另外兩位則是生物學科的老師工藤祐舜和平坂恭介。

平川豐知道山本老師雖然平常看似嚴格，做事一絲不苟，但對學生事務一向很熱心，是外冷內熱的老師。他有點不好意思地站直身子，和其他學生一起向老師們敬禮問好。

工藤祐舜和平坂恭介同年，而且學經歷非常類似，工藤研究植物，平坂則專長在動物。雖然兩人出生地不同，[③]但他們是鹿兒島第七高等學校同屆同學，也前後在東京帝國大學理科大學拿到學位。兩人在大正十五年（一九二六）雙雙應聘到臺灣總督府高等農林學校，準備銜接到臺北帝國大學任教。兩人也在同年分別以「在外研究員」的身分周遊歐

③ 工藤祐舜是秋田縣增田町出生，平坂恭介則是東京人，兩人都是明治二十年（一八八七）生。

美各國，在英國倫敦、德國柏林、美國波士頓等地多次偶遇，現在又在臺北帝大同一個學科擔任教授，可說是有著特殊的緣分。[2]

幾人走近學生們的身旁，平坂恭介手搭在工藤祐舜的肩上，輕鬆地說：「讀農學科的人總是比較多，但今年我們生物學科至少比沒學生的化學科好些，你們要好好加油啊。」

山本由松打量細川比其他學生更高挺的身材，詢問細川：「我聽小花君說你和他一樣是陸上競技部④的，應該蠻喜歡運動對吧？有沒有興趣玩桌球呢？」

鈴木重良在一旁笑著插嘴：「山本老師準備在這裡成立桌球部，正在到處招兵買馬。」

小花三郎不等細川說話，連忙站前一步解釋：「細川君一向是我們臺高陸上競技部的王牌，將來一定是臺北帝大陸競部的臺柱，老師你可不要搶人喔。」平坂恭介笑笑問起細川擅長的項目，細川簡短回答：「我對短跑和走幅跳還蠻有自信的，也有練過槍投。」⑤

「細川君你太謙虛了，」小花三郎一面搖頭一面誇張地舉手制止細川繼續說話，「你們可知道細川君在去年的臺灣校際聯賽中，包辦了一百米、兩百米、四百米的第一名，也是我們八百米接力的壓軸四棒。細川的彈跳力超強，絕不是蓋的，臺高沒人能贏過他，在聯賽也是走巾跳的第二名。要不是醫專的石村那傢伙跳多了那麼五、六公分，細川君就可以完全制霸田徑場。⑥就是因為我知道跑不過他，我才改練低障礙的（短跑低欄）。陸競部只要有他和藤岡保夫⑦學長，絕對打遍天下無敵手。」眾人聽他說得有趣，都笑了起來，但因知道高細川一屆的藤岡是三鐵好手，不禁對細川隆英的運動能力肅然起敬，

④ 即田徑校隊，有關小花三郎和細川隆英在臺高的體育活動，參考《翔風》第二至七號部報紀錄。

⑤ 走幅跳（或稱走巾跳）即跳遠，槍投即標槍。

⑥ 昭和三年九月十五日第四回インターカレッヂ（校際聯賽）紀錄，參與學校包含臺灣的醫專、臺高、南商、農專、帝大、北商、南商等校（《翔風》第六號，昭和三年十一月十五日發行，學友會報告）。

⑦ 藤岡保夫是臺北帝大農學科第一屆畢業生，在臺高和臺北帝大時期都是三鐵名將，一九三一年畢業後至宜蘭農學校教書，直到一九三六年。參考「臺灣總督府職員錄系統」。

七嘴八舌地問起比賽細節。

閒聊一會後，平坂恭介向細川和菊竹兩人詢問選課情形：「這個學期你們有不少課要修，我開的動物學通論和工藤的植物系統學都是必修，你們應該也會修後藤一雄的細胞學和早坂一郎的地質學。你們有確定的選修科目了嗎？」

菊竹醇搖搖頭表示還不確定，細川隆英則說：「我想要先修足立仁先生的細菌學和白鳥勝義先生的氣象學。」接著又補充：「我非常期待工藤先生的課，我對植物特別有興趣。」

工藤祐舜身材和平坂相若，在眾人聊天的時候總是帶著親切的微笑沒有太多說話，但炯炯有神的雙眼，顯露出一無畏懼的自信。他略微打量細川，這個有著高挺身材的年輕人，雖然仍不掩青澀，眼神卻有著對事物充滿好奇心的靈活，讓他想起自己在細川這個年紀時，也是充滿熱情與勇氣。

工藤出身於秋田縣增田町，父親是當地佛教真宗通覺寺第十九代的住持，由於他是家中長男，父親一直希望他能繼承衣缽。可是工藤自小對於自然非常喜愛，對念佛則興趣缺缺，自從到東京帝大求學後，他感覺和家裡漸行漸遠，也不知和父親鬧了多少次脾氣。在來到臺灣之前，工藤在東北帝國大學、九州帝國大學、北海道帝國大學都擔任過教職，就是對回秋田繼承家業沒有興趣。最後他在臺北帝大成立時的重要推手、任職高等農林學校校長大島金太郎博士的懇請，以及恩師宮部金吾的鼓勵之下，來到臺北帝大這個新成立的大學。也許是從小受到家中教育的薰陶，工藤做事一向一絲不苟，但總是嚴以律己，寬以待人，教導學生從沒有私心，也總是慷慨幫助需要的人。[3]

「你喜歡哪一方面的植物學研究呢？有沒有出去採集過植物？」工藤微笑著問細川。

細川隆英有點不好意思地回答：「我喜歡野外觀察，但是沒什麼機會去採集。不過我年初的時候有去小琉球，採了一些植物回來。」

工藤揚了一下眉毛，「小琉球？在高雄外海的小島？你怎麼會跑去那麼遠的地方？」

「我的父親在那裡的琉球公學校當校長，過年和家人一起去的時候，我有順便在附近看看。」細川補充回答。

工藤恍然道：「這也是難得的機緣，進來帝大後你要好好學習，下回若還有機會再去小琉球的話，可以花點時間仔細採集植物，也可以做些資料整理。」細川很高興地答應。

「看來今年工藤君又多了個學生。」平坂瞥一眼身旁的工藤，開玩笑地嘆一口氣，「唉，什麼時候才有學生來我研究室做動物研究啊。」工藤笑笑沒說什麼，轉頭向鈴木重良交待：「我等等要和大島部長討論一些招聘新助手的事，另外還要準備下午南下採集的工作，鈴木君你等會帶新生們去教室吧？」

鈴木重良連忙回答：「我有請森君先在教室準備了，請先生放心。」

平川豐在細川隆英旁解釋：「鈴木桑指的是森邦彥君，他去年從農林學校畢業後就留下來做助手，協助課程的準備，不過工藤先生希望他們兩人未來都能到腊葉館幫忙。」

「我們有腊葉館了嗎？」細川有點驚訝地問。

工藤祐舜點頭回答：「還在蓋呢，不過年底前應該可以完工。」接著露出一點苦笑，「倒是生物學教室⑧不知道什麼時候才能蓋好，我看你們還得用專門部的教室上課好一陣子。」

一行人談談說說，沿著農田間的道路，向農林專門部的教室走去。

臺北帝大在成立之始，硬體建築方興未艾，多半先借用原本高等農林學校的教室和行政大樓。農林學校的北講堂和南講堂預定要作為帝大農林專門部的農學教室和林學教室，⑨化學講堂則

圖1-1　自蟾蜍山北望高等農林學校時期的校舍，前方兩條平行的長建築是學生宿舍（學寮），往左延伸另一幢略呈ㄇ字型的也是學寮，照片最左邊邊緣被切掉一半的則是「專門部講堂」；中央的大建築在臺北帝大成立時則已拆除。（圖片來源：臺灣大學圖書館特藏組）

預計作為化學科的化學教室。⑩腊葉館在昭和四年（一九二九）十二月二十七日落成開張，生物學教室則要到兩年後的一九三一年夏天才完工啟用。

理農學部生物學科前兩年只招到四個註冊學生，而只有兩個順利完成學業，就是第一屆的平井豐和第二屆的細川隆英。理農學部在成立之初還有農學科和農藝化學科另外兩個學科，人數一直較生物學科多。生物學科的學生，入學後兩年大抵以修習課業為主，第三年才開始進行學士論文的研究。生物學科的必修科目有十二科，其中包含工藤祐舜的植物系統學，平坂恭介的動物

圖1-2　臺北帝國大學正門，右方的一號館即是動物學講座和植物學講座的所在。（圖片來源：中研院臺灣史研究所檔案館）

⑧ 今日國立臺灣大學一號館，在一九三一年夏天完工，是動物學講座和植物學講座所在。
⑨ 現已拆除，目前為農業綜合館建築所在。（黃蘭翔 2018）
⑩ 今日臺大的食品加工實驗室、洗衣部、理髮部等單位所在建築。

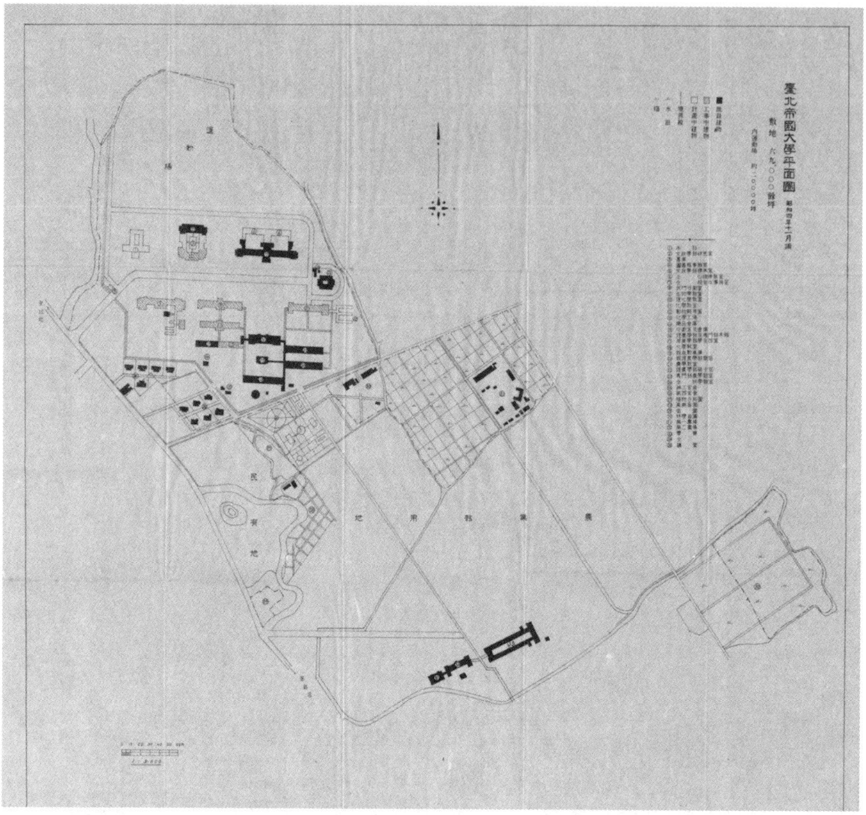

圖1-3　臺北帝大昭和四年（一九二九）十一月之平面圖（《臺北帝國大學一覽》昭和四年版，圖片來源：臺灣大學圖書館特藏組）

學，青木文一郎的動物組織學和動物發生學，早坂一郎的地質學和古生物學，三宅捷的生物化學，以及日比野信一的生物發達史等。在選修科目中，細川隆英除了選擇足立仁的細菌學，白鳥勝義的氣象學，還有日比野信一的植物生理學，工藤祐舜的植物生態學，松本巍的植物病理學等。這幾位臺北帝大的教授都是一時之選，是帝大成立以來特別從各地邀到臺灣任教，後來這些教授們也都在學術界發光發熱，成就非凡。而由於臺北帝大起始幾年學生人數很少，生物學科中老師的人數比學生人數還多，能得這些傑出的研究者幾乎算是個別的指導，臺北帝大前幾屆學生雖然沒有理想的教室設備，但還是非常幸福的。

細川隆英的在校成績多在「可」與「良」間，唯獨在工藤教授開設的植物系統學和植物生態學中，都修得「優」的傑出成績。也因為細川隆英對於植物分類和生態的喜愛，他從就讀臺北帝大後就有不少植物採集研究，最後的植物分類學士論文也選擇由工藤祐舜來指導。

細川隆英入學之後的前兩年大部分都在忙著修課，同時也幫忙新建完成的腊葉館做整理工作。在工藤祐舜的鼓勵之下，學期間的空檔則藉和父親家人相聚的機會，到小琉球進行植物採集。小琉球的植物研究可以說是細川隆英學術生涯的出發點，細川隆英最早的採集紀錄在入學前的一九二九年一月初，有三份在小琉球的採集。但是比較正式的採集有四次，分別是在同年的六、七月分和年底，以及隔年三至四月、七至八月等，合計總

臺北帝國大學 學籍簿

學籍番號 昭和4 No. 1

氏名 細川隆英

理農學部 生物學科

入學 昭和4年4月6日 生物學科 入學

卒業 昭和7年3月23日 理學士試驗合格

戶主名 細川隆顯 族稱 平民 續柄 長男

學費支給者 氏名 細川隆顯 本人トノ關係 父 職業 教員（公學校長） 住所 高雄州東港郡琉球庄

圖1-4　細川隆英臺北帝大學籍簿（圖片來源：臺灣大學圖書館特藏組）

圖1-5　臺大植物標本館所存細川隆英最早的採集標本之一，一九二九年一月採自小琉球的瓊崖海棠（*Calophyllum inophyllum* L.），採集編號Hosokawa 1719。

共有四百八十二份的植物標本是採自小琉球。[4]

昭和六年（一九三一）的春天對臺北帝大來說有許多值得紀念的事，一月三十日是臺北帝大生物學教室新建落成之後，第一次在生物學講堂舉辦公開演講的日子。在前一年生物學科的師生們決定成立「生物學研究會」後，開始不定期邀請專家演講，以分享生物學的新知。前幾次研究會的例會大多在農林專門部的北講堂進行，第十一次的例會終於可以在屬於自己的地方辦演講，大家都相當興奮。演講者有兩位：生物學科的助手相馬悌介和正宗嚴敬，前者談葉片內的生理變化反應，後者則介紹油點草屬植物的分類。

正宗嚴敬是東京帝大植物學科一九二九年的畢業生，說起來與工藤祐舜和山本由松系出同門，畢業後於同年十月加入臺北帝大理農學部的陣容，主要負責校內植物園的一般事務。正宗的年紀比鈴木重良略小，但比另一助手森邦彥大個六歲左右，個性不多話而嚴肅，不過做事認真負責，工藤將他引介到臺北帝大，希望他協助植物園的建立，以及之後分擔農林專門部的教學工作。

昭和六年三月臺北帝大送出了第一屆畢業生，以事實證明臺灣也有在地訓練高階人才的能力。總計有文政學部十四人，理農學部三十二人，一共四十六名學生拿到畢業證書。生物學科唯一的畢業生平井豊完成〈臺灣海濱植物的群落研究〉的畢業論文，也順利申請到臺灣第三高等女學校⑪任教。這一年的四月臺北帝大也迎來第四屆的新生，生物學科有五位學生來報到，其中兩個學生讓植物標本館的眾人印象特別深刻：鈴木時夫和

⑪ 今日的中山女高，但當時校地在西門町三丁目，今日內江街附近。出自高傳棋，〈中山女高百年來的時空變遷〉，《中山女高學報》第一期，二〇〇一。

福山伯明，兩人在入學時就顯露出對植物的愛好和興趣。

鈴木時夫是東京人，個頭不高，微尖的下巴已有稀疏的鬍子，但機靈的眼神很容易讓人感受到他的活力，進臺北帝大前就讀宇都宮高等農林學校⑫，對於植物生態研究相當有興趣，在農林學校就學期間就曾來臺灣旅遊兼採集植物。福山伯明則是中等身材，略微方形的臉蓄著短髮，戴著細圓框眼鏡，個性安靜沉穩，對蘭花情有獨鍾，中學時就曾到芝山岩、奇萊山、能高山等地進行植物採集。⑬福山是千葉縣人，父親福山八治郎在大正十年（一九二一）來到新竹州警務部衛生課工作，於是他隨家人一起到臺灣就學，說起來已有十年的時間。福山是細川隆英在臺北高等學校的學弟，是第四屆理科甲類的畢業生，同是校友的兩人自有一份特殊親切的情誼。

由於工藤祐舜在昭和五年（一九三〇）年底到隔年年初，與森邦彥到恆春半島和浸水營後，身體就有些不適，接下來只有在三月出過一次野外採集，其餘時間多留在臺北。昭和六年第一學期原本工藤教授的植物分類學課程，也由山本由松代班。⑭鈴木和福山雖沒有上過工藤的課，但兩人志同道合，對植物有強烈喜好，不管是上課還是出野外都常一起行動，課餘之時最常流連的地方就是腊葉館，和細川三人年紀接近，感情也最好。

⑫ 今日日本栃木縣宇都宮大學前身。另外在臺大植物標本館則留有鈴木時夫在中學期間，一九二七至一九三〇年間的二十份採集標本。

⑬ 臺大植物標本館留有福山伯明在中學時期一九二八至一九三〇年間的一〇七份採集標本。

⑭ 工藤祐舜最後一次上課應該是昭和五年十一月到昭和六年三月的植物生態學，鈴木時夫和福山伯明都沒有實際上過工藤的課。

臺北帝大豆科研究學士論文

對細川隆英來說，修完兩年的課程之後，第三年最重要的工作就是進行學士論文的研究，和工藤祐舜討論後，大致決定以豆科植物的分類作為研究題目。豆科（Fabaceae）是全世界維管束植物第三大科，有超過一萬八千種植物，包含許多重要的經濟作物如大豆、豌豆、四季豆、紅豆等，並有多種作為綠肥的植物。其中大豆在東亞有很久遠的栽培馴化歷史，我們所食用的豆類食品相當多樣，除了直接食用大豆、毛豆（未成熟的大豆）之外，不同品系的大豆如黃豆、黑豆等都常被加工製成豆漿、豆腐、豆皮、豆乾等，以及發酵再製的醬油、豆瓣醬、豆腐乳、納豆、味噌等食品調味料，在東亞的飲食文化中扮演著舉足輕重的角色。植物育種馴化常需要很長的時間，但得到高產量高品質品種的同時，往往欠缺抗病蟲害的能力。相較而言，經濟植物野生的近緣種在自然環境下生長，通常較能抵抗病蟲害，因而成為育種時重要的種源，可以作為雜交的親本植物。細川隆英在研究過程中發現到一種臺灣原生的特有大豆，而因為大豆在中國馴化已久，世界上野生的種類相對較少，故在臺灣發現特有的原生大豆也意味著在農藝育種上的獨特保種地位。細川隆英的豆科植物研究，在這樣的脈絡下顯得有相當重要的意義。

臺灣中南部氣候炎熱，很適合豆科植物生長，因此自臺灣開始有研究學者進行植物探索後，豆科植物即受到不少植物學家關注，希望調查臺灣原生豆科植物的概況。然而從十九世紀末期奧古斯丁・亨利（Augustine Henry）發表〈臺灣植物名錄〉（A List of Plants from Formosa），[5]到臺北帝大成立的一九二八年間，只有東京大學早田文藏整理《臺灣植物圖譜》（一九一一至一九二一年）[6]，和一九二八年總督府林業部佐佐木舜一發表的《臺灣植物名彙》[7]等，有一些豆科種類的零星整理。這幾份報告加起來雖然已累積了一百八十多種豆科植物記錄，但當時一般認為臺灣的豆科植物應該還有更多種類，而仍有許多未知的部分有待發掘，各種資料需要有人進行一次大整理。工藤祐舜在任職臺北帝大後，其中一項重要任務就是希望能夠進行臺灣的豆科彙整性研究。於是在這樣的機緣背景中，細川隆英在工藤祐舜的指導下進行臺灣豆科植物的專論研究，最後也以這個題目作為其在臺北帝大生物學科的學士論文。[8]

細川隆英從一九三〇年八月，也就是大二的暑假開始，到他完成畢業論文的期間，相當專注於豆科植物的採集，特別是集中在一九三一年。（圖 1-6）從一九

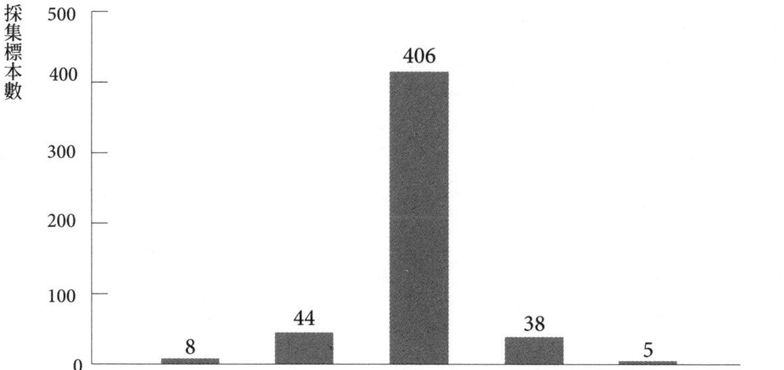

圖1-6　細川隆英在一九二九至一九四三年間在臺灣採集的豆科植物標本數量（胡哲明整理）

二九到一九四三年的研究期間，細川隆英總共採集了五百零五份，合計一百六十二種的豆科植物標本。

一九三一年夏天的採集是細川隆英第一次長期野外行程，也是在他多年野外工作中，唯一一次到臺灣中北部高海拔地區的採集，自七月九日到七月二十一日，歷時十三天，共採了二百一十二份植物標本。採集的路線包含宜蘭四季、思源埡口、雪山、桃山、大霸尖山、志佳陽等地。(圖1-7) 由於臺灣的豆科植物大部分種類分布在中南部，中高海

大屯山，八月十五日至二十日在宜蘭蘇澳、花蓮清水溪等地，留下了上百份的標本。在臺北帝大《學內通報》第三十七號（昭和六年六月三十日出刊）到第四十號（昭和六年八月十五日出刊）中所記載的學校教職員出差紀錄顯示，山本由松的確七、八月間有在七月三十日出差十天到臺北、臺東、花蓮等地，八月十四日有四天去臺北、花蓮等地，吻合標本採集紀錄。而這段期間的出差紀錄中並沒有提及南湖大山／雪山／大霸尖山的區域，一般說來學校教職員這樣長時間的出差應該不至於漏記，因此合理的推測是山本由松因為某些原因並沒有實際參與這次的高山採集，而《臺灣登山史》的紀錄可能有誤。此外，《臺灣登山史》在同年的另一筆紀錄：「一九三一年七月七至十八日臺北高等學校有船曳實雄一行五人從埤亞南社攀登桃山、品田山、大霸尖山、雪山，由志佳陽下山」。這個路線和時間，與細川隆英這次高山採集資料相符，加上細川隆英本身是臺北高等學校畢業生，故本文以此推斷細川的路線應是和臺高的登山隊一致，但與正宗嚴敬等人不同。依照標本紀錄回推採集路徑，《臺灣登山史》中的這筆記錄，實際上應包含了兩條不同路線的植物採集。

根據《臺灣登山史》（鄭安睎，2013，頁82-83）的紀錄，其中描述一九三一年七月「臺北帝大植物學教室的正宗嚴敬、山本由松、森邦彥、細川隆英等一行前往南湖大山採集植物。」似乎顯示臺北帝大在這年夏天有一次高山的採集調查。然而，從植物標本來看，只有正宗嚴敬、森邦彥和細川隆英三人在這趟旅程留下了採集標本，山本由松並沒有留下任何標本紀錄。山本由松是臺北帝大的助教授，一般來說野外工作都會留下採集標本（臺大植物標本館藏有超過五千份的山本由松所採集的標本，都有清楚列名在採集標籤上），而在這一年（一九三一）的七、八月間他的確也都有留下不少標本紀錄，包含一九三一年七月五日與鈴木重良在屏東崇蘭農場（九如），八月三日至九日在臺東成功、三仙台等地，八月十日在臺北

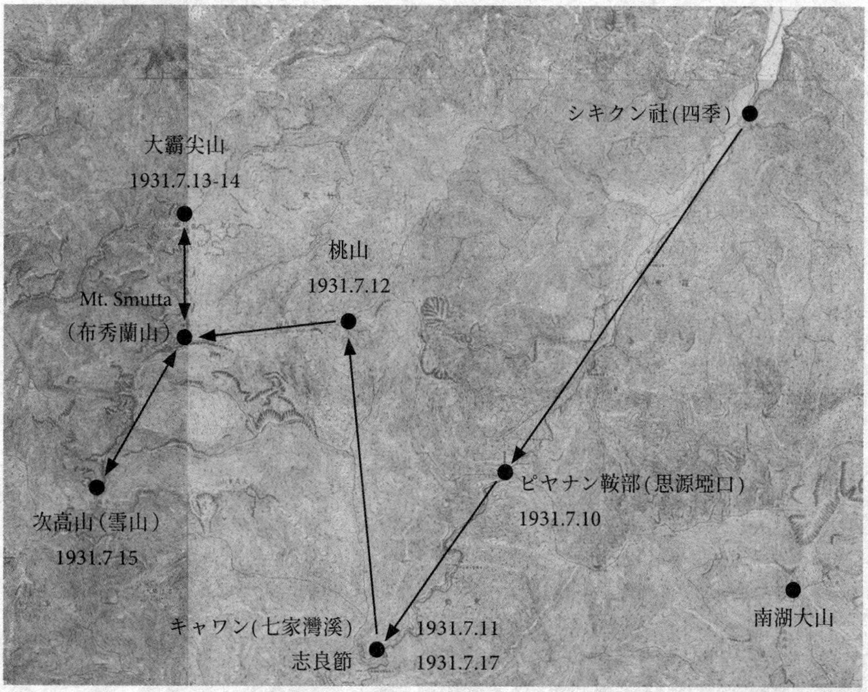

圖1-7　細川隆英一九三一年七月九日至二十一日間主要採集點，及根據標本資料建構之採集路線圖。（以日治時期一九三〇年五萬分之一地形圖為底圖，地圖來源：中研院人社中心臺灣百年歷史地圖）9

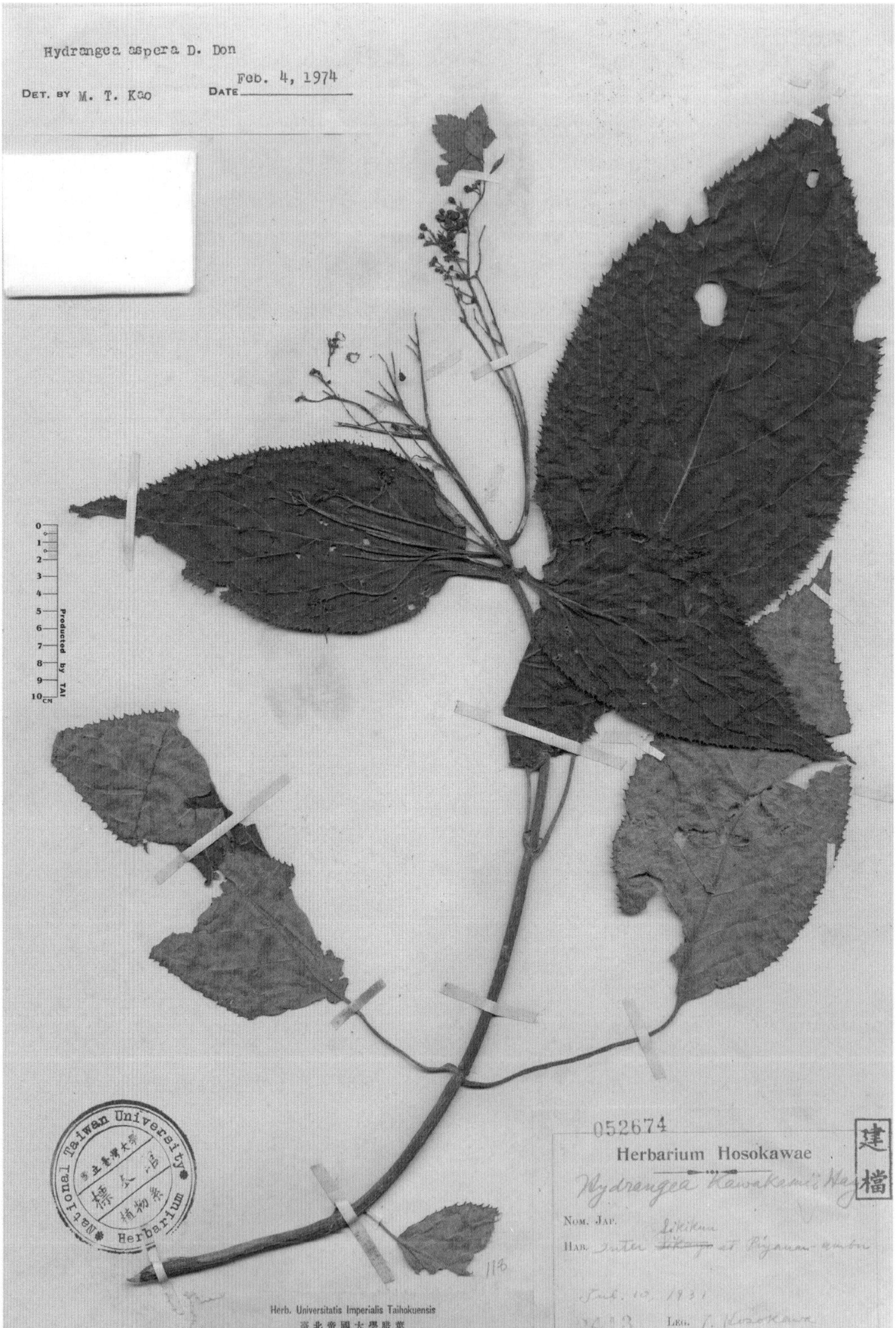

圖1-8　細川隆英一九三一年七月十日採自思源埡口的高山藤繡球標本，採集編號Hosokawa 2413。

圖1-9　細川隆英一九三一年七月十二日採自桃山的玉山懸鉤子標本，採集編號Hosokawa 2296。

拔物種較少，細川隆英這次的採集，大概是希望能夠採集到臺灣以往少見的中高海拔豆科植物。而這次的雪霸採集，也沒有讓細川失望，除了一個新種臺灣土圞兒之外，還採到了琉球山螞蝗、小葉山螞蝗、能高大山紫雲英、細梗胡枝子、毛胡枝子等五個豆科植物。以目前所知臺灣特產中高海拔的豆科植物來說，細川隆英只有欠缺分布於南湖大山的南湖大山紫雲英採集紀錄，其餘的豆科植物種類都有採到，可謂成果豐碩。

這次高山植物的採集，有相當的特殊性。首先是這趟旅程的時間點（一九三一年夏），是緊接在前一年的霧社事件（一九三〇年十月二十七日）之後。霧社事件的影響層面相當廣，對於日本的原住民管理（理蕃政策）有重大改變，許多的部落被迫遷離熟悉山區的家園。而進出高山地區的管制也較先前嚴格，有將近一年的時間前往高山地區的人數減少相當多。

由於中部高山的不安定和危險性，一九三〇到一九三一年間高山地區的採集大都選擇以雪山—大霸尖山為目標，除了非常熟悉山林的鹿野忠雄仍然在這兩年進行玉山群峰和南玉山的攀登，其他學者應該都是選擇較保守的路線。在腊葉館眾人的討論過後，決定一九三一年夏天，從思源埡口分成兩條採集路線，一條由正宗嚴敬和森邦彥兩人於七月十一日到十五日，自基力亭往南湖大山方向採集。另一條則由細川隆英，跟著另一個臺北高校的登山隊，走思源埡口的西邊，沿桃山、雪山和大霸尖山這條路線採集。

在這次雪霸高山植物採集旅程中，除了列為目標物的豆科植物之外，細川隆英也進行不少其他植物的採集，所採的標本包含高山常見的高山藤繡球[10]、玉山懸鉤子[11]、長萼瞿麥[12]和臺灣繡線菊[13]等。這些植物都是雪霸地區步道旁不會被植物學家們遺漏的物種，從標本的名錄一路看下來，就好像走在高山的步道上，讓花果重新活過來的畫面。

接下來的七月和八月，細川隆英繼續前往臺灣各地進行豆科植物的採集，七月底到臺北和金山採了假地藍、兔尾草、肥豬豆、小豇豆等，八月初則到新竹採集了假含羞草、排錢樹，十一月接著到南部屏東墾丁和鵝鑾鼻，以及高雄等地。一九三一年大半年的時間幾乎都出門在外奔波，對體能來說是一大考驗，但是對喜愛田徑的細川隆英來說，運動天賦可說是足以自豪的本錢，⑮野外的奔波加上植物觀察，自是甘之如飴。一整年一直忙到十一月中，標本的採集非常豐碩，幾乎可以保證這會是一個令人驚豔的研究成果。年來所見臺灣南部熱帶植物的多樣性，也讓細川隆英對於南洋的自然風光充滿憧憬。

昭和六年（一九三一）十二月，經過整年的採集，細川隆英終於可以開始進行學士論文的整理和寫作，同時也著手密克羅尼西亞研究的旅行準備。可是接下來迎接他的，卻是一連串的打擊和無情的挑戰。

急轉直下的命運

昭和七年（一九三二）一月八日，對臺北帝大來說是個驚愕且沉痛的日子。細川隆英

⑮ 細川隆英曾在帝大運動會創下跳遠六．九二公尺的紀錄，是當年（一九三一）全臺灣跳遠紀錄保持人，即便在臺北帝大到臺大歷年的校運歷史紀錄中，迄今依然可以排到前三傑（資料來源：《九州大學新聞》一九五九年七月十日；臺大體育室紀錄）。

的指導教授工藤祐舜因為心臟僧帽瓣膜症⑯發作，以四十六歲的英年與世長辭。工藤祐舜教授時任植物學第一講座教授，在他的銳意籌畫下，臺北帝大建立了植物園、腊葉館，以及植物分類・生態學研究室。此時聚集了助教授山本由松、助手正宗嚴敬，以及學生輩的細川隆英、鈴木時夫、福山伯明等在臺北帝大理農學部之下，可謂人才濟濟，正是要展翅高飛之際，工藤博士卻突然撒手而去。

工藤祐舜是一個非常有活力而且執著於研究的學者，在臺北帝大的三年多期間東奔西跑，在臺灣各地採集了四千五百多份標本，並且把他在北海道和樺太（庫頁島）⑰等地區過去所採集的一萬七千份標本也都帶進臺北帝大，立時把植物標本館的規模建立起來。同時有關生物學科的課程，也和日比野信一、平坂恭介等教授一起建立所有的規範和制度，可以說是臺北帝大草創時期的重要推手。工藤教授在過世前一年身體就有一些狀況，雖然因此減少出外採集，但所有學生論文文章都仍很仔細地研讀。大家起初也都不以為意，認為只是小病痛，工藤很快就會恢復健康。工藤的突然離世對細川隆英來說，非常難以接受，他在幾天後一月十三日的悼念文中寫道：14

嗚呼先生にお訣れしてより孤兒の慈母に棄てられて 路頭に彷徨するが如く瞽者の杖を失ふて方向にまよへるが如く轉輾又轉輾樹靜 かならんと欲すれども風やまず恩を報ぜんと欲すれども先生既に在さず今より 如何にして先生の高恩に酬い奉る

⑯ 二尖瓣狹窄引發之心臟病。
⑰ 日本人稱庫頁島為樺太島。

べき

哀哉與恩師的永別，我如被慈母遺下的孤兒般，在街頭彷徨不知所已，如盲者失去了指引方向的拐杖，如風吹無法平靜的樹木。恩師已逝，我要如何報答老師的恩情？

在哀痛的心情中，細川隆英仍然努力完成學士論文撰寫，最後在助教授山本由松的幫忙下，在三月二十三日獲得理學士的資格。細川隆英的這份學士論文長達三百六十多頁，全文以英文和拉丁文打字而成，成為臺北帝大生物學科最早發表的論文之一。這份論文共整理臺灣二百五十種豆科植物的分類處理，論文的水準相當高，已經是研究生等級的寫作，工藤祐舜對細川隆英的學術訓練功不可沒。

恩師離去的衝擊還未褪去，細川隆英又接到另一個噩耗，父親細川隆顯在高雄甲仙公學校擔任訓導時因腦中風倒下。雖然好不容易拿到帝大的學位，一家五口的家計責任突然間就落在還不滿二十三歲的細川隆英肩上。然而昭和初年正是日本近代史上著名的「昭和經濟危機」時期，也是一九三〇年前後全球經濟大蕭條，就業最艱困的時候。即使有帝大的學位，也沒有辦法保證有好的工作可做。臺北帝大的老師們，包含植物學第二講座日比野信一教授和山本由松助教授等，決定先以理農學部的名義，暫時聘任細川為副手，一個月領四十五圓，[15]讓他先有經濟能力勉強支持。而為了全家生計打算，除了在理農學部的工作之外，細川隆英也前往總督府農業部應用動物科打工（囑託），希望多少可以貼補家用。

四月中旬，理學農部的新派令正式公告，工藤所遺留下來的工作，植物分類學的教學和腊葉館由山本由松接續負責；植物園的部分則由日比野信一擔任園長，同時另外成立一個委員會來負責運作，除山本由松外，還找農學相關的松本巍、田中長三郎、八谷正義等人一同協助植物園的管理。由於山本由松還兼任農林專門部的教職，新的調整將原本在植物園工作的正宗嚴敬，改聘到農林專門部講師分擔教學，鈴木重良和森邦彥則仍然是助手，但主要負責農林專門部方面的工作，植物園和腊葉館則由新任副手的細川隆英幫忙日常事務。[16]一番調整之後，山本由松把幾位有在腊葉館工作的師生們找來，決定新的工作流程制度。

腊葉館自一九二九年底成立後，一開始累積的標本還沒有太多，大抵上主要的採集者可以有個自己的標本櫃來貯存標本。工藤過世後遺留下不少標本雖然可以暫時存放在原本的櫃中，但是各方陸續捐贈的標本愈來愈多，比方說原來在屏東尋常高等小學校任訓導的松田英二，在他到墨西哥赴任新職之後，就將他四千多份的採集標本轉贈腊葉館。山本由松和細川隆英決定將館內的標本重新整理歸檔，而且建立藏品基本盤點紀錄，希望制度化的建立，可以稍稍彌補痛失領導者的缺憾，並讓學術研究重回軌道。

不過這多事的一年，持續地在日本不同地區冒出令人不安的新聞。昭和七年（一九三二）五月十五日，首相犬養毅在官邸中被幾名年輕激進派軍官射殺（史稱五一五事件），資深軍官支持的「統制派」和年輕軍官為主的「皇道派」之鬥爭日趨白熱化。輿論大多同情這些帶有理想主義的凶手，而對長期貪腐的政客和勾結的財閥沒有好感。最後沒有人在被捕後被判死刑，而且入獄者很快就獲釋，雖然不少人認為結果理所當然，但這個事件埋下了日後更大叛亂的種子，成為日本法西斯主義抬頭的遠因。⑱不過在臺灣，一般民眾對於日本本土的騷亂，或是關東軍在滿洲和中國軍隊的衝突，⑲大部分仍沒有直接的感受，甚至剛上任不到三個月的臺灣總督南弘因為新內閣（齋藤實總理大臣）成立而自動辭職，成為臺灣最短任期的總督，大家也不覺得會有太大的影響，依然過著如常的生活。對臺北帝大的師生來說，校園活動，包含各個專業的讀書會、談話會以及運動競賽等，還是眾人關心的重點。在腊葉館中，到處出外採集和整理標本的學術研究有趣得多，政治的喧鬧和亂象，比較像是茶餘飯後牢騷的話題而已，沒人覺得和自己有什麼切身關係，無法想像戰爭的風暴正悄悄醞釀，幾年之後生活會有天翻地覆的變化。

細川隆英花了幾個月的時間協助腊葉館建立管理制度，讓標本的入出庫有確切紀錄，許多事務在工藤在世期間已有初步規劃，現階段就努力將之完成即可，短時間內問題不大。然而大家心照不宣的是，失去了工藤的領導，誰也不確定「植物分類・生態學研究室」該如何往前走。日比野信一此時成為生物學科中植物領域最資深的教授，同時兼管理農學部的植物園，他也建議山本由松申請在外研究，以為升等教授進行準備。

⑱ 一九三六年二月二十六日，日本爆發近代史上最大的一次軍事叛亂，史稱二二六事件，最後結果皇道派因主謀被重判而影響力大減，統制派的軍政者全面掌權，推動日本法西斯主義，並走向全面戰爭（約翰・托蘭 2015）。

⑲ 前一年（一九三一）九月十八日在瀋陽爆發中國國民革命軍與日本關東軍的衝突（九一八事變），最終日軍實質占領東北地區，並於次年三月扶植滿洲國成立。

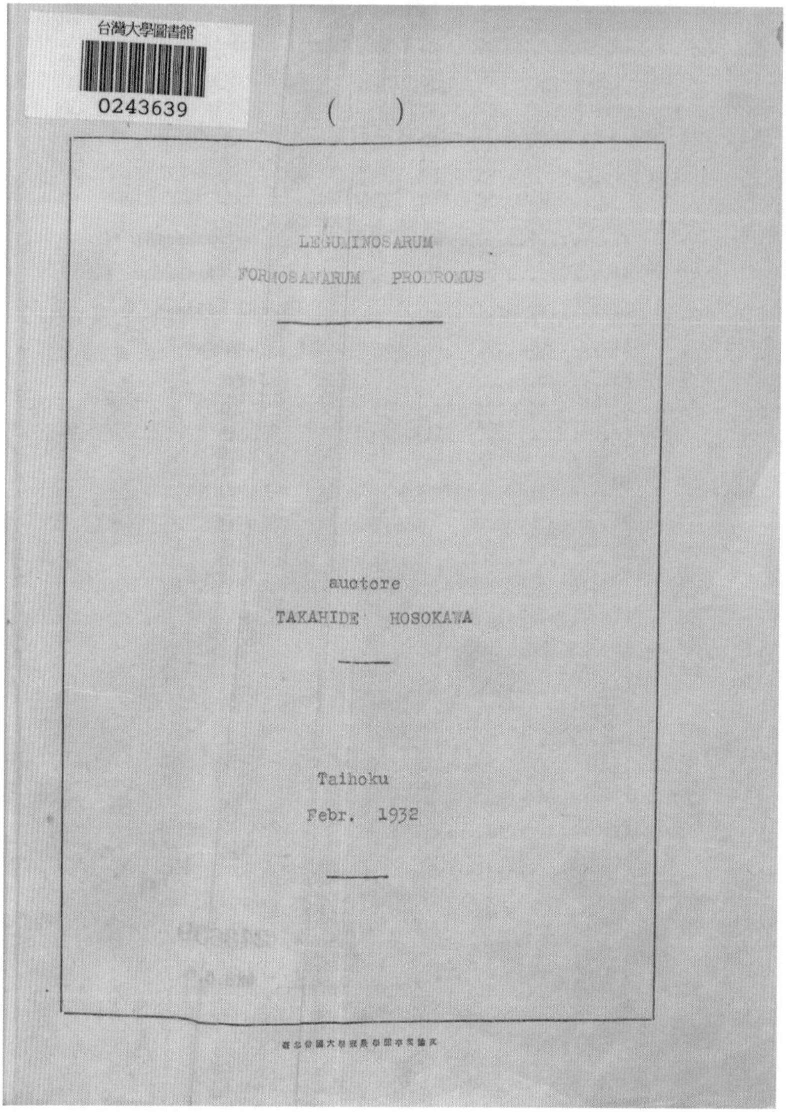

圖1-10　細川隆英的學士論文封面（圖片來源：臺灣大學圖書館特藏組）

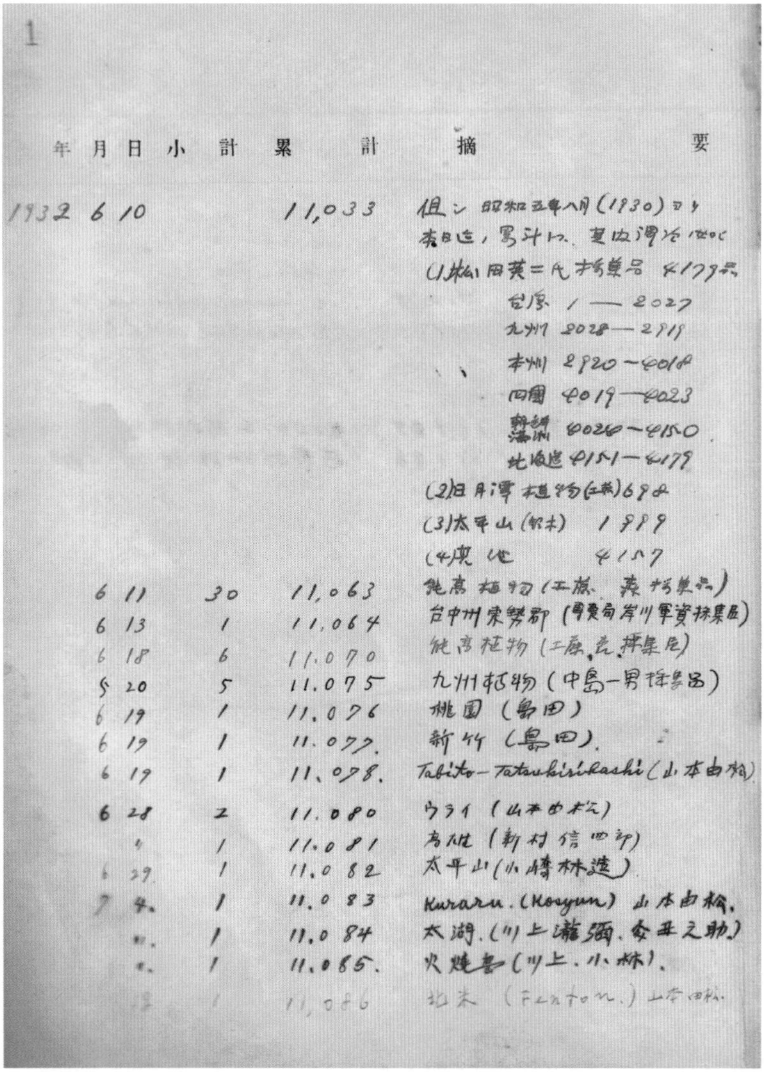

年月日	小計	累計	摘要
1932 6 10		11,033	但シ昭和五年八月(1930)ヨリ 本日迄ノ累計ハ [illegible] (1)松田英二氏採集品 4179点 台灣 1—2027 九州 2028—2919 本州 2920—4018 四國 4019—4023 朝鮮 滿洲 4024—4150 北海道 4151—4179 (2)日月潭植物(工藤)698 (3)太平山(鈴木) 1989 (4)[illegible] 4157
6 11	30	11,063	能高植物(工藤 森 採集品)
6 13	1	11,064	台中州東勢郡([illegible]採集品)
6 18	6	11,070	能高植物(工藤 森 採集品)
6 20	5	11.075	九州植物(中島一男採集品)
6 19	1	11.076	桃園(島田)
6 19	1	11.077	新竹(島田)
6 19	1	11.078	Tabito–Tatukirikashi(山本由松)
6 28	2	11.080	ウライ(山本由松)
〃	1	11.081	高雄(新村信四郎)
6 29	1	11.082	太平山(小崎林造)
7 4	1	11.083	Kuraru.(Kosyun) 山本由松
〃	1	11.084	太湖(川上瀧彌 森丑之助)
〃	1	11.085	火燒島(川上 小林)
[illegible]	1	11,086	[illegible] 山本由松

圖1-11 臺大植物標本館目前所藏館號簿第一頁，顯示自一九三二年六月十日起之標本入庫紀錄。（圖片來源：臺灣大學植物標本館）

細川家中仍有生病的父親和年幼的妹妹們要幫忙照顧，期間只能斷斷續續地進行研究工作，但他還是希望能將過去的研究整理發表。細川隆英在這段期間將學士論文重新整理後，分成五篇文章陸續發表在《熱帶農業期刊》，題名為〈東亞豆科植物新見I~V〉(Notulae Leguminosarum ex Asiae-Orientale I-V)。[17]細川隆英這些文章中有許多臺灣重要的植物發現，包含九個豆科新種、三種新變種和其他新組合名等十一個分類群，以及包含七十種的新紀錄種，是臺灣當時最完整的豆科植物研究。

發表於一九三二年的〈東亞豆科植物新見I〉，[18]是細川隆英寫的第一篇科學期刊文章，其中包含有兩個特產在恆春半島的新種：鵝鑾鼻決明和貓鼻頭木藍。⑳

此外，在細川隆英發表的這幾篇豆科分類文章中，有一個重要的發現是為臺灣原生特有的臺灣大豆（*Glycine formosana* Hosokawa）定名。這個學名根據的是島田彌市一九二四年在桃園大溪（標本編號Shimada 1344），以及一九二八年在新竹州油羅（橫山，標本編號Shimada 4493）所採的兩份標本來命名。㉑

細川隆英另一個豆科的新發現是零星分布在中海拔的臺灣土圞兒（*Apios taiwanianus* Hosokawa）。細川隆英一九三二年發表臺灣土圞兒新種的時候，根據的是兩份標本，其中一份來自於他一九三一年七月十七日，在志良節的採集，[19]另一份則是更早時，工藤祐舜和佐佐木舜一於一九二九年在日月潭附近的採集。這也是臺灣第一次有土圞兒屬植物的紀錄。

⑳ 鵝鑾鼻決明原發表學名*Cassia garambiensis* Hosokawa，現POWO (Plants of the World Online, 2021) 資料庫學名更名為*Chamaecrista garambiensis* (Hosok.) Ohashi, Tateishi & Nemoto。貓鼻頭木藍學名*Indigofera byobiensis* Hosokawa。這兩個臺灣特有種的豆科植物族群數量也不算多，目前在《二〇一七臺灣維管束植物紅皮書名錄》中分別被列為易危（VU）和極危（CR）的等級，不過因為它們分布在墾丁國家公園的範圍內，目前有受到保護。

㉑ 這個學名後來被日本東北大學大橋廣好教授降級處理為一個臺灣特有亞種：*Glycine max* (L.) Merr. ssp. *formosana* (Hosokawa) Tateishi & Ohashi (Tateishi & Ohashi 1992)。

一系列的豆科文章，也將細川隆英在工藤祐舜指導下的學士論文工作很有效率地告一段落，不至於辜負恩師對他的期待：「不要在手上留太多未發表的資料，要隨時整理階段性的研究工作。」工藤祐舜時常對學生如此耳提面命，這也是為什麼雖然工藤祐舜因病猝逝，但未完成發表的研究工作並沒有剩下太多，因為大部分他總是能很快地將手邊的工作整理後寫成文章發表在科學期刊上。

臺灣博物學會在一九三二年八月發表「故工藤祐舜教授追悼紀念號」的專刊，㉒其中細川隆英撰寫了兩篇文章。除了一篇是代表理農學部學生的悼念文之外，他還另外發表一篇科學文章〈臺灣植物新見Ⅰ〉（Revisio ad Floram Formosanam (I)），[20]內容包含了十個非豆科的新種植物（豆科植物都另外發表）。文章中排第一個的植物新種是唇形科的工藤氏風輪菜（*Satureia kudoi* Hosokawa），種小名*kudoi*就是紀念恩師工藤祐舜（Kudo Yushun）而命名。因為工藤祐舜是唇形科的專家，細川隆英選了一個在前一年雪霸之行所採的唇形科植物，具有特別的意義。㉓

在理農學部的工作和文章發表同時，細川隆英家庭和學校事務兩頭燒，父親細川隆顯在中風之後病情一直沒有好轉，最後在九月九日逝世。留下母親和三個妹妹貞子、純子，以及烋子，其中十五歲的純子身體一直不好，長年受肺結核所苦，而烋子才八歲，仍然需要許多照顧。在諸多壓力下，細川將他的南洋夢暫時擱下，奮力先求一家溫飽。在沒有太多時間可以野外採集的情形下，細川也開始將前幾年在小琉球的植物採集研究進

㉒當時的臺灣博物學會地址為臺北帝國大學理農學部，以學會名義共同發表紀念專刊。

㉓這個學名目前被POWO（2021）處理為廣布種風輪菜*Clinopodium chinense* (Benth.) Kuntze的同物異名。

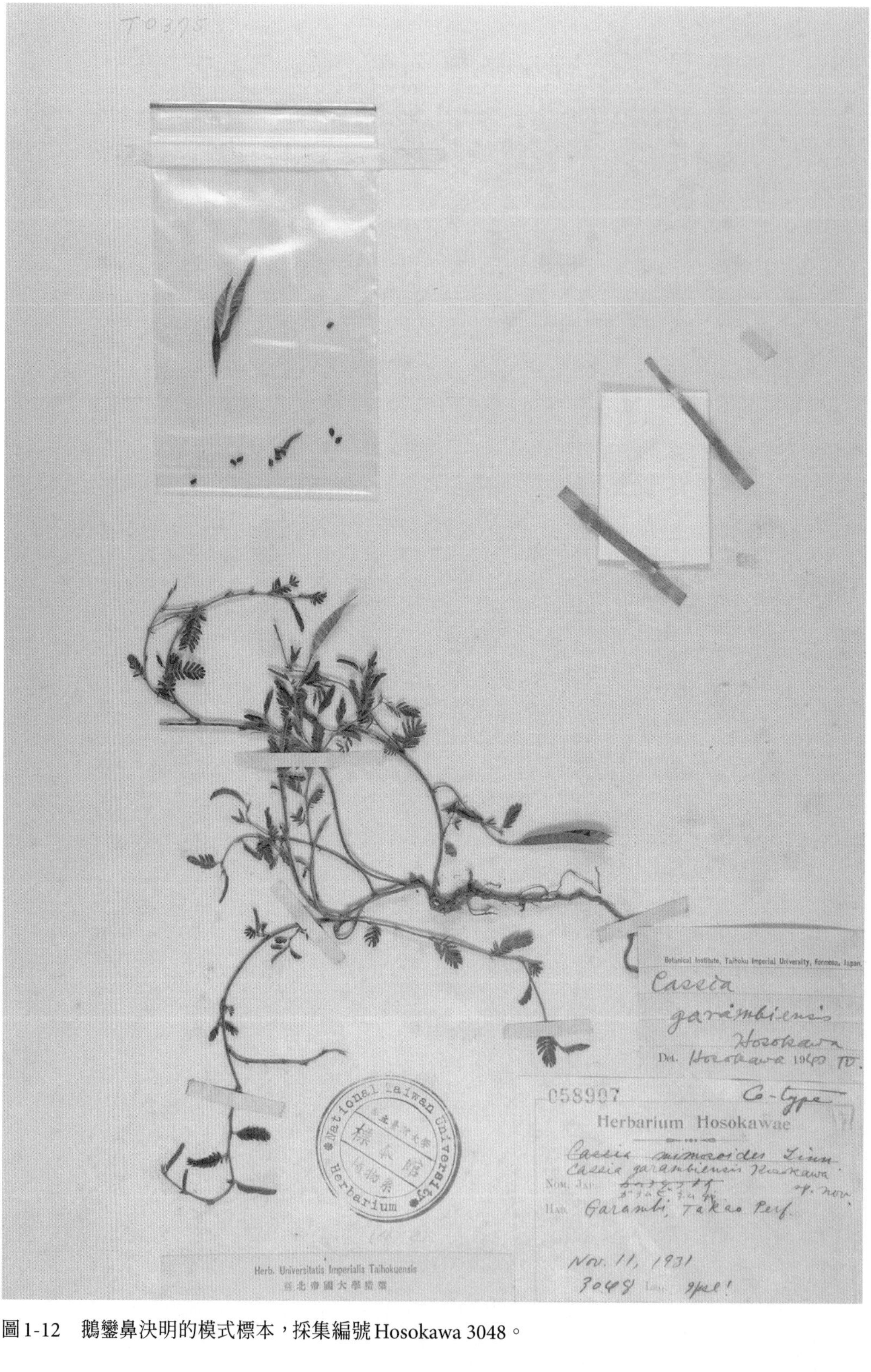

圖1-12　鵝鑾鼻決明的模式標本，採集編號Hosokawa 3048。

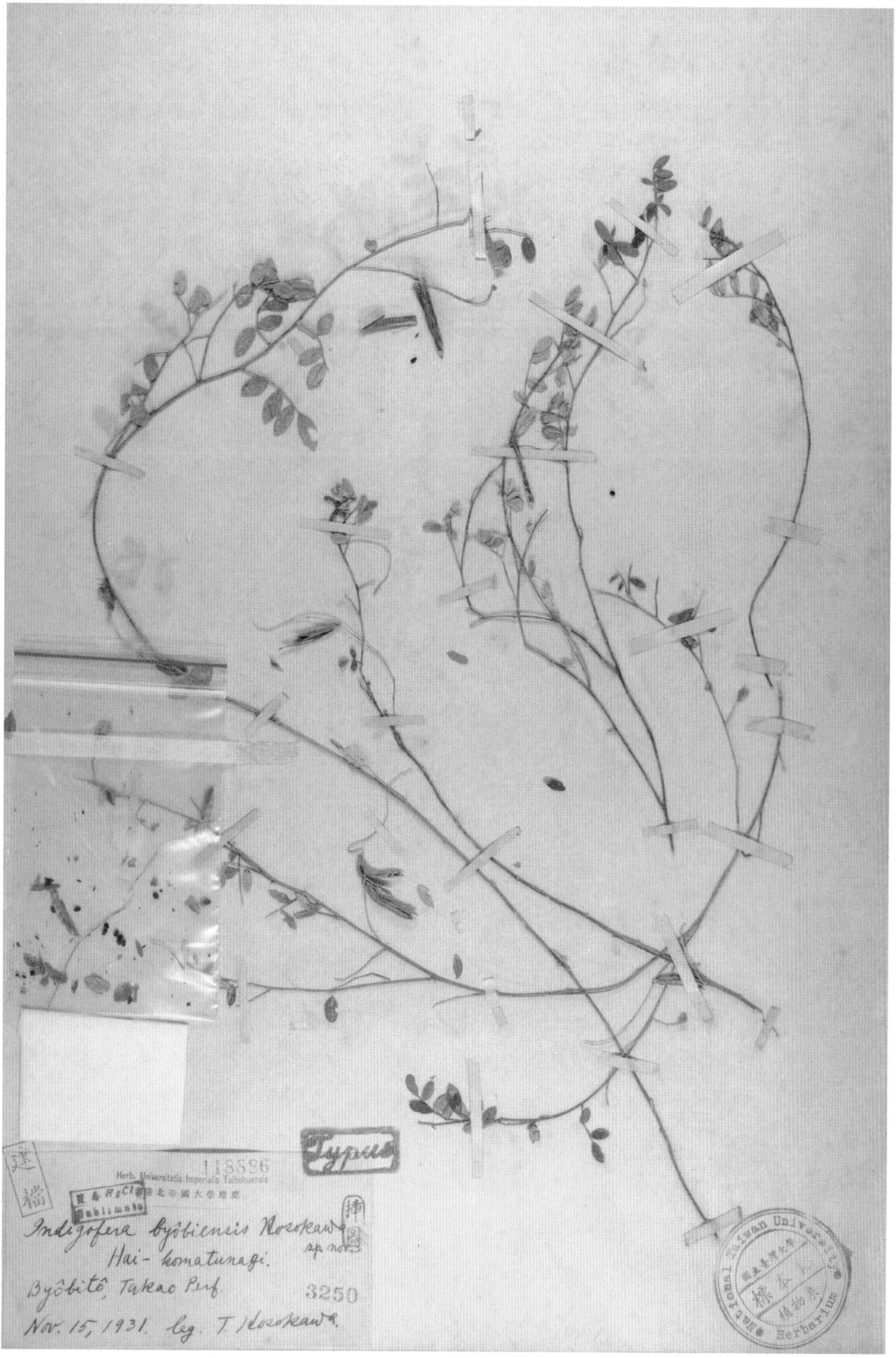

圖1-13　貓鼻頭木藍的模式標本，採集編號Hosokawa 3250。

行整理。

細川隆英新整理的小琉球植物名錄，若加上中央研究所林業部㉔菊池米太郎過去的採集，總共有二百七十四種維管束植物，包含十七種蕨類和五十四種單子葉植物，以及二百零三種雙子葉植物。在這份資料被整理之前，過往小琉球只有不到二十種的植物紀錄，細川可說是完成了當時極具代表性的完整名錄。而在這批標本中，細川發表了三種海濱植物新種：短莖繩黃麻㉕、銀毛土丁桂㉖，和島嶼馬齒莧㉗。忙碌的生活，讓細川沒有太多餘裕顧及其他，但其中一個特別值得記錄的是東京帝大池野教授的來訪。

池野先生的草山行

昭和七年（一九三二）十月十八日，以下雨聞名的基隆難得有晴朗的天氣，在基隆港邊，山本由松、正宗嚴敬和鈴木重良三人匆匆趕到一艘剛抵港的船邊，顯得有點鬆一口氣，但仍不住向慢慢放下的舷梯張望。

「還好總算是趕上了，真沒想到船會提早到達，若不是出門前又再打一次電話，很可能就遲到，那可太失禮了。」說話的是鈴木重良，他還不住地拿手帕擦汗。這時一位戴著黑圓框眼鏡、留著白色鬍子紳士模樣的老先生提著個小箱子走下甲板。

「啊，看到了。」山本由松向前邁兩步，揮著手向著那位老先生喊道：「池野先生，您

㉔ 前身為一九一一年設立的殖產局林業試驗場。一九二一年，臺灣的各研究試驗機構合併為臺灣總督府中央研究所，林業試驗場於是改為中央研究所林業部。至一九三九年中央研究所下的各部獨立，林業部便成為臺灣總督府林業試驗所。戰後改稱為臺灣省林業試驗所，即今（二〇二三年）農業部林業試驗所之前身。

㉕ 原發表學名為 *Corchorus brevicaulis* Hosokawa（錦葵科），這個植物後來被劉棠瑞&羅漢強在一九七七年第一版《臺灣植物誌》(*Flora of Taiwan*)中處理為繩黃麻的變種，現名 *Corchorus aestuans* L. var. *brevicaulis* (Hosok.) Liu & Lo.，但仍為小琉球的特有變種。

來啦，請來這邊。」正宗和鈴木兩人連忙上前，一人扶著他下船，另一人幫著拿他的行李。

下船的是東京帝國大學的池野成一郎博士，他是日本植物學界耆老級的人物，今年近七十歲，只略小於創建東大小石川植物園的松村任三，和後來被尊稱為日本植物學之父的牧野富太郎等知名東大植物學家。而在臺灣享有盛名的植物學者早田文藏只能算是他學生輩，對山本等人來說，他可說是祖師爺般的存在。池野博士在一八九六年發現蘇鐵的精子具有鞭毛，以細胞遺傳學研究名著於世，他於一九一二年時接受帝國學士院的恩賜賞，並在昭和三年（一九二八）退休，任東大的名譽教授。[21]年初工藤祐舜教授過世後，山本由松在和日比野信一等人討論後，希望邀請池野博士到臺北帝大擔任兼任講師，不定期來臺灣講學，這次池野先生應邀來臺，預計停留二週，以熟悉臺灣的環境。

池野先生訪臺讓山本等人既興奮又緊張，旅社安頓後隔日池野就在理農學部教室講授植物系統學。雖然池野先生年事已高，但上課的速度一點也沒有慢下來，所有的學生對於其豐富的內容都覺得大開眼界。山本由松總共幫忙安排三次的採集旅行，第一次是十月二十三日，由正宗、大沼㉘，會同池野先生一起到烏來山區，山本則因要準備日本動物學大會工作未能成行。雖然行前大家已被告知可能會下點小雨，不過臨時下起無預期的大雨一點沒有澆熄池野先生的熱情，他反而非常開心能親身體會熱帶降雨林的樣貌，正宗等人都非常驚訝池野先生每天上兩三個小時的課，仍能保持旺盛的精力。

十月二十八日天氣相當不錯，山本找來不少夥伴，包含細川等一共十人浩浩蕩蕩前

㉖ 原發表學名為 *Evolvulus alsinoides* L. var. *argenteus* Hosokawa（旋花科），銀毛土丁桂為本書所擬中文名，原文並無中文名，變種小名 *argenteus* 意為具銀色綿毛的，故名之。目前這個植物被POWO資料庫併入舊世界（亞洲、歐洲和非洲）熱帶地區廣泛分布的土丁桂（*Evolvulus alsinoides* L.）之下。

㉗ 原發表學名為 *Portulaca insularis* Hosokawa（馬齒莧科），島嶼馬齒莧為本書所擬中文名，原文並無中文名，變種小名 *insularis* 意指產在島嶼上的，故名之。目前此植物併入東亞分布的沙生馬齒莧（*Portulaca psammotropha* Hance）之下。

㉘ 依當時人事關係，推測應為大沼與惣三郎，臺北帝大理農學部附屬植物園助手。參考《臺北帝國大學一覽》昭和七年（一九三二）版。

圖1-14　臺灣大豆的模式標本，採集編號Shimada 4493。

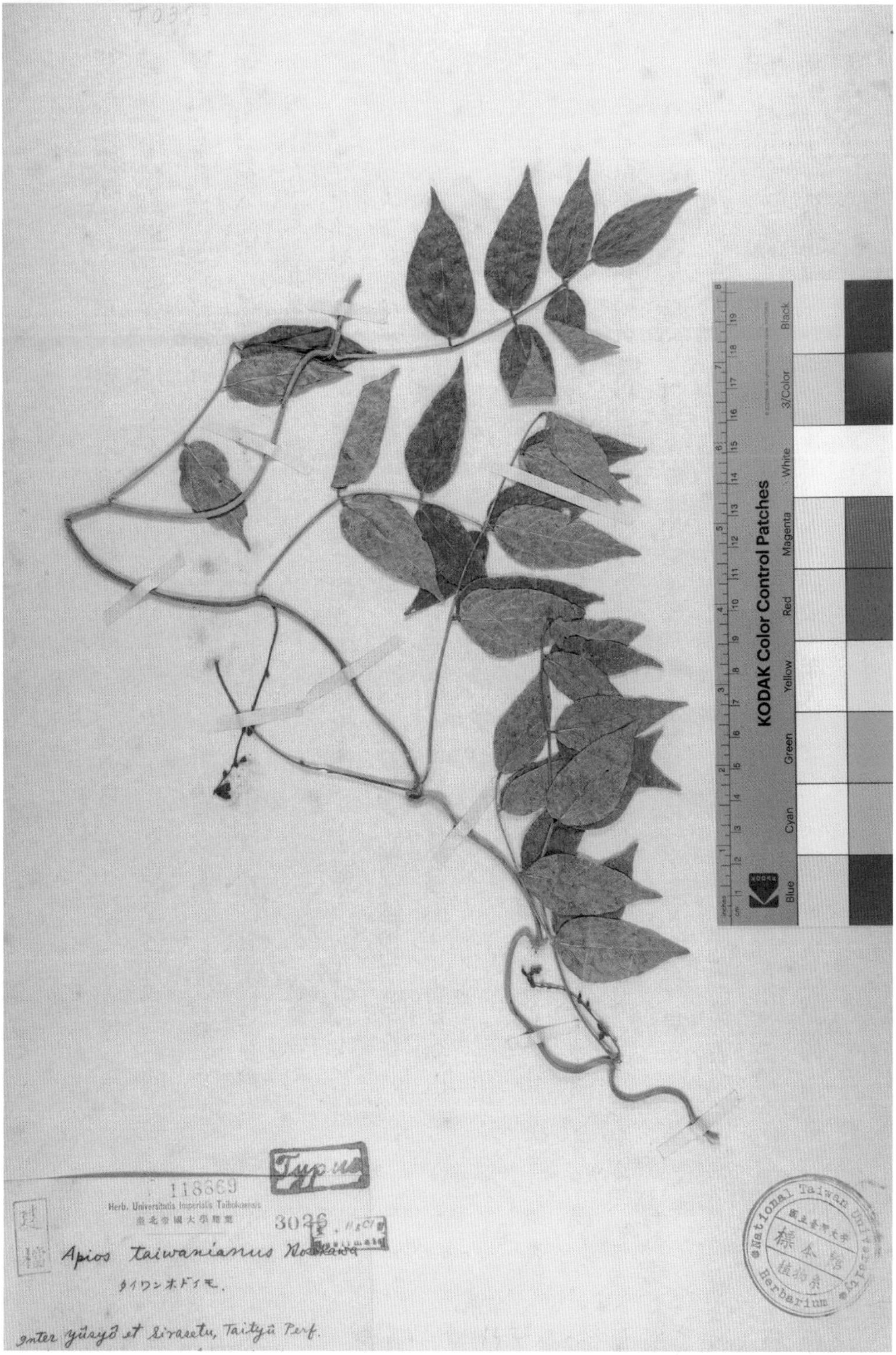

圖1-15　臺灣土團兒的模式標本，採集編號Hosokawa 3026，採集地點是臺中州東勢郡有勝與志良節之間（Inter Yusyo et Sirasetu, Taityu Perf.）。

往草山（陽明山），從草山浴場一路走到紗帽山，山頂可以遙見觀音山和淡水。走在路上，從草叢中爬出兩三條青蛇，大家不僅不害怕，還圍在一旁七嘴八舌地討論各自遇到蛇的經驗。從此處再下到硫磺谷和北投，在北投享受泡溫泉的舒服滋味，最後從北投驛（車站）坐火車送先生回臺北旅館，這回連池野先生也覺得疲累，走上二樓的腳步終於難掩沉重，但是大家仍非常開心能一路閒談。

池野先生離臺前的最後一趟旅行選擇往觀音山和淡水兩地，十月二十九日一早，正宗、大沼等人在臺北橋集合，還加入鈴木重良。這一天天氣不佳，斷斷續續下著小雨，不過並沒有阻止喜愛攝影的池野先生四處梭尋，他這幾天一有機會就拍照，不管是淺山的相思樹、農家種植的檳榔，或是海邊的林投，一路留下不少照片。

來臺兩週之後，池野先生搭基隆到神戶的吉野丸郵船離開臺灣，即便船已離岸，山本在碼頭還看到池野先生拿著望遠鏡頻頻招手。池野先生回到日本後也寫信鼓勵山本等人，繼續臺灣的植物研究，自己也答應擔任臺北帝大的講師，有機會一定再回臺灣。[29]

池野先生回日本後的某日午後，細川隆英整理完小琉球的植物名錄和文稿，差不多總算可將他在臺北帝大求學時期的植物研究累積成果告一段落，他坐在腊葉館的書桌前，伸了個大懶腰。由於鈴木重良和森邦彥帶著農林專門部的學生修學旅行，腊葉館冷清了不少。從樓上走下來三個學生，包含晚細川一年入學的上河內靜和再小一屆的鈴木時夫與福山伯明。

㉙ 有關池野成一郎此次的臺灣行，參考山本由松（1933）紀錄。池野成一郎自昭和八年（一九三三）起一直擔任臺北帝大理農學部的講師，直到昭和十六年（一九四一），池野過世兩年前，太平洋戰爭開戰為止，參考《臺北帝國大學一覽》昭和八至十七年（一九三三至一九四二）版。

上河內抱著一疊標本，一邊喜露顏色地和細川隆英打招呼，「太好了，細川先輩你在啊，我有一些問題想問你。」生物學科這一年以植物分類為題來準備論文的學生只有上河內一位，預計以臺灣的樟科植物分類為論文題目，他雖然也不討厭研究，但對於野外採集並不太熱中，比較希望未來能在中學找個穩定的教職工作。

上河內靜和鈴木重良一樣是鹿兒島高等農林學校畢業，後者對上河內特別照顧，不過因為上河內個性的關係，對長他一倍年紀的鈴木重良一向又敬又怕，但對細川這個學長則倍感親切。細川和上河內討論完後，轉頭向一旁閒聊的福山伯明和鈴木時夫兩人說道：「你們兩個要早點開始論文準備啊，不要像上河內君這樣臨時抱佛腳，很辛苦的。」上河內靜聽著只能不好意思地連聲抱歉。

「福山君不用說就是要做蘭花，他眼睛裡也放不進其他東西。」鈴木時夫不理身旁福山伯明向他瞪眼，接著又說：「我最近對於利用桑科植物葉片的形態特徵進行分類很有興趣，也許會拿這個當作題目吧。」

「桑科啊，」細川隆英點點頭，「它們的花都特別小，若能以營養器官的形態作為分類的依據也會很有幫助，臺灣這裡榕屬植物不少，你得多跑跑野外採集喔，時夫。」由於標本館有兩個「鈴木」，他們習慣稱呼鈴木重良作「鈴木桑」，而以鈴木時夫的名字「Tokio」（時夫）來稱呼他。

「沒問題的，我最喜歡的就是四處跑。」鈴木時夫應道，他瞄一眼細川桌上放的幾份

圖1-16　池野先生的草山行照片，前排左起：細川隆英、大沼氏。後排左起：正宗嚴敬、池野成一郎、山本由松、黑瀨[30]。(山本由松1933)

[30] 推測應為黑瀨國三郎，理農學部植物園助手。參考《臺北帝國大學一覽》昭和七年（一九三二）版。

看來像是期刊抽印本的文件，隨口問道：「細川先輩在看金平博士的文章嗎？進軍南洋的大計有沒有什麼進展？」

細川隆英點點頭，一邊沉吟一邊用左手輕輕撥弄桌上的文章，接著停下手指的動作，將手掌放在整疊文件上，輕嘆一口氣苦笑，「這談何容易呢？我的預想是至少得去兩個月的時間，但沒有經費的支持，也沒有在地的人脈協助，幾乎是不可能的事。」

「我記得先輩曾說過金平博士回到九州帝大後，可能會將研究重心往外南洋發展，」一旁的福山伯明也加入話題，「而且他希望有人能繼續內南洋當地植物分類的工作，這前提是要能有熱帶植物分類基礎的人，我覺得沒有比細川先輩更適合的人選。」

細川隆英背靠上椅子，自言自語地看向天花板，「如果我可以得到南洋廳支持的話，那麼問題當然迎刃而解，也可以得到當地的官員協助。但是凡事起頭難，我總是要先有實績才能被看見，然而跨出第一步在在需要錢，這是非常現實的問題。」接著又顯露有點苦惱的表情，「即便去得了，我也得張羅準備採集工具、報紙、木箱等裝備。所需要的東西還真不少，但難不成我可以向腊葉館借嗎？」

「為什麼不行？」在門口說話的是日比野信一，和他一道進來的山本由松則帶著微笑向細川點點頭。細川等人連忙起立，請兩位老師入座，另外又拉了張椅子大家圍坐在一起。

「我剛剛才和山本君討論你的事，我們希望學部能夠對你的南洋研究有點支持。」日比野進一步對細川解釋：「其實不只山本君，正宗君先前也和我提過你對密克羅尼西亞植物有興趣，我同意他們的建議，覺得是件值得你去做的事情。正好學校撥了一筆經費給我們生物學科，我和山本君討論後認為可以用這筆錢購買一些採集用具和裝備，就由你帶去內南洋採集，等你回來後再歸還給腊葉館，這樣如何？」對細川來說，這是難得的好消息，上河內等學弟們都替他高興。

「不過前提是你可以找到其他經費的支持，交通、住宿等費用仍然是不少的。」山本補充說道：「另外最重要的是若有南洋廳的人或是當地日本人的幫忙會更理想，我們雖然可以推薦一些可能的聯絡人，但這部分能不能成功還是要你自己努力。」

細川隆英點頭表示明白，山本老師總是會提點務實的想法，對夢想的落實非常重要。無論如何，能有學部內的長官支持已經是很令人振奮的事。眾人接著又討論些細川出行的計畫，以及各種採集用品的清單，鈴木時夫和福山伯明兩個後輩特別興奮，好似大家要一塊出門的感覺。

細川隆英回家仔細思量後，決定要先寫信詢問他的小叔父細川隆元的意見。他父親細川隆顯有六個兄弟姊妹，細川隆元是最小的弟弟，年紀比細川隆顯小十六歲，其時在朝日新聞社擔任記者，人脈相當廣，也許對於可聯絡的對象能有好的建議。細川隆元在瞭解姪兒南洋研究想法後，從中穿針引線，尋求九州地區有強大影響力的細川家族親戚幫忙，希望能夠得到資助。細川家族（肥後熊本藩）當時第十六代當主是細川護立，他同時繼承家族侯爵身分，故也是日本帝國議會中貴族院的當然成員，和公爵及勅選議員一樣都是終身職，具有很高的政治影響力。在細川隆元的協助下，最後細川護立答應提供一筆經費給細川隆英，總算讓他前往南洋的旅費有了著落，再加上臺北帝大理農學部教授們的慷慨資助，添購了各種野外工作裝備，於是到了昭和八年（一九三三）的夏天，細川隆英前進南洋的夢想終於可以實現。

第二章

首航・未知的南洋

初航旅程

昭和八年（一九三三）七月十一日的橫濱港，日本郵船三千噸級的笠置丸剛起錨出航，望著橫濱市區的建築愈來愈小，在船上細川隆英的心情不禁有些緊張和興奮。這當然不是他第一次坐船，不過這次的旅程與以往不同，不僅是他首次自己一個人長途旅行，還攜帶了不少野外採集裝備。想到接下來的三個月時間，他都會在南洋島嶼間度過，細川仍然有點像做夢的感覺。

船的角落有個大木箱，裡頭裝的是細川隆英在東京採購的二十公斤舊報紙。對大部分的人來說，帶著一箱過期報紙出門是件不可思議的事，雖然看似累贅，但這卻是在熱帶採集植物時不可或缺的東西。所有在野外採集的植物，在剪成三十公分左右大小後，都要夾在吸水力極佳的舊報紙間壓好，再加熱烘乾除去水分，最後固定在台紙上，製作成腊葉標本。舊報紙雖然在城市裡隨處可見，而像在臺灣各地採集時，也從來不會有找不到報紙壓標本的時候。可是在偏僻荒野從事採集工作，特別是原始的熱帶島嶼上，很多住民可能連報紙是什麼都沒看過，更別說要拿來壓標本，很可能有錢想買都買不到。如果沒有事先準備好足夠的舊報紙上路，千辛萬苦採集的植物沒辦法盡速壓乾，很可能就會發霉壞掉，這可不是件說笑的事。壓在報紙間的標本，有時也會再放在架上以小火炆烤，加快乾燥的速度。

南洋群島的野外採集工作

在溼熱的南洋群島進行植物採集及標本製作非常不容易，一般的腊葉標本壓製方法在溼度很高的地方難有成效，乾燥不完全的話，花果一個晚上就很容易發霉，小葉也會脫落，因此必須要有火力加熱來快速乾燥。細川隆英所使用的方法是製作一個大約一·八公尺高的棚架，其中三面以板子封閉，留前後開口。在中間架一個夾層放置夾在報紙裡的標本，報紙堆以繩索綁好後，豎立在中間的架上，下方再以柴火燒烤。雖然圖中的柴火似是正在燃燒，但是實際上野外工作者會將燒紅的柴火澆熄，以炭火餘溫烘烤。

圖2-1　細川隆英所繪之植物標本火力乾燥裝置（細川隆英1971）

如果沒有足夠的人手來進行棚架式的乾燥，在野外調查遇到午後陣雨時，就要考慮其他方法。比如準備一個大約四分之一報紙大，深約二十公分的白鐵（不鏽鋼或鋁製）箱，將採集的植物直接放入箱中，加入福馬林和酒精的混合物，盡量將採集樣本浸入其中，蓋上蓋子後放置過夜。隔天再把它拿出來，放在舊報紙上，在陽光下曬乾。這樣的處理，不僅能防止真菌孢子的生長，也可以讓葉子比較不容易脫落。

從橫濱港到塞班島（Saipan）的航程，中途會經過小笠原諸島，即便是像笠置丸這樣的大船，沿途仍然可以感受到風浪，但當船隻駛入熱帶圈之後，海面就變得平靜下來。笠置丸客船在啟程六天後抵達塞班島，在此只會做短暫的停留，之後船會途經楚克（Truk/Chuuk）、波納佩（Ponape/Pohnpei），最後到科斯雷（Kusaie/Kosrae）。[①]（圖 2-2）

因為機會難得，細川隆英事前做了不少功課，整個密克羅尼西亞島群數量相當多，不可能一一造訪。最合理的做法當然是去具有代表性、比較大的島嶼，於是細川將研究重點放在密克羅尼西亞群島中的馬里亞納群島和加羅林群島，並選擇島嶼面積比較大，植物相較豐富的地點進行採集研究。在細川隆英第一次南洋採集行程中，預計第一個主要的採集目標島嶼是科斯雷島，停留一週後，回頭停留波納佩島約三週的時間，再前往帛琉（Palau）五個星期，最後經由塞班島回到橫濱港，盡量把這幾個密克羅尼西亞群島主要的島嶼走一遍。

馬里亞納群島由一系列自北到南的火山島群所組成，由於從橫濱啟航的船隻，大部分都會先到塞班島停靠，細川隆英歷次的南洋之行都會在塞班島停留長短不一的時間，可說是細川到南洋群島時最熟悉的必經之處。塞班島是馬里亞納群島中除了關島外最大的島嶼，第一次世界大戰後成為日本託管期間最重要的殖民轉運點之一，一九二〇年後在日本殖民政策下，開啟甘蔗種植和製糖產業，也是內南洋最早開發的島嶼之一。

① 不少密克羅尼西島嶼名稱在不同殖民時期有不一樣的英文拼法，此處使用日治時期之舊拼法（斜線前）和今日拼法（斜線後），方便讀者瞭解。

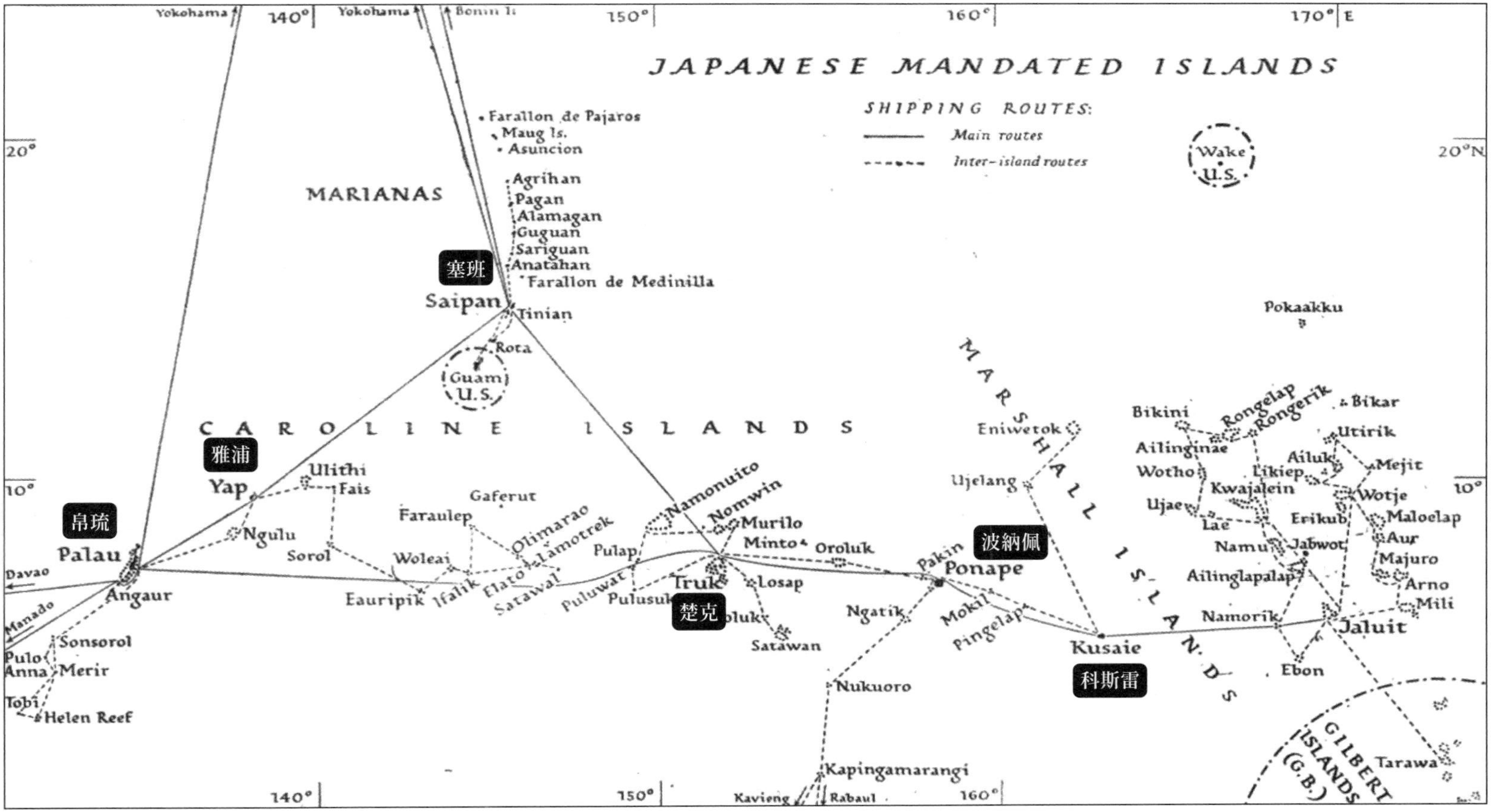

圖 2-2　日本統治下的密克羅尼西亞島嶼船運航線圖（修改自一九四三年太平洋歷史航線圖，來源：University of Texas Libraries）[1]

巧遇貴人

塞班島是笠置丸到密克羅尼西亞群島的第一站，而畢竟是值得紀念的南洋群島第一次野外工作，雖然細川隆英停留的時間不長，只有半天空閒的時間可以進行採集，可是他仍然決定從加拉邦（Garapan）的港口，往島中央的塔波丘山（タッポーチョ山，Mt. Tapotchau）前進。塔波丘山是塞班島最高峰，海拔有四百七十四公尺，但由於塞班島已被開發一段時間，不少森林都有被砍伐的痕跡。細川很興奮地採了約一百五十份的植物標本上船，再把它們一個一個夾在舊報紙間，因為沒有任何乾燥裝置，所以只好把綁好的標本堆放在甲板上曬乾，所幸南洋的烈日提供了天然的熱力。雖然塔波丘山附近以次生林為主，細川在這第一批南洋採集的標本中，後來還是發現新的物種，於一九三五年發表一個草胡椒屬新種，命名為太平洋草胡椒。[2]

笠置丸的船客大部分是準備移住塞班島和天寧島（Tinian）的沖繩縣人，多在加拉邦港口下船，因此船離開塞班島後空了許多。船班拔錨啟程前往楚克島後，細川隆英在甲板上一邊整理標本，一邊比對手上的文獻進行鑑定，有不少東西是從來沒有見過，或是只見過腊葉標本，沒看過活的植株。夾著植物的舊報紙堆在細川的身邊圍成一圈，有兩堆已經用麻繩綁好，上面還壓著他帶來的兩本書。有一堆報紙被拆開來，細川小心拿出其中一段植物枝條，仔細觀察上面的葉子後，交給坐在他身旁一個年紀和他相仿的青年。

這個年輕人名叫喜多村登，是波納佩島南洋廳產業試驗場波納佩分場的勤務工作人員。喜多村登曾經協助金平亮三在波納佩島的採集，看到細川在壓標本，就好奇地湊過來聊天，兩人有許多共同的話題，很快地就混熟在一起，有一見如故的感覺。

細川和喜多村兩人津津有味地忙碌工作時，一位衣裝整齊，約莫五十來歲，高高瘦瘦，看來像是日本商會大老闆的人走到甲板上，他一邊伸伸懶腰，一邊打量坐在地上的小伙子。細川抬起頭來看到他，報以一個微笑，並禮貌地點點頭。

「你在壓標本啊？」那位先生指著細川身旁好幾堆夾著植物的報紙問道：「你是研究植物的嗎？」

細川隆英有些驚訝他知道自己在壓製標本，因為一般生意人只會覺得自己的行為有點古怪，也不會特意來詢問。他想起上船時曾見過這位先生，而且是搭乘一等艙的客人。細川乘坐的是最便宜的三等客艙，一般來說是不會有任何機會和一等艙的乘客交談。一等艙的客人通常白天會留在艙內打打室內高爾夫球，晚上則會在艙內玩麻將或下圍棋，即使到甲板上，這些人也多半會自己聚在一起聊天。細川站起身來，將植物放在一邊，合上他的筆記本，「是的，我在進行密克羅尼西亞的植物調查，這是我昨天在塞班島採的標本，我是臺北帝大的畢業生細川隆英。請問您是？」

「我是南興的社長松江春次。」他向兩人走過來，「我兩週前才在興發俱樂部和九州帝大的金平亮三先生碰面，他這幾年來到我們南洋好幾次，我有看過他的野外工作呢，他也像你一樣走到哪裡採到哪裡。」[3]細川和喜多村兩人露出原來如此的表情，難怪他對於壓標本有些瞭解。細川簡單向松江社長解釋自己的工作，因著金平先生的關係，三人的距離也拉近不少。

「南興」（Nankō）是南洋興發株式會社的簡稱，它是日本在南洋群島最重要的商業組織，甚至被南洋廳的長官形容為「群島與興發會社是唇齒相依，共存共亡的關係」。舉凡製糖、採礦、酒精製造、水產，幾乎所有在南洋群島的經濟活動都和它有關。[4]南洋興發株式會社在南洋群島的主要島嶼都有設置工廠，南洋廳引進的移民中，一半以上和它脫不了關係。

細川隆英一開始知道眼前的男人是南興的社長時嚇了一跳，沒想到會就這麼遇到擁有南洋最大商業影響力的人，但松江親切隨和的個性，讓細川和喜多村放鬆不少。三人又聊一會後，松江社長說起金平亮三，長嘆了一口氣。

「金平先生說他可能要結束密克羅尼西亞的植物調查工作了。」松江社長帶有一點惋惜的語氣，「他說上頭希望派他到其他地區進行調查，像是婆羅洲、爪哇，或是新幾內亞、新不列顛這些地方。這樣一來，我喝酒聊天的對象就少了一個啊，真傷腦筋。但如果是去新幾內亞的話，應該可以在波納佩停個一陣子再走才是吧，到時一定得把他拉下船幾天。」松江社長自言自語想了一想，右手摸了摸鬍子看向細川。「臺北帝大都有畢業生了啊，你是九州人吧，你知道我在臺灣待過十年嗎？」松江社長像是想起什麼似的，語氣有些蕭索，「想起來是十多年前的事了。」

「我不清楚呢。」細川隆英試探問道：「請問您在臺灣的哪邊工作呢？」

松江社長望向細川隆英微微一笑，「我在雲林斗六待過一陣子，那段日子熬得很辛苦，不提也罷，不過說起來我在斗六製糖所工作的時候，你都不知出生了沒。②」接著問道：「那麼小伙子你呢？你想要在這裡做什麼？」

細川隆英眼睛亮了起來，「我想要進行熱帶植物有關的分類和生態研究，密克羅尼西亞看起來是個理想的地方，」他又補充解釋：「當然也包括有用資源植物的探索。」因為大部分的人都希望知道能不能發現一些珍寶或神奇的藥用植物，細川想要讓其他人覺得他的工作也是有一定的價值。「這是我第一次來南洋群島，我希望在科斯雷、波納佩和帛琉進行三個月的探查，我覺得熱帶的植物真是太棒了。」細川拿出筆記，興奮地解釋在塞班島上看到的植物。松江社長隨口稱讚了眼前的年輕人幾句，也答應之後需要幫什麼忙，他都可以盡力協助。

這個偶然的緣分讓細川隆英喜出望外，能夠得到南興的松江社長首肯是很大的助益，不僅因為許多野外採集的用品，如酒精等可以從塞班島的製糖工廠中方便取得，更重要的是南興在各大島嶼的影響力，讓細川隆英有機會獲得當地的幫助。細川隆英能在接下來的七年間一次又一次在密克羅尼西亞島嶼間穿梭進行野外研究，松江社長的協助肯定必須記上一筆功勞。③

② 松江春次在明治四十三年（一九一〇）自大日本製糖大阪工場離職，轉而協助雲林的斗六製糖所的設立，其後擔任該所的專務取締（專務董事，管理全體事務），直至大正九年（一九二〇）離開臺灣，前往南洋打拚，接手在塞班島因西村拓殖和南洋殖產經營失敗所留下的爛攤子，不久後建立南洋興發株式會社（松江春次 1932，橫田武 1938，武村次郎 1985）。

③ 參考細川隆英在一九七一年的〈南洋群島の植物探究覺書〉。

圖2-3　松江春次（一八七六—一九五四），明治九年生於福島縣，明治三十二年東京高等工業學校畢業，歷經大日本、東洋、新製糖會社，於大正十一年（一九二二）創立南洋興發株式會社，為日本南進拓殖之重要人物。圖為松江一九三二年留影。圖片來源：《南洋興発株式会社　開拓記念写真帖　1932》，那霸市歷史博物館。

圖2-4　南洋興發株式會社在塞班島的製糖工廠　圖片來源：《南洋廳始政十年記念　南洋群島寫真帖》（南洋廳1932c）

科斯雷島的植物調查

船班在開往科斯雷島前抵達波納佩島略作停留，松江社長和喜多村登都在此下船，喜多村登也邀請細川回程時再去找他。昭和八年（一九三三）七月二十七日清晨六點，經過了多天的航行，笠置丸終於抵達科斯雷島東邊的來魯港（Lelu）。

科斯雷島是加羅林群島中最東邊的島嶼，再往東航行就是馬紹爾群島。科斯雷島是由玄武岩所構成的火山島，面積約一一六平方公里，周圍幾乎都是珊瑚礁圍繞的潟湖，沿岸長滿了紅樹林。這裡是細川隆英在第一次南洋群島旅程中，正式開始採集的起點，也是少數他特別另外書寫島嶼遊記的地點。

細川隆英把行李整理妥當，站在甲板上吹著微涼的風，望著船緩緩靠近陸地。船沿著科斯雷

圖2-5　細川隆英一九三四年發表〈科斯雷島植物概觀〉文章中，自船上描繪的島立面圖。

島北邊和東北邊的海岸航行時，從船上望過去可以清楚看到海岸邊的椰子林，以及林後散布的原住民村落。來魯港在一個小島（來魯島）上，對整個被珊瑚礁圍繞的科斯雷島來說，這裡是唯一可以供大船靠港的地方。科斯雷島隸屬於南洋廳的波納佩支廳，轄下的許多設施集中在來魯島上，包括駐在（派出）所、波納佩醫院分院、科斯雷公學校，以及南洋貿易股份公司支店等。科斯雷的原住民則多住在本島上的來魯村、烏瓦村（Utwe）、塔翁塞古村（Tafunsak）、瑪連村（Malem）等地。相較於塞班、帛琉、波納佩等島嶼，這裡的日本人還相當少，全島大約只有二十餘人，可以說是南洋廳的邊陲。

從船上向西看的話，可以看到灰暗天空下連綿的山峰，拿起地圖對照，細川認出其中最高的山峰芬科山（Mt. Fenkol），海拔有六五四公尺高。這是科斯雷島採集最明顯的目標，細川隆英預計由它南邊的烏瓦村登頂，順便觀察沿著海拔的植物相變化。

來魯島上有個著名的來魯遺址（Lelu ruins），有許多巨石建築群圍繞的城牆，考古證據推測這座城建於十四世紀。[5]它是僅次於波納佩島的南馬都爾（Nan Madol）最有名的古建築群，它們和復活節島上的巨石像，並稱太平洋群島中的三大古城文明。不過科斯雷的文明後來也逐漸沒落衰敗，人口大量減少，科斯雷島在一八二四年首次有歐洲人到訪時，推估人口大約有三千至五千人，但在一八八〇年時只剩下二百到四百人。[6]

細川隆英抵達來魯港後，先依喜多村先前的建議到支廳的駐在所找畑政繼巡查部長。這裡雖然號稱是科斯雷警部的駐在所，但其實只有巡查部長和一位警員兩個人在工作。不僅如此，因為波納佩支廳派不出其他人，科斯雷島上也尚未成立郵便局，所以一般行政庶務和郵寄業務也都得由駐在所的人一手包辦。細川在駐在所裡找到了忙碌的畑政繼部長，旁邊的長椅坐了一位穿著整齊的男士正翻閱著手上的一本書。細川簡單地向畑部長介紹自己，說明他想在島上進行植物採集。

「啊，原來如此，你來得正好，你想做調查研究的話，我有個絕佳的人選。」畑政繼部長指著坐在長椅上的男士，「我來跟你介紹一下，這位是科斯雷公學校的學校長山崎國平先生，找他幫忙就對了。」

山崎校長合起手上的書，面露一點苦笑，「說是學校長，但能做的卻不多，我們可是僅有四個教員的小學校，除了我之外只有兩個助手和一個醫員，要怎麼幫你呢？」他側頭想了想，「對了，我的助手多雷斯④是當地人，可是他會說一點英文和日文，如果要在島上採集的話，就由他來幫忙你最適合。」細川略鬆一口氣，他還在想科斯雷島上不知懂得日文的人多不多，在野外需要協助時，語言不通就頭痛了。

經由多雷斯幫忙進行一些旅程的安排，總算可以簡單地安頓，並搞定包含住宿、補給、尋找當地雇工等事項。由於要攀登芬科山得另外僱用一些嚮導，也先請當地人聯絡烏瓦村的村長，請他協助安排。雖然過程還算順利，但也還是費了一番功夫，所幸多雷斯可以英日語夾雜著溝通，工作也算俐落，不至於有太大的麻煩。細川隆英在隔天抽空往科斯雷島東北的布切山（Mt. Buache）採集了一百份左右的標本，⑤這附近可能因為有不

④ 在南洋廳的職員名錄中有位科斯雷公學校的助教員名字為「トレンス」，音譯為「多雷斯」，細川隆英的旅行紀錄並沒有提及是誰幫忙他當地的採集安排，此處為作者自己添加之素材，並非根據真實情形描述。

⑤ 採集編號Hosokawa 6217-6330，雖然採集數量不多，但細川隆英後來從這批標本中發表了科斯雷漿果苣苔（*Cyrthandra kusaimontana* Hosokawa, Hosokawa 1937b）（苦苣苔科），科斯雷距藥野牡丹（*Astronidium kusaianum* Hosokawa, Hosokawa 1934a）（野牡丹科），科斯雷胡椒（*Piper kusaiense* Hosokawa, Hosokawa 1935b）（胡椒科），科斯雷椒草（*Peperomia kusaiensis* Hosokawa, Hosokawa 1935b）（胡椒科）等四個科斯雷島特有種植物。

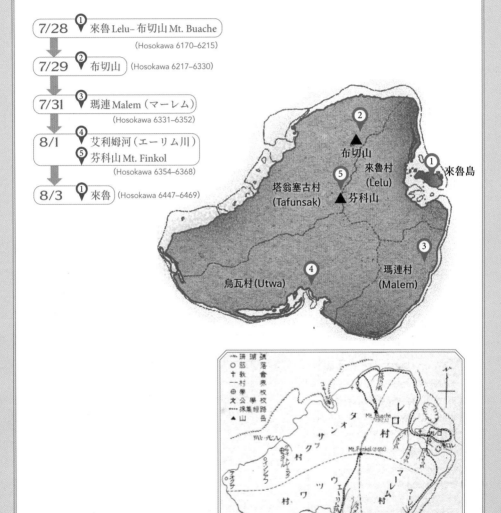

科斯雷島地圖及
細川隆英1933年7月28日至8月3日之採集路線

((胡哲明依標本資訊重繪標示，丸同連合製圖))

細川隆英自右上角的來魯島(レロ)出發，先繞科斯雷島右上方到布切山，回來魯島後，再繞科斯雷島的右下方，經瑪連村(マーレム)，梅拉茲古村(メラツーク)，到芬科山採集。

7/28 ① 來魯 Lelu– 布切山 Mt. Buache (Hosokawa 6170–6215)

7/29 ② 布切山 (Hosokawa 6217–6330)

7/31 ③ 瑪連 Malem (マーレム) (Hosokawa 6331–6352)

8/1 ④ 艾利姆河 (エーリム川) ⑤ 芬科山 Mt. Finkol (Hosokawa 6354–6368)

8/3 ① 來魯 (Hosokawa 6447–6469)

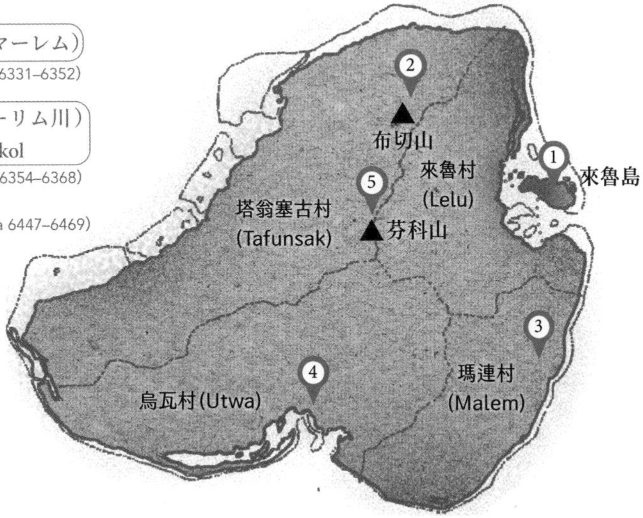

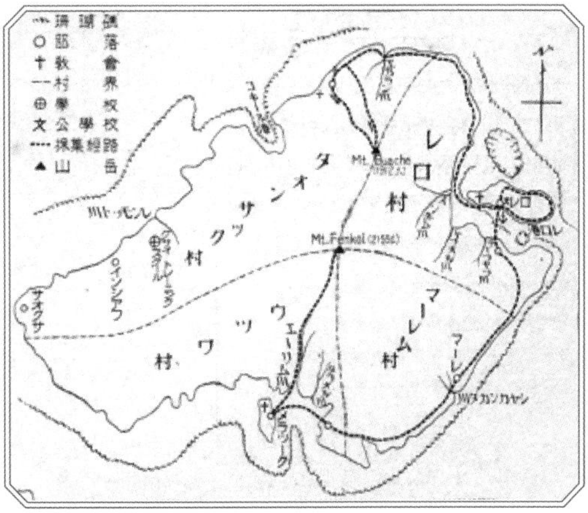

細川隆英(1934d)發表〈科斯雷島植物概觀〉文章中科斯雷島地圖及採集路線圖。

少部落村民上山，往山頂的路徑都有整理，不算太難走。

七月三十一日大清早，細川隆英收拾好採集裝備和行囊，除了多雷斯外，還加入一位當地民夫兼嚮導。對岸原住民居住的來魯村必須划獨木舟才能抵達，細川等人花了一些時間找人協助送他們到來魯村後，預計再往南則可以走陸路。一行三人到了來魯村後稍事整理即出發，帶著裝備沿海岸朝向瑪連村前進。科斯雷島本身有淡水，但當地人更常喝的是椰子水。由於海岸邊有數量相當多、隨手可得的椰子，一起走的民夫俐落將椰子剖出一個小洞，把椰子舉過頭頂讓清甜的椰子水直接灌入喉中，感覺十分痛快。近午快到瑪連村時，原本悶熱的天氣忽然轉涼，沒有多久烏雲密布，典型太平洋島嶼的陣雨呼嘯而來。

在連續的雨勢中，細川隆英三人只好往瑪連村的村長家中避雨。村長家的房子比起其他村民用椰子葉搭起來人字型屋頂的草房氣派得多，木造的走廊有三尺寬，屋內中央有近十疊（約十六平方公尺）大的空間，地上的

圖2-6　來魯遺址　圖片來源：《日本帝國委任統治　南洋群島寫真帖》（南洋協會南洋群島支部1925）

圖2-7　科斯雷島的獨木舟　圖片來源：《南洋廳始政十年記念　南洋群島寫真帖》（南洋廳1932c）

草蓆看起來是用露兜樹[7]或莎草科的大喙芒[8]的葉子編成。細川注意到陽臺的角落吊著幾串香蕉，但是和他在臺灣看到的香蕉品種不同。細川端詳香蕉一會後，在走廊旁的草蓆坐下，將溼透的鞋子脫下放在陽臺。

過了不久，風雨漸漸轉弱，村民們開始從屋中走出，準備午餐的同時，細川隆英也把一些淋溼的裝備攤開在草蓆上，村長的女兒們對於各式野外用的瓶罐等相當好奇，不時東張西望想要靠過來看。當地的男女有些開始簡單的西式穿著，不知是否受日本人影響，男士蠻喜歡戴上有邊沿的圓帽。但仍有一些人赤裸上身，有些脖子上掛著各種裝飾，下身則以樹葉遮蔽。雖然也知道熱帶原住民基本的服飾習俗，但細川隆英身處在一群半裸的女孩間還是有一點點不自在。他將一個裝滿酒精的瓶子拿起來，倒了一些酒精到鋁製的採集盒中，一旁湊過來看的年輕人用鼻子嗅了會，像發現什麼新事物般連聲喊著：「アルコール！アルコール！」（日本語的酒或酒精）細川隆英微笑著把瓶子遞給身旁的人，讓她們傳著看。女孩們七嘴八舌地討論起這個味道很嗆，帶有酒味的液體，又不確定它是不是能喝的東西。從外面走進來的多雷斯看到眾人聚在一起，用手指比在嘴唇示意大家噤聲，接著嘰哩呱啦說了一串話。從他的表情看起來，細川猜多雷斯是用半開玩笑的語氣在訓斥她們。多雷斯用日文向細川解釋，科斯雷島島民多半是基督教徒，基本上是禁止喝酒的，所以他向大家警告不要亂來，並說那個東西可能被細川放毒藥。

細川苦笑地表示瞭解，但是希望多雷斯幫忙解釋這些酒精的用途和來源，其實是製

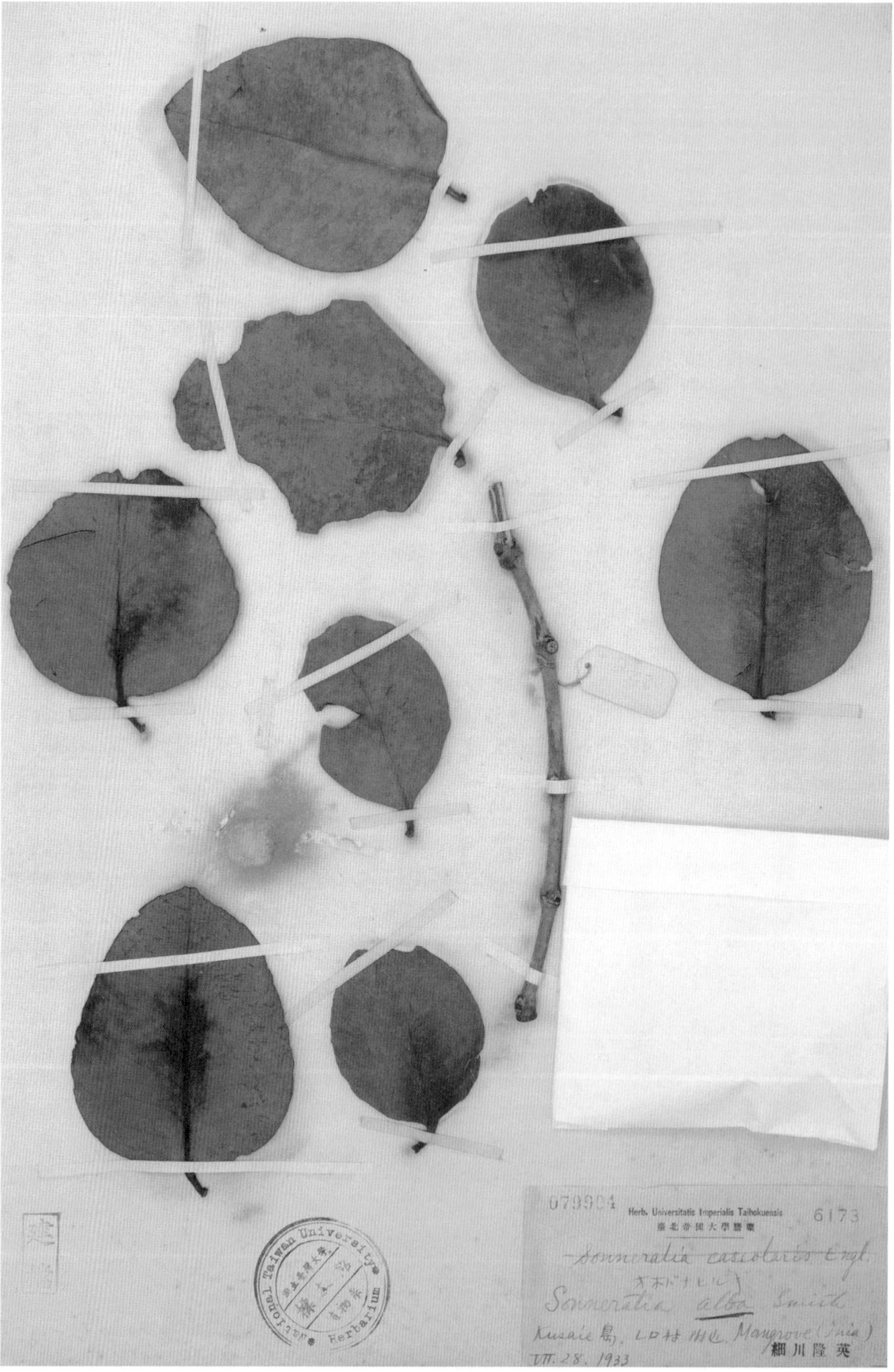

圖2-8a　細川隆英在科斯雷島上採集到的杯萼海桑，採集編號Hosokawa 6173。

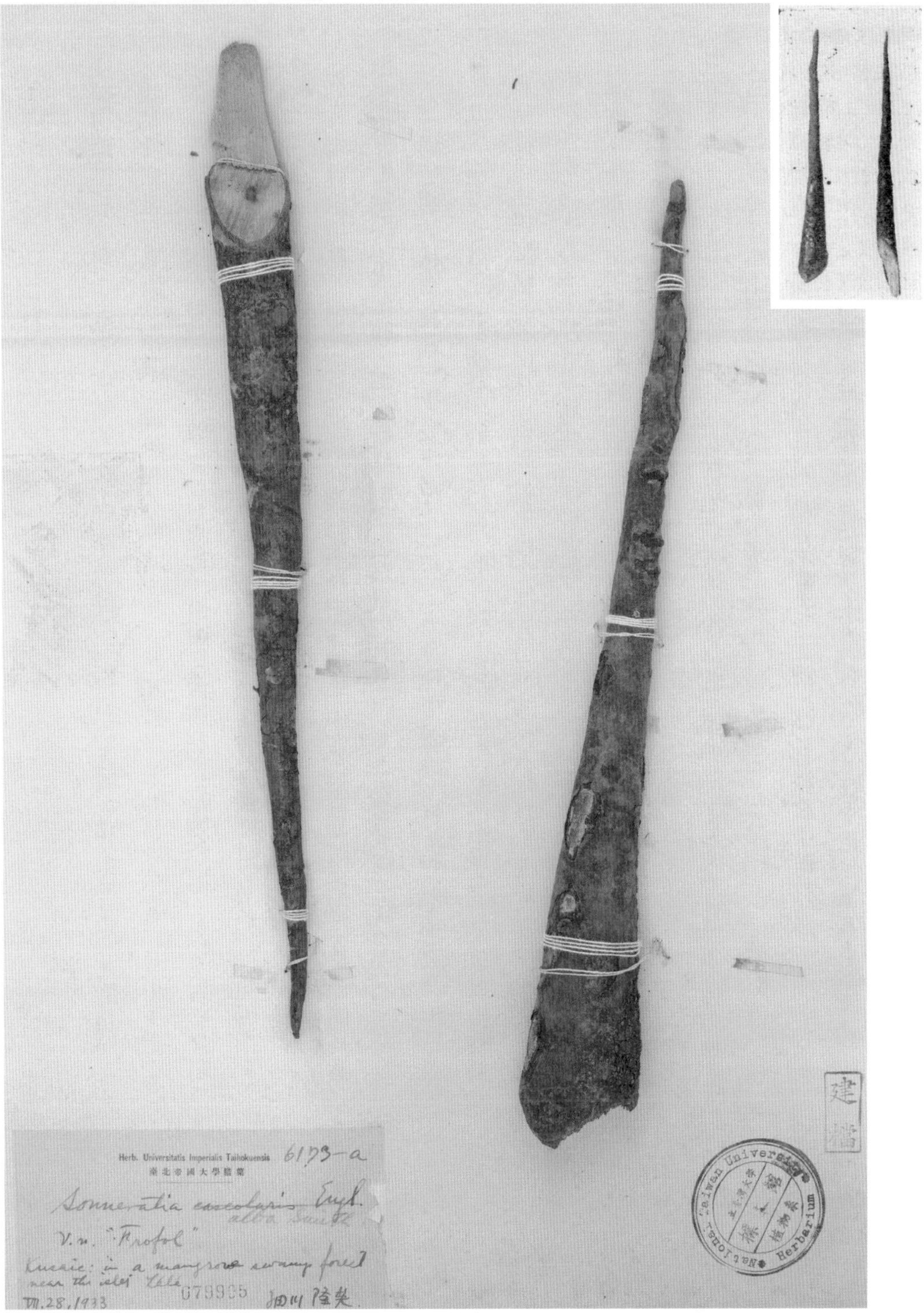

圖2-8b　細川隆英在科斯雷島上採集到的杯萼海桑氣生根，採集編號Hosokawa 6173-a。

右上：圖2-8c　細川隆英文章中所攝杯萼海桑的氣生根，即為採集編號Hosokawa 6173的標本。（細川隆英1934d）

作植物標本時所需，不是拿來喝的。一旁的女孩們看得目不轉睛，露出原來如此的竊笑。另幾個女孩把玩著野炊用具，翻來覆去看了半天，說起聽不懂的當地語言，並用手指了指細川隆英。細川稍微解釋不同工具的用法，再由多雷斯翻譯給她們聽。大家對於文明的產品感到十分新奇有趣，即便是一支鉛筆或是一個放大鏡都能端詳許久，問東問西。村長為了款待客人，請女兒們用燒熱的石頭烤雞肉，佐以麵包樹的果實和芋頭作午餐，雖然沒有什麼調味，但是卻更能嘗到食材本身的味道。午餐過後暴雨停歇，之前的烏雲消失得無影無踪，火熱的太陽像是什麼事也沒發生過似的，又回到了椰子林間。

經過短暫的休息整理再出發上路，一行三人穿過椰子林，抵達當地稱之為依尼亞(Inia)的水道，也就是「紅樹林內的小河流」的區域。依尼亞內的河道還算寬，可以搭乘獨木舟前進，穿梭在兩旁紅樹林植物的氣生根之間。這裡的獨木舟是單邊架艇獨木舟(single outrigger canoe)，和太平洋許多島嶼一樣，在船的一側，還有一個平行的浮桿，可以幫助船的平衡。這類的河道據瞭解有部分是由人工開闢而成，但大多是沿著紅樹林中既有的通道而行，是島嶼內的交通要道。由於在島內陸地道路的開拓和維持並不容易，常會因植物生長快速而必須反覆除草，否則路跡很容易找不到，還不如坐上獨木舟移動來得方便，又可以輕鬆地在水上載運物品，所以獨木舟是島民日常必備的交通工具。細川隆英把行李打包成兩大袋，由隨從們幫忙背著，坐在獨木舟上緩緩於紅樹林中航行。

兩岸的紅樹林以海桑[9]、紅茄苳[10]、紅樹[11]、木欖[12]等為主，其中也參雜著木果楝[13]、紅欖李[14]以及水椰[15]等植物。海桑是太平洋熱帶島嶼紅樹林的常見物種，但是沒有分布到臺灣，細川隆英在臺灣或九州都從未見過這個植物。海桑的果實形狀有點像小型的柿子，掉下來後會浮在海上，順著海流漂到各個不同的島嶼海邊。而不管是海桑或是木欖都可以長到八至十公尺高，後者直立的莖據說也可以製作獨木舟的櫓。

紅茄苳的氣生根像倒叉著的樹，占據了主幹周圍約一公尺的範圍。在樹幹上長有各種附生的蕨類植物，如山蘇花[16]、闊葉骨碎補[17]，以及從樹上垂下來六尺長（約一八〇公分）的毛葉腎蕨[18]等。

依尼亞水道的水面很平靜，有許多色彩豔麗的鳥兒在紅樹林枝椏間穿梭，清脆悅耳的鳥鳴配合林木外的海浪聲，航行其中有著身處異世界的感覺。接近烏瓦村的依尼亞水道開始收窄，只容許獨木舟勉強通過，下午四點左右終於抵達村落，而村長已經在家門口迎接。出乎細川隆英的意料，入目的是一位身穿立襟西裝的中年男子，露出牙齒熱情地向他打招呼。

「我是村長內那（Nena），歡迎來自日本的貴賓。」村長以日文和細川打招呼，他特別整了一下西裝，伸手與細川相握。「今晚我們有營火會，等會你休息一下再來加入我們。」村長將有些受寵若驚的細川迎入家中，沿途還看到幾個熟悉的日式家屋物件。「這些是我去日本訪問時帶回來的，你在我們庭園中有沒有看到一棵枇杷樹？那也是我從日本帶回來的喔。」

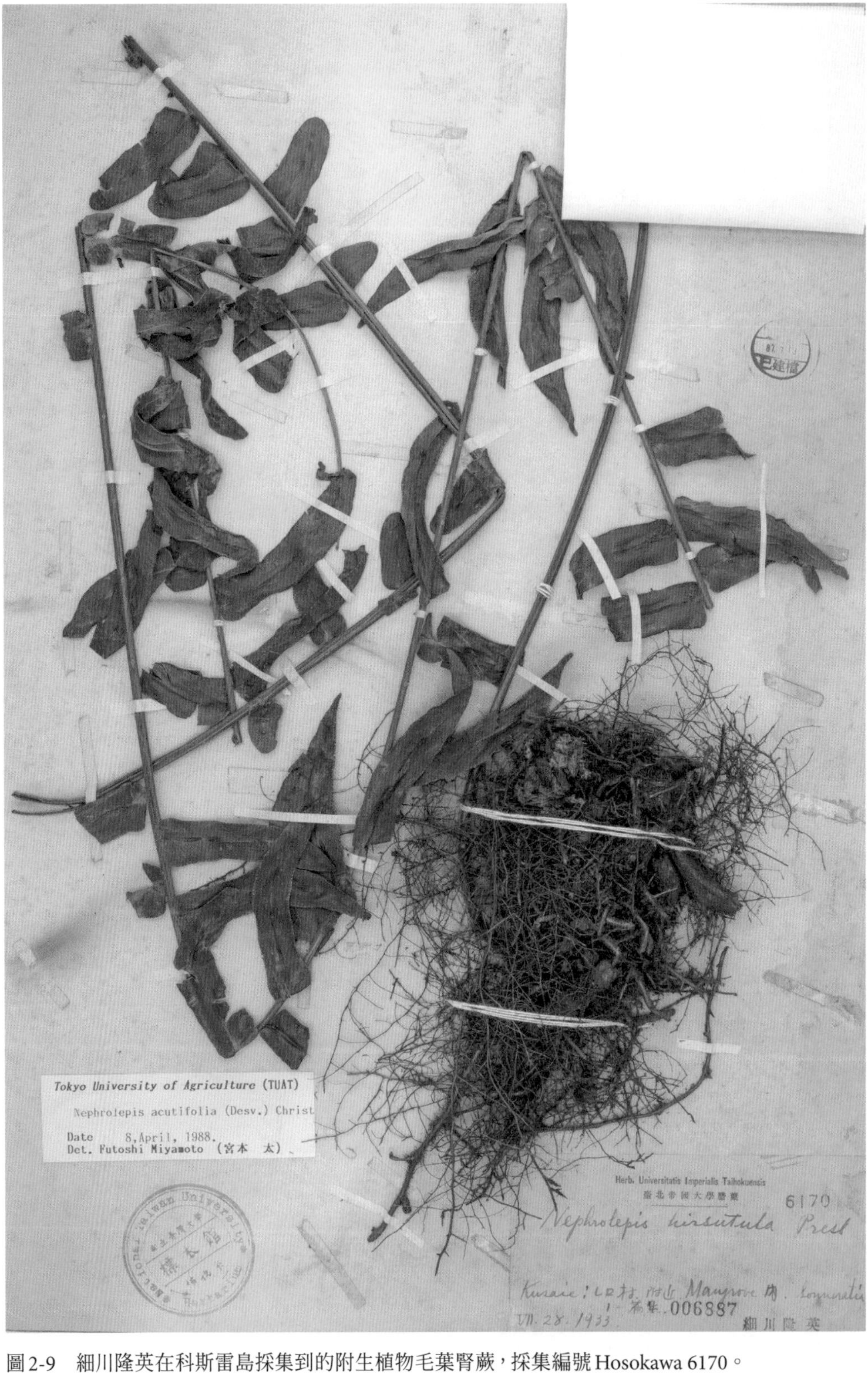

圖2-9 細川隆英在科斯雷島採集到的附生植物毛葉腎蕨，採集編號 Hosokawa 6170。

村長絮絮叨叨說著他也認識九州大學的金平亮三博士，上回他來的時候，也是招待他住在家裡。簡單安頓後，村長就跑出去忙東忙西，留下細川在金平博士也住過的客房休息。隨從們將採集的植物放在村長家的走廊上，太陽也緩緩沉入海面下。細川在走廊上藉著燭光和從椰子葉間透入的月光整理標本，這一天大部分的時間都在趕路，只採了二十幾份標本，很快就整理完畢，細川熟練地把植物都壓在報紙間，再用繩子捆好。[19]從走廊上可以看到不遠處升起的營火，村裡的男女有些準備著晚餐，有些坐在地上聊天。營火會的晚餐是水煮的烏魚、帶有椰子味的雞湯，以及以香蕉葉為墊在燒熱的石頭上烘烤的麵包樹果實和芋頭，加熱烤過的麵包樹果實香氣四溢，遠遠就可以聞到。細川和多雷斯等人吃完晚餐，滿足地坐在地上，抬頭可以看到剩下一半的月亮在椰子樹葉間若隱若現，好像航行在綠色的波浪上。細川回到房間內躺下試著睡覺，眼睛雖然閉上，但海浪打在礁石上的聲音不斷提醒著他，自己是孤身一人和原住民們身處在偏遠的南洋

圖2-10　細川隆英攝自芬科山山頂。圖片來源：細川隆英（1934d）

島嶼，於是整夜翻來覆去怎麼樣都睡不著。

隔天早上起床，迎接細川的是萬里無雲的晴空，以及多達十位的民夫，預備前往芬科山採集。前天晚上營火會的時候，有幾個年輕人自告奮勇要加入探險的行列，原本是沒有打算請這麼多人上山，但是在南洋群島請民夫，經常碰到當地人「有錢大家賺」的想法，要擺平事情或減少紛爭，只得配合。好在細川也略有耳聞民夫徵集的價碼，只要在容許範圍內，也就隨多雷斯他們安排。於是一行人浩浩蕩蕩搭著獨木舟，沿著因能河(Innem River)逆流而上。約莫經過一個小時，兩岸的紅樹林被欖仁樹[20]取代，河道也漸漸收窄變淺，必須棄舟登陸。除了欖仁樹，還可以看到金平亮三在前一年（一九三二）發表的兩個新種植物：加羅林欖仁[21]和當地人會拿來作建材的圖阿木[22]，這三個樹種是本地的優勢喬木。再往上走，樹木則多被當地人稱為努努樹（*nunu*）[23]的植物所取代，努努樹是科斯雷島特有的肉豆蔻科植物，可以長到二十公尺高，是當地房舍和獨木舟的重要建材。

走進森林後的感覺像是進入另一個世界，這裡的樹都很高大，從地面往上看只能隱約見到一點光線從樹冠間透出，灰暗的地被有各種蕨類覆蓋。林內的溼度非常高，樹上長滿各種附生植物，林間還有豆科血藤和魚藤粗壯的蔓藤在其中穿越，地上則到處都是泥坑，同行的原住民在前面砍草開路，走走停停，前進得很慢。細川隆英檢視剛採集的幾個沒見過的蕨類植物時，領頭一個年長者停下手上的刀，抬頭望了望，向其他人低呼了幾句，逕自往一棵大樹走去。多雷斯向細川解釋，很快就要下雨了，我們得休息一下，找地方躲雨。

大家四散的同時，細川隆英拿出防水布分給多雷斯，吩咐他要蓋好背包，自己淋溼也就算了，一些怕水的裝備和筆記如果泡湯的話可是不得了的事。這時候四周開始刮起風，身旁的雷氏波納佩椰子[24]頂端的葉片也搖晃起來，此起彼落好像在催促大家快點行動，空氣中明顯可以聞到雨水的味道，接著太平洋島嶼常見的颮（squall）⑥就這麼呼嘯而來。

雲雨帶在太平洋島嶼間穿越的速度很快，通常不會有太多的阻隔，忽晴忽雨的情形相當普遍。今天的雲層相當低，從細川的角度可以看到雲雨劃過芬科山山頂好幾次，然後豆大的雨滴就從天而降，不一會便只能聽到雨水打在各種葉子上的聲音，有節奏地彼此應合著。同行的人三三兩兩在圖阿木的大樹下或站或蹲，習以為常地有一句沒一句閒聊。不一會兒風雨漸小，細川拿下起霧的眼鏡用衣服擦了擦，下雨的森林裡什麼也不能做，站在樹下還得防範四周的蚊蟲襲擊。驟雨停歇後眾人整裝再出發，不久穿出森林來到一條溪流，接下來要沿河谷上溯向山頂進發。溪流散落大小不一的大圓石，有些可以到近一兩公尺寬，剛下過雨的溪流水相當豐沛，當地人光著腳熟練地在突出的石頭上左蹦右跳。細川自問無法像他們一樣，只能暗嘆一口氣踏著溪水跟在後面，或是奮力走在泥濘不堪的溪岸，一個小時下來膝蓋以下全部溼透，綁腿和鞋裡泡著水的腳非常不舒服，但也只能忍耐地前進。

⑥ 颮是指突然而來的陣風，有時也會伴隨著暴雨。

圖2-11　細川隆英一九三三年於科斯雷島所採之麻六甲懸鉤子，採集編號Hosokawa 6293。

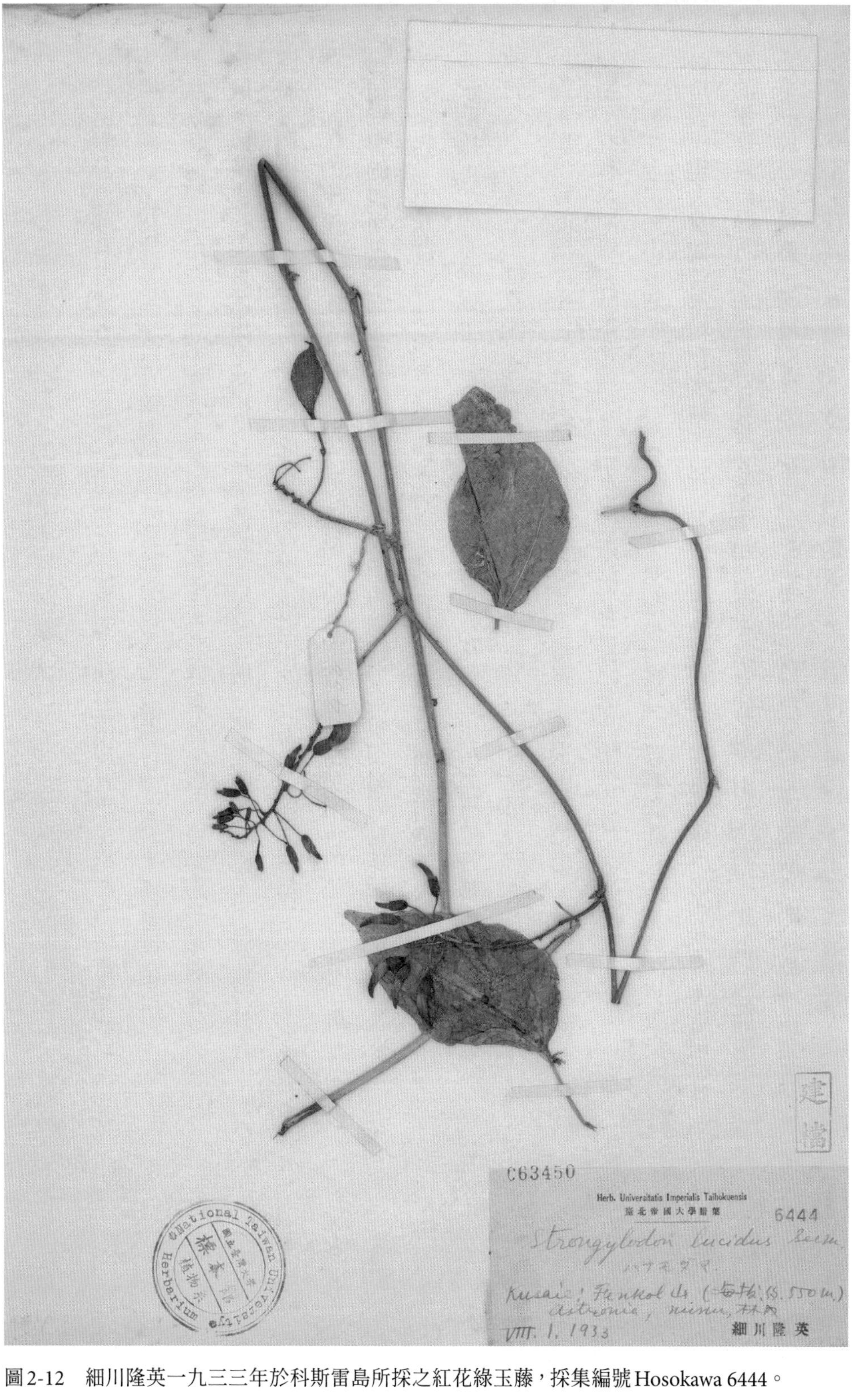

圖2-12　細川隆英一九三三年於科斯雷島所採之紅花綠玉藤，採集編號Hosokawa 6444。

所幸身邊總有各式各樣的植物可以轉移注意力，河谷兩岸有不少南洋各地常見的麻六甲懸鉤子[25]和白背落尾木[26]，兩個植物葉背都有很多毛，前者是淡黃色，後者則是白色，風吹來時遠遠就可以看到手掌大小黃白錯落的葉片隨風翻動。麻六甲懸鉤子是覆盆莓的親戚，橘黃色的果實微甜但略帶一點酸苦味，口乾時摘一些吃還蠻不錯，不過在野外趕路時人們不會想太靠近它，因為它渾身具勾刺，被纏住的話會一直拖慢行程。

同行的原住民有四、五個人帶著空氣槍，沿著河谷尋找樹頂附近的鳩鴿，或是數量已很稀少的科斯雷狐蝠。島上沒有什麼中大型的動物，鳥類和蝙蝠是島民主要的野味來源。[27]這時前方的嚮導回頭喊說，樹上高處看到有紅色的花，問細川隆英要不要採。細川涉水前行，抬頭看著近十公尺高垂下來的一串帶紅花的花序，高興地答應。在還沒回過神的當下，其中一位原住民已經身手矯健地爬上樹幹，不一會兒用刀砍下一段連花葉的枝條，由下方的同伴接住。細川隆英將植物拿起來審視，他很確定這是豆科綠玉藤屬的植物，有著長而彎的紅色花瓣，珍而重之地交給多雷斯收在採集袋裡。[28]

愈往上走，山壁開始陡峭，常常需要依靠懸垂的藤蔓一路攀爬而行，大約一百公尺後地表出現大量的苔蘚植物，像一層厚厚的地毯，走在上面還有一點回彈的感覺。近山頂的樹種以野牡丹科的距藥野牡丹[29]為主，和前兩天攀登的布切山植被相當類似，它的樹幹全部被苔蘚覆蓋，環境的溼氣非常重，甚至每走一段路就得把手套脫下來擰乾。山頂附近還有不少芒萁、過山龍[30]生長，山頂不是很寬，大家得稍微擠一下才能容納所有人。

從山頂向四方看，可以看到科斯雷島的中央仍留有相當蒼鬱的原始林，向東北方可以看到前兩天登頂的布切山，右邊山下則有模糊的來魯島和海灣相對，外海的長浪在經過近岸珊瑚礁後碎裂成小片的浪條，但從站立處聽不到海浪聲，望著周而復始的浪花形成和消失，好似看著一齣無聲電影。

同行的夥伴拿出裝在鋁飯盒的午餐和科斯雷島上特產的柑橘分配給每個人，這裡的柑橘非常甘甜，是密克羅尼西亞遠近知名的水果。大家輕鬆地吃著橘子聊天，多雷斯拿出一小塊破鏡子站了起來，調整角度朝向來魯島反射太陽光，說著回去之後要和朋友們炫耀自己征服了科斯雷最高峰。不理眾人打打鬧鬧，細川隆英閉上眼睛，享受著山頂帶有涼氣的微風，心想我一定要把如此絕美的景觀留在記憶中，未來不知道還有沒有機會來造訪這個密克羅尼西亞的邊陲島嶼？⑦

芬科山之行共採集了九十一份標本，[31] 回到來魯島短暫休息幾天後，細川就準備搭乘八月四日的船班前往這次行程的第二個目標波納佩島。在科斯雷島雖然只停留短短一個禮拜的時間，但收穫頗豐，發現了幾個新的植物，⑧原始的森林風貌在細川心中留下非常深刻的印象。

⑦ 細川隆英在一九三八年七月又再度造訪科斯雷島，該次則停留了約四十天的時間。

⑧ 除了在布切山採集植物中所發表的四個新種外，此行還有另外兩個科斯雷島特有新種後來被發表：科斯雷鱗毛蕨（鱗毛蕨科，*Dryopteris kusaianus* Hosokawa, Hosokawa 1936）和芬科山樓梯草（蕁麻科，*Elatostema fenkolensis* Hosokawa, Hosokawa 1935）。

第三章

天外飛石・撒考的魔力

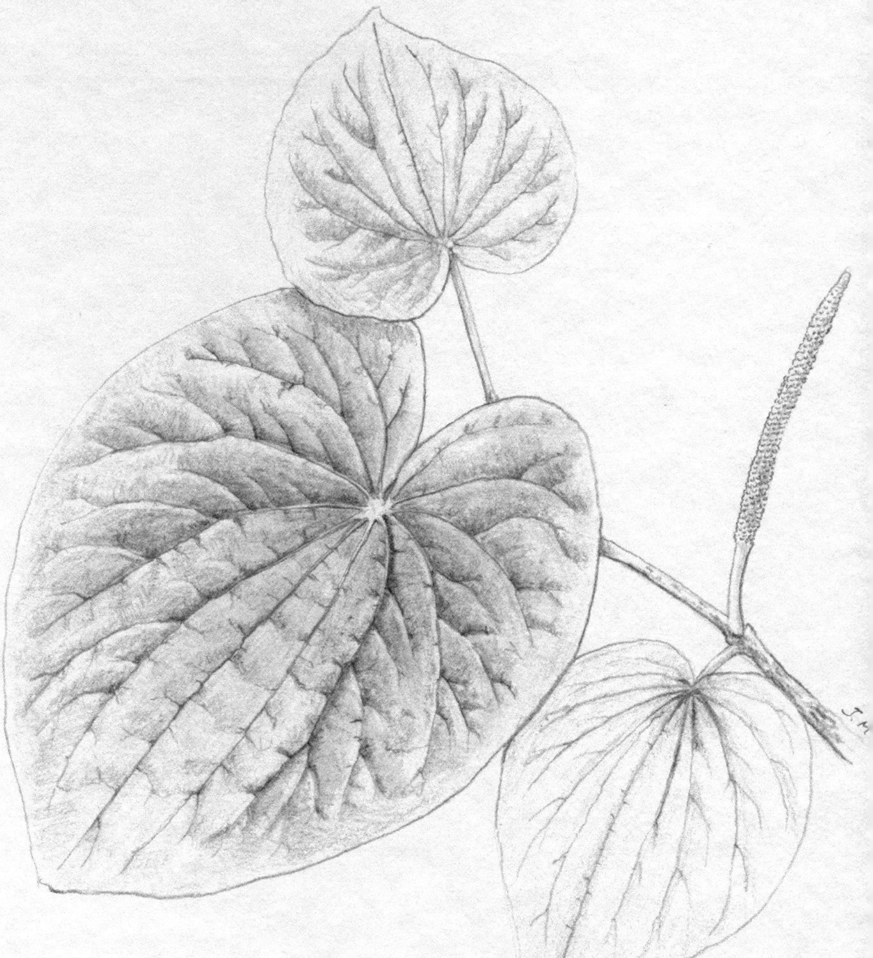

波納佩島的植物調查

經過一整天的航程，細川隆英在一九三三年八月五日下午踏上波納佩島，密克羅尼西亞最大的島嶼，也是整個地區最高峰（七八二公尺）所在地。波納佩島有豐富的生物多樣性，也是全世界雨量最高的地區之一，在山區年雨量可以達到七千六百公釐。同時波納佩島也是太平洋地區史前文明的亮點之一，一般來說，密克羅尼西亞的早期住民，最早可以溯自四千五百年前來自西方的東南亞和南方的美拉尼西亞，但之後多次的人類遷移也將各方的文化影響帶來這個區域，最東邊的波納佩島和科斯雷島則和美拉尼西亞的拉皮塔（Lapita）文化有相當密切的關係。波納佩島東南角的南馬都爾古城的歷史可以追溯至近兩千年前，從十二到十七世紀前都還是當地紹德雷爾王朝（Saudeleur dynasty）的首都，古城的範圍超過二·五平方公里，由無數二十噸重的巨石建成，部分城牆可達十公尺高，可以想見當時建城的規模。不過在日治時期的一九三〇年代，波納佩島上最大的城市是北部的海港科洛尼亞（Kolonia），也是日本南洋航線中波納佩島的進出口岸。①

剛下船迎面而來的是一身輕鬆穿著的喜多村登。細川隆英正交代船夫幫忙將他裝標本的箱子放在碼頭角落，還在想要怎麼搬運這些行李，看到喜多村登和他打招呼時嚇了一跳。

喜多村登伸出右手到細川隆英面前，「哈，你真的坐這班船來了，科斯雷島的採集如何？」

① 科洛尼亞在一九八九年以前也一直是波納佩島的首府，之後首府遷至帕利奇（Palikir），但國際機場和許多大使館仍留在科洛尼亞。

「喜多村君！」細川喜出望外地用雙手和喜多村的手緊握，這才想起先前在船上曾經留給喜多村他的行程規畫。「真沒想到你會到碼頭來接我，你時間還算得真準。」

「我想你行李應該會很多，所以先替你找了幫手來。」喜多村向身後兩個人招了招手，交待幾句話，他們就將細川的行李和箱子搬到一旁的推車上。「今晚你就到我們分場住吧，我已經幫你安排好房間。你肚子肯定餓了，我們先吃點東西，順道逛逛。」說完不理細川眼睛還盯著成堆的行李，硬拖著他走向另一邊擠滿人群的街道。

碼頭前的街道叫「海岸通」，② 街道的兩邊擺滿各式地攤，有新鮮的蔬果、編織的草帽，也有賣魚肉類的罐頭。從船上下來的以日本人居多，包含做生意買賣的商人，以及準備移居此地的家庭。

「這兩年來了不少本國人，大多是從沖繩過來的，準備去南興的工廠工作。」喜多村邊走邊用嘴努向下船的人群。「可是你看哪，他們雖然來到這個南洋的島嶼，我總覺得他們和這裡格格不入。每個人都帶滿一大堆日本買來的罐頭，餐餐都想著要吃味噌和醃菜。」

「大概是會想念家鄉味吧。」細川四處張望，側頭想著。

「我不是說不能吃，」喜多村搖搖頭皺眉，「問題是他們這些人根本不吃這裡的東西。常常嫌這個肉有怪味，或是那個飲料太混濁。滿地的熱帶水果和佳肴在眼前也不懂得享受，搞得好像自己的口味才是高人一等似的。」頓了頓接著說：「到這裡還天天吃罐頭才

② 海岸通り（Kaigan Dori），即今日科洛尼亞的內舌島路（Nett Cir Island Rd.）。

是奇怪吧。」

細川聽著喜多村的牢騷，不由定睛朝身旁的地攤望去，果然發現日本人和當地人幾乎是涇渭分明地買不同的食物。「這裡的芋頭非常好吃，特別是一種長得很大叫『*mwahng*』的沼澤芋[1]，不管是切片燉煮還是磨爛後，加上椰子汁調味，真是美味極了。」

喜多村帶有一點陶醉的表情，「還有魚湯也很棒，種類絕對不會比日本少。」

8/8 ① 三角山 Mt. Sankaku（ナツト山）(Hosokawa 5470-5549)

8/10-11 ② 馬塔拉尼姆 Matalanim（メタラニウム）：雷陶 Reytau（レイタオ）(Hosokawa 5551–5590)

8/12 ③ 尼尼歐尼山 Mt. Niinioanii (Hosokawa 5591-5704)

8/13 ④ 多隆多山 Mt. Troton（トロトン山）(Hosokawa 5705-5793)

8/14-15 ⑤ 尼皮 Nipit- 馬塔拉尼姆 Matalanim（メタラニウム）(Hosokawa 5795–5807)

8/16 ⑥ 克提 Kiti（キチー）(Hosokawa 5808-5837)

8/17-18 ⑦ 究卡吉村（ジョカージ村）：帕利奇 Palikir/Palkier（パルキール）(Hosokawa 5838–5903)

8/20 ⑧ 科洛尼亞 Kolonia（コロニヤ）(Hosokawa 5904-5905)

8/22-25 ⑨ 娜娜拉烏山 Mt. Nanaraut（ナナラウト山）(Hosokawa 5906-6042)

8/26-30 ⑧ 科洛尼亞 Kolonia（コロニヤ）(Hosokawa 6043-6083)

波納佩島地圖及
細川隆英1933年8月5日至8月31日之採集路線

（胡哲明依標本資訊重繪標示，丸同連合製圖）

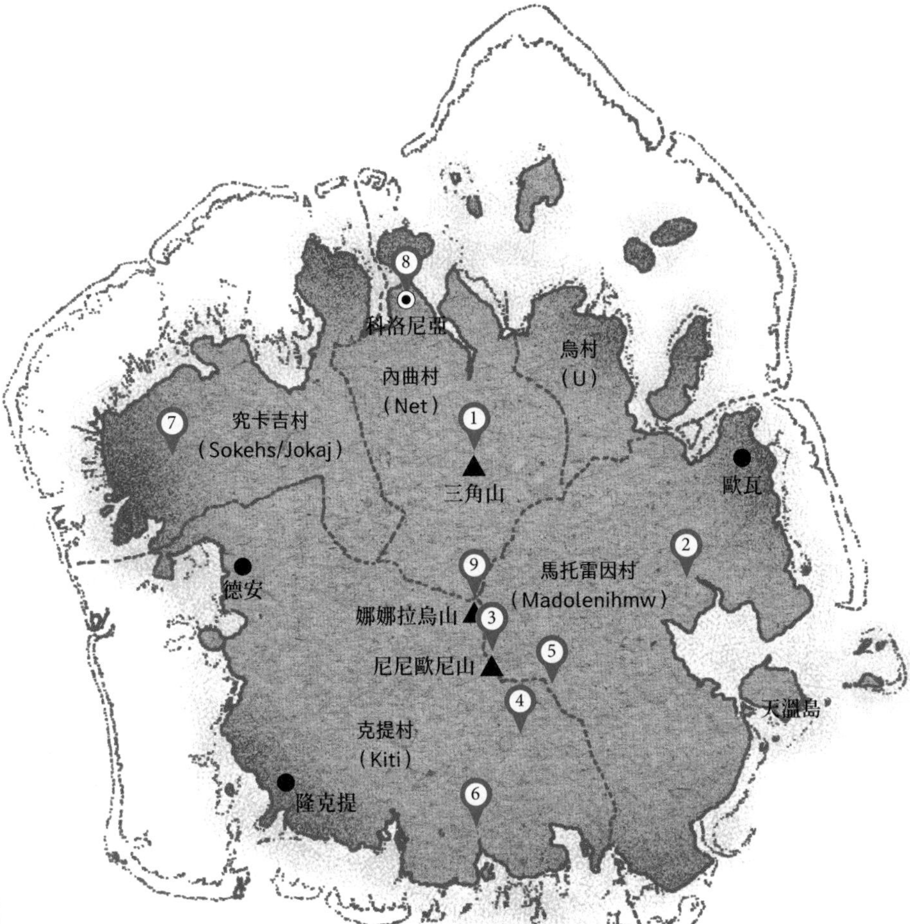

「我看你真的過得蠻不錯，顯然如魚得水呢。」細川用手肘輕推了一下喜多村的肩頭。喜多村笑了笑，向一旁小食攤買了用芋頭葉包著的應該是蒸芋頭的小包，和一個圓扁形、泥狀夾雜著黃色小塊的食物，他遞給細川，「這是用麵包樹果實搗爛後，混合椰子汁和一些香料，再烤一下做成的，我叫它石燒椰汁麵包果。」

「這個我有在科斯雷吃過類似的，真的不錯。」細川點點頭，左右攤檔用整片香蕉葉、芋頭葉，或是用棕櫚葉編織而成的「盤子」，盛著十多種不同的食物，看得眼花撩亂。「這裡的食物種類比科斯雷多得多啊。」細川一邊走著一邊不禁讚嘆。

「沒錯吧！」喜多村像是終於找到知音，「真是太好了，總算有人跟我有一樣的想法。像我們分場的星野場長和內山先生就老嚷著吃不慣這裡的食物，三天兩頭跑到餐廳想吃和式料理。」喜多村頓了一下補充道：「不過，偶爾能回味一點日本味還是不錯的，哈。」接著把手上的芋頭葉打開，兩人一邊吃一邊閒逛，也不忘稱讚麵包果的味道。

不一會兩人步行經過一家轉角的商店，喜多村指著它說：「這是南洋貿易株式會社③的商店，是這裡少數用鋼筋混凝土蓋的建築，再往前走就是南貿的事務所。他們最近想要複製塞班島的經驗，在這裡推廣種植椰子和甘蔗，不過我卻有不太一樣的想法。」喜多村沒有多做解釋，帶著細川左轉進入一條小路，接著左邊出現一條小徑，盡頭是一個神社，前方還有一個鳥居。喜多村介紹這是兩三年前才新建成的照南神社，兩人簡單參拜後，再往前行，「往右的話是到波納佩的公學校，直走左邊則是科洛尼亞小學校，目前小

③ 南洋貿易株式會社，簡稱南貿（Nambō）。

學校的人數已經超過一百人，公學校則大約近三百人。」喜多村一路比手畫腳地說明：「這幾年南興和南貿引進的人愈來愈多，聽說島西邊的究卡吉村（ジョカージ村）也要蓋一間新的小學校。照我看東邊南興開發的馬塔拉尼姆村④也差不多會跟上。」這天是星期六下午，學校空盪盪的沒有什麼人，只有幾個住在附近的小孩三五成群聚在一起。

往公學校的路上有一排矮城牆，據說是西班牙人占領時期留下來的遺跡，過了公學校後左轉就進入另一條大路，「這裡是『並木通』，⑤往前一直走就可以到我們分場。」喜多村指著前方的路說。沿路也有不少商店，特別的是許多店家在前方搭起棚子，可以遮陽蔽雨，也連成一條像騎樓的走道。兩人走走談談，過了支廳長官舍後，喜多村回到原來的話題，「從這裡開始到分場，是之前獨領時代（指德國占領時期）所設的植物園，這是我覺得波納佩在南洋群島中很獨特的地方。前幾年刈米博士⑥曾經在這裡做過調查，他的紀錄中至少有五十幾種藥用植物種植在園內。我們星野分場長也覺得我們應該多花點時間在藥用植物的研究和利用上，每個島都種椰子和甘蔗怎行呢？我和金平博士提過，他也覺得群島裡還有很多植物是可以被利用的。」

「你們分場長是星野守太郎⑦吧？聽說他種植物很厲害。」細川興致盎然地檢視路旁的植物。

「可不是嗎？」喜多村點頭回答：「他可是被稱之為日本的路德・柏本（Luther Burbank）呢。」⑧

④マタラニーム（Matalanim）音譯，即今日波納佩的馬托雷因區（Madolenihmw）。

⑤並木通り（Namiki Dori），即今日科洛尼亞的卡瑟雷街（Kaselehlie St.）。

⑥此處指衛生試驗所技師刈米達夫（一八九三—一九七七）博士，他著有〈波納佩島藥用植物調查報告〉（ポナペ島薬用植物調査報告）（南洋廳 1927）。

⑦星野守太郎，明治十九年（一八八六）生於新潟縣，明治四十三年（一九一〇）東京帝大農學部實科畢業，栃木、島根縣農事試驗場技師，昭和二年（一九二七）任南洋廳熱帶產業研究所波納佩分場長（橫田武 1938；海外研究所編 1940）。

⑧路德・柏本（Luther Burbank, 1849-1926），美國植物及園藝學者，對育種有重要貢獻。

ポナペ、コロニー海岸通

圖3-1　波納佩科洛尼亞港附近的海岸通　圖片來源：《南洋廳始政十年記念　南洋群島寫真帖》（南洋廳 1932c）

上：圖3-2　波納佩島照南神社，建於一九三〇年四月二十五日，二戰後大部分毀損，僅可見殘跡。圖片來源：《南洋廳始政十年記念　南洋群島寫真帖》（南洋廳1932c）

下：圖3-3　南洋廳產業試驗場波納佩分場場址　圖片來源：《南洋廳始政十年記念　南洋群島寫真帖》（南洋廳1932c）

「你是指那位有名的美國育種學家嗎？」細川轉頭說：「我只知道他培育出一種沒有刺的仙人掌，雖說希望能用作沙漠牧草給牛羊吃，但我覺得還是蠻誇張的。」

喜多村笑了起來，「是他沒錯啦，但他的貢獻遠大於那個奇怪的仙人掌。他可是培育出數百種不同植物品種，在園藝學界被尊稱為育種的魔法師喔。」

不多時兩人進入南洋廳產業試驗場波納佩分場的區域，路的盡頭是一幢高聳的六層樓建築。「那是分場和氣象站共用的建築，我們的辦公室在旁邊。」喜多村指著建築左邊的一排平房，「我們預計明年會增建一些房舍，包含一間教室。」喜多村指向更左邊的樹林，「還有在後面的牛舍旁加蓋豬舍和雞舍，另外入口那邊也要加蓋幾間客房。你下次來的話，應該就會蓋好了。」⑨

三角山的麵包果

經過一晚的休息，喜多村登和細川隆英隔天討論接下來到九月二日大概一個月的時間安排。最後兩人決定先去附近的三角山走走，再繞島走一圈回到科洛尼亞，之後再登最高峰娜娜拉烏山（Mt. Nanaraut），若有時間最後再走幾個小島。整個行程大抵參考喜多村登之前陪同金平亮三在昭和四年（一九二九）和昭和六年（一九三一），兩次波納佩島的採集足跡。[3]另外也拜託科洛尼亞公學校的擎．鐵魯⑩充當翻譯兼嚮導，他是波納佩當

⑨ 參照Spennemann & Sutherland (2007) 有關南洋廳產業試驗場波納佩分場建築研究。

⑩ 擎．鐵魯作為細川嚮導為筆者杜撰，但有位名字叫「チンテル」的當地人，的確為科洛尼亞公學校的助教員（南洋廳 1933）。

地人，大家都叫他「鐵魯」，是公學校的助教員，相當熱心而且熟悉各地的狀況。

三角山在科洛尼亞的東南邊，從市區就可以遠遠看到三角形的山形，是一天便能來回的簡單行程。喜多村又約了幾個當地的雇工，一行人從科洛尼亞往南，越過筑波川⑪的河口後，山徑就開始往上爬升。三角山的海拔不高，大約三五〇公尺，沿路可見到短柄鳩漆[4]和幾種杜英科植物占優勢的森林。短柄鳩漆是廣泛分布在舊世界熱帶地區的漆樹科植物，波納佩當地人稱之為「*dohng*」，是一種藥用植物，將其樹皮剝下用布包起來敲打出汁液，可以治療割傷或腹瀉，是多用途的植物。⑫另一個常見植物加羅林杜英，當地人稱之「*satak*」，⑬則是特產於波納佩島和科斯雷島的植物，和短柄鳩漆一樣可以長到三十公尺高，也都是當地製作獨木舟的木材之一。

沿途經過不少散居的村落，細川隆英注意到有幾個原住民採收了一小堆麵包樹的果實堆在路邊，有個人用樹枝燒著一些小石頭，另一個人將麵包樹的果實放在香蕉葉上排好，再把燒熱的小石頭一起放在裡面，加入一點水，用香蕉葉把麵包果和小石頭一起包起來蒸燒，不久便看到水蒸氣冒出來，香味四溢。另幾個人在不遠處挖出一個直徑一公尺多，深約兩公尺的小坑，將香蕉葉放在底部，坑的周圍用一些石頭圍起來，坑裡已經有上百個已剝皮的麵包果。喜多村發現細川一直盯著村民看，解釋說：「現在是麵包果採收季的末尾，他們在製作發酵麵包果，這裡的住民叫它「*mahr*」（マール），做法是將麵包果用香蕉葉包起來埋在溼潤的土裡，放上一段時間讓它發酵之後再拿出來吃，有時放上

⑪ 或稱ナンピール川，今名Kamar River。
⑫ 金平亮三《南洋群島植物誌》記錄為「トオン」，另參見Balick (2009)。
⑬ 或稱為「*sadak*」，學名*Elaeocarpus carolinensis* Koidz.（杜英科），採集編號Hosokawa 5494, 5520。

(1) Elaeocarpus carolinensis Koidz. せたつく（ポナペ, コロニヤ）

（金平寫眞）

(2) Campnosperma brevipetiolata Volkens とおん（ポナペ）

圖3-4　波納佩島低地優勢樹種：加羅林杜英（上），短柄鳩漆（下）。圖片來源：金平亮三《南洋群島植物誌》

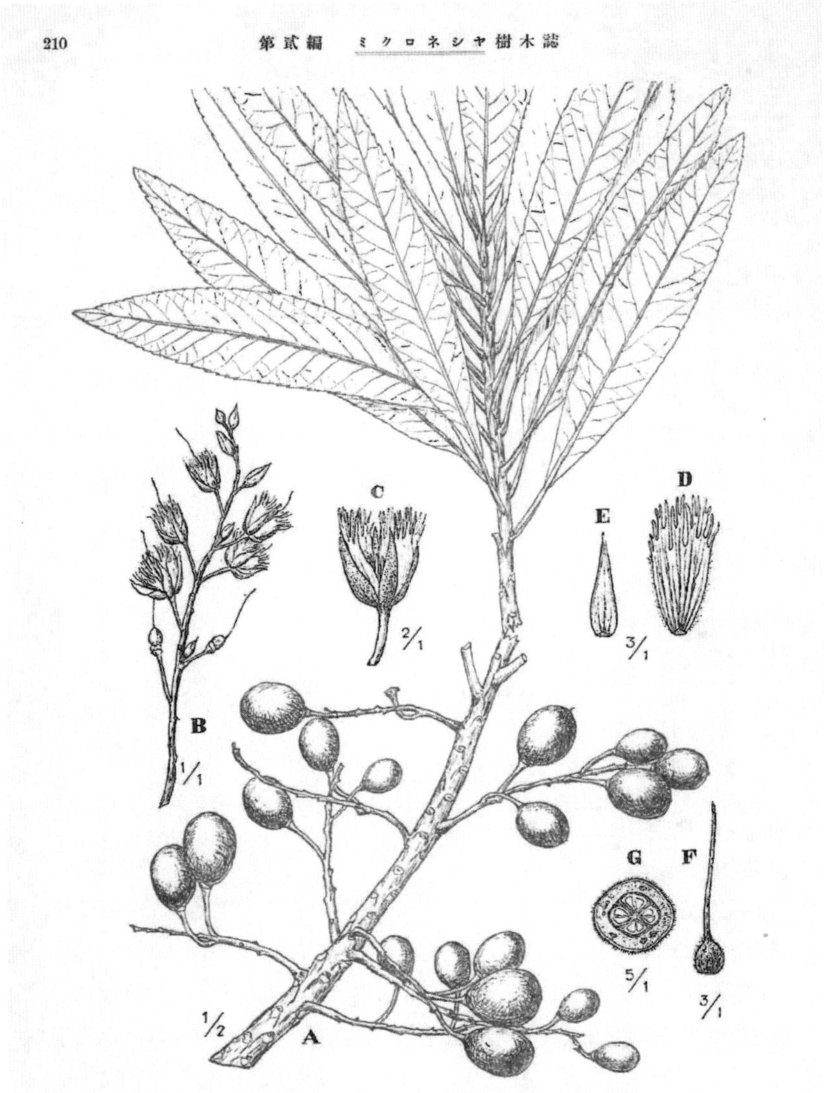

Fig. 90. せたつく Elaeocarpus carolinensis KOIDZ. (原圖)

A 實ヲ着ケタル枝　B 花ヲ着ケタル小枝　C 花　D 花瓣
E 萼　F 子房　G 同上橫斷

圖3-5　加羅林杜英手繪圖　圖片來源：金平亮三《南洋群島植物誌》

好幾十年才會挖出來呢。」細川有些驚訝問道：「好幾十年？你太誇大了吧？他們不會忘了埋在哪裡嗎？」

喜多村笑說：「那就不知道了。我想通常也不會放那麼久啦，幾個月或幾年之後就會挖出來吃，麵包果最後變得有點軟軟糊糊的，雖然有點怪味又酸，但是很有意思，有機會你定要嘗嘗。上回金平博士來我帶他去看當地人製作的過程，他直接品嘗剛挖出來的發酵麵包果後整個臉皺起來的表情我到現在還記得。」身旁的鐵魯瞪了他一眼，補充道：「喜多村君說的太誇大，沒有人直接吃的，我們挖出來後還要處理一下，再用椰子調味烹烤，有時和魚一起料理，滋味很不錯呢。」

製作發酵麵包果通常是全家一起做的工作，婦女們先用刀或磨銳的寶螺貝殼（稱為「*pwili*」）將麵包果削皮，以及去掉它的核（果序柄），小朋友們則將削好皮的麵包果拿到附近的水邊清洗，泡在水裡等大人們將麵包果坑處理好，再交給大人包在香蕉葉裡埋起來。由於這些麵包果坑常會被重覆利用，已發酵好的麵包果拿出來後，舊的枯黃香蕉葉如果仍完好還是會繼續使用，再覆蓋上一些新鮮的香蕉葉或是山薑黃（稱為「*auleng*」）[5]的葉子。填滿坑後會再放一層香蕉葉，上面再用一些石頭壓著葉子。⑭

談笑之間一行人進入森林中，喜多村沿路介紹各種植物給細川，由於他之前曾協助金平亮三採集，對於野外植物辨識和標本採集製作都很熟練，細川的心情輕鬆許多，頗有遊山玩水的感覺。

⑭ 發酵麵包果在密克羅尼西亞地區普遍存在，各島嶼間有些許差異。此處製作相關的描述參考 Atchley & Cox (1985)、Ragone & Raynor (2009)、Levin (2017)、和 Balick (2009)。

三角山的踏查，細川隆英留下九十份的植物標本在臺大植物標本館，包含四十八科七十二種植物，從紀錄上看來，超過一半的標本都是在地被層附近的採集，比方說大葉鐵角蕨[6]、兩歧飄拂草[7]、加羅林月桃[8]等。

回到科洛尼亞後，花了一些時間整理標本，隔天忙著整備接下來行程所需的物資，細川隆英和喜多村登帶著幾名雇工，預計花十天的時間繞島半周，從東邊的尼皮高地(Nipit)橫切到西邊的克提村(キチー村，Kiti)，再往北繞回科洛尼亞。一行人在八月十日出發，首先往東經過烏村(ウー村)⑮，在到東北方的歐瓦(Ohwa)聚落前，轉往南邊到雷陶(Reytau)⑯。雷陶是南洋興發在馬塔拉尼姆(Matalanim)新開發的區域，也是位在以種植椰子為主的「興發農場」核心地區，這個新興的市鎮建在雷陶河(Lethau River)河口附近。細川隆英等人越過一個小山頭，在稜線略作休息，遠遠可以看到往雷陶的方向，興發農場正在砍伐大片的森林，進行大規模整地和開路，許許多多工人和新住民開始準備移入新的社區。⑰

「你看這一大片的開發區域，南興一開始種植的是以椰子為主。但他們最近想在這裡改種樹薯，製作樹薯澱粉(tapioca)外銷，或是像塞班島一樣種甘蔗。種經濟作物我是不反對，但這樣砍伐森林，我還是有點心痛。」喜多村登嘆了一口氣，「不過土地開發的最大好處是交通的確會便利很多，以前要到這裡光爬山就夠累人了，划船從北邊繞過來還方便點。」

⑮ 即今Uh Municipality。
⑯ 或拼作「Lethau」，是今日的Sapwalap(或Sapalap)所在，也有人直接稱此地為「Matalanim」。
⑰ 參考Peattie (1988)對於波納佩產業的描述。

圖3-6　麵包果加工和發酵過程　圖片來源：金平亮三《南洋群島植物誌》

圖3-7　南馬都爾遺址　圖片來源：《海の生命線我が南洋の姿——南洋群島寫真帖》(西野元章1935)

喜多村轉頭指著東南方的一個小島，「那是天溫島（Temwen），⑱島的另一側就是南馬都爾遺址。你知道吧，那個充滿神祕色彩，泡在水裡的古城。」細川隆英點頭表示知道，一旁的鐵魯接口道：「那裡的大石頭傳說是從西邊飛來的。」看著細川隆英一臉不置可否又不願相信的表情，他笑了一下，「神靈的力量是我們無法理解的，別說不可能啊。」

細川和喜多村一行人談笑間，抵達雷陶時已是傍晚，借宿在南洋興發的臨時宿舍。他們在雷陶和西南的尼皮高地附近待了兩天，後者是南貿在此地的椰子種植區。到了尼皮高地的第二天早上，細川穿過一片剛整好的農田，眼前出現如同一堵牆的原始森林——森林被砍伐後，在農地和森林的交界處可以看到很清楚的森林剖面。他抬頭端詳了一會，向身旁的喜多村說道：「喜多村君，你看這裡的森林，最高的樹是短柄鳩漆和一些棕櫚科的植物，那是男椰子[9]吧？」

「嗯，沒錯，就是我們一路上看到最多的棕櫚科植物。」喜多村點頭。

「森林下層有不少桃金孃、桫欏，和月桃，林木間有山露兜攀爬其上，樹幹上附生的巢蕨也看得非常清楚。」細川隆英自言自語說著，又愣愣地看了一會眼前的森林，忽然轉頭對喜多村說：「你可以幫我一個忙嗎？我想要在這裡做個植群生態調查。」他想起以前在生態學實驗課學過植群樣區的調查，可以從樣區的植物種類和分布，更清楚地解析森林的樣貌。看著這如教科書般的森林剖面，細川突發奇想要做個生態樣區調查。可是這次出門並沒有帶長捲尺和樣區測量相關工具，兩人商量之後，決定以自己的身高作為比

⑱ 日治時期的島名為「ナメエ」或是「タモン」，今日之中譯名為恰晃島。

例尺，用概括的方式圍出長寬各二十公尺的樣區，記錄木本和地被植物的種類及數量，並且讓喜多村站在樹下，以他的身高做比較，由細川目測植株的高度，最後將資料整理成表格。

細川隆英等人忙了一整天後，癱坐在路旁休息。「在這裡做樣區調查比我想像的困難很多。這可是我第一次在熱帶島嶼做樣區，真的好累。」細川喝了一口水，「沒有喜多村君和大家的幫忙，肯定沒辦法完成。」

喜多村整理一下衣服，有點輕鬆寫意地把腳伸直，「我覺得還蠻有趣的啊，金平博士來的時候也沒有像這樣不只是認樹，還要一棵一棵數幾株，大部分的工作都只是採植物、壓標本。」他呼出一口氣笑著說：「本來想說才二十公尺寬的地方做調查應該不難，但光是數那些小苗就快把我累死了。」

「數數還算容易的呢，」細川右手用筆輕敲著筆記本，「以前念書的時候，總覺得測測樹高、量量DBH（胸高直徑）⑲沒什麼了不起，在校園裡測量時輕輕鬆鬆就可完成。怎知道在真正的熱帶森林裡全不是那一回事，一會是比我還高的板根讓我無從下手量測樹徑，一會是遇到還活著的倒樹不知道要怎麼量。」

細川隆英細看著筆記本上的紀錄，一邊沉吟著，「雖然測量得很粗糙，但是數據結果清楚地告訴我們這裡是個波納佩男椰子占優勢的森林，而且更新良好，小苗的數量相當多，灌木層以露兜樹和菲律賓榕為主，山露兜則攀爬其間。但令人印象最深刻的是加羅

⑲ DBH（Diameter at breast height，胸高直徑），指的是樹幹在一般成人胸前高度的直徑，也就是離地大約一．三公尺高的直徑，作為樹木大小的指標，一般以量尺繞樹幹一周後測量，再回推其直徑數值。

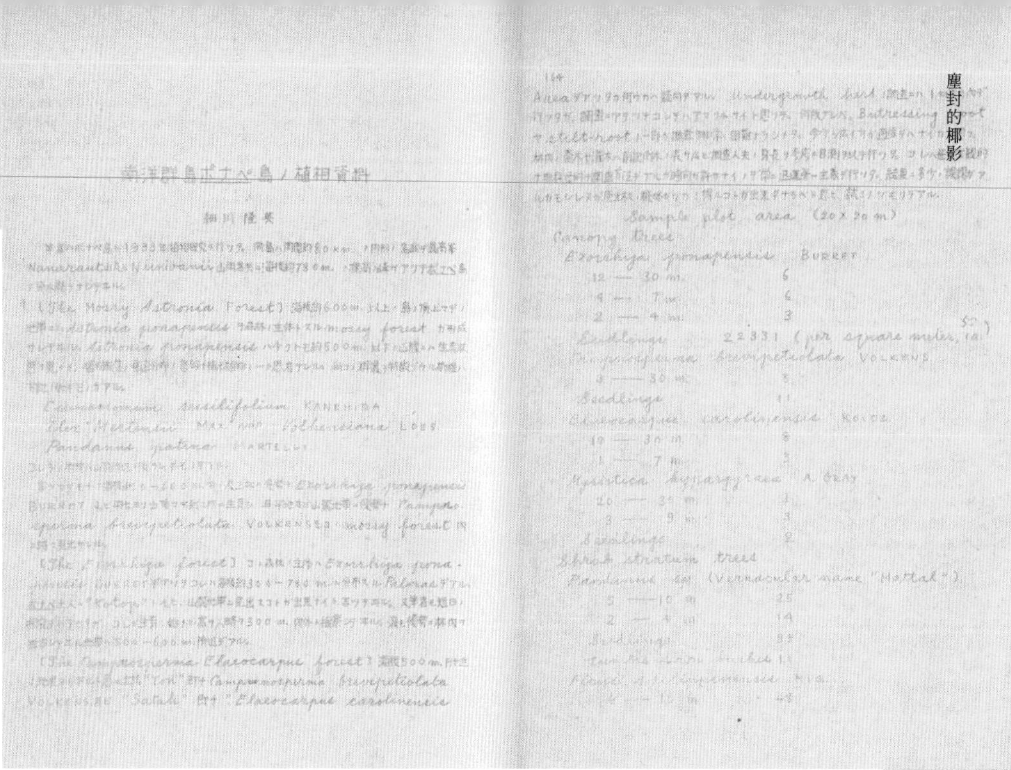
南洋群島ポナペ島ノ植相資料

細川隆英

Sample plot area (20 x 20 m)

細川隆英在臺北帝大期刊《*Kudoa*》所發表之波納佩植物相手稿（1935g，頁162和164）

地被草本（undergrowth herbs）	
安博因鶴頂蘭（*Phaius amboinensis* Bl.）	8（株）
馬氏合囊蕨（*Marattia mertensiana* C. Christ）	
1.5-2 m	3（株）
0.3-1 m	12（株）
珍珠茅（*Scleria margaritifera* Willd.）	1（株）
大葉三叉蕨（*Sagenia grandifolia* Hosok.）	2（株）

木質藤本（typical woody liana）	
雷氏粉綠藤（*Pachygone ledermanni* Diels）	1（株）

附生植物（epiphytes）	
巢蕨（*Asplenium nidus* L.）	17（株）
長柄花藤麻（*Procris pedunculata* Wedd.）	7（株）
波納佩石斛（*Dendrobium ponapense* Schltr.）	5（株）
波氏陵始蕨（*Lindsaea boryana* Brause）	1（株）

攀爬藤本（root climbers）	
波納佩山露兜（*Freycinetia ponapensis* Martelli）	28（株）
史氏毬蘭（*Hoya schneei* Schltr.）	1（株）

表3-1 細川隆英在波納佩島尼皮(Nipit)樣區的紀錄整理[20]

灌木層植物(shrub stratum trees)

露兜樹屬(*Pandanus* sp.)(vernacular name 'Matal')[10]	
5-10m	25(株)
2-4m	14(株)
Seedlings(小苗)	99(株)
菲律賓榕(*Ficus philippinensis* Miq.)	
6-10m	48(株)
0.5-4m	4(株)
波納佩藤黃(*Garcinia ponapensis* Lauterb.)	
12-15m	2(株)
3-9m	5(株)
±1m	2(株)
波納佩赤楠 *Eugenia stelecantha* Kanehira	
10-15m	3(株)
2-3m	3(株)
0.2-1m	15(株)
波納佩樹蘭(*Aglaia ponapensis* Kanehira)	
2-4m	6(株)
0.2-1.5m	11(株)
黑桫欏(*Cyathea nigricans* Mett.)	
3-10m	13(株)
0.2-1.5m	7(株)
加羅林月桃(*Alpinia carolinensis* Koidz.)	
7-10m	12(株)
0.5-3m	3(株)
加羅林肉桂(*Cinnamomum carolinensis* Koidz.)	
Seedlings(小苗)	8(株)
加羅林山桂花(*Maesa carolinensis* Mez)	
Seedlings(小苗)	1(株)
波納佩海桐(*Pittosporum ponapensis* Kanehira)	
±4.5m	1(株)
雷氏波納佩椰子(*Ponapea ledermanians* Becc.)	
±7m	2(株)
±1.5m	1(株)
朴葉白顏樹(*Gironniera celtidifolia* Gaudich.)	
±1.2m	1(株)

樹冠層樹種(canopy trees)

波納佩男椰子(*Exorrhiza ponapensis* Burret)	
12-30m	6(株)
4-7m	6(株)
2-4m	3(株)
Seedlings(小苗)	22331(株)
短柄鳩漆(*Campnosperma brevipetiolata* Volkens)	
3-30m	8(株)
Seedlings(小苗)	11(株)
加羅林杜英(*Elaeocarpus carolinensis* Koidz.)	
12-30m	8(株)
1-7m	3(株)
銀背肉豆蔻(*Myristica hypargyraea* A.Gray)	
20-30m	1(株)
3-9m	3(株)
Seedlings(小苗)	2(株)

林杜英的板根，和超巨大的加羅林月桃。我真沒想到月桃可以長到兩三層樓這麼高。」他推了推眼鏡，又抬頭看著眼前的森林，「可是附生植物的種類比我想像中要少一些。」

「嗯，的確如此。」喜多村同意地附和：「這裡的附生植物是比娜娜拉烏山那邊少得多，不知道是不是因為這個區域比較乾，還是有其他的原因。」

細川把紀錄紙整理好，收入他的袋子裡，思考著為什麼海洋性島嶼的附生植物會有多樣性的差異，也想著未來是否有機會從生態的角度來討論這個問題。他暗忖回臺灣之後一定要好好找些書籍來研讀一番，有太多自己不熟悉的東西想要搞清楚。

這兩天細川大部分都在尼皮高地走動和進行生態調查，幾場大雨限制了行動力，並沒有太多的採集。略事收拾後，細川和喜多村決定先到較遠的尼尼歐尼山（ニーノア山，Mt. Niinioanii）和多隆多山（トロトン山，Mt. Troton）㉑兩地進行踏查。

尼尼歐尼山附近也是以波納佩男椰子為主的森林，這種椰子的葉子是當地原住民搭建山屋時製作屋頂的材料。它的基部氣生根很發達，和其他椰子很容易區別。在附近森林裡還有好幾種其他的棕櫚科植物，比如說在較低海拔的象牙椰子[11]，它的果實比棒球略大，表面有鱗片狀的果皮覆蓋，當地人將象牙椰子果皮剝開後，取出象牙色、質地細緻的種子，再用尖石加工做成裝飾品或鈕扣。其他像是散生在短柄鳩漆間的雷氏波納佩椰子，波納佩語叫「*kedei*」，它的莖幹非常堅硬，一般的砍刀還很難砍倒，必須要用鋸開的方式才能切斷，帶有一點黑色光澤的莖幹是當地製作手杖的材料。

⑳ 參見細川隆英一九三五年發表在《*Kudoa*》的描述記錄（細川隆英 1935g）。

㉑ 這兩座山在今日的地圖上都沒有找到確切對應的地名，但因細川隆英在此地的採集紀錄中海拔位點有多份超過六百公尺，由發音近似音推測這兩座山峰應是尼皮高地西南方的Ngihnani和Dolotomw這兩座山。

尼尼歐尼山的山頂有一種相當多的野牡丹科小灌木，喜多村登說金平亮三曾特別提到，在加羅林群島的中高海拔地區，都有不同的野牡丹生長，像波納佩島就有特有的紅花大野牡丹[12]，帛琉則有白花大野牡丹[13]，楚克島和科斯雷島是黃白色花的加羅林大野牡丹[14]，這三個當地特有種都是金平亮三在一九三一至一九三二年間所發表的新種。此處山頂的紅花大野牡丹和其他種類不同的地方在於它的花序下垂，紅色的花瓣和花藥與黃色的花絲形成很強烈的對比。

這附近森林的植物相明顯好得多，因為溼氣非常重，幾乎隨時都有霧氣圍繞的感覺，樹上滿滿的都是附生植物，地被則有豐富的蕨類。這裡也出現不少蘭科的植物，包含地生大型的黃白花鶴頂蘭[15]，和附生在樹幹上小巧的密克羅尼西亞豆蘭[16]、有白色小花的加羅林木槲[17]等，最吸引細川的是近山頂的一種帶有圓形葉的小型附生蘭花。

「這是盔蘭！」細川隆英忍不住驚呼。「我還沒有在野外看過呢。你看它圓柱形的花和葉子相對，花瓣外面白色而裡面紫紅，真是非常漂亮。」盔蘭是一個非常小而精緻的植物，喜多村也蹲下來仔細端詳。

「我要採回去給我的學弟福山伯明看，他對蘭花可是非常狂熱的呢。」細川隆英小心翼翼挖出盔蘭的根部，一邊微笑說：「如果是新種的話，我就叫它波納佩盔蘭吧㉒。」

喜多村聽得笑了起來，「那麼我們之前看到的桫欏和柃木，如果你覺得這裡的植物長得不一樣，是不是可以叫波納佩桫欏和波納佩柃木呢？」

㉒細川隆英在一九三五年和一九三六年的物種整理中，把這份標本定名為*Corybas ponapensis* (Hosokawa & Fukuyama) Hosokawa & Fukuyama（蘭科），意即波納佩盔蘭，不負當初的期望。

「可以這麼說，但話也不是完全這麼解讀。」細川隆英把挖下來的盔蘭用報紙另外包好，一邊向喜多村解釋：「一般來說我們分類處理還是比較保守的，若符合原本就認知的物種描述，也不會沒事就取個新名字，像男椰子、穗花棋盤腳等，我通常就沿用已有的名字。但是如果多跑一些地方，發現它的確有形態不一樣之處，我們當然會給個新的學名。」他頓了一下，不理已經在搔頭皺眉的喜多村，繼續說：「可是像在密克羅尼西亞這種熱帶島嶼，彼此間有點隔離，只要物種傳播能力不是那麼好，種化的情形在不同的島嶼間常常很明顯。某個植物在這個島嶼可能葉子大一點，在另一個島嶼葉子就細一些。就形態而言如果的確有差異，保守的方法就是不同島嶼的植物先給個不同名字。將來若有其他學者做更大範圍的研究或是更細部的探討種化的問題，再來討論學名要不要改變。當然不同植物我們做法也會有點不同，像蘭花這類植物，區域間花朵的微小差異通常和種化有關，不同島嶼間的蘭花先給它不同學名是合理的事。」

「好了，好了。」喜多村舉起雙手乾笑一聲，「這種頭大的問題就交給你們學者吧，我光是用想的就受不了了，直接投降。」細川站起身來，推了他一把，「少跟我開玩笑了，趕快幫忙整理標本吧。」兩人說說笑笑，看著雲霧開始湧來，擔心又下起大雨，連忙和一同前來的雇工們回到尼皮高地的住處。

兩天的行程收穫不少，在尼尼歐尼山附近總共採集一百二十三份植物標本，多隆多山的採集則有八十九份標本。[18]這些標本加總起來有四十六科七十五屬八十五種植物，其中的二十三份是蘭科植物標本，分屬八屬九種不同的蘭花，包含後來細川隆英與福山伯明一同命名的波納佩盔蘭。採集的標本數量不少，細川和喜多村花了一天時間整理標本，細川也做了一些簡單的手繪觀察紀錄。

八月十六日，一行人從尼皮高地往南進入克提村，從此地沿河谷下山到海邊都是歐內(One)部落的範圍，在這裡也有一個波納佩支廳管轄的克提公學校。這所公學校在一九二六年成立，是帛琉和塞班島之外南洋廳最早有公學校的地方之一，學生大概有三十人，是規模僅次於科洛尼亞公學校，波納佩第二大的學校。㉓他們到學校後，找到學校長小田桐清一，喜多村和他之前碰過面認識。

學校旁的空地有一些十歲左右的小朋友追逐著遊戲，細川隆英一行人到學校時，小田桐校長正在教室裡為幾個年紀大約十三、四歲的學生上課。小田桐校長看到他們時露出意外的表情，先轉頭吩咐學生自行寫作業後走出教室。

「喜多村！你怎麼來歐內了，這位是？」他側頭問道。教室裡的學生們交頭接耳，探頭看外面拎著大包小包的眾人，看來對這些人的興趣比課本內容大得多。

細川把帽子摘下鞠躬，再伸手和小田桐校長相握，「我是細川隆英，是臺北帝大的畢業生，來波納佩這裡做植物調查。」他側頭和教室裡面好奇的學生們對望了一眼，微笑著點點頭。他看向黑板上的數字和算式，「你們這裡的學生不少啊，他們在學算術嗎？」

小田桐校長露出苦笑的表情，「這裡的小朋友對於算術、理科這種比較抽象的科目很

㉓克提村的描述資料根據南洋廳昭和八年（一九三三）職員錄，以及矢內原忠雄所藏，〈ポナペ島キチー公学校長による回答「南洋群島々民教育ニ関スル調書」〉，網路取得：http://hdl.handle.net/20.500.12000/37967。

難接受，不管我講幾次他們都只是似懂非懂。」他轉頭向著教室裡的學生，略微提高聲調說道：「若是唱歌和遊戲，不用我教他們都樂在其中。對吧？」幾個學生聽得低下頭吃吃笑，小聲說著不知什麼話。

「我想一些應用實作的科目他們會比較喜歡，」喜多村看著這些小朋友說：「機械啦、農作啦，只要能讓他們動一動，應該比較不無聊。」

「你說的是沒錯，」小田桐校長點點頭，「可是這裡的人懶散慣了，上課常常很難專心。高年級的也就罷了，低年級的小朋友連日文都聽不懂，沒有通譯的幫忙我真不知道該怎麼教這些小孩。」㉔

小田桐校長看著帶著大包小包的雇工們，問道：「你們打算在這裡住多久？有沒有安排住宿的地方？」

喜多村回答：「我們已經從科洛尼亞出來一週了，採集的東西有點多，想要早點回去整理，如果可能的話，希望明天能坐船到到德安（テアン，Te'an），再轉由陸路向北從究卡吉村回科洛尼亞。」

波納佩島的南半邊還沒被大規模開發，有幾個部落散居在沿海地區，比較大的聚落就是此處的歐內，和島西南部的隆克提（ロンキチー，Ronkiti）。

「這樣啊，」小田桐校長想了一下，「那麼我先帶你去找魯烏誒郎㉕，他是這裡的耆老，會有辦法幫忙。」

㉔ 有關當地公學校的描述，參考矢內原忠雄文庫（1932）〈ポナペ島キチー公學校長による回答「南洋群島島民教育ニ関スル調書」〉。

㉕ 日文拼音名ルウエラン，相關資料參考今西錦司（1944）的描述。

魯烏誒郎是一位六十多歲的長者，完全西式的打扮，穿著十分講究。據聞他年輕時常常前往香港，英語和日語都能說上一些。雖然他不是波納佩五大部族㉖的傳統領袖，但因其特殊的豐富經歷，深受當地人和日本人的敬重。魯烏誒郎知道細川隆英等人的要求後，幫忙找了當地剛好可以載他們去德安的船。

在歐內短暫停留了一個晚上，隔天經由魯烏誒郎和小田桐校長的幫忙，細川隆英等人順利地在八月十七日坐船由歐內前往德安。

這一段的水路沿岸有許多紅樹林生長，而由於整個波納佩島外圍是由一圈環礁圍繞，近岸的海水都不深，環礁的寬度平均有三公里。沿著海岸前進時，可以直接看到水底的珊瑚礁和許許多多的熱帶魚類。波納佩西南部克提村的海岸有一些淺水沙灘，有相當豐富的海草生長其中。細川隆英坐在船上，伸手抓住一個水中植物，稍微使力地把它拔出來，它的花果有個長而捲旋的柄，看起來就像彈簧一樣。

「這是海菖蒲，[19]」細川解釋：「它也是開花植物喔。」

喜多村瞪了他手上的植物一眼，「咦，真的嗎？我以為海裡面長的都是藻類呢。那它為什麼長了一個彈簧在身上？」

「這是為了要適應漲退潮，它是沉水性的植物，葉子一直泡在水裡沒關係，但要讓花或果實不論什麼時候都可以浮在水面上，好進行傳粉或種子傳播，有了這樣伸縮自如的長柄就能輕鬆辦到。」細川用手拉著長柄的兩端，將其上下伸縮著解釋。

㉖波納佩島在十七世紀的Mwehin Nahnmwarki時期（一六二八—一八八五）以來，有五個主要的部族，參見頁一五九。

波納佩英雄。[21]

依索克雷克長大後為替父親報仇，返回波納佩東邊的馬托雷因（Madolenihmw），和紹德雷爾王激戰而互有勝負。直到依索克雷克的一名戰士用長矛把自己的腳釘在地上，發誓絕不言退，且會殺死任何退到他身後的人，最後才將士用命地將紹德雷爾士兵擊退到波納佩島內陸的山上，而紹爾雷爾王化身為魚逃入河中消失不見。㉚

傳說中依索克雷克依神的旨意將波納佩分成三個部族：馬托雷因、烏、克提，統治者稱為「南馬理奇」（*Nahnmwarki*），即部族長；後來內曲和索克斯也分別成立自己的部族。因為依索克雷克成為東邊馬托雷因的「南馬理奇」，故馬托雷因的地位在各部族間最高。但是各個部族擁有自治權，互不統屬，只有馬托雷因的「南馬理奇」偶爾會扮演部族間衝突調停的角色。

在大的部族和部落中，領袖有兩個階級：「南馬理奇」是最高階，而次高階級稱為「南肯」（*Nahnken*），前者大約同等於酋長，後者類比於副手。兩個領袖都可以向轄下小部落族長要求進貢，以及調停族內紛爭。二者最大的不同是「南馬理奇」除了是政治領袖，同時也具有神性，故與一般人民有段距離。「南肯」則與民眾互動頻繁，不僅下達「南馬理奇」的旨意，同時也會向「南馬理奇」反應人民的各種意見。「南馬理奇」和「南肯」多在同一個氏族家庭之內，但各自有一個階級體系，平行運作。「南馬理奇」會給予家族成員不同的名銜，這些頭銜雖然略有順序差異，總數量也隨部族而不同，但前十二名具名銜的成員將來就有繼承「南馬理奇」之名的可能；「南肯」的一支運作方式也是如此。㉛當「南馬理奇」因病或其他事故出缺，部族內的「南肯」可以徵詢其他領袖意見後決定新的繼任人選；而「南肯」出缺時，「南馬理奇」可以自己決定新的「南肯」。

由於波納佩自治性質極高的部族社會制度中，「南馬理奇」和「南肯」被要求傾聽人民的聲音，在選任新的領袖時，民眾的想法和支持度顯得很重要，讓每個領袖都有相當好的民意基礎。這個制度在後來歷經西班牙、德國、日本、美國的統治託管時期，依然存在於今日的波納佩社會。

㉗ 除指政治區域外，它和烏龜具有同樣的字源（Petersen 1990）。

㉘ Silten在一九二〇年代所記錄之波納佩歷史文集，引自Petersen (1990)。雖然有不少學者提出此處的卡陶指的是東方的科斯雷，但是它更可能意指虛擬的天空意象，或是更遠的島群。

㉙ Sau Deleur意思為「德雷爾的主人」(Master of Deleur)，德雷爾(Deleur)即是天溫島所在的地名。

㉚ 這個戰役的故事版本有好幾個，被釘在地上的人也有不同的說法，一說是戰士領袖南尼森(Nahnisen)，或是年輕的戰士南帕拉達(Nanparadak)，甚至是依索克雷克自己，參見Petersen (1990)和Levy (2008)。

㉛「南馬理奇」給予的名銜如*Wasai*、*Dauk*，「南肯」給予的名銜則有*Nahlaimw*、*Nahnsau*等(Levy 2008)。

波納佩的歷史和社會制度簡介

波納佩在南洋群島中，有獨特的氏族社會制度。波納佩區分為五個主要的自治酋邦（paramount chiefdoms，波納佩語 *wehi*㉗），管理相對應區域的部落人民，分別是馬托雷因（Madolenihmw），烏（U），克提（Kitti/Kiti），內曲（Nett/Net），和索克斯（Sokehs/Jokaj）。每個部族則包含許多地方的酋邦（chiefdoms，波納佩語 *kousapw*），有清楚的家系關係。自十九世紀歐洲人抵達此地以來，即便是今日隸屬於密克羅尼西亞聯邦，這樣的氏族社會依然在波納佩的地方有很高的影響力。而馬托雷因不管在地域幅員和歷史意義上，都較波納佩其他區域重要，尤其是位在其中的南馬都爾在歐洲人抵達前都是當地政經文化的中心。如同傳說中所說：「太陽和月亮都最早照亮這個地方，也有最舒適的微風……它占有面對上風處的卡陶（Upwind Katau）最重要的地位」。㉘

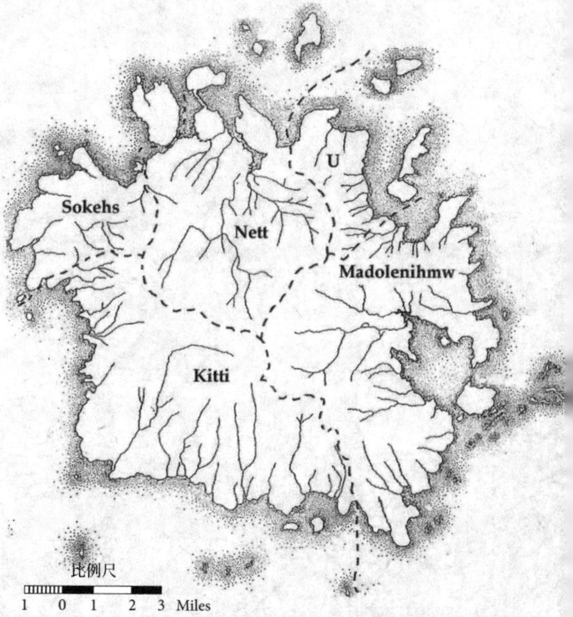

圖3-8　波納佩島地圖，顯示五個主要區域。圖片來源：Levy (2008)

和密克羅尼西亞其他地區一樣，波納佩最早的人類活動紀錄大約出現在三千年前，而在西元五〇〇年左右南馬都爾已有人居住。[20]紹德雷爾（Sau Deleur）㉙王朝在西元一〇〇〇至一五〇〇年統治波納佩島，並在天溫島東南方的海岸建設南馬都爾城。王朝的首領者即被稱為「紹德雷爾」（Saudeleur），在波納佩島實行中央統治，各部落都必須向他進貢，在許多傳說中歷代統治者對人民都相當嚴苛。

根據傳說，波納佩的雷電之神南薩佩（Nansapwe）因與紹德雷爾王的老婆私通，而被紹德雷爾王放逐。南薩佩在抵達卡陶之後，以神力讓一個在麵包樹下的年長婦女懷孕，後來生下的兒子叫作依索克雷克（Isoke-lekel），也就是後來被稱為榮耀之王的喜多村一臉恍然大悟，「原來如此，還有這樣有趣的植物，真是又學到了一課。」

細川隆英把海菖蒲交給身後的雇工，轉頭回來向喜多村說：「這種水生植物的標本壓起來也挺麻煩，要先把水分用紙吸乾再壓，否則以一般的標本做法很容易發霉。」喜多村點頭表示瞭解，細川隆英又說：「就像芭蕉的果實軟軟的，我以前都想說這要怎麼壓標本，後來金平博士才告訴我說，也可以切半後再壓，燻烤的時候才乾得快。」

一行人在德安上岸，改走陸路後不久就進入日本殖民村的範圍，此地當時的行政劃分被稱為究卡吉村。㉜這個地方是南洋廳在波納佩造鎮的示範區域，是繼大正十三年（一九二四）在帛琉島卡魯米斯康（Ngarumis kang）的開發後，第二個大型移民計畫。昭和二年（一九二七）五月南洋廳開始在波納佩島西北部闢建殖民村，預計可接納規模達一六九戶的新移民，總開發面積七九六陌（約七七二公頃），但開始的前幾年實際到當地的移民只有二十幾戶。細川隆英等人抵達此地時的昭和八年（一九三三），南洋廳實施鼓勵農業移民的政策，南興也投入波納佩的開發，殖民村在這年人口增加到八十八戶，大部分是來自沖繩，少數則來自東京、福島和朝鮮等地。[22]

在南洋廳的移民政策中，原本是希望殖民地的農作能夠達到自給自足的狀態。不過這個目標在移民的前幾年幾乎都以失敗告終，一方面因為最早到帛琉和波納佩的移民有不少是來自北海道地區，雖然農民吃苦耐勞，但是對於熱帶地區的農耕非常不熟悉，自然事倍功半。其次是公共建設未能跟上進度，道路和運輸系統並不完善，採收的農產品

㉜ 究卡吉村的殖民區域，在昭和十三年（一九三八）改稱為春木村（今西錦司 1944），也就是今日的索克斯（Sokehs）。

沒辦法及時運銷到消費市場，供需不平衡的問題因此無法解決。

南興的策略和官方做法比較起來有些許差異，就是從甘蔗種植，到製糖工廠，以及相關的酒精工廠一條龍式地完成人員的募集，效率也高得多，不過其餘的警政、醫療、教育、郵務、水電系統等，還是需要南洋廳的支持。相對而言，究卡吉村則是南洋廳為遂行移民政策造鎮計畫的實踐區域，和南興殖民區做法不同的是，此地的種植以水稻和蔬菜為主，希望能同時供給科洛尼亞市鎮人口的需求。不過這個目的因兩地的交通仍要穿過一條山間小路而未能確實達成，直到數年後可容卡車行駛的道路開通後，問題才得以解決。但對究卡吉村的農戶而言，收支打平，又不會餓肚子，已經算相當滿足。

眼前有大片的草地，不少農人正在新開墾地上種植水稻。周圍的森林還保持著相當原始的樣貌，但為了創造更多的耕地，新的砍伐一直持續進行。細川隆英一行人穿過殖民農作區的範圍，在究卡吉村停留一晚後，沿著山路回到科洛尼亞。

撒考的魔力和娜娜拉烏山之行

細川隆英和喜多村在產業試驗場花了一整天整理標本和資料，鐵魯帶了些香蕉來辦公室，找到兩人問道可否請他們傍晚前去他家裡吃飯，「我在外地工作的叔叔今天剛好回來，我父親請我找你們一起熱鬧一下，家裡會準備一些撒考（*sakau*）給大家。」

喜多村微笑回答：「今天累了整天，明天又沒什麼行程，機會也算難得，等會我們就一起去體驗一下在地文化吧。」細川隆英聽得眼睛一亮，「撒考？就是那個胡椒科的神祕飲料吧？我久聞其名，還沒有機會喝過呢。」

「是啊，一般可沒那麼常有機會喝，上回金平博士來的時候，也是當地耆老特別安排個饗宴他才喝得到，這回真算你走運，剛好碰到鐵魯家的聚會。」喜多村一邊把香蕉分給辦公室其他人，一邊向鐵魯說：「我們可不可以早一點到你家？我猜細川君一定很想看看撒考的製作過程。」鐵魯答應後，就回家去幫忙。

當天下午兩人到鐵魯家時，正好遇到幾個人扛著一些植物到屋後空地。其中一個灌木型的植物被整株拔起，連著許多的根。

「那個就是被稱之為撒考的醉椒，[33]它的莖表面有些黑斑，而且節間上有點膨大。」喜多村指著前方眾人肩上扛的植物。「他們會將大部分的莖砍下來，再拿去種植。」

有幾個年輕人將只連著一根主幹的根部用椰子殼盛的水小心清洗，仔細洗好去除泥土的根則放在一塊平整的大石盤上。另一些人處理砍下來的黃槿[34]枝條，這些枝條必須仍帶有一些水分，再用石頭敲開樹皮，將理好的纖維拉長放在另一個石盤。

在一個用椰殼架高的石盤四周圍繞著四名壯年男性，以略近橢圓形的石頭敲打石盤上的撒考根。他們以熟練的手法一邊敲打，另一隻手還不斷地將靠外圍的碎根往中間堆。響亮帶有金屬聲又富節奏的敲擊此起彼落，在敲打工作附近的人，則很有默契地都停止

[33] 中文也有翻譯作卡瓦胡椒，音譯自太平洋其他地區對這個植物的稱呼：*kava*。學名為 *Pipier methysticum* G. Forst.（胡椒科）。

[34] 黃槿是舊世界熱帶海邊常見的大樹，學名是 *Hibiscus tiliaceus* L.（錦葵科），波納佩當地人稱它為 *keleu*。

說話，像是在聆聽一場音樂表演。約莫二、三十分鐘後，敲碎的根被移到剛才鋪好的黃槿纖維中間，再用黃槿的長纖維捲起撒考根，兩手用力扭擠出黃褐色的汁液，滴入下方準備好的椰子殼容器中，一次約可擠四到五碗。第一碗撒考汁液依例先呈給家族的耆老，再來才會依次給其他人。

這時座上的耆老向鐵魯說了幾句話，鐵魯點點頭朝喜多村登和細川隆英走來說道：「長老說你們是客人，也請你們先來嘗。」接著引導兩人到前方的座位。

喜多村低聲對細川提醒：「等會要用兩手拿他們遞來的撒考，眼睛要看地上。喝的時候閉上雙眼，你第一次喝，不要太大口沒關係。」兩人依足規矩，敬慎地喝完手上的撒考，接著在場的人依序都喝完，氣氛才開始輕鬆起來。

類似的飲料在大洋洲其他地區被稱為「*kava*」，或是「*'awa*」（夏威夷）、「*yagona*」（斐濟）、「*malok*」（萬那杜）。波納佩的撒考和其他地方最不同之處，就是他們會將黃槿的汁液一起擠入飲料之中，讓它帶有一點黏稠的口感。略具苦味的撒考入喉沒多久，嘴唇和舌頭開始感到麻木，接著大家的話便多了起來，不一會從外面還傳來一些歌聲。喜多村談到他第一次喝的時候還有點抗拒，但後來就漸漸迷上這個飲料。

「撒考有種讓人放鬆的神奇力量，喝酒或其他飲料都沒有辦法給你這個感受。」喜多村將身體往後靠，嘴角帶著一點苦笑，「不過分場長警告過我幾次，叫我不要太常和當地人混在一起喝怪東西。」

細川隆英又淺嘗一口手上的飲料，有點擔心地問道：「你在產業試驗場工作還好吧？聽你常抱怨東抱怨西的。我都還沒機會問你，你這樣陪我採集，分場長那兒真的沒有問題嗎？」

「沒事的，」喜多村輕鬆地回答：「我負責的是場裡藥用植物栽培，本來就常四處跑。我這次是以在地藥用植物採集和利用研究的名義出差，有個植物學家在身邊，他應該更放心才是。」接著嘆了一口氣，「我還想在這裡做幾年，但也許之後累了就會回九州老家。你呢？家裡還有什麼人？」

細川隆英低頭望著快喝完的撒考，飲料開始讓他感到全身肌肉放鬆，「我父親去年九月過世，我媽和三個妹妹在家裡。我和大妹貞子都是在熊本出生的，貞子已經有對象，今年結婚後也會離開臺灣吧。」細川喃喃說：「到臺灣也將近二十年，真的好快，純子都十六歲了。」不知怎的，他突然很想念身體不好常臥病在床的二妹純子，自己有點任性地離家工作，不知是否是正確的決定。

細川隆英閉上眼睛，恍惚間好似回到小學時，他和貞子兩人放學回家第一件事就是去逗弄剛出生的純子。記憶裡的金黃稻田和小琉球的貝殼交錯出現，一會兒又坐在獨木舟上看天上的白雲，身體輕飄飄的，一根手指頭都不想動。身遭的聲音漸漸安靜下來，大家或坐或躺，不知過了多久細川才醒過來，勉強張開眼睛。

一旁的喜多村登眼睛沒有目標地望向前方，手裡夾著寫了「きんし」的卷菸，怔怔地

しやかおトツノ飲用風俗　Pl. 14

(1) ポナペ島しやかおノ饗宴（しやかおノ根ヲ石ノ盤ニ上置キ各自小石ヲ握リ拍子ヲ揃ヘテ將ニ根ヲ叩カントス）

圖3-9　撒考聚會，左下方石板上為醉椒的根。圖片來源：金平亮三《南洋群島植物誌》

(2) 粉碎シタルしやかおノ根ヲおほはまぼうノ纖維ニ包ミ之レヲ兩手ニ搾リソノ液ヲコップニ受ケル

(3) Piper methysticum Forst. f.
しやかお原植物

圖3-10 撒考的製作過程，左：島民以黃槿的纖維和醉椒碎根一同擰擠出汁液；右：醉椒植株。圖片來源：金平亮三《南洋群島植物誌》

發呆。「你醒來了啊？感覺還好嗎？」他瞥了一眼身旁躺著的細川，低頭望向手裡的菸，「我總是不明白為什麼這個菸草要取名叫『禁止』㉟。」接著自己搖頭笑了起來。

「對不起，不知怎的就昏睡過去了。」細川不好意思地扶一下眼鏡，又用手指把頭髮向後梳平。

「沒問題的，沒睡著才奇怪呢，這就是撒考的魔力了。」喜多村笑說：「你看我多麼有義氣，惦記著要帶你回宿舍，只喝了少少的一碗。」兩人又坐了一會，接著互相攙扶起身，轉頭和也昏昏沉沉的鐵魯打個招呼，腳步虛浮地一前一後回到住處，一進門就倒頭大睡。㊱

經過一天的休息，細川隆英和喜多村登再度整裝，前往波納佩島中央海拔七八一公尺的娜娜拉烏山。預計作為登山據點的是在中途納皮爾(Nampil)附近的山屋，行程安排徵詢同行的另一個當地雇工安德列布斯㊲的意見，他是鐵魯大力推薦，有豐富經驗的獵人，對附近山區十分熟悉，也對許多島上傳說相當瞭解。晚餐後大家圍著火堆聊天，喜多村慫恿鐵魯幫忙翻譯，要安德列布斯說說這個石屋的故事，安德列布斯坐在火堆前，眼睛盯著明暗不定的火焰沉默了一會，點起一根菸，才慢慢說道這個山屋最早是西班牙人建的石屋，但它見證了近年的一段波納佩黑暗歷史，因為它是一九一〇年「索克斯暴動事件」(Sokehs Rebellion)殘存者最後的據點之一。原來安德列布斯有幾個親戚親身經歷這個事件，甚至喪失生命，對他來說有著深刻而傷痛的記憶。

㉟ 菸草的廠牌名漢字是「金鵄」，但和「禁止」的日文讀音都是「きんし」，是當時相當流行的菸。

㊱ 此處有關撒考製作和飲後的效果，參考今西錦司(1944)、中村武久(1985)，和Balick (2009)的描述。

㊲ 安德列布斯也是本書虛構人物，但參考南洋廳(1933)職員錄，名字來自波納佩的巡警「アントン」。

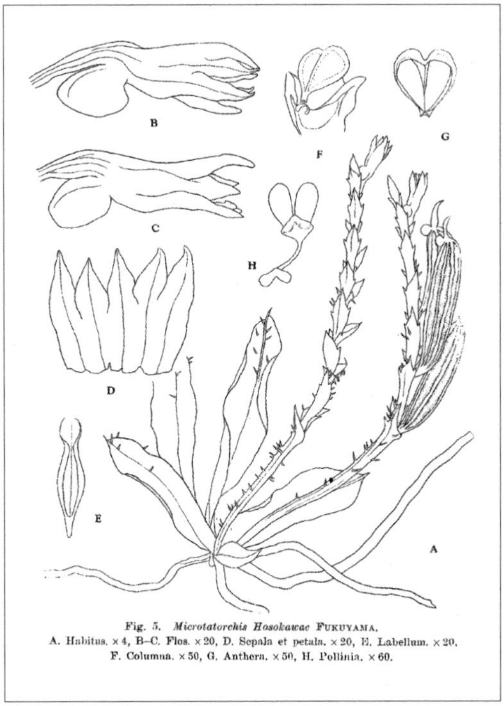

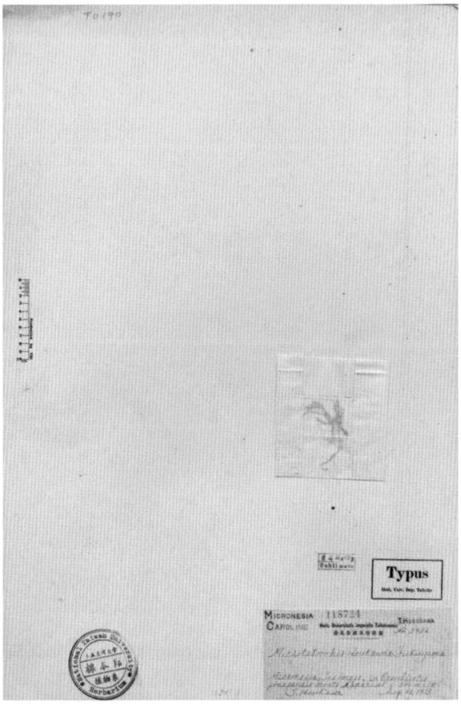

圖3-11　福山伯明（Fukuyama 1937）根據細川隆英在波納佩島採集所發表的細川氏擬蜘蛛蘭。左為發表文獻之手繪圖，右為發表時所引用的模式標本，採集編號Hosokawa 5956。

圖3-12　本頁與172、173頁標本為不同形態的波納佩藤黃，此為採自馬托雷因，採集編號Hosokawa 5581。

在德國短暫統治密克羅尼西亞的十五年間，索克斯暴動無疑是關鍵性的事件，至少對於波納佩人來說是一段痛苦的過去。一開始德國的殖民政策較西班牙寬鬆，但一九〇七至一九〇九年間德國因為在非洲殖民地的幾起暴動事件，決心以強硬手段來壓制殖民地的騷動。於是對包含波納佩在內的大洋洲和非洲各殖民地管治方式漸趨嚴苛，一九〇九年十月開始上任的地區行政長官博德(G. Boeder)即是從非洲殖民地調職到波納佩就任，但他一來就以強硬手段要求各酋邦住民需繳稅及一年服十五天的勞役，不服者甚至會受鞭刑或剃成光頭羞辱，種種壓迫和不尊重在離科洛尼亞不遠的索克斯島尤為嚴重。對於被任命為索克斯地方代表的索瑪達(Soumadau)來說，長期的矛盾糾結已難以壓抑。在一九一〇年十月十七日晚上，當一名在地勞工又被指控不服從而被鞭打到無法行走，索瑪達再也無法忍受，決定率眾向德國人宣戰。

索瑪達本身是索克斯知名戰士，身經百戰，早年曾多次與西班牙人戰鬥，對外來民族一向仇視。西班牙人離開後，接著來的德國人在殖民政策上雖然較為放鬆，但是長期積怨的索瑪達並沒有因此改變想法。他當晚召集許多族人，分食埋在地下的生豬肉，立下死誓要報復仗勢欺人的德國官員，隔天一早眾人全副武裝包圍官舍，最後格殺坐船前來的博德和一眾德國官員，只有約五十名歐洲人逃到科洛尼亞殖民區躲藏。索克斯戰士在殺死怨恨的對象後沒有再進一步攻擊，但德國政府震怒下陸續調動包含美拉尼西亞屬地的人員和軍人，集合五艘戰艦和三百名士兵在一九一一年一月抵達索克斯進行掃蕩。

一番激戰後，索克斯戰士四散逃往波納佩山區，其中的一個據點就是細川隆英一行人所入住的石屋。戰事到二月中很快就結束，在缺乏波納佩其他酋邦支持下，索瑪達和反抗軍領袖陸續投降，最後有包含索瑪達在內的十七名島民被公開處決。事件之後德國把索克斯當地全體四百六十名島民送往帛琉南邊的艾梅利克（Aimeriik），以防其他有異心人士作亂。一直到幾年前，日本政府才把這批流浪在外的索克斯島民送回索克斯他們自己的家園。[38]

索克斯暴動事件落幕後，德國政府認知到太平洋殖民地的各式問題，接著進行了影響深遠的全面土地測量和所有權重劃，以期能清楚有效地管轄殖民地區。同時也將繼承系統由原本的母系社會改為長男嫡嗣繼承制，雖然較符合西方的社會繼承體制，但是卻從根本改變了在地的社會經濟結構。後繼的日本政府大抵也沿用類似的做法，雖然在手段上較西班牙和德國和緩許多，但日本人和原住民間的意識衝突在殖民主義框架下仍普遍存在。

雖然安德列布斯有點輕描淡寫地述說二十年前這段驚心動魄的歷史，且鐵魯僅擇要翻譯，細川隆英和喜多村登心情仍久久不能平息，低頭看著即將熄滅的火爐，無法言語。過不一會，天空飄下細雨，眾人懷抱著錯綜複雜的心情各自進入夢鄉。

隔天早上天空恢復晴朗，陰霾的心情一掃而空。一行人進入森林後，細川隆英很快地把心思重新放回植物上，此處森林的樣貌和尼皮高地附近相當類似，波納佩男椰子、

[38] 有關索克斯動亂事件，參考 Hezel（1995: 132-145）和 Sack（1997）的描述，非細川隆英的紀錄。

圖3-13　不同形態的波納佩藤黃，採自尼尼歐尼山，採集編號Hosokawa 5659。

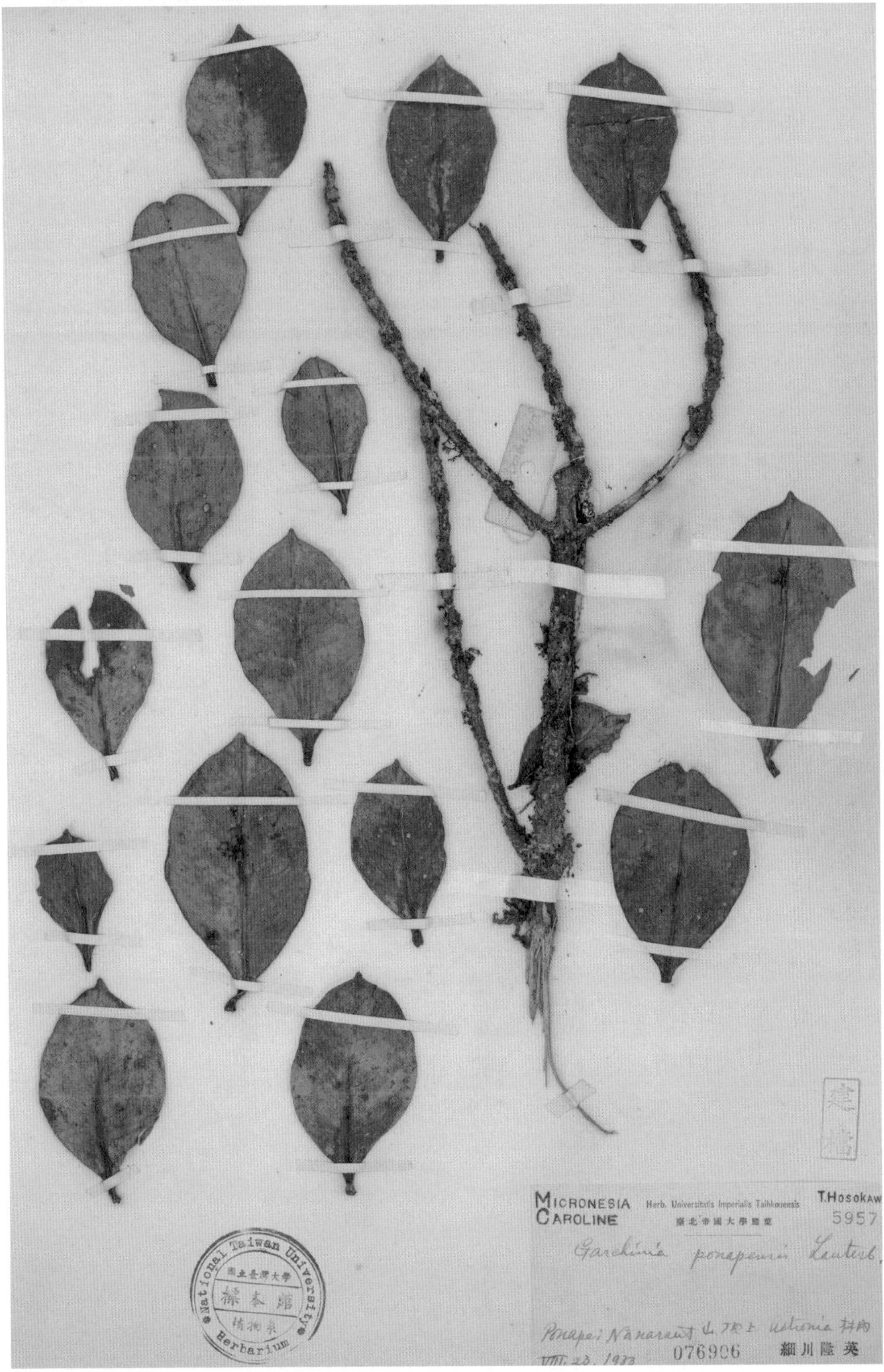

圖3-14　不同形態的波納佩藤黃，採自娜娜拉烏山頂，採集編號Hosokawa 5957。

加羅林杜英、波納佩樹蘭、波納佩藤黃[23]等主要樹種在這裡都有出現，樹高也可達到二、三十公尺。波納佩島中央有數個超過七百公尺的山峰，娜娜拉烏（Nahnalaud/Nanaraut）是波納佩語的大山之意（*nahna*：山；*laud*：大），整個山區非常溼潤，年雨量可達到七千公釐以上。由於附生植物非常多，細川隆英很自然地把注意力集中在這方面。高度達海拔五百公尺後，植物相和尼尼歐尼山相當類似，到山頂的植被都屬於苔蘚林（moss forest），有許多附生植物長在樹幹上，包含苔蘚、蘭科和蕨類植物。

在剛進苔蘚林沒多久，細川隆英檢視一株橫長枝條上的卷柏，眼光卻被一株極小，約莫二、三公分大的植物吸引。它的基部有四、五片一公分長的葉子，中央抽出兩支花序，頂上各有一朵白色小花開放，其中的一支有兩個長線形果實。細川整個頭幾乎都要趴在樹幹上，他用右手食指輕輕撥開花瓣，才驚呼道：「這是一株蘭花耶，也太小了吧。」喜多村和鐵魯都湊過來看，「喔，真的是呢，你沒說我怎樣都不會看到這個小不點的植物。」喜多村瞇著眼睛說。

細川拿出身上帶的尺和放大鏡，想辦法靠近花瓣測量，「嗯，唇瓣大約只有不到三毫米。」接著將尺移到果實旁，「蒴果的長度約一釐米。這大概是我見過最小的蘭花了，真希望福山君在這裡，他肯定可以告訴我這個蘭花是哪個屬的，他看到我帶回去的標本一定開心到不行。」細川小心翼翼將蘭花採下，直接夾在紀錄本的後頁，嘴角揚起一絲微笑。

這份細川隆英採集編號五九五六號的蘭花標本後來經福山伯明鑑定，確認為擬蜘蛛蘭屬的一個新種，並將其命名為「細川氏擬蜘蛛蘭」(Fukuyama 1937a)。

娜娜拉烏山的山頂附近又是另外一番面貌，有一片略為凹陷的溼原，這裡的森林明顯比較矮，平均不到十公尺高，穿插著突出的男椰子。其他常見的植物還有短柄肉桂[24]、加羅林冬青[25]、紅果露兜樹[26]，以及雷氏貝木[27]。此外，樹上有不少桑寄生科的寄生植物。這裡的植被相當特殊，常年的霧氣雖然增添了不少採集的難度，但是豐富的蕨類和苔蘚還是讓細川隆英收穫滿滿。有許多在較低海拔也有分布的同樣物種，但這裡的葉子明顯較小，比方說在海拔七百公尺以上的娜娜拉烏山和尼尼歐尼山，波納佩藤黃的葉子就比在海拔二百公尺的馬托雷因所採的明顯小了一號。可能的原因也許是苔蘚林的日照或溼度等微環境影響了葉片的生理生態適應。在四天的採集行程中，細川隆英總共採了一百多份的標本。[28]

結束娜娜拉烏山的採集後，在波納佩停留的最後一個禮拜，細川隆英決定去科洛尼亞周遭逛逛順便採集。回到科洛尼亞的第二天，他就前往西邊當年索克斯暴動事件根源地的索克斯島。索克斯雖然名為島，但它和波納佩只隔了一條不算寬的水道，島不是很大，長寬大約各兩公里，但是中央有座相當陡峭的山，當地稱為索克斯岩。細川花了一整天，採集約四十份標本，大部分的種類都和附近低地森林類似。接下來幾天，細川大部分時間都在整理標本，喜多村也帶他去參觀產業試驗場附近的試驗田。最後搭小船拜訪科洛尼亞北邊的沙博地島（Subtic Island）㊴、塔卡提島（Takatic Island）㊵、藍卡島（Rangal

㊴ 今名 Sapwtik，在德克提克(Dekehtik)島北方的小島，採集編號 Hosokawa 6114-6155。

㊵ 今日的德克提克，也就是波納佩國際機場的所在地，採集編號 Hosokawa 6156-6157。

Island)㊶等地。其中在沙博地島停留的時間最久，雖然它的面積不大，但是島上沒有什麼人活動，植物相保存得相當好。

在波納佩期間細川隆英總共採集七百五十份標本，包含五十個科，約二五四個種類，採集編號Hosokawa 5470-6159。將標本分批整理，捆紮裝箱，忙了大半天後，細川隆英向產業試驗場的星野分場長道謝和告別。星野分場長還提到已經用官廳的電話幫忙聯絡在帛琉的產業試驗場本場，代為協助安排細川到帛琉後的行程。喜多村登陪著細川到碼頭，幫忙把東西搬上船後，也叮嚀他帛琉當地產業試驗場的技手（技師和助手的中間職位）吉野剛會到碼頭會面，才依依不捨和細川道別。

㊶ 今名Lenger，在德克提克東北兩公里遠的島嶼，採集編號Hosokawa 6158-6159。

第四章

月光下的故事板

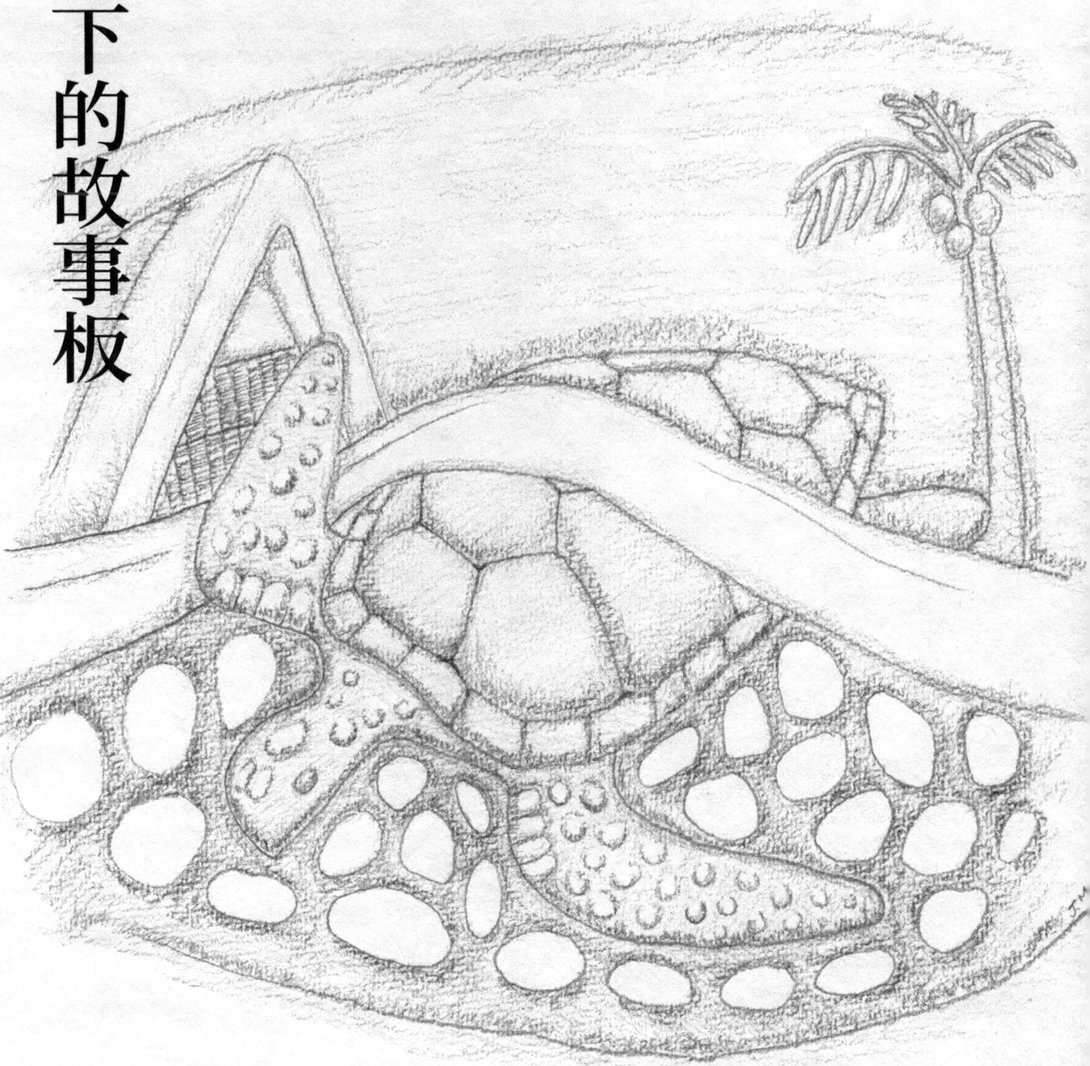

帛琉植物初探

一九三三年九月三日，細川隆英啟航前往此次旅程的最後一站——帛琉。從波納佩出發的船程只在楚克島略作停留，在九月十五日清晨抵達帛琉科羅港（Koror），也是日本南洋廳的廳政府所在地。

帛琉位於密克羅尼西亞島群中的最西邊，由一系列珊瑚環礁圍繞的島嶼所組成。帛琉位置剛好在「裡南洋」和「外南洋」之間，除了有戰略上的意義之外，也是往來兩地間重要的船運中繼站，因此日本政府於一九二二年決定將南洋廳的本部設在帛琉。而由於南洋群島大多為珊瑚礁島，很少有水深足夠的港口可以讓大型船隻靠岸，南洋廳成立後，就在塞班的塔納帕格（Tanapag）和帛琉的科羅島兩處清除部分珊瑚礁，建設深水港口，希望能停泊三千噸級的貨輪。[1]到細川隆英抵達帛琉的時候，新建的科羅港已經相當活絡，有定期的船班往返日本本島，以及到印尼蘇拉威西島北邊的馬納多（Manado）和菲律賓民答那峨南邊的達沃港（Dabaw或Davao）。

科羅島和帛琉群島中最大的島巴伯爾圖阿普島（Babelthuap，或拼為Babeldaob）隔著一片海峽，科羅島附近的小島很多，一般人稱這些小島為岩石群島（Rock islands），從群島外穿過科羅島東方的水道，就可以到達位在科羅島的碼頭，由於近岸的水淺，碼頭延伸出一座長數百公尺的長堤，讓船停靠在外。科羅島大抵上可以分為東西兩區，西區是南洋廳政府所在的新興區，包含廳本部、帛琉支廳、醫院、電報局、郵局、官舍，以及南興、南貿等會社的辦公室都位在此處。整區街道平整，主要道路兩旁還有種植椰子，是南洋群島最具現代化規劃的區域，居民絕大多數以日本人為主。東區則是商業區，包含各式雜貨店、旅館、餐廳和酒吧，其中名為「料亭」的餐廳多半也是風月場所。經過十年的耕耘整頓，科羅人口總數已翻了兩翻，從一九二〇年的一千四百人，成長到近六千人，雖然和最早開發的塞班島比起來仍有一段距離，但由於具有高消費能力的政府官員和會社老闆們都聚集在此地，因此商業區的繁榮是有過之而無不及。[2]

細川隆英下船後帶著行李和標本，找到科羅碼頭邊的吉野剛①。吉野剛二十七歲，只比細川長三歲，有著銳利的眼神，他三年前來到帛琉工作，因為做事幹練有效率，深得產業試驗場長官們的器重。和喜多村類似，吉野在產業試驗場也是負責有用植物的調查，本身對生物學也相當感興趣。

吉野剛和細川隆英握完手，微笑著說：「歡迎來到帛琉，不過很抱歉你沒有什麼休息的時間，我們得趕著馬上出發，今天星期五剛好有船會到卡魯米斯康(Ngarumis kang)②。我正好要去那裡處理一些事，所以和場裡商量過，你若不介意的話，我們等會就搭順風船過去。」他瞄了一眼細川的行李，「我先帶你去場辦公室，你的標本可以先放在場裡。」說完不理會細川還在發楞的表情，已請隨行的人將幾個箱子搬到旁邊的車上，接著直接將他拉上車。

① 雖然沒有明確紀錄說明細川隆英和產業試驗場的吉野剛等人有直接交流，但細川隆英的確曾經至科羅的產業試驗場處理和查閱標本（細川隆英 1971b）。吉野剛，明治三十九年（一九〇六）生於島根縣，一九二七年鳥取高等農業學校畢業，任高知縣農林技手，一九三〇年轉任南洋廳產業試驗場技手，至一九三九年。資料參考自橫田武編(1939)《大南洋興信錄（第一輯）南洋群島編》。吉野剛身為技手本身有進行藥用植物研究，也曾協助其他學者如九州大學江崎悌三的研究，年紀又和細川相仿，故在此加入故事中，以豐富內容。

② 原日文為「ガルミスカン」，今日帛琉埃雷姆倫維州(Ngaremlengui)西南部地區，日本在此地的墾殖區於一九三八年改稱為「大和村」。

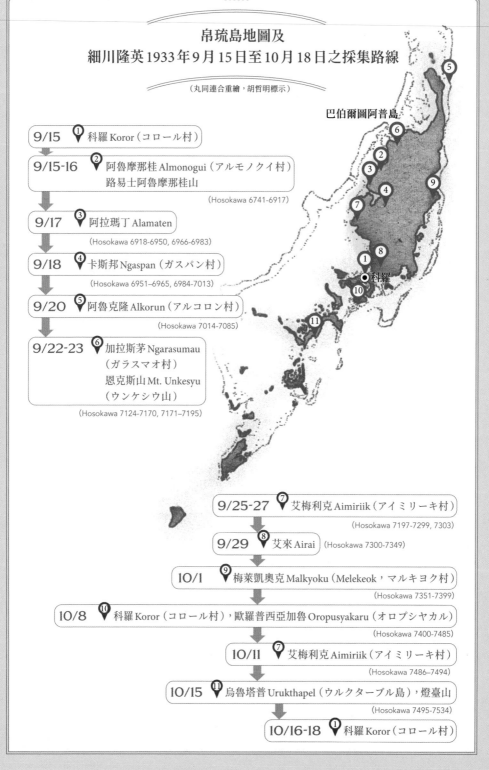

帛琉島地圖及
細川隆英1933年9月15日至10月18日之採集路線

（丸同連合重繪，胡哲明標示）

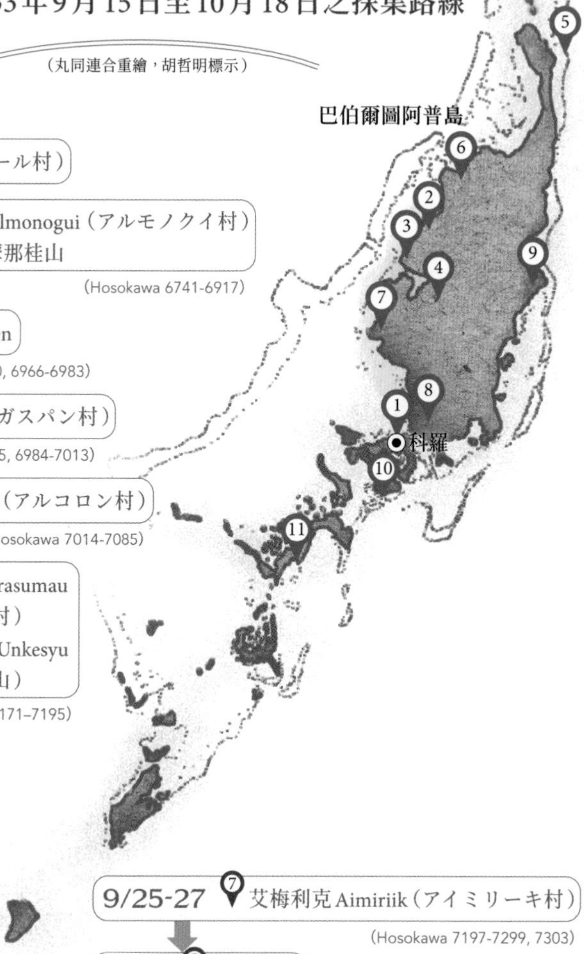

9/15 ① 科羅 Koror（コロール村）

↓

9/15-16 ② 阿魯摩那桂 Almonogui（アルモノクイ村）
路易士阿魯摩那桂山

(Hosokawa 6741-6917)

↓

9/17 ③ 阿拉瑪丁 Alamaten

(Hosokawa 6918-6950, 6966-6983)

↓

9/18 ④ 卡斯邦 Ngaspan（ガスパン村）

(Hosokawa 6951–6965, 6984-7013)

↓

9/20 ⑤ 阿魯克隆 Alkorun（アルコロン村）

(Hosokawa 7014-7085)

↓

9/22-23 ⑥ 加拉斯茅 Ngarasumau
（ガラスマオ村）
恩克斯山 Mt. Unkesyu
（ウンケシウ山）

(Hosokawa 7124-7170, 7171–7195)

9/25-27 ⑦ 艾梅利克 Aimiriik（アイミリーキ村）

(Hosokawa 7197-7299, 7303)

↓

9/29 ⑧ 艾來 Airai (Hosokawa 7300-7349)

↓

10/1 ⑨ 梅萊凱奧克 Malkyoku（Melekeok，マルキヨク村）

(Hosokawa 7351-7399)

↓

10/8 ⑩ 科羅 Koror（コロール村），歐羅普西亞加魯 Oropusyakaru（オロプシヤカル）

(Hosokawa 7400-7485)

↓

10/11 ⑦ 艾梅利克 Aimiriik（アイミリーキ村）

(Hosokawa 7486–7494)

↓

10/15 ⑪ 烏魯塔普 Urukthapel（ウルクターブル島），燈臺山

(Hosokawa 7495-7534)

↓

10/16-18 ① 科羅 Koror（コロール村）

交通船
三千噸乃至六千噸の内地群島間の交通船の入出港には出迎、見送り、荷物の運搬など大混雜を極める。群島では送迎は中々盛んである。幾千海里の旅であるから、これも尤である。

圖4-1
帛琉科羅港的交通船

圖片來源：《海の生命線我が南洋の姿——南洋群島寫真帖》（西野元章1935）

パラオ島　コロール風景
パラオ島の埠頭に上陸して、町に行く時誰でもこの整然たる並木の路を通る、兩側には瀟洒たる住宅が椰子の葉蔭に隠見して居る。

圖4-2
帛琉科羅街景

圖片來源：《海の生命線我が南洋の姿——南洋群島寫真帖》（西野元章1935）

產業試驗場辦公室中，吉野剛引介技師若松貞二③和庶務幫手西田孝夫給細川隆英認識，若松技師是南洋廳大正十一年（一九二二）成立時就在帛琉產業試驗場工作的資深技師，也是經驗豐富的農業專家。聽完細川的簡單說明，若松點點頭，「星野分場長有先和我們提過你的工作，協助安排採集是沒有問題，就讓吉野君和西田君兩位陪你一道去。吉野君跟我說過，如果你時間允許的話，可以中午搭船到卡魯米斯康，也就是南洋廳在這裡最早開發的殖民村落。往返的船班一個月只有四、五趟，你願意搭順風船的話，不只可以省時間，還能省下租船費。」接著轉頭指著身旁的吉野剛說：「吉野君辦完事，可以和你順道走走，他最愛看這些花啊、蟲啊的。」

若松貞二摸著下巴的短鬍子想了一下，「上個月九州帝大的金平博士才來我們帛琉，還特別找我去艾梅利克村（Aimiriik）④採集，說那裡可能有些新種要確認。西田和吉野也都一起去過，你從卡魯米斯康回來後，可以再找時間請他們帶你去看看。」細川聽得眼睛不禁亮了起來。

吉野剛接著說：「我們會在巴伯爾圖阿普島的西側雅龐灣（Ngatpang Bay）⑤的北邊上岸，再沿著河岸紅樹林走到卡魯米斯康。我去辦事不會花太多的時間，主要是那裡的教育所剛開張，負責的三宅辰巳⑥是我的好朋友，我想去看看他。」他頓了頓，「我們之後大概還可到最北的阿魯克隆村（Alkorun）⑦走幾天。我也想看看那邊新開發的幾個農場狀況。」

西田孝夫笑著對細川隆英說：「細川君你要注意點，吉野君可是有名的精力旺盛，希

③ 若松貞二，明治二十九年（一八九六）生於福島縣，一九二〇年北海道帝國大學農學部畢業，一九二二年南洋廳設置時任產業試驗場技師至一九三八年，其後轉任南洋群島椰子同業組合聯合會理事長。參考海外研究所編（1940）《南洋群島人事錄》。

④ 原日文「アイミリーキ」，今日帛琉艾梅利克州（Aimeliik）內。

⑤ 今日帛琉的加拉馬杜灣（Karamadoo Bay）。

⑥ 有關三宅辰巳，以及本章有關巴伯爾圖阿普島之行描述，參考南洋經濟研究所（1943）《パラオ朝日村建設年表》，以及飯田晶子（2011）中家戶關係位置。

⑦ 原日文「アルコロン」，今日帛琉雅切隆州（Ngarchelong）所在。

望到時你不要被他累垮才好。」細川待大家笑完後回答：「沒問題的，我對自己的體力很有信心，只要你們不嫌標本太重就好。」

細川隆英把標本和一部分的行李寄放在產業試驗場後，就和吉野剛、西田孝夫兩人，帶著行李和野外工作的用具回到碼頭。他們搭的船不太大，但可以坐上四、五個人，船以馬達推進，大約三個多小時便能抵達卡魯米斯康。在油箱上方有幾個空木架，吉野解釋那是放水果蔬菜用的，一般都是從殖民村載菜到科羅來賣，所以回程多半是空船。細川注意到吉野帶了幾個空的汽油罐，有的還綁著繩子，問起來才知道是放採集植物用的容器。

「這是我向金平博士學來的。」吉野解釋：「我們這裡物資缺乏，沒辦法有專業的採集箱，所以用克難的方式把汽油罐洗乾淨，撬開上面做成蓋子，就可以拿來裝野外採集的植物。」[3]細川很覺驚奇，但也蠻佩服他們的創意。

船沿著巴伯爾圖阿普島的西側北上，一直保持離岸約一百多公尺的距離，遠望左邊的礁岩和右邊的紅樹林，船一路在平靜的水面前行，背後拖著一條長長的白浪。細川隆英勉強擦了下不斷被海浪噴濺霧花的眼鏡，吉野剛不知向他說句什麼話，但迎著風只能聽到馬達賣力的轟隆聲，細川指著自己的耳朵搖搖頭，表示什麼都聽不到。他奮力吸了一大口氣，手伸出船外撈著水花，心裡想還是坐小船來得好，這幾天搭乘貨輪，雖然都在海上，可是一點也沒有和海親近的感覺。

船在下午抵達雅龐灣，一行人在卡魯米斯康河口下船，帶著裝備沿著河岸的紅樹林前行。吉野剛一邊走，一邊神祕兮兮地向細川隆英說：「你初來乍到大概不知道，我們所在的這條河可是大有來頭，但這裡最有名的東西卻是你最不想碰到的。」細川正抬頭看著旁邊的紅茄苳，聞言轉過頭來，忙問其故。

「我看你眼睛只注意上面，想好心提醒你這外來的新丁，到這裡你最好還是多留意腳下。哈哈。」吉野剛看吊足細川隆英的胃口，才接著說：「這裡可是南洋群島唯一有鱷魚的地方喔，⑧大型的河口鱷可以超過三米長，張開嘴巴就能一口把你咬成兩半。」

看著細川隆英嚇了一跳的樣子，西田孝夫趕快解釋：「別聽吉野君的恐嚇，要看到鱷魚還不太容易呢，我在這裡這麼久，也才遠遠看過一兩次。」細川鬆一口氣，但是再不敢太專注在植物上，眼睛會不時注意四周及腳邊，提心吊膽地走過紅樹林。

卡魯米斯康河口的紅樹林和南洋群島各地類似，以紅茄苳的數量最多，再往內陸一點則有肉豆蔻科的安卡風吹楠[4]，和胡桐科的帛琉胡桐[5]成為優勢種的森林。帛琉胡桐樹幹質地堅硬，是當地建材用木。由於河口地勢低窪，土壤排水不良，森林幾乎都像是浸在沼澤裡，但這裡的樹高仍可以到達三十公尺。比較特別還有衛矛科的五層龍，[6]是細川隆英第一次看到這個屬的植物。五層龍屬的植物在許多地區都是重要的藥用植物，比如在印度就是傳統上作為治療糖尿病的藥材，甚至會用五層龍的木材製作成杯子給糖尿病患者裝水喝來長期治療。[7]

⑧ 當時帛琉是唯一有河口鱷紀錄的地方，但後續在波納佩和雅浦外環礁有零星的發現（Buden & Hagelgam 2010）。

圖4-3　細川隆英在帛琉所採集衛矛科植物五層龍標本，採集編號Hosokawa 6769。

傍晚左右眾人抵達卡魯米斯康，三宅辰巳很開心地接待他們到家裡，晚飯後細川隆英等人坐在地上整理標本，這時來了兩位客人，是住在附近的住戶。其中一位大約四十歲左右的男子，進屋後向吉野剛打個招呼，帶著一點責怪的語氣說：「吉野老弟要來視察也不先跟我說一下，還要人通風報信我才匆匆趕來。」

吉野剛忙站起身來搖搖手，「您別挖苦我了，我那裡敢來視察您老。」接著對細川隆英解釋：「這位是宍戶佐次郎⑨先生，三年前帶著妻小來到這裡，是昭和二年（一九二七）帛琉大暴風雨災害後，最早來到此地重建墾殖的家庭之一。他在這裡工作的時間很久，大夥有種植開墾的問題都會去問他。」接著指向旁邊另一位年紀更長一些的中年男子，「這位則是我的鄰居安田勝三郎⑩先生，他前一陣子才在這裡開了一家安田商店，也終於附近的人就不用為了買日用品大老遠跑去科羅，實在功德無量。」再來向他們介紹細川隆英和其他人。細川一邊以手按著壓到一半的標本，一邊想要站起來。

宍戶佐次郎打了個手勢阻止細川，「沒事，你繼續忙，我只是來閒聊一下。」他找張椅子坐下來，「剛好吉野君你來，我想順便問一件事。你也知道我在這裡開始種鳳梨，試種的效果還不錯。我想問你覺得如果我想辦法說服全村的人一起種，風險會不會太大？」宍戶同時招呼安田在角落找椅子拿過來坐在他身旁。

「我想應該是沒有問題的。」吉野剛坐回地上，想了想回答：「南殖（南洋殖產公司）⑪去年成立南洋鳳梨株式會社之後，南洋廳裡很重視這方面的發展，認為應該是非常有潛

⑨ 宍戶佐次郎，福島縣人，昭和五年（一九三〇）二月二十六日經北海道入殖此地，參考南洋經濟研究所（1943）《パラオ朝日村建設年表》。

⑩ 安田勝三郎，北海道人，昭和七年（一九三二）十二月，與家族七人入殖此地，半年後開設安田商店。參考南洋經濟研究所（1943）《パラオ朝日村建設年表》。

⑪ 早期的商業組織，南洋廳後來在昭和十一年（一九三六）成立半官方的南洋拓殖株式會社，統整南洋地區各種工商業務。

力的產業。南殖的羽生社長去年來看過之後，也答應大力支持，會將銷售通路做好。今年卡魯米斯康河的疏浚工作應可以完成，往卡斯邦村（Ngaspan）[12]的道路也要修起來，到時運送成本一定可以再降低，所以我覺得是時候大量生產鳳梨了。」

宍戶佐次郎聽完點點頭，「好吧，我想你說得對。明天是週末，我先去找我隔壁的加藤君和石田君談談看，若是能做出點成績來，大家一定會刮目相看。」他露出一點苦笑，「但是後藤那個老頑固肯定很難搞定，要他放棄種咖啡實在很不容易。」[13]宍戶接著轉向坐在另一邊的三宅辰巳，「喔對了，三宅君，今天我特別過來還想問你課上得怎麼樣了？」

三宅回答：「上課開始兩個禮拜，孩子們都還算聽話。不過我也只能教他們一些基本的國語和數學。目前只有六個孩子來上課，還有一兩戶有點猶豫要不要送過來。」

「再怎麼樣，孩子能在身邊學習總是比較好的。」宍戶佐次郎嘆了一口氣，「像我小孩前兩年送到科羅的朋友家寄住去上小學校，一陣子之後我感覺和他們就變生疏了。」

「這多虧宍戶先生的奔走，教育所才能成立呢。」安田勝三郎把一張木椅放在宍戶的旁邊，拍拍他的肩膀，「即便桌椅只能用汽油桶和幾塊木板拼湊起來，教室也不成個樣子，但我想在三宅君的努力下，一定還是可以讓孩子學到一些東西的。」三宅辰巳連忙說了些感謝的話。

吉野剛向細川隆英補充：「三宅君的酬勞是孩子們父母大家湊出來的，但一個月只能讓孩子上十五天的課，他們平常還是得幫忙家裡的工作。」接著轉過頭問宍戶：「宍戶先

⑫ 原日文為「カスパン」，今日帛琉雅龐州（Ngatpang）的北部。

⑬ 本段之加藤君為加藤孝治，神奈川縣人，於大正十五年（一九二六）十二月二十八日入殖此地，石田君為石田政信，北海道人，於昭和八年（一九三三）二月入殖；後藤則指後藤千代吉，神奈川縣人，昭和五年（一九三〇）入殖時已七十三歲。參考南洋經濟研究所（1943）《パラオ朝日村建設年表》。

生，我們打算明後天都在這附近採集植物，你有什麼好建議？」

宍戸佐次郎想一會後說：「那麼應該往艾米翁（Aimion）⑭那個方向走，那邊有座小山，森林還不錯，有不少大樹。」

「嗯，我去艾米翁時經過那座山幾次，路徑也還算清楚。橫豎我明天沒事，就陪你們爬爬山吧。」三宅辰巳接口贊同。

吉野剛啊了一聲說：「太好了，我明早得去辦點事，你若能陪細川先生他們上山我就放心了。」

於是隔日三宅辰巳就和細川隆英等人一同前往村落西邊的艾米翁和阿拉瑪丁(Alamaten)，以及被稱作路易士阿魯摩那桂山(Mt. Luisualumonogui)的小山採集。這座山當地人也稱它叫艾提盧(Etiruir)，說是小山，海拔只有二一三公尺，但已是帛琉第二高峰。艾米翁和阿拉瑪丁雖然人口不多，但都是帛琉年代久遠前就存在的部落，日治期間都沒有設立公學校或小學校，只有一個駐在所。[8]

進入山區後的溼度明顯較高，也有各種附生植物生長。優勢種除了安卡風吹楠外，還包含在波納佩也可以看到的短柄鳩漆[9]，灌木類的則有花色淡紫的帛琉石梓[10]、馬里亞納野牡丹[11]等。帛琉石梓是當地很常使用的建材，如房屋的牆壁和地板都會用到。這附近的森林樹種比較單純，也有不少草生地，細川隆英三天下來採集的二百多份標本中，有半數以上是草本植物，包含十五種不同的蘭花和三十多種蕨類植物。他也第一次看到

⑭ 原日文為「アルミョン」，今名Imeong。

圖4-4　細川隆英一九三三年在帛琉所採之奇異豬籠草，採集編號Hosokawa 6759。

野生的豬籠草[12]和分枝莎草蕨[13]。豬籠草是著名的熱帶食蟲植物，特別是印尼婆羅洲種類相當多，許多種類甚至是像雜草般到處都有，但是往北只有分布到菲律賓，臺灣並沒有紀錄。分枝莎草蕨也是東南亞可見的熱帶性物種，在臺灣也有，但是只有南部恆春半島以及蘭嶼零星發現過，相當稀有。⑮細川隆英以往只在書籍和標本中看過它們，能夠在野外看到活生生的樣貌，自是非常歡喜。

在艾米翁附近採集兩天後，吉野剛提議一起往南走到卡斯邦村的雅龐瀑布，然後再直接從卡斯邦村搭交通船前往巴伯爾圖阿普島最北邊的阿魯克隆村。路途是輕鬆的步道，就當作遊山玩水，不過當地也是有相當不錯的原始森林。

森林中的木本植物有龍膽科的南洋灰莉[14]，以及帛琉特有，楝科的帛琉樹蘭[15]和桃金孃科的雷蒙氏十子木[16]。接近雅龐瀑布，由於溼度很高，附生植物也相當豐富，雖然只是順路採集，一行人還是採了包含異葉陰石蕨[17]、細葉葛蕨[18]等十幾種蕨類植物。

船班順利地自雅龐灣的碼頭出發，大概也是三個小時的船程，抵達位在阿魯克隆村西側的奧克托（Okotol）。奧克托是一個小碼頭，再走進去不遠的加魯克隆村⑯，是阿魯克隆村最大的聚落，人口約六百人左右，一九二五年起南洋廳就在此地建立小學校。[19]細川隆英一行人抵達村裡已是傍晚，隔天又下起小雨，吉野剛去當地辦事，細川也在住處整理標本，順便休息一天。

九月二十日細川隆英等人向北採集，一直走到阿加德山（Mt. Agade）⑰才折返。沿路大

⑮ 在《臺灣維管束植物紅皮書》（2017）中，分枝莎草蕨被列為臺灣等級最高的「國家極危級」（NCR）植物。

⑯ 英名Ngerhelong，今日帛琉雅切隆州（Ngarchelong）州政府門結蘭（Mengellang）南邊附近，現在整個雅切隆州人口已不到一九三〇年代的二分之一，只有約三百人（Gorenflo 1996）。

⑰ 今日帛琉雅切隆州的格德（Ngedech）附近。

部分是開墾過的草原和次生林，採集品中不少禾本科和莎草科的植物，甚至有三份密克羅尼西亞一般少見的菊科植物：毛將軍[20]、香茹草[21]，和白毛雙花蟛蜞菊[22]。菊科植物雖然在世界各地非常常見，且有很多是地區性的入侵種，但在太平洋島嶼中，由於草生地的環境較少，一般菊科植物的紀錄並不多。在帛琉，許多早期開墾地後來荒廢之後，往往就形成草生地，所以在島上菊科還算常見。荒地形成的原因之一，可能是當地的人口減少所致。撇開十八世紀前人口估算的不確定性，十九世紀以來到一九三〇年間，帛琉在南洋群島中，人口流失的情況可能是最嚴重的，從一萬人減少到四千人左右。矢內原忠雄⑱在一九一〇年的調查，發現有人住的村落有八十四個，但廢村則有一百五十一個之多。⑲

這一天還有個特別的採集，就是比人還高大的沼澤芋[23]，當地稱之為「*prak*」。除了作為標本的葉子和花序之外，細川隆英等人也多採幾段根莖，回到住處後剝皮水煮，再加入椰汁一起調味燉煮，這種料理方法後的芋頭當地稱為「*cheluit*」，若沒有加椰汁的吃法則稱為「*meliokl*」。芋頭和魚是帛琉最重要的主食，而沼澤芋是太平洋群島經常食用的澱粉作物，它也可以風乾貯藏，或是類似麵包果般進行發酵處理。沼澤芋的葉子和花序可以拿來煮湯，葉柄的纖維能用於編織，可謂全身上下無一不能被利用。[24]

次日一早細川隆英等人在附近採集，並走到海邊往南進入加拉魯多村⑳的範圍，再回到奧克托搭乘交通船到加拉斯茅（Ngarasmao）㉑。加拉斯茅是個很小的村落，好在村裡仍有

⑱ 矢內原忠雄（一八九三—一九六一），愛媛縣人，一九一六年東京帝大法科畢業，一九二三年任東京帝大教授，日本經濟學者，專長於殖民政策研究。

⑲ 有關帛琉殖民地墾殖情形，參考矢內原忠雄（1935），及Gorenflo (1996)。有關南洋群島人口減少的說法不一，但矢內原忠雄（1935）認為是經濟、社會、政治各方面的複合影響。

⑳ 日文名「カラルド」，今日帛琉雅拉爾德州（Ngaraard）。

㉑ 日文名「ガラスマオ」，今日帛琉雅德茂州（Ngardmau）之西北角位置。

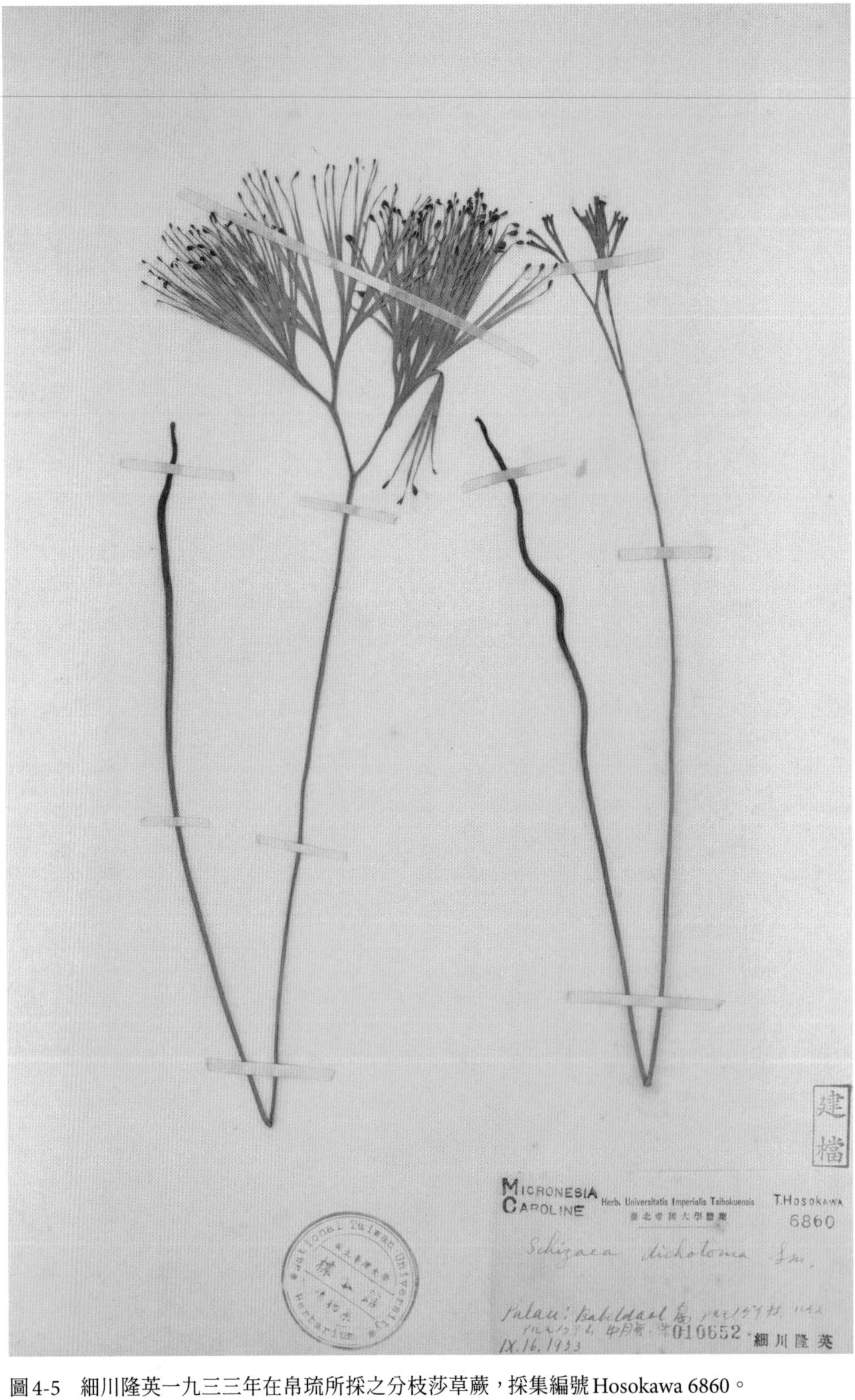

圖4-5　細川隆英一九三三年在帛琉所採之分枝莎草蕨，採集編號Hosokawa 6860。

タロー芋
タロー芋は土人の常食糧であつて、葉柄七八尺、葉長五六尺、一個の芋三四貫に達するものがある。土人は雨笠に代用し二人位其の中にて雨を凌ぐに足る。

圖4-6
帛琉的沼澤芋
圖片來源：《海の生命線我が南洋の姿——南洋群島寫真帖》（西野元章1935）

島民集會所
カナカ族は集團の生活をして來た。その生活上の必要から、古くから集會所を有してゐる。パラオ島の集會所は島語で、**アバイ**と稱する。（ヤップではフエバイ、トラック方面ではオールメンハウスといふ）各部落大抵一二はもつてゐる。パラオ島の**アバイ**は最も莊麗なもので屋の內外に鮮麗な色彩を施して模樣や繪物語の樣なものを刻してある

圖4-7
帛琉在一九三〇年代的男子集會所
圖片來源：《海の生命線我が南洋の姿——南洋群島寫真帖》（西野元章1935）

幾個年輕人曾學過日文，在說明來意後，找到一個空房間可以借住。若松貞二告訴細川隆英，拓殖課的人準備要在這裡開採磷礦，所以他也曾來看過幾次，路況還算熟悉。簡單吃飯安頓略事休息後，細川一行人到附近的梅吉隆山（Mt. Megilon）進行短暫的採集，隔天則前往探索南邊的恩克斯山（Mt. Unkesyu）。

這附近的森林樣貌與物種和艾米翁差不多，似乎也有不少人為干擾的痕跡，沒有太特別的物種。回到加拉斯茅部落，家戶附近有豆科的大花舟合歡[25]、鼠李科的亞洲濱棗[26]，和錦葵科的昂天蓮[27]等植物。大花舟合歡帛琉語為「*ukall*」，在帛琉是一種相當重要的建材植物，還可以製作家具，也是建造獨木舟船板最常使用的木材。亞洲濱棗當地稱為「*derikel*」，它的莖打碎出來的汁液，可以作為肥皂洗身體或衣服。

在附近的紅樹林旁也採集到太平洋栗[28]，帛琉人稱為「*keam*」的大樹，它有個扁球形的果實約四至十公分長，內含一個大種子可供食用。但在食用前通常會將果實放置到成熟，感覺快要發芽時拿去水煮三個小時，種子軟化熟透後可以和椰子汁或椰乳一起料理食用。太平洋栗的木材也可以拿來做獨木舟的船槳，可謂多用途的植物。[29]這幾種植物都是廣泛分布在舊世界熱帶和太平洋地區，也是當地作為民族植物利用的對象。

在加拉斯茅的採集結束後，細川隆英一行人回到科羅的產業試驗場。第一趟在巴伯爾圖阿普島的採集大概有近七百份的標本，算是蠻豐富的成果。

一行人回到科羅後，細川隆英重新檢視標本，抽換仍潮溼的報紙，將標本再次捆好，放在架上烘烤。產業試驗場有簡便的裝置，處理一般標本的乾燥都沒有問題。標本整理告一段落，細川隆英和吉野剛也開始計劃前往艾梅利克和艾來（Airai）兩地的採集。

南洋廳的產業試驗場在昭和二年（一九二七）開始，於艾梅利克地區整理幾塊地，包含造林，重要樹種試種，以及作物的田間試種等，在試驗地附近仍有一些不錯的森林，所以若松貞二技師也邀請細川隆英一起過去看看。細川等人預計在艾梅利克住兩天，因為當地屬於試驗場自己管轄，食宿也比較方便。

他們在九月二十四日在艾梅利克州的加利基亞（Ngarekeai）上岸，再沿著紅樹林向內陸的試驗林前進。紅樹林和沼澤地區的植物和之前在卡魯米斯康河口差不多，但是在試驗地附近的森林，採到了幾個之前沒看過的蘭花。特別有一種雙足蘭屬（*Dipodium*）的蘭花，它的花淡紫色，花瓣有二至三公分長，上面有紫紅色的斑點。它的生長方式相當特別，從地上開始沿著樹幹往上長著左右交錯的葉子，在沒開花時有點像是山露兜樹在樹上的樣貌，是細川隆英從來沒有看過的蘭花生長型式。㉒

產業試驗場也在此處開闢新的造林試驗地，這幾年所種的植物包含一些重要經濟樹種，如柚木[30]、桃花心木[31]、紫檀[32]，與當地原生的大花舟合歡、瓊崖海棠[33]等，以及臺灣產的相思樹、毛柿等。[34]若松技師也特別帶他們去金平亮三前幾年來採集時的地點，順利找到了幾個帛琉特有的種類，一個是當地稱為「*ammui*」的阿楣毛蕊木㉓，它的花不大，但是花絲接近花藥的地方長了一些長毛，相當別致；另一個則是當地稱為「*apugao*」的帛琉

㉒ 採集編號 Hosokawa 7249 的這個植物，後來由福山伯明在一九三七年發表為新種「擬山露兜雙足蘭」（*Dipodium freycinetioides* Fukuyama, Fukuyama 1937b）。

㉓ 茶茱萸科植物，日文名「アンムイ」，採集編號 Hosokawa 7223、7299。金平亮三在《南洋群島植物誌》中所使用的學名為 *Urandra ammui* (Schellenb.) Kanehira，原本記錄為帛琉特有種，目前 POWO 則列為分布於新幾內亞到密克羅尼西亞的 *Stemonurus ammui* (Kaneh.) Sleumer 之異名。

懷春木[35]，它披針形葉片的基部有兩個腺體。這兩種植物木材堅硬，都是當地建物用材。

艾來是南洋廳在卡魯米斯康之後第二個殖民試驗地，㉔但是由於腹地有限且土壤不佳，雖然試種過甘藷、西谷椰子、陸稻、小米、芋，以及各種蔬菜，也加以施肥，但產量還是有限，種得好的作物也不知賣到哪裡去比較理想。若松貞二等人和此地的久富先生是舊識，他從昭和二年開始就在這裡養牛。一行人在村裡略作停留後，便到附近的森林簡單採集總共約三十份植物標本，由於天候不佳，最後就回到科羅。

南興夜話

在科羅的產業試驗場，細川隆英終於見到場長粟野龜藏㉕，並受邀當日一起到南興俱樂部晚餐，陪同的還有若松貞二技師、吉野剛，以及負責書記的丸毛重典。粟野場長也是資深技師，到帛琉工作已有六、七年，去年（一九三二）才升上場長的職務。幾輪酒菜之後，粟野場長知道細川隆英到帛琉前還去了波納佩，問起他們日前到巴伯爾圖阿普島幾個殖民地的印象。

「和波納佩那邊比較起來，你覺得我們這邊的殖民地狀況如何？」粟野場長向細川詢問。

細川隆英想了一下回答：「我並沒有在每個地方停留太久，不敢說什麼瞭解。真要說

㉔ 艾來的日文為「アイライ」，日本在此地的墾殖區域於一九三八年改稱為「瑞穗村」。

㉕ 粟野龜藏，明治二十四年（一八九一）生於岐阜縣，一九一八年北海道帝大農科卒業，一九二四年任南洋廳技師，雖晚若松貞二兩年，但年長他五歲，後任產業試驗場長。一九三七年辭官，加入南洋拓殖，一九三九年任南拓技師波納佩事業所主席。參考海外研究所編（1940）《南洋群島人事錄》。

的話，大概印象比較深的是南興殖民地和南洋廳殖民地的差別吧。南興主導的地方，農民比較知道種植的目標。但是在這裡大家像是為了生活什麼都種種看，不過我想也不是每個地方都要種一樣的東西。如果大家一窩蜂都像塞班那樣種甘蔗，到時產量過剩，又要削價競爭。」頓了頓接著說：「不過我想南洋廳這邊應該有周詳的計畫，我對產業規畫沒有研究，實在沒有資格說話。」

「是吧，我總說因地制宜很重要的。」吉野剛補充：「這幾年我們帛琉的農產品以西谷椰子、芋頭、木瓜和芭蕉為主，甘蔗還排不上前幾名。西谷米的工廠一直是在地很重要的，未來我想鳳梨該是下一個要推廣的作物。」

「不過如果以產業總值來說，帛琉這裡最大宗的其實是磷礦業。」若松貞二接著說：「另外水產方面也有蠻大的潛力，畢竟帛琉四周都是海洋，若可以找到一個好門路，我想還是大有可為，像我們科羅這兒，現在就有不少鰹節（かつおぶし，柴魚）加工廠。」[36]

粟野龜藏轉頭向細川隆英問道：「對了，你是從臺灣來的，對於最近吵很凶的《米穀統制法》有什麼看法？」

細川隆英有點不好意思地苦笑，「我其實不太清楚《米穀法》的細節，只知道現在稻米生產過剩，臺灣米如果又要被限制沒辦法賣到本國，民生經濟影響很大，社會民眾還蠻反彈的，經常聽到有人抱怨。」

「這也是個供需失調的問題，應該要有一個中央主導的機制追蹤產銷，否則種完才知道沒辦法賣，農民不跳腳才怪。」若松貞二插著話，一邊接過吉野剛新倒的酒，一口氣吞下小半杯，低頭看著酒杯說：「米糧的庫存，還包含戰略的考量。從前年滿洲（九一八）事變，到去年滿洲國的建立，明眼人都知道軍部不會以此為滿足。一旦大規模戰爭開始，糧食就會吃緊，日子就難過了。」接著嘆了一口氣。

吉野剛嚇一跳，「不會這麼嚴重吧？我們在南洋的墾殖不也是為了解決內地人口成長的問題，開拓新土地新資源，然後提高作物生產量，養活更多人嗎？」

「有時真羨慕你們這樣天真的年輕人。」若松貞二再一口把剩下的酒喝完，「有些人野心是沒有止境的，就像是松江社長想建立他的貿易王國，你以為關東軍簽完停戰協定[26]後就會乖乖地待在家裡嗎？」

粟野龜藏瞪若松貞二一眼，又看了看周遭，「注意你的語氣啊，若松君，即便你沒有惡意，也不能這麼說話。」他也小啜一口酒，像在思考什麼，「上個月東大的矢內原忠雄教授來我們這裡，我們聊了不少事。」接著抬頭問細川：「細川君你認識他嗎？他前幾年也去過臺灣。」

細川隆英搖搖頭表示不知道，「我聽過他的名字，只知道他有做殖民研究。聽說臺灣總督府禁止他的書在臺灣銷售。」

「你是說他的《帝國主義下的臺灣》吧？」粟野龜藏點點頭，接著說：「矢內原先生的論點很犀利，說的話雖然直接，但對於殖民政策的批判不是沒有道理。他親自去臺灣和

㉖ 日本關東軍和中華民國國民政府在一九三三年五月二十五日簽署《塘沽協定》，滿洲（九一八）事變後日方在中國的軍事行動暫時休止。

朝鮮花時間進行田野調查研究，比那些只會在辦公室裡批評的人強得多。看看他的田野筆記就知道訪查有多仔細，對於各種紀錄細節的程度我是相當佩服的。」然後笑笑地對細川說：「你要的話，我可以寄本他的書給你。臺灣雖然買不到，不代表連看看都不行吧。」細川不好意思地乾笑，連忙舉杯向粟野場長敬酒。

「場長我看您比我思想還激進啊，要小心的是您吧？」若松貞二笑著說，眾人也陪著笑了起來。這天大家一直聊到很晚，才回到產業試驗場休息。

接下來吉野剛建議細川隆英一起到巴伯爾圖阿普島東邊的梅萊凱奧克村（Melekeok）㉗的卡魯多古（Ngardok）㉘看看，順便進行採集。梅萊凱奧克有帛琉除科羅外最早設立的公學校和駐在所，但是日本殖民的大量進入還是這兩年才開始的規畫，南洋廳預計在此地到鄰接恩切薩爾州（Ngchesar）的內陸區域開拓新的殖民社區。而在梅萊凱奧克還有一個卡魯多古湖（Lake Ngardok），是整個密克羅尼西亞地區唯一的淡水湖。細川隆英一行人在戈多河（Ngerdorch River）河谷和卡魯多古湖附近採集，但是並沒有太多的標本，比較特別的是一個新種胡椒㉙，和在科斯雷看到的有些相似，葉子都有毛，與其他近似的胡椒不同，另外還有一種在沼澤生長的不知名單子葉植物，有著平行脈的長葉和直立的圓錐花序。㉚

回到科羅後的一個禮拜，大部分的時間細川隆英都在整理標本，以及比對產業試驗場之前採集存放的標本，而由於場裡也有簡單的放大鏡，所以也進行鑑定和檢視花果等

㉗ 日文為「マルキョク」，今日帛琉之梅萊凱奧克州所在。

㉘ 日文為「ガルドック」，從此地往南到恩切薩爾州（Ngchesar）的內陸區域，是當時日本墾殖地區，在一九三八年墾殖地改稱為「清水村」。

㉙ 採集編號 Hosokawa 7361，後來發表為帛琉特有的「帛琉胡椒」（*Piper palauense* Hosokawa，胡椒科）（Hosokawa 1935c）。

㉚ 採集編號 Hosokawa 7384，其後金平亮三依他自己採的標本發表為匍莖草科（或稱缽子草科，Hanguanaceae）的澤匍莖草 *Hanguana aquatica* Kanehira（Kanehira 1935），但細川隆英之後處理為「馬來匍莖草」（*Hanguana malayana* Merr）的異名（Hosokawa 1940a）。

細節，做些觀察和記錄。間中空餘的時間則在科羅島四處走走採集，也陪吉野剛再跑了一趟艾梅利克參觀他們的試驗地。科羅島的東側阿魯米都（Arumidu）仍有幾條小溪和不錯的森林，從產業試驗場後方翻過山頂，就可以看到由科羅島所包圍的整個岩山灣（Iwayama Bay），海灣中有大大小小、形狀彎曲各異的島嶼散落其中，這些島嶼都是過去的珊瑚礁隆起後所形成，從山上鳥瞰如同把海灣切割成迷宮一般。靛藍的海水配上突出的奇岩，上面覆蓋滿滿的青綠灌木，放眼望去有如置身仙境。

在海灣的對面，與科羅島遙遙相望的是歐羅普西亞加魯島（Oropusyakaru），整個島沒有人居住，植被保持得很不錯。八月的時候若松貞二和金平亮三也曾到此地採集，所以他也再帶細川隆英到這個島上走走看看，採到不少特別的物種，包含幾種帛琉特有種植物，如帛琉山樣子[37]、加羅林閉花木[38]、帛琉椒草[39]，一種未知的鐵色屬（*Drypetes*）植物[40]，以及幾種可能的新種[41]，收穫相當豐富。

經過幾天休息，細川隆英希望在離開帛琉之前再往南多去一個地方採集，於是他和吉野剛兩人決定搭小船前往在科羅島南方不遠的烏魯塔普島（Urukthapel）㉛，特別是它上面的燈臺山（Ngaremediu Peak），它的名字由來是因為上面有座燈塔。烏魯塔普島是今日附近統稱為岩石群島（Rock Islands，或稱洛克群島）島群中最大的一個島，島型狹長，山也不高，植物相和先前幾日在歐羅普西亞加魯島所見差異不大。燈臺山附近是加羅林血桐和大戟科饅頭果屬植物優勢的森林，林下有一個苦苣苔科漿果苣苔（Cyrtandra）類的植物，

㉛在日治時期本島名稱為「ウルクターブル」，今日帛琉地名為Ngeruktabel。

形態相當特別。它是高約兩公尺的灌木，有長橢圓形的葉子，和其他常見漿果苣苔最不一樣的地方是它具有輻射對稱的花，以及四枚可孕雄蕊，而其他的種類多為兩枚雄蕊和兩側對稱的花。這個植物是金平亮三在前一年也有採集過，但尚未發表的新種。㉜

結束在帛琉的採集工作，細川隆英整理這一個多月來在帛琉總共採集八百六十份標本，統計下來約有一〇二科，三九一種植物。在臺大植物標本館中保存有採集編號Hosokawa 6741-7534的標本。細川將所有的標本乾燥後，一捆一捆壓在報紙間紮好，全部裝箱後才能暫時鬆一口氣。

玻璃珠和故事板

在帛琉的最後幾天，細川隆英想要買些紀念品回臺灣，於是央請吉野剛一起去科羅街上逛逛。近碼頭的街道相當熱鬧，兩人走馬看花逛過各種小店和餐廳，路的左邊有不少當地原住民的商店，在後方則可以看到一幢六、七公尺高的長型建築，據吉野剛說這是當地的男子集會所「阿拜」(*abai*)，有點像傳統上的聚會活動場所。「阿拜」的建築本體大部分被兩片由棕櫚葉組成的屋頂覆蓋，從正面看呈三角形，整體建築以木材架高地板，有門的這一面上方的木板繪有各種圖樣。

吉野剛帶細川隆英到街上的南貿商店找他認識的店員宮下先生，請他推薦適合當伴

㉜ 金平亮三雖然在他的《南洋群島植物誌》已有給定一個名字——「燈臺漿果苣苔」(*Cyrtandra todaiensis* Kanehira)，但正式的學名發表是出現在另一篇植物學雜誌的文章(Kanehira 1933)。細川隆英則在一九三四年將它提升為獨立的新屬——「原始漿果苣苔屬」(*Protocyrtandra*) (Hosokawa 1934b)。

手禮的東西。宮下在當地工作了幾年，賣的東西包含各種土產和手工藝品。細川拿起幾個大小不一的木製盤子端詳，有的造型很簡單，有的盤子在兩邊還有鑲著幾個貝殼碎片作為裝飾。接著在一些木頭人偶旁看到裝在盒子裡，不同形狀和大小，色彩繽紛的珠子，大部分上面還有穿洞。他好奇地拿了其中一個黃色的珠子來看。

「這是帛琉的錢幣烏道（*udoud*）。[42]」宮下解釋：「不過我老實跟你說，你手上的是另外做的仿製品，雖然也可以用，但是沒什麼價值，真正珍貴的都在當地人社群裡流傳。」

吉野剛在旁補充：「我記得帛琉人會在有人家裡有事時送烏道幣，像是婚喪喜慶、生第一個小孩的時候。」

「沒有錯，但是一般買賣物品他們也會用這種烏道幣支付。」宮下拿起一個球形的玻璃珠，進一步說明：「比方說這一個大概算是最低價值的，叫『カイモン・クワル』（*kaymon a kval*），『クワル』是用椰子殼做的容器，字面上的意思就是一杯椰子汁，所以你也可以用這個珠子到街上來買杯椰子汁，市場上買魚買雞也可以用這種烏道幣來付錢。」接著他笑著將玻璃珠遞給吉野剛，帶點曖昧的語氣說：「或是在村裡祭典時，送給喜歡的女孩子也行。」吉野剛嚇了一跳，忙把玻璃珠放回盒中。

宮下又從旁邊盒子拿起另一個似石似玉的漂亮珠子，「這個則叫『ムラ・カイモン・クウカウ』（*mora kaymo a kukau*），意思就是一堆芋頭，以這一個珠子來說，大概可以買到四、五十個芋頭之多。」他把珠子拿給瞪大眼睛的細川隆英，「不只如此，它也可以買

到一袋米，或是一罐汽油。」細川有點不可置信地用姆指和食指拿起手上的珠子，瞇著眼睛對光細看。

宮下興致盎然地又走到店鋪後面，拿出兩個盒子，打開其中一盒取出一個半月形的扁平小玉，「這個是『ドロボク』(*adolobok*)，[43]大概有剛剛那顆珠子兩、三倍的價值。」接著珍而重之地拿出另一盒裡的中間有洞的陶玉質地小珠，「這個是我一般不賣的寶貝，今天吉野君帶朋友來店裡我才特別拿出來。我可是用了一些關係才得到它的。」宮下將陶玉珠小心地移到吉野剛手上，「這個叫『クルツク』(*kluk*)，這一顆可以買到一間小茅草屋喔。通常來說都是在結婚聘金或是田地租金等大筆金額的時候才會用到。」吉野剛有點不可置信地將手上的珠子遞給細川隆英，細川也瞪大眼睛瞧著這個陶玉珠。

宮下有點得意地接回陶玉珠，並把它放回盒子中，「不過如果你們要用日幣來買這些烏道幣，我們就有討價還價的空間了。」他笑笑接著問：「對了，細川君今天想買什麼樣的東西呢？」

細川隆英回答：「我想買禮物給我母親和妹妹，也許木盤和玻璃珠都不錯，但我還想要看看有沒有一些帶有地方故事性的東西。」

宮下點點頭想了想，走到商店另一邊，取下掛在牆上，繪著圖畫的一塊木板拿給細川隆英，「這是近幾年開始在推廣的故事板，帛琉語叫『イタボリ』(*itabóri*)，這幅是土方久功先生㉝所指導的學生畫的作品，畫的是當地的傳說故事。」他又指了其他掛在牆上的

㉝ 土方久功，日本雕刻家及民俗學者，一九〇〇年生於東京，一九二四年東京美術學校畢業，一九二九年至一九四二年間居住於帛琉、雅浦等地，進行藝術創作與民俗學資料蒐集，二戰末期回到日本，一九七七年心臟病逝世（清水久夫，2010、2014）。

圖4-8　帛琉故事板在建築物上的原形　圖片來源：《海の生命線我が南洋の姿——南洋群島寫真帖》（西野元章1935）

故事板，「其他這些是不同人的畫作，上面都畫有各種的傳說。」

「土方先生是這裡很有名的年輕雕刻家和民族學者，他前兩年還有在南興俱樂部的畫廊辦過展覽。南洋廳請他在這裡開課教當地年輕人製作故事板，認為有助於推廣帛琉文化。」宮下補充：「其實也可以說是新文化，因為以前類似的畫只會在阿拜，就是這裡集會所的建築外看到。從前這些年輕人大部分只會一點雕刻，沒學過怎麼畫畫，土方先生的創舉可說是幫我們帛琉觀光業開出一條新路。」

「土方先生在這裡蠻有名呢，但是我聽說他現在到雅浦島附近長住，是真的嗎？」吉野剛側頭問宮下。

宮下笑笑地回答：「土方先生要去哪雲遊我們可管不著，但我相信他還是會回帛琉的，他對這裡的感情很深啊。」㉞

㉞ 土方久功一九二九至一九三一年在帛琉停留後，轉往雅浦島的薩塔瓦爾環礁（Satawal）長住，一九三八年輾轉回到帛琉進行研究和創作，直到一九四四年戰末回到東京。他在藝文界和民族學界都相當活躍，直到一九七七年過世（清水久夫2010）。

圖4-9　帛琉的錢幣烏道（*udoud*）　圖片來源：《海の生命線我が南洋の姿——南洋群島寫真帖》（西野元章 1935）

細川隆英手上的故事板中間畫著一隻海龜，嘴裡叼著不知什麼植物，畫面右邊則有一男一女在岸邊，腳旁還有一些看起像是海龜的卵。宮下先生見他看得入神，解釋了這個故事背後的傳說。

有個在帛琉南邊貝里琉島（Peleliu）的年輕男子，和住在科羅西邊阿拉卡貝桑（Ngerekebesang）的少女相戀，由於兩地遙遠，所以兩人相約在新月時，到位於貝里琉和阿拉卡貝桑中間的埃梅利斯島（Ngemelis）相見。兩人在美麗的星空下繾綣整夜，隔日一早少女醒來卻遍尋不著她的草裙，只發現岸邊有海龜產卵的痕跡，無奈之下只好另外再編織一條新裙來穿，兩人也相約滿月時再到此地相會。

到了下一個滿月，兩人再度在埃梅利斯島重聚，在海邊沙灘上坐著看海時聽到了前方有沙沙的聲音，發現一隻海龜向著他們爬來，爬到近處時，少女驚訝地發現海龜的鰭上纏著她遺失的草裙，從此帛琉人知道海龜會在產卵的十五天後回到同個地點。㉟這樣的觀察對於帛琉人捕捉海龜很重要，因為當地人會吃海龜肉，同時龜殼還能當作貨幣或加工為工藝品使用，瞭解海龜出現的規律可以增加對牠的捕捉率。

細川隆英對這個帶有生物學知識的故事板特別感興趣，於是買了這塊故事板以及其他幾樣伴手禮後，和吉野剛回到產業試驗場的住處。

昭和八年（一九三三）十月十八日，細川隆英終於結束第一趟的南洋旅程，帶著總數超過兩千份的植物標本，以及滿滿的回憶離開帛琉，心情充實，然而帶有一點惆悵。

「真是不虛此行啊，」細川隆英看著碼頭上走動人們的身影愈來愈小，深深地吸了一口氣，他自言自語地說：「我一定會再回來的。」

㉟ 故事參考 Ramarui & Limberg (1970) 和楊蕙華 (2017)，但這個故事也有其他版本，如海龜回來的時間是兩個滿月間的三十天等，參考 Yamashita (2011)。太平洋海龜的產卵行為，以現代的生物學觀察結果而言，每年會出現在一定的時間。以法屬玻里尼西亞為例，海龜的產卵高峰在十一月到隔年一月之間，同一隻個體會在這期間上岸產卵數次，間隔在十三天左右 (Touron et al. 2018)。也就是說大概每半個月會產卵一次，故本文採用新月到滿月的十五天間隔說法。

第五章

振翅高飛

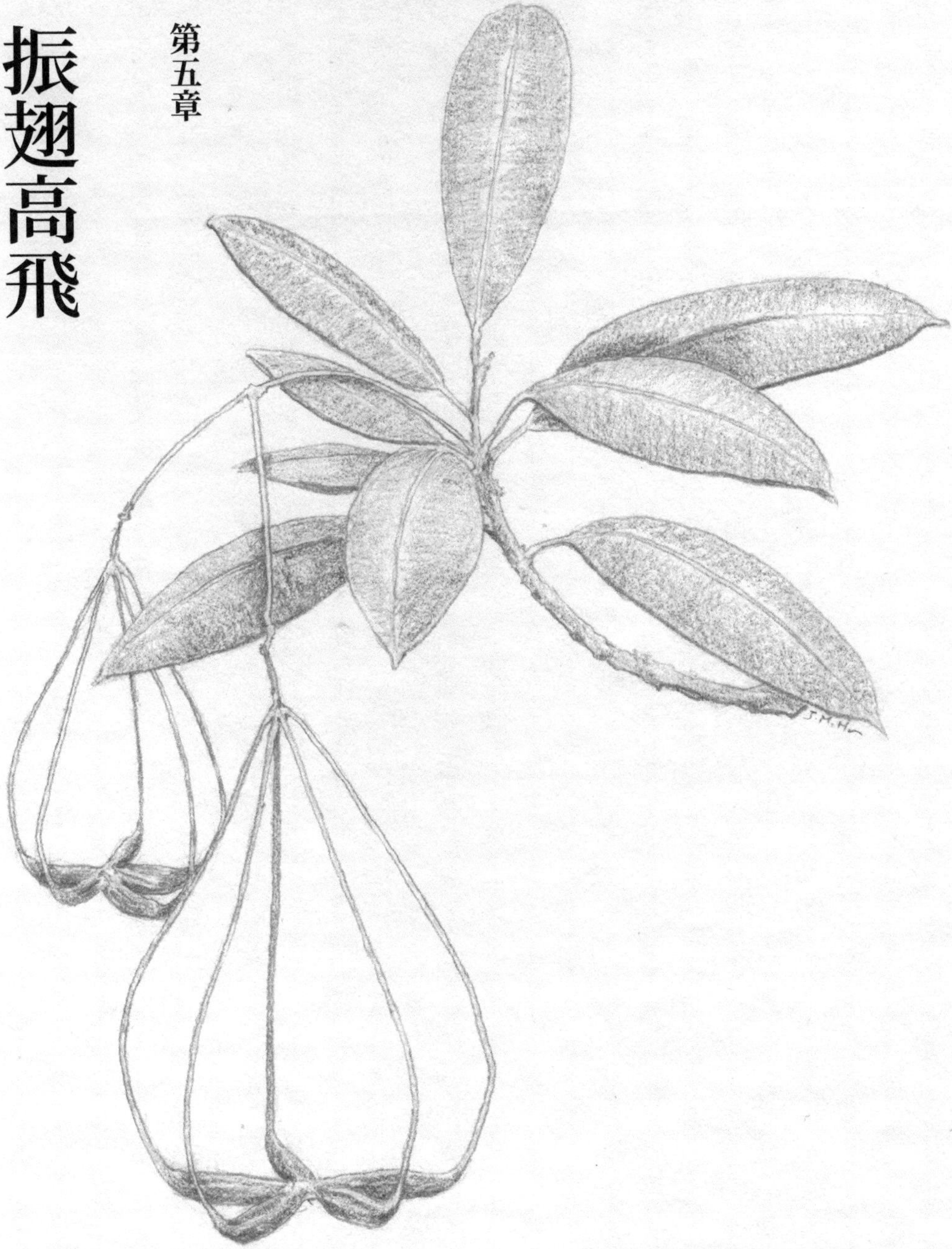

天使的翅膀

經過三個多月的南洋旅行，細川隆英搭乘橫濱丸從帛琉出發，終於在昭和八年（一九三三）十月二十八日抵達橫濱港，不過他並沒有直接回臺灣，而是先去東京參加妹妹貞子的婚禮。貞子未來的先生町並久太郎幾年前東京帝大法學部畢業後就在關東配電（今東京電力）上班，雖然老家也在九州熊本，但工作後就搬到東京居住。①

出乎細川隆英意料之外的是，只有看到母親和貞子兩人到來東京，而不見二妹純子和三妹烋子。一問之下才知道純子這陣子肺結核的病情有些惡化，目前留在臺灣治療，他母親只好將九歲的烋子先託給友人照顧，自己帶著貞子到東京。雖然擔心純子的狀況，但身為女方代表，細川隆英也只能硬著頭皮幫忙打點。貞子的婚禮在十一月十三日舉行，細川隆英母子二人在婚禮結束後辭別貞子和親朋好友返回臺灣。

回到臺灣簡單安頓後，妹妹純子也從療養院移回家中安養，大家雖然憂心忡忡但又不敢表現出來。純子看到細川隆英時顯得十分喜出望外，顧不得身體的虛弱也要坐起身來，細川隆英連忙將她扶著坐好，母親則在房門口安撫著從房間蹦跳而來的烋子。

純子蒼白的臉上顯露出一點紅暈，眼神充滿著喜悅說：「哥，你回來了真好，我還在想不知道能不能撐到你回來。你快告訴我貞子姊姊穿上新娘服的樣子好不好看。」純子忍著想咳嗽的衝動用手背摀住嘴巴，接過母親遞來的手帕，神情又有點沮喪，低下頭皺眉

① 關於細川家族成員的細節，為永野洋提供資料。但細川和其他人間的互動情節為筆者臆想添加。

低聲說：「你們還是不要太靠近我，會被傳染的。」

細川隆英在床沿坐下，從桌上倒一杯水給純子，「沒關係的，我等會再去洗一洗就行，妳不要擔心。貞子結婚那天真是美極了，就像是天上的仙女下凡呢。」接著轉頭要母親帶休子回房休息。細川隆英的母親點點頭欲言又止，愛憐地看著純子，牽起站在門外的休子離開房間。

細川隆英回頭審視純子仍沒有太多血色的臉，帶著一點自責的口氣說：「我不該離家這麼久，沒想到妳病情變重，自己一個人一定很辛苦。」

純子搖搖頭，淺喝一口水，把水杯還給細川隆英，右手把頭髮往耳後撥了撥，稍微直起身子說：「沒事的，你不用擔心。真希望能參加姊姊的婚禮，只是這一陣子身體太虛弱，幾乎沒法子走太多路，媽媽是擔心我才不讓我去東京的，現在已經好一些了。」純子頓了一下，像想到什麼事情似的眼睛又亮起來，語帶喜悅地說：「哥你這次去南洋那麼久，一定經歷很多有趣的事，我每天都盼望你回來說故事給我聽。」

由於純子自小身體不好，常常臥床在家，而父親長年在外地工作，偶爾才能回家，自然而然兄妹感情相當好，她最喜歡的就是纏著哥哥說他在外面的採集經歷，彷彿自己也能跟著到處旅行。去年父親過世後，純子對於細川隆英更是特別依戀，這次細川隆英的南洋旅行，也是兄妹分開最久的一次。

「當然沒有問題，我有一籮筐的故事可以說，包準三天三夜講不完。」細川隆英微笑著說：「對了，我有個禮物要給妳，妳等著。」他站起身來走到外面，從行李中取出在帛琉買的海龜故事板，再走回純子床邊把故事板放在她的手上，並解釋上面的圖畫。

聽完海龜故事板的傳說，純子咯咯笑著：「我說這海龜也真是壞心，竟然把女孩子的裙子給偷走。」眼睛一轉問說：「不過海龜真的會回到同一個地方產卵嗎？」

細川隆英看著純子天真的臉回答：「當然是真的，海龜在產卵季的時候的確會一直回到同一個地點產卵，等卵孵化時，一大堆的小海龜衝向海邊的景象才驚人呢。不過那也是最危險的時候，很多小海龜在回到大海之前就會被海鷗吃掉。」純子的表情有點不忍，細川隆英再補充說：「這也是自然的規則啊，海鷗也得有飯吃。」

純子側頭想了想，輕嘆一口氣，「唉，如果我可以親眼看到海龜就好了。」有些欲言又止地想著自己的生病是不是也自然的規律，人的生命到底是誰在安排的呢？細川隆英為了怕她傷心，又說起一些在南洋的有趣見聞轉移她的注意力。

兩人也不知聊了多久，細川隆英看純子有點疲累，哄她睡著後，才去梳洗整理。接下來兩天細川隆英都在家中陪著母親和兩個妹妹，但已先將裝滿標本的箱子請人送到臺北帝大的腊葉館，到第三天實在覺得工作不處理不行，才動身前往臺北帝大。

走進校門口，經過右前方熟悉的小路，拐兩個彎就到腊葉館辦公室的入口。細川隆英一進門就看到他的學弟福山伯明和鈴木時夫兩人吵得不可開交，旁邊堆的正是他先送來的南洋採集標本的箱子，坐在一旁工作的鈴木重良看到他走進來，放下手邊的文件說：「細川君你回來的正好，這兩個小子在這裡鬧得我沒辦法好好工作，快幫我管管他們。」

鈴木重良雖仍是臺北帝大農林專門部的助教授，但目前也兼任理農學部的助手，經常在腊葉館工作。細川隆英將手裡的提包放在桌上，先向鈴木重良鞠躬道：「我回來了，先生安好嗎？山本先生和正宗先生是否也在？」

鈴木時夫撇下一旁的福山伯明，搶著回答：「山本先生在上課，等會應該就回來。謝天謝地你終於來了，我被福山君煩得快受不了，他一直想要打開箱子看標本，我一直阻止他亂動。」他一手按著裝標本的箱子，一邊瞪福山伯明一眼，向細川隆英說：「因為你有交代自己會來處理，所以我堅持不讓他碰箱子。」

「我只是怕標本長蟲，想要幫忙處理一下。」福山伯明舉手抗議：「細川先輩你也來評評理，難道這樣不對嗎？」

鈴木時夫笑說：「你當我不知道你就是想看看細川先輩採了什麼特殊的蘭花回來嗎？」

細川隆英看福山伯明一臉委屈，舉手搭在他的肩上笑說：「福山君別著急，少不了你的蘭花，有得你看。」接著和鈴木時夫說：「抱歉我晚幾天到學校，因為家裡有點事我必須處理，所以沒有早點跟你們說清楚。來吧，給你們看看我的採集成果。」這時，鈴木重良和從樓上聽到眾人說話聲音而跑下來的助手森邦彥等人也圍過來一同幫忙拆箱，雖然每份報紙上都有寫採集號，但細川隆英還是叮囑不要弄亂標本順序。

細川隆英小心拆開綁成一疊疊的報紙，打開每一份標本時都扼要解釋他的採集所見所聞，一整個早上下來，也只看完兩三百份。近午時分稍事休息，鈴木時夫從一旁辦公室拿出兩本油印的小冊子，交給細川隆英，「這是剛出爐的第二號和第三號《*Kudoa*》,②給你看看。這期只有我自己的一篇文章，整理七月去滿洲的調查報告，內容雖然不完整，但總是讓它出刊了。」細川隆英連忙打開冊子細讀，一邊詢問他去滿洲的感想。

《*Kudoa*》是工藤祐舜教授過世後，幾個研究室的夥伴共同決定以「植物分類・生態學教室」名義出版的刊物，它不是正式的刊物，也沒有得到校方或理農學部的經費支持。相關出版事務由正宗嚴敬和兩個在學生鈴木時夫、福山伯明三人共同負責。主要的內容是植物分類和生態學相關的資料整理，希望延續工藤教授的研究精神，將田野工作成果隨時記錄下來，進而提升研究室的凝聚力。除了部分植物名錄是以打字處理，其餘文字全部都是手寫而成。期刊的庶務工作，包含校對、油印、裝訂等幾乎都是由鈴木時夫一手包辦。看著手上的這份《*Kudoa*》，就會讓人想起工藤教授，細川隆英答應明年起一定也會貢獻幾篇文章，寫寫南洋植物。

這時山本由松和正宗嚴敬兩人上完課從外面走進腊葉館，看到細川隆英自是相當高興，山本由松在研究室裡親切詢問他這次南洋之旅的情形。一番閒聊之後，山本由松在腊葉館辦公室把大家召集起來，正式宣布他已通過總督府的任命，接下來兩年的時間要

②《*Kudoa*》從一九三三到一九三七年總共出版五卷，每年(卷)四期。期刊的名稱由來，即為紀念已故的工藤祐舜(Kudo Yushun)。

出國進修。

「我預計年底就會坐船到東京，但會先回福井老家一趟，明年初再正式搭船至美國，之後還會去英國和德國兩個地方。」山本由松同時告訴大家另一個大消息：「校方也因為我有兩年不在臺灣，已經確定簽准讓正宗桑升任助教授，以分擔植物學第一講座的課程。」

大家紛紛向山本由松和正宗嚴敬恭喜，山本教授申請出國研究已有一段時間，現在只是確定時程，大家都不感意外。但是正宗嚴敬升等的案子大家之前都有點擔心會不會有狀況，平時也不太敢公開討論這個話題。正宗嚴敬一九二九年從東京帝大植物學科畢業後，就在早田文藏教授的推薦下到剛成立的臺北帝大工作，一直擔任臺北帝大理農學部助手。以他這幾年的研究成果原本應該可以考慮向東京帝大申請博士學位，但是由於他和東京大學的中井猛之進教授處得不好，因此沒能順利提出申請，在臺北帝大的升遷也可能因此受到牽連。這次能以特別的方式讓正宗嚴敬升上助教授，算是可喜可賀。這也表示理農學部生物學科在工藤祐舜過世後，終於開始邁向另一個階段。

鈴木時夫也趁這個機會，提出他想要成立一個「植物分類．生態學談話會」的構想，讓有興趣參加的人可以定時分享最新發表的文章，或是自己的研究成果，也可以得到大家的回饋。而談話會的內容，也可以整理在《*Kudoa*》期刊中出版。這個提議馬上獲得在場眾人的支持，一番討論後決定原則上從過完年後開始，每個月一次，在理農學部植物分類．生態學教室舉行談話會。

接下來的一段時間，細川隆英每天忙著到腊葉館整理標本、查閱資料，閒時就和研究室的同儕討論植物學的各種研究想法。傍晚則仍然趕回家，幫忙照顧妹妹純子和烋子，每天晚上純子也一定要細川隆英在床邊說故事陪伴才肯睡覺。這樣的日子一直持續到年底，正宗嚴敬帶著生物學科一二年級的學生到高雄進行植物分類實地研究，而山本由松也出發到東京展開在外研究之旅，腊葉館便暫時顯得有點空盪盪。在細川隆英的工作稍可喘息之時，純子的病情卻開始急遽惡化，緊急送醫治療後仍沒有好轉，最後應純子要求帶她回家中靜養。

大晦日（十二月三十一日，日本的除夕）中午過後，細川隆英陪在純子的房間閒聊，純子聽完細川隆英述說有關波納佩南馬都爾古城的傳說後，轉頭視線投向窗外，輕嘆了一口氣。

「被海洋圍繞著的熱帶島嶼，淹沒在水裡的古城，不知怎麼搬來的巨石建起的城牆，這是多麼難以想像的故事。」純子怔怔望著前方，接著像想到什麼，請坐在旁邊的母親把她在抽屜裡的小包拿過來。純子從小包拿出一個用布做成的天使布偶，小心地放在細川隆英手上說：「這是前一陣子我在附近教會那邊看到他們的聖誕裝飾，覺得很漂亮，拜託媽媽教我做的。我想送給你當禮物。」細川隆英細看手上的布偶，天使只用不同布料以很簡單的線條剪裁，背後則是縫上一對以白紗剪成的翅膀。

「這翅膀是媽媽用窗簾剩下的碎布剪給我的，有沒有很漂亮？」純子有點吃力地擠出淺淺的微笑，手指輕輕撫摸著布偶上的翅膀，「如果可能的話，我希望真的有聖誕老人，然後我可以向他要一對像這樣的翅膀，這樣我就能飛到很遠的地方。」

她沉默了一會，有點艱難地開口：「這個願望我看是沒辦法實現的了，」純子側頭看著細川隆英，「我希望它能代替我，跟著你去世界各地旅行，好不好？」

細川隆英點點頭，忍著眼淚湧出的衝動說：「妳一定要好起來，然後我再帶妳去旅行，妳不是說很想親眼看看美麗的珊瑚礁和熱帶魚嗎？」

純子微笑著閉上眼睛，滿足地點點頭，頓了一下說：「我覺得有點睏，身體不再疼痛了，感覺好輕鬆。」她一手握著母親的手，一手和細川隆英一起握著布偶。慢慢地純子的手失去了溫度，再也聽不到母親和細川隆英的哭聲。

這一天的下午四點，純子帶著微笑離開人世，給細川隆英留下天使的翅膀，陪伴他往後的旅程。

辦完純子的後事，細川隆英讓自己回到忙碌的生活，不希望有太多思念的空間。在腊葉館有很多需要整理的工作。他也在一月十九日發表了生平第一場有關密克羅尼西亞植物的演講，這是去年底就已答應的事，對象是臺北帝大「生物學研究會」的成員。以往生物學研究會的演講大都是教授主講，也少有南洋群島相關的報告，細川隆英的演講給予在場師生聽眾不同的刺激，有許多人向他提問南洋的各種情況。不過這次的會議和以

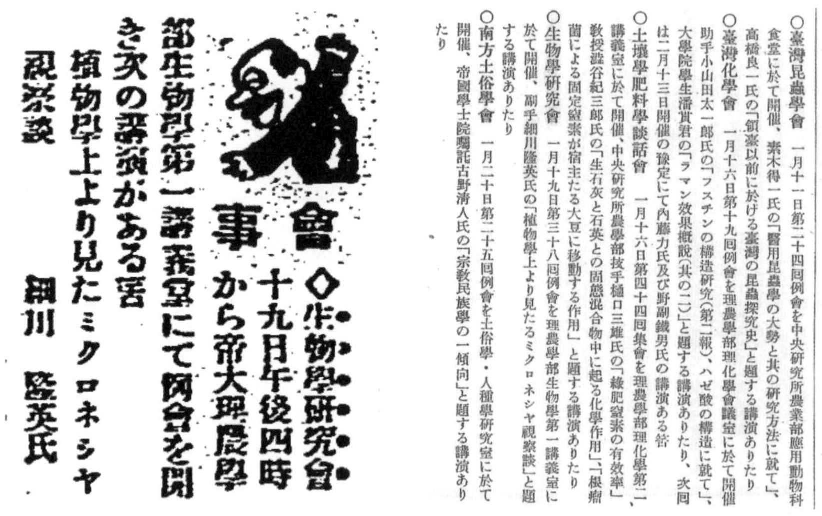

會事

○作物學研究會

十九日午後四時から帝大理農學部生物學第一講義室にて例會を開き次の講演がある筈

植物學上より見たミクロネシヤ視察談　細川隆英氏

○學　會

○臺灣昆蟲學會　一月十一日第二十四回例會を中央研究所農業部應用動物科食堂に於て開催、素木得一氏の「醫用昆蟲學の大勢と其の研究方法に就て」、高橋良一氏の「領臺以前に於ける臺灣の昆蟲探究史」と題する講演ありたり

○臺灣化學會　一月十六日第十九回例會を理農學部理化學會議室に於て開催助手小山田太一郎氏の「フスチンの構造研究（第二報）、ハゼ酸の構造に就て」、大學院學生潘貫君の「ラマン效果概說（其の二）」と題する講演ありたり、次回は二月十三日開催の豫定にて內藤力氏及び野副鐵男氏の講演ある筈

○土壤學肥料學談話會　一月十六日第四十四回集會を理農學部理化學第二講義室に於て開催、中央研究所農學部技手樋口三雄氏の「綠肥窒素の有效率」、教授澁谷紀三郎氏の「生石灰と石英との固態混合物中に起る化學作用」、「根瘤菌による固定窒素が宿主たる大豆に移動する作用」と題する講演ありたり

○生物學研究會　一月十九日第三十八回例會を理農學部生物學第一講義室に於て開催、副手細川隆英氏の「植物學上より見たるミクロネシヤ視察談」と題する講演ありたり

○南方土俗學會　一月二十日第二十五回例會を土俗學・人種學研究室に於て開催、帝國學士院囑託古野淸人氏の「宗教民族學の一傾向」と題する講演ありたり

圖5-1　細川隆英第一次公開演講的公告。左：《臺灣日日新報》昭和九年一月十六日二版會事廣告；右：臺北帝大《學內通報》第九十七號學會會事公告。

往還有些不同，氣氛有些沉重，因為幾天前大家接到一個噩耗，東大的早田文藏[3]博士在一月十三日於家中心臟病發驟逝，眾人話題也圍繞在早田博士的許多事蹟上，雖然早田博士去年九月已心臟病發一次，但消息仍是突然得難以消受。

會後，鈴木時夫和福山伯明兩個學弟連袂找細川隆英閒聊，面對又一個植物界的巨擘倒下，加上山本老師也不在臺灣，大家都有種做事及時，以免後悔莫及的感覺。鈴木時夫說起之前提過的「植物分類・生態學談話會」因為細川隆英家中有事而延期，現在既然細川隆英生活重新上軌道，也希望在臺北帝大學校裡有定期的學術活動，於是三人決定第一次的

③ 早田文藏（一八七四—一九三四），明治七年生於新潟縣，一九〇四年東京帝國大學畢業後留任教職，受臺灣總督府補助進行臺灣植物研究，為臺灣植物分類研究早期最重要的學者。

固定談話會在一個月後的二月十五日舉辦。打頭陣的是鈴木時夫，由他報告歐陸植群分析的一篇期刊文章，而細川隆英思考後，決定報告這陣子在撰寫的一個夾竹桃科新種植物——波納佩雷平氏木（*Lepinia ponapensis* Hosokawa）的描述。這個新種植物後來正式發表於同年（一九三四）八月的《植物學雜誌》（*Botanical Magazine, Tokyo*）第四十八卷第五七二期中，是細川隆英南洋之行後所寫的第一篇科學期刊文章，也是第一個他在密克羅尼西亞採集的新物種發表。[1]

這個植物是細川隆英在波納佩島娜娜拉烏山頂附近所採集，長得相當特別，它的果實五個心皮的先端癒合在一起，像一個竹籠晃來晃去。過去的紀錄中這個屬只有兩個物種，分別在大溪地群島和索羅門群島發現，但是它們的心皮數只有三或四個。細川隆英在波納佩所採集到的新種明顯長得和它們不同，很容易肯定是新種，所以細川隆英決定先撰寫這個種的描述來發表。

接下來的幾個月，細川隆英忙於數篇文章的寫作，以及在夏天第二次的南洋行程準備。首先他在《熱帶園藝》第四卷第二期發表〈裡南洋密克羅尼西亞產之椰子〉（我が裏南洋ミクロネシアに生育する椰子類に就いて），[2]以及幫《*Kudoa*》寫了兩篇短文，一篇是整理密克羅尼西亞的植物文獻，[3]另一篇則是談馬里亞納群島的木麻黃。[4]除此之外，他也在《植物及動物》第二卷發表科斯雷島的旅遊記事〈科斯雷島的植物概觀〉（クサイエ島の植物概觀）。[5]

另一篇科學期刊的發表則是在《臺灣博物學會會報》第二十四卷第一三二期，題名為〈Materials of the botanical research towards the flora of Micronesia (1)〉。[6]這是細川隆英後來一系列有關密克羅尼西亞植物相文章的第一篇，後續一直到一九四三年為止，總共發表同一標題編號一至二十六號的系列文章。在一九三四年的第一篇文章中，細川隆英共發表六個新種和一個新變種植物（表5-1）。

在日比野信一教授的協助下，細川隆英五月底開始在理農學部正式以助手的職位獲聘，同時也協助附屬植物園的工作，多一點職務加給，月薪有六十三圓，比一般學部內的助手高一些。工作穩定下來之後，細川隆英也鬆一口氣，而家裡因為少了三個成員，於是在六月的時候細川和母親、妹妹烋子三人搬到學校附近的宿舍區富田町。④兩個學弟鈴木時夫和福山伯明在畢業後，也一起搬到不遠處福住町的公家宿舍，⑤鈴木時夫留在理農學部擔任副手，福山伯明則暫時沒有正式職位，但也留在腊葉館幫忙。

細川隆英在第一年走訪密克羅尼西亞各島後，思考若要長期而有系統地進行研究，那麼就該有比較特定的區域或主題，而不是盲目地隨走隨採。和研究室的老師們討論後，細川隆英決定下次夏季的密克羅尼西亞之行，就以馬里亞納群島為目標，進行細部調查，並嘗試探討有關植物地理學的問題。六月中搬完家安頓好後，細川隆英收拾行李和野外裝備前往橫濱準備第二次的南洋之旅。不過馬里亞納群島的情況和前一年去的其他大島不同，有不少面積小的島嶼，有些小島幾乎沒什麼日本人，島與島中間的交通會是必須

④ 細川的敘任和薪資，參考臺北帝大《學內通報》第一〇五號。新宿舍住址在富田町八九（臺北帝大《學內通報》第一〇六號：住所異動）。

⑤ 住址為福住町五五（臺北帝大《學內通報》第一〇三號：住所異動，今杭州南路、金華街一帶）。

表5-1 細川隆英在密克羅尼西亞植物相第一號文章中所發表之新種

科名	學名	採集資訊	採集地點
露兜樹科 Pandanaceae	*Pandanus palkilensis* Hosokawa	T. Hosokawa 5848, Aug. 17, 1933	波納佩 (Palikil)
	Pandanus odontoides Hosokawa	T. Hosokawa 7035, Sep. 20, 1933	帛琉 (Arukorun)
禾本科 Poaceae	*Isachne ponapensis* Hosokawa	T. Hosokawa 5989, Aug. 24, 1933	波納佩 (Mt. Nanaraut)
	Paspalum scrobiculatum L. var. *trispicatum* Hosokawa	T. Hosokawa 7040, Sep. 20, 1933	帛琉 (Arukorun)
龍膽科 Gentianaceae	*Fagraea kusaiana* Hosokawa	T. Hosokawa 6288, Jul. 29, 1933	科斯雷 (Mt. Buache)
苦苣苔科 Gesneriaceae	*Cyrtandra kusaimontana* Hosokawa	T. Hosokawa 6288a, Jul. 29, 1933	科斯雷 (Mt. Buache)
茜草科 Rubiaceae	*Hedyotis plurifurcatus* Hosokawa	T. Hosokawa 6834, Sep.16, 1933	帛琉 (Mt. Ruis-Armonogui)

圖 5-2　細川隆英一九三四年八月二十四日在波納佩島所採集的波納佩雷平氏木標本，採集編號 Hosokawa 5968。

3. **L. ponapensis** HOSOKAWA, sp. nov.

Frutex ad 2 m. altus, ramulis floriferis crassis glabris teretibus. Folia alterna, petiolata, petiolis 1–1.5 cm. longis, elliptica vel oblongo-ellptica apice abrupte longeque acuminata, basi cuneata, coriacea, supra nitidula, utrinque glabra, subtus costâ prominente, utrinque venis primariis numerosissimis rectis tenuissimis, cum petiolo 10–18 cm. longa, 3.5–6 cm. lata. Cymae extra-axillares, solitariae, dichotomae, quam folia breviores, glabrae, pauciflorae, pedunculo communi ebracteolato, pedicellis crassis rigidis 6 mm. longis, ad basin bracteolatis (bracteola minima). Flores flavi, 1.2 cm. longi.

Lepinia ponapensis HOSOKAWA, sp. nov.
Photograph of the type specimen ×¼

圖5-3　細川隆英一九三四年發表波納佩雷平氏木文章中的描述和插圖

先解決的問題，不過因為南洋貿易株式會社定期會去和這些島上的原住民收購椰子，藉由南興松江春次社長的介紹可以和南貿搭上線，到塞班島之後，也許就可以請他們幫忙。

海上奇緣

昭和九年（一九三四）六月二十四日早上十一點的橫濱港，細川隆英搭上橫濱丸前往馬里亞納的塞班島，由於剛有穩定的工作收入，這次他選擇乘坐一等艙，讓長途旅程可以舒服一些。一等艙同層設有獨立的休息區，有桌椅和簡單的休閒設施。第二天吃完早餐後，部分旅客回房休息，細川隆英留在靠窗的座位，寫意地輕啜手中的茶，拿出金平亮三博士去年剛出版的《南洋群島植物誌》，一邊翻閱，一邊在旁做簡單的筆記。

同樣在船艙中還有三、四桌的乘客，細川隆英隔壁桌坐的是三男一女，其中一位有著爽朗笑聲，顯然與艙內眾人都認識的是南洋貿易波納佩支店的秋本店長，在他身旁的是二十歲左右的年輕妻子，她是當地卡那卡族人，也十分健談，夫妻和另外兩位看起像是經商的乘客有說有笑。

在較遠處靠窗的桌子，安靜坐著一對男女，兩人年紀看來差了十來歲，桌上有幾張散亂的紙張，像是助手年紀較輕的女士，正指著其中一張紙詢問坐在對面的紳士打扮的男士。鄰近隔桌則坐著一個大約二十歲左右短髮的年輕女孩，戴著時下流行的短緣帽，穿著連身長裙，自己一個人望著窗外發呆。在船艙中間有一位看起來有點嚴肅三十出頭的中年男子，獨自占據一張桌子，點著菸看手上的報紙。

過一會兒，細川隆英隔壁桌的幾人起身說著要去甲板透透氣，秋本店長站起來，看細川一眼後走過來說：「細川君對吧？我昨天就看你老是在看書，是什麼這麼好看？」細川隆英前天晚上回房前和眼前微胖的男子有簡單打過招呼，聞言只笑了笑沒有回答。

秋本店長向細川隆英招手示意說：「來吧，我來幫你介紹另一位教授，你們都在大學當老師，也都老是愛看書，我看你們真該認識一下。」邊說邊拉著細川隆英走向另一端靠窗的桌子。過程中還向獨坐的男子打聲招呼，但對方只是略略點頭回應。秋本店長低聲和細川隆英說：「他是拓務省的事務官三田村武夫，脾氣有些古怪，不太愛搭理人。」接著走到有一對男女坐著的桌前，正向同伴解釋桌上手稿的紳士放下紙筆，略帶點訝異地抬起頭。

「矢內原教授你好，我來幫你介紹，這位是臺北帝大來的細川君。」秋本店長接著轉頭對細川隆英說：「這位是東京帝大的矢內原忠雄教授，另一位是他的祕書久保田小姐⑥。」細川隆英不禁心中一震，面前這位唇上留著短髭，眼神堅定但又帶點憂鬱的紳士，原來就是大名鼎鼎的矢內原教授。之前帛琉的粟野場長還說要送細川他寫的書，後來大概一忙就忘記這件事，不意竟在往塞班的船上相遇。

細川隆英先向矢內原忠雄彎身略一鞠躬，再拿出自己新印的名片遞給他，自我介紹

⑥ 矢內原忠雄的長期助手久保田千子（久保田ちと子），參考矢內原伊作（2011）。

道：「我是臺北帝大理農學部的細川隆英，來這裡進行植物研究。」矢內原忠雄接過名片看了一眼，打量眼前的年輕人，「你是第一次來密克羅尼西亞嗎？」

「這是我第二趟來，第一次是去年夏天，主要去波納佩和帛琉，前後停留三個多月做調查。」細川隆英笑著補充：「我去年剛到帛琉的時候，產業試驗場的粟野場長說您前腳才剛離開呢。」

矢內原忠雄聽得精神一振，饒有興味問道：「竟有這事？你的研究內容是什麼呢？除了波納佩和帛琉，還有去什麼地方？」細川隆英簡單說明自己去年的採集工作，以及在植物分類與生態上進行的觀察。矢內原教授對於和當地原住民相關的事務特別感興趣，知道細川隆英很多時候都是深入叢林或人煙稀少之地，更是追問許多細節。秋本店長看他們談得興起，連忙告罪一聲後離開去甲板找他的同伴們。細川隆英則將他的茶杯和隨身物品都移過來和他們同桌。

細川隆英把手上的書放在桌邊，一旁的久保田小姐好奇下借來翻閱，細川隆英介紹道：「這本《南洋群島植物誌》大概是南洋植物研究的聖經吧，是金平亮三的著作。」久保田小姐邊看，邊隨手在一旁做簡單的筆記，矢內原忠雄看了一眼，視線回到細川隆英，點頭說：「我知道南洋廳相當重視金平教授這本書，你覺得內容如何呢？」

「這是一本鉅著啊，以內容來說相當完整，而且光是這裡面的插圖就不知要花多少時間才能完成了，大部分的圖都是一位專業繪圖師真隅大莊所畫的。」細川隆英指著書中的插圖，又補充說：「另外裡面也提及不少民族植物的利用，很多第一手的資料。雖然書中已經收了很多物種，但我相信仍然有不少新種還有待被發現，不過無論如何它不管在現在或是未來應該都會是很重要的參考文獻吧。」

細川隆英接著說明這次的工作，主要集中在研究馬里亞納群島各島嶼間的植物相，雖說向南洋廳的交代是要採集藥用植物，但他自己則希望這次的調查能提供植物地理研究更多的資料。矢內原忠雄則說他這次旅程的重點會放在雅浦島，預計停留一個月。兩人都同意走馬看花的調查沒辦法很深入，得在一個地方待久一點才能好好進行研究。

三人說起去年南洋群島的旅程時有許多共同的話題，也非常驚訝細川隆英和矢內原忠雄在同個夏天待了三個月，卻沒有機會在南洋群島相遇。比對彼此的行程，竟有三次同時出現在同一座島上，⑦卻陰錯陽差沒有碰過面，令人嘖嘖稱奇。說到幾次在某地相差幾天分別見過同一個人的時候，三人都覺得很有趣。

海上的時間平靜得有點單調，但有好的聊天夥伴當然可以讓旅程愉快許多。另一桌的三田村事務官沒一會就起身將報紙夾在腋下，向矢內原忠

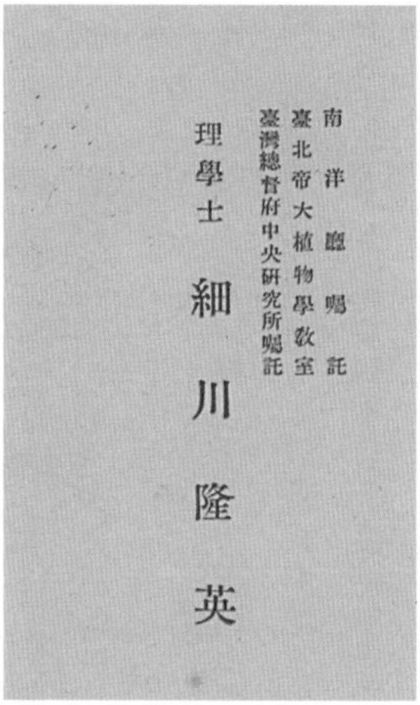

南洋廳囑託
臺北帝大植物學教室
臺灣總督府中央研究所囑託
理學士　細川隆英

圖5-4　矢內原忠雄留存細川隆英的名片，原件存於琉球大學附屬圖書館。

⑦ 分別是一九三三年七月十七至十八日的塞班島，八月二十三至二十四日的波納佩島，以及九月五日的楚克島。資料參考細川隆英採集資料和矢內原忠雄(1935)的旅行紀錄。

雄略微點頭後回自己房間休息。隔桌獨坐的女孩靠著桌子用手托著下巴，似乎有意無意側頭聆聽細川等人的說話，在提到《南洋群島植物誌》的插圖時，露出些微注意的神情，但仍忍住轉頭的衝動，大部分的時間一直默默看著窗外。

接著矢內原忠雄問起臺北帝大的現況，也詢問校內臺灣人就學的情形。細川隆英坦言以理農學部來說，幾乎沒有臺灣本地人就讀，生物學科裡只有今年剛畢業做地質相關研究的林朝棨。其他的話就他所知農學方面有五、六人，而化學科則只有晚他一年的學弟潘貫一人而已。⑧細川隆英解釋大概是因為理科的出路比較不像農學或醫學等專業技術科目來得明確，的確可能會降低臺灣人就讀的意願。因為矢內原忠雄去過臺灣、滿洲以及南洋三個日本的殖民地區，自然而然就他在不同地區的感受和細川隆英分享。矢內原教授不僅從經濟學和政治學的角度分析，也從一個巨觀的史學尺度看殖民政策，從殖民者和被殖民者的對話來檢視教育平等與人權的議題。對細川隆英來說，這樣的思維相當新鮮，因為雖然身在臺灣，自己也還是在破產家庭中長大的，並沒有太深刻去思考身為「殖民者」的優勢，以及身旁不公平的社會面貌。細川隆英雖然沒有讀過矢內原的《帝國主義下的臺灣》，但從和矢內原忠雄的對話，還是很能感受到他對日本殖民政策的憂慮，以及悲天憫人的情懷。

「日本要成為真正的現代化國家，殖民的思維必須要調整，若用歐洲那一套的殖民做法，只會將人民和土地階級化，不是件好事。而且即便都是日本的殖民區域，但你知道

⑧ 潘貫和林朝棨兩人後來都成為臺大教授，前者也是中央研究院第一位本土院士，林朝棨則為臺灣地質學界之大師級人物。

南洋群島地區和臺灣最根本的不同點在那裡嗎？」矢內原忠雄直視細川隆英的眼睛問道。

細川隆英側頭思索幾秒後回答：「您是指就位階來說，南洋廳其實只是以託管的形式在南洋群島運作這件事嗎？」

矢內原忠雄露出讚賞的眼神，「你抓到核心的問題了，日本政府依據《國際聯盟規約》第二十二條，得到委任統治南洋群島地區的權力，它的終極目標，是『島民的福祉增進』，而且對於委任地的開發有一定的規範，包含海灣的修築開發，軍事設施的規模，國際通商的公平貿易等。委任統治制度下的殖民政策，其實並不好拿捏。」

「您說的沒有錯，就拿島民的福祉增進這件事來說，感覺很抽象，怎麼樣才算是好呢？這也很難是誰說了算。」細川隆英點頭道。

「若是要講量化的指標，也不是沒有。」矢內原忠雄耐心解釋：「比方說島民人口、土地制度、經濟狀況、教育程度、社會宗教制度的維持和自由度等等，都有可以比較的數據。但是這些必須要有長期而仔細的數據追踪，而且定期檢討和修正殖民政策。重點在於島民自己本身的認知與感受，在位殖民者不能一味自行其是。」

矢內原忠雄停頓一下說：「南洋廳起始的時候還算兢兢業業，我先前問過一些島民，有不少人肯定我們做的比德國或西班牙人統治時期來得好。」他皺起眉頭繼續說：「但你也知道不管是南興或南貿的開發，土地利用的改變和人口的移動，經濟活動對當地人民生活上的形塑，它的影響層面可是非常大的。再加上近年國內一直有人高呼『海的生命線』[9]這種強加國防意涵在南洋群島的論調，是和委任統治的精神相違背的。更不用說去年初政府退出國際聯盟，讓情勢變得相當微妙。雖然這事件的導火線是一部分關東軍的暴走，但是整體未來的發展是我非常憂心的事。到底南洋群島仍是以委任統治的方式管理，還是最終變成日本實質國土的一部分？在國際法的認知又如何解決？會不會從此軍事利用目的大過一切？」雖然矢內原忠雄接連問了幾個問題，但他也不像是期待什麼答案，倒更像是整理自己的思緒。細川隆英不敢插話，也沉默起來，思索矢內原的論說。接著矢內原忠雄像是想到什麼似的，眉頭皺得更深，表情有些痛苦沉重。[10]

久保田小姐知道矢內原教授應該是想起他前兩年（一九三二）在滿洲遇襲的事，[11]想要轉移話題，她瞄了隔桌的女孩一眼，看她視線停在桌上的書，於是把書略略揚起，別過頭問道：「妳想看看嗎？」女孩嚇了一跳，手下意識地搖一搖，但略微遲疑後，怯怯地說：「可以嗎？我只是想看看那個插圖。」

久保田小姐先徵得細川隆英同意之後，將書遞給隔桌的女孩。女孩翻開其中一頁細看，再輕輕翻開另一頁，專注的眼神和先前判若兩人。

「覺得好看嗎？」久保田小姐微笑問道：「我是久保田千子，妳叫什麼名字？」

女孩有點不好意思地停下翻書的手，抬起頭來說：「澄子，叫我澄子就好。我從沒有看過這樣的書。」接著指著書上插圖旁的文字問說：「『ばら科』，是指『ローズ』（玫瑰）嗎？[12]怎麼長得一點也不像？」

⑨ 日本海軍省軍事普及部於一九三三年發表《海の生命線》一書，闡述內外南洋對於日本經濟的重要性。

⑩ 此處有關矢內原忠雄對於南洋群島的描述，大抵援引改寫自矢內原忠雄（1935）所述。

⑪ 矢內原忠雄一九三二年九月十一日，前往滿洲視察旅行時，在哈爾濱的列車上，遭遇百多名的匪徒突襲列車，他雖然倖免於難，但生死攸關的經歷一直縈繞在心，相關事蹟以及對於久保田千子的描述，參考矢內原伊作著、李明峻譯（2011）《矢內原忠雄傳》。

⑫《南洋群島植物誌》的「ばら科」中文即為「薔薇科」，但全書都以平假名來書寫植物名，只有昭和初期才會如此使用。「ローズ」是英文rose的音譯，即為玫瑰，十九世紀已有不少來自中國和歐洲的園藝品種引入日本，是當時常見的園藝植物。

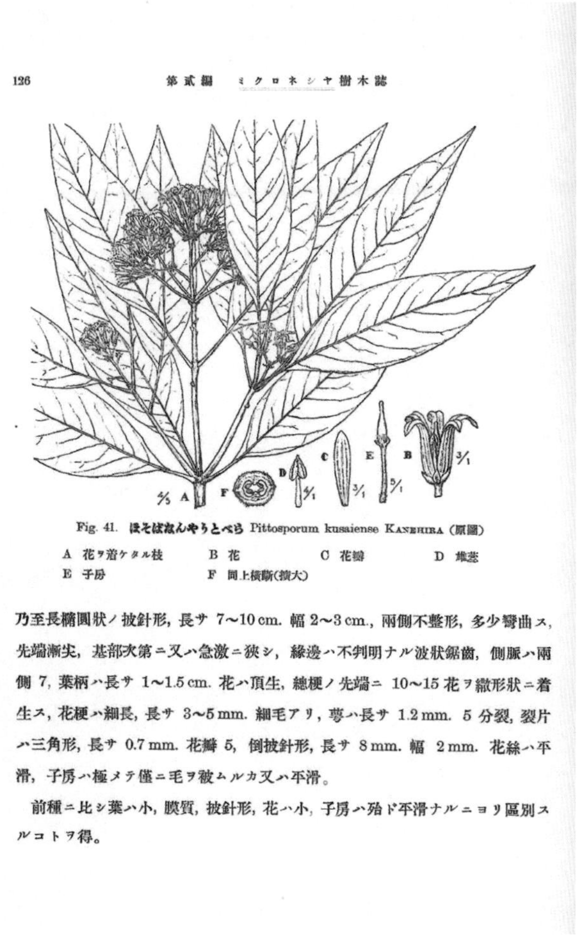

126　第貳編　ミクロネシヤ樹木誌

Fig. 41. ほそばなんやうとべら Pittosporum kusaiense KANEHIRA (原圖)

A 花ヲ着ケタル枝　B 花　C 花瓣　D 雄蕊
E 子房　F 同上橫斷(擴大)

乃至長橢圓狀ノ披針形，長サ 7～10 cm. 幅 2～3 cm.，兩側不整形，多少彎曲ス，先端漸尖，基部次第ニ又ハ急激ニ狹シ，緣邊ハ不判明ナル波狀鋸齒，側脈ハ兩側 7，葉柄ハ長サ 1～1.5 cm. 花ハ頂生，總梗ノ先端ニ 10～15 花ヲ繖形狀ニ着生ス，花梗ハ細長，長サ 3～5 mm. 細毛アリ，蕚ハ長サ 1.2 mm. 5 分裂，裂片ハ三角形，長サ 0.7 mm. 花瓣 5，倒披針形，長サ 8 mm. 幅 2 mm. 花絲ハ平滑，子房ハ極メテ僅ニ毛ヲ被ムルカ又ハ平滑。

前種ニ比シ葉ハ小，膜質，披針形，花ハ小，子房ハ殆ド平滑ナルニヨリ區別スルコトヲ得。

圖5-5　金平亮三《南洋群島植物誌》頁一二六，細葉南洋海桐之手繪圖。

「它們都是同一科的植物，」細川隆英也希望讓氣氛緩和些，用輕鬆簡單一點的說法解釋說：「換句話說就是同一個家族的植物。就像我們家族裡各個成員也會有長得很不像的人，有些同類的植物也會長得很不一樣。」

澄子點點頭表示瞭解，又指著左邊另一幅圖，皺著眉頭唸道：「ほ……そ……ば……なんやう……と……べら？這個植物的名字怎麼這麼難唸？下面這些小圖是花嗎？」

細川隆英笑說：「有些植物名字就是這麼又臭又長的，其實大多都是為了描述方便，像這個植物的名字得拆開成三個部分，最後的『とべら』指的是海桐類的植物，中間的『なんやう』是『なんよう』（南洋），最前面的『ほそば』是『細葉』，指的是它的葉子比其他海桐要細長。合起來就是『細葉南洋海桐』這個很長的植物名，不過對我們植物學者而言，更重要的是後面的那個拉丁文學名*Pittosporum kusaiense*，前面的日文算是一般的俗名。」

見到澄子恍然大悟的表情，細川隆英接著解釋：「右下方的幾個小圖是它的花和花的不同部分的解剖圖，包含花瓣、雄蕊和雌蕊，果實的橫切等等。」澄子有點似懂非懂地說：「我從沒有仔細注意過花的細節，只是覺得它畫得很精緻。我喜歡畫畫，也常隨手塗鴉，但是這樣的畫法我還是第一次見過。」

久保田小姐看著澄子，稍微猶疑一下，但還是忍不住詢問：「澄子是自己一個人旅行嗎？還是要去塞班找親戚？」

澄子欲言又止，眼眶卻有點泛紅，過一會露出堅定的表情說：「我是自己離家出走的，我已經下定決心要離開那個家，走得愈遠愈好。」她特別加強了「家」字的語氣，略皺了眉頭，又下意識地用右手蓋住左袖，但眾人都注意到袖下的一段傷疤。矢內原忠雄和細川隆英交換一下驚訝的眼神，明白這背後定有一些不想為人知的內情。

原來這位澄子小姐本來的母親過世後父親再娶，但受到後母排擠，父親也會在酒後施暴，她在忍無可忍下決定離家，想要投靠在塞班島酒家討生活的阿姨。但是上船之後才有些後悔，對於未來也充滿茫然。三人瞭解後勸她不要在酒家那種複雜的地方做事，矢內原忠雄提議安排澄子到他在塞班島教會認識的朋友那裡，由他協助找工作。細川隆英也因為她和妹妹貞子同樣年紀，看到澄子就像見到自己妹妹有困難一樣無法袖手旁觀，最後決定送她一本筆記本和筆，鼓勵她有機會就可以畫畫，同時在船程中有空閒的時候跟她解說一些植物學的基本知識。有了新的生活安排，澄子像鬆一口氣似地心情開朗許多，和眾人有說有笑起來。⑬

兩天後，也就是六月二十七日早上，橫濱丸駛近馬里亞納群島最北端的島嶼——帕哈羅斯島（Farallón de Pájaros）。⑭它又被稱為烏拉克斯島（Uracas，西班牙語的鵲島），或是鳥岩島，是個活火山島，兩年前（一九三二）的九月曾經爆發過一次，當時火山噴發近一個月才停止。橫濱丸客船特別繞島一圈，讓船上眾人可以近距離觀察火山島，大家在甲板上七嘴八舌講起火山相關的各種故事，也有人提起最近島上有些火山活動的跡象，不少人都猜它很有可能會再度爆發。⑮細川隆英則長吁短嘆起來，直盯不遠前的海岸，咕噥著希望能跳下船登島，觀察植物相在火山下的生長影響。植物學者的執著與無畏，引起矢內原教授和澄子等人的側目。

在五天的船程中，細川隆英和矢內原忠雄兩人有多次閒談討論的機會，這次的偶遇讓兩個不同研究領域，但同樣對南洋群島感到興趣的人互相認識，彼此交流從不同的視

⑬ 橫濱號旅程這一段文字，除了澄子及其身世是作者虛構之外，其餘人物均有其人，以及在細川隆英（1971b）文中提及該旅程曾遇到的人物。細川的文中有提及船上有一位離家出走的二十歲女孩，但沒有細節描述，澄子即以此為原型在本書中出現。矢內原忠雄的話語和文字，則參考《矢內原忠雄傳》（矢內原伊作 2011）及矢內原忠雄（1935）《南洋群島の研究》。

⑭ 日文為ウラカス島。

⑮ 該島的火山在一個月後的七月十五日再度爆發，延續了一個半月。火山噴發的歷史紀錄參考 Global Volcanism Program, Smithsonian Institution (https://volcano.si.edu/)，橫濱丸繞島的紀錄參考矢內原忠雄（1935）。

角看事物的心得，也是特殊的緣分。

整個馬里亞納群島位在北邊的小笠原群島和南邊的加羅林群島之間。而馬里亞納群島以塞班島為界，大概可分為南北兩個島群，北馬里亞納群島的島嶼都較小，從最北邊的帕哈羅斯，到塞班島以北的梅迪尼利亞島（Medinilla）。南馬里亞納群島則包含塞班島、天寧島、阿吉甘島（Agigan）、羅塔島，以及最大的關島。（圖5-6）由於關島是由美國管轄，不易前往，故不在細川隆英的旅程規畫中。

穿梭馬里亞納島群

橫濱丸在六月二十九日下午一點抵達塞班島的加拉邦（Ngarapan），細川隆英在這裡和眾人分道揚鑣，矢內原忠雄和久保田千子帶著澄子找當地教會朋友協助安頓，之後就準備前往雅浦島，其他人則大部分原船再前往帛琉等地。

加拉邦是南洋廳塞班支廳的所在，也是日本在密克羅尼西亞最早開發的地區，人口從德國殖民時期的二千人成長到現在的超過一萬二千人，遠遠多於當地的三千島民。從西班牙時期就開始的城市規畫，街道縱橫齊整交錯，但是街道都不寬，相較於帛琉南洋廳在科羅的情形，這裡的房舍看起來就稍微擁擠。從碼頭進入市街後左邊是加拉邦的「北加拉邦區」，右邊則是「南加拉邦區」，往前直走一小段路，就會到塞班支廳辦公室所在

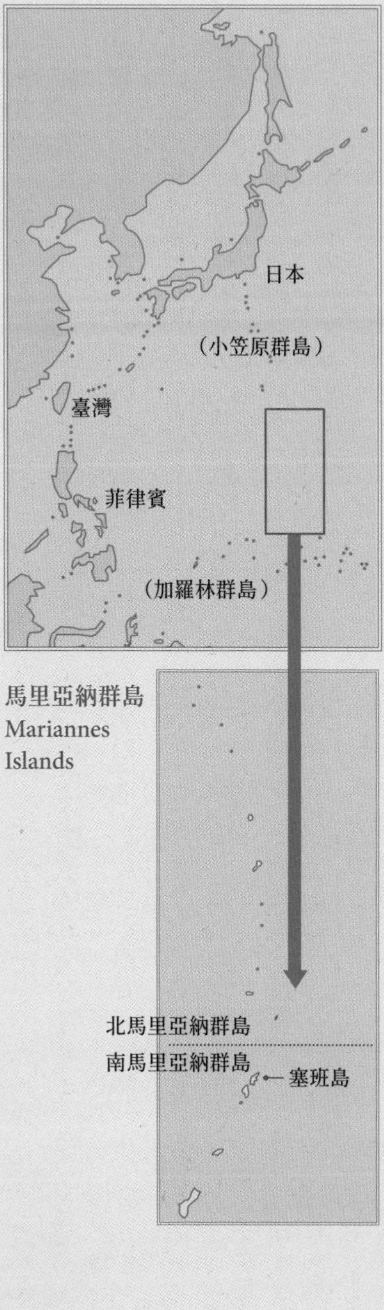

	最高海拔（公尺）	面積（平方公里）
帕哈羅斯(Uracas)	319	2.6
毛格(Moug)	227	2.1
亞松森(Asongsong)	891	7.3
阿格里漢(Agrigan)*	965	43.5
帕甘(Pagan)*	579	47.2
阿里馬罕(Alamagan)*	744	11.1
古關(Guguan)	301	3.9
薩里甘(Sarigan)*	549	4.9
安納塔漢(Anatahan)*	787	31.2
梅迪尼利亞(Medinilla)	81	0.9
塞班(Saipan)*	474	115.4
天寧(Tinian)*	170	101.0
阿吉甘(Agigan)	157	7.0
羅塔(Rota)*	491	95.7
關島(Guam)	407	540

圖5-6　馬里亞納群島，各島面積與最高海拔比較。細川隆英在歷次南洋採集曾造訪之島嶼以星號注記在島嶼名後。圖片來源：https://commons.wikimedia.org/wiki/File:Mariannes-blank.svg。

的香取町（Katori Cho）。

細川隆英先依南洋廳產業試驗場場長粟野龜藏的介紹，到位在塞班島的分場，找到分場長和田常記。細川隆英向他解釋這次旅程，希望盡量走訪馬里亞納群島多一點的島嶼，比較各島之間植物相，並且進行採集。和田分場長表示他只能管到塞班島本身，而且塞班島已經開發得很徹底，只有島中間殘存幾塊森林，建議細川最好還是將重點放在附近的其他島嶼。但因為場裡人力也不太夠，若要去其他地方，得再找南洋廳其他單位協助。於是和田分場長又拜託他的老朋友，在南洋廳塞班支廳庶務係的係長山本繁藏⑯幫忙。庶務係一向有業務得在支廳轄內走訪，在南邊的天寧和羅塔兩個較大的島上也都派有定員人力，做起事來會方便不少。山本繁藏在瞭解和田與細川的說明以及困難後，也答應幫忙安排南邊兩大島（天寧島和羅塔島）的行程，讓細川隆英總算鬆一口氣。

北馬里亞納的島嶼行程就比較傷腦筋，目前只有民用運輸船有固定船班，若沒有南貿的幫忙大概無法成事。所幸山本繁藏和當地的商人老闆如南興的松江春次社長也都是熟識，經由他們的牽線，終於順利聯絡上南貿的專務伊藤耕作⑰。伊藤專務很爽快地願意協助，但表示需要一點時間安排，於是細川隆英決定先往南馬里亞納群島的天寧和羅塔兩島進行採集，大約二十天後再回來繼續塞班島和以北其他島嶼的旅程。山本繁藏最後也指派他的助手藤野修一郎，陪同幫忙細川隆英此行的工作。藤野修一郎個頭不高，也不多話，但臉上常帶著笑容，看來蠻好相處。

⑯ 山本繁藏，明治二十七年（一八九四）生於福井縣，一九一六年福井縣立水產學校畢業，一九二三年南洋廳任官，歷任塞班支廳庶務係，物產陳列所所長，楚克廳長，南洋廳水產課課長，一九三九年因腳氣病辭官回日本，任日本真珠株式會社東京事務所取締役（董事）。資料參考南洋廳（1933）《職員錄》，及日本內閣印刷局（1921—1943）《職員錄》，大南洋興信錄（1939），海外研究所編（1940）《南洋群島人事錄》，及日本內閣．總理府昭和十四年任免裁可書。

⑰ 伊藤耕作，明治二十年（一八八七）生於大分縣，一九一六年東京帝大法學部經濟科畢業，歷任川崎銀行，川越紡績監查役，南洋石油會社取締役，南洋群島コプラ統制會社代表取締役，專務取締役。資料參考海外研究所編（1940）《南洋群島人事錄》。

一番安排準備後，細川隆英和藤野修一郎兩人帶著採集工具、報紙等裝備，在七月二日搭乘兩百噸的木造機帆船長明丸，抵達天寧島的碼頭。天寧島在塞班島西南方，其實距離非常近，只隔著一個海峽，但由於天寧島的港口和市鎮在島西南邊，船得繞過半個島才能上岸。在碼頭等待的，是塞班支廳在天寧島的助手樺山尚男，他穿著白色棉衫，黝黑的皮膚顯示常在豔陽下工作。藤野修一郎和樺山尚男早已熟識，也不多招呼，直接帶著細川隆英安頓行李和採集用具。

天寧島整個島嶼可說是由南興從一九二〇年代開始一手開發而成，島上原本沒什麼住民，從早期不到二百人，到南興引進各種勞工移民，一九三〇年代已超過一萬人，可說整個島幾乎都是日本人，島上只有一個人口集中的市鎮——天寧鎮。[7]相較於塞班島上另一個工業鎮恰蘭卡諾（Chalan Kanoa），天寧鎮的都市規畫比較有系統，包含筆直的街道，和住宅、商業分區安排，松江春次也曾非常自豪地說，天寧鎮是「依最新都市計畫完成的文化都市」。[8]

樺山尚男將兩人行李搬上車，請友人先送回南洋廳，再帶著兩人用步行的方式到辦公室，可以順道走走看看。一行人首先經過碼頭附近井然有序的工人住宅，右轉不遠是特別保留下來的塔加石柱遺址。塔加石柱是過去由馬里亞納原住民查莫洛族（Chamorro），在三千年前所建構「塔加屋」（House of Taga）的遺跡，石柱應是房屋的基石，主體木造部分早已崩壞消失，這個石柱也是馬里亞納群島中最著名的早期遺址。

天寧島、羅塔島和塞班島地圖及
細川隆英1934年7月3日至8月16日之採集路線

胡哲明依標本資訊重繪標示，丸同連合製圖

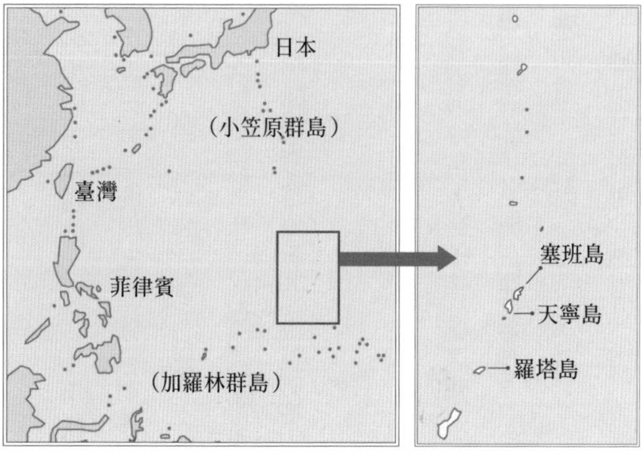

天寧島
(Tinian)

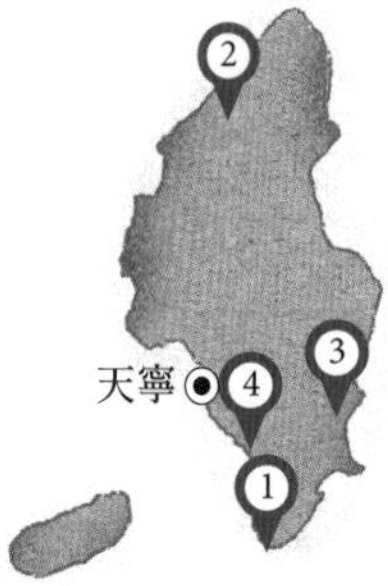

羅塔島
(Rota)

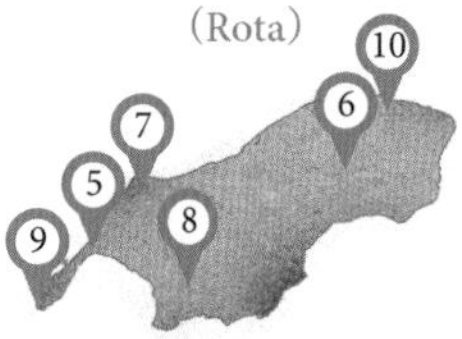

塞班島
(Saipan)

- 7/3 ① 卡羅琳娜 Karorinas（カロリナス）(Carolinas) (Hosokawa 7695–7720)
- 7/4 ② 秋羅池 Tyuro（チューロ）(Hagoi, Unai Chulu) (Hosokawa 7721–7780)
- 7/5 ③ 獅子岩 Lion-rock（ライオン岩）(Liyang Mohlang) (Hosokawa 7781–7806)
- 7/6 ④（天寧）宋宋 Songsong（ソンソン）(Hosokawa 7808–7810)
- 7/9 ⑤（羅塔）宋宋 Songsong（ソンソン）(Hosokawa 7543–7551)
- 7/10 ⑥ 辛納波 Shinapal（シナパール）(Hosokawa 7552–7588)
- 7/11 ⑦ 塔塔丘 Tatacho（タタチョ）(Hosokawa 7589–7609)
- 7/12 ⑧ 沙巴納 Sabana（サバナ）(Hosokawa 7610–7648)
- 7/13 ⑦ 塔塔丘 Tatacho（タタチョ）(Hosokawa 7623–7629)
- 7/13 ⑨ 太平國山 Taipinkoto（タイピンコート）(Hosokawa 7652–7662)
- 7/17 ⑦ 塔塔丘 Tatacho（タタチョ）(Hosokawa 7663–7668)
- 7/18 ⑩ 摩瓊 Mochong（モーチョン）(Hosokawa 7669–7688)
- 8/13 ⑪ 電信山 (Hosokawa 8026–8036)
- 8/16 ⑫ 塔波丘山（タッポーチヨ山）(Mt. Tapotchau) (Hosokawa 8015–8024)

圖 5-7　天寧島上的塔加石柱遺址　圖片來源：《南洋廳始政十年記念　南洋群島寫真帖》（南洋廳 1932c）

圖 5-8　南洋興發株式會社在天寧島的製糖工廠，可見運送的鐵軌鋪設。圖片來源：《南洋廳始政十年記念　南洋群島寫真帖》（南洋廳 1932c）

遺址的周圍有各種住家和商店，但比較高級的消費區是在更遠的東邊。沿著路還有南興所建的鐵路軌道，從港口延伸到島內各個農場，用來運送甘蔗和其他農產品。遺址旁的一條道路往北，就可以抵達南洋廳在此處的辦公室。

樺山尚男在天寧島工作已有幾年時間，島上幾乎每個角落都相當熟悉，他邊走邊介紹天寧島，同時細川隆英也解釋他來採集的目的。讓人有些失望的是，天寧島的天然植被大部分亦遭破壞，到處都是開墾的痕跡。細川隆英最後決定還是先用四、五天的時間在天寧島上採集，之後再前往羅塔島，聽說該島上還有些原始林，可以多花點時間在那裡。天寧島是個低矮的島嶼，全島沒有超過海拔二百公尺的山，而島中間的區域大多已開發為牧場或甘蔗園，只有最南邊的卡羅琳娜（Karorinas）高地附近，以及北邊的秋羅池（Tyuro）和附近的海岸林可能還有些植物相比較好的地方。

幾天下來，細川隆英採了約一百份標本，並記錄植物相的基本樣貌，但沒有太特別的植物發現。天寧島的森林主要由豆科的喃喃果[9]和番荔枝科的馬里亞納番荔枝[10]所組成，森林裡還有茜草科的馬里亞納九節木[11]、楝科的馬里亞納樹蘭[12]、紫茉莉科的無刺藤[13]等植物生長其間。

天寧島南邊的獅子岩（Lion-rock）附近有隆起珊瑚礁形成的陡峭山壁，還留有一些不錯的森林。細川隆英在海岸珊瑚礁上採到一種特別的大戟科大戟屬小灌木[14]，近岸的海岸林則可以看到藤黃科的香黃果樹[15]純林。

秋羅池海邊雖然植物也不少，但人為干擾的情形還是很明顯，有不少大面積種植的番石榴，另外就是以山黃麻[16]為優勢的次生植群，還有常見的海濱植物，如水芫花、草海桐、無根藤等。

回到天寧鎮，整理標本等工作之餘，眾人在南洋廳的辦公室閒聊。樺山尚男說起南興的松江社長曾經跟他說，最初島上沒什麼人的原因是十六世紀西班牙人來的時候，和島民發生嚴重衝突，結果西班牙人殺死為數眾多的島民，然後將剩下其他人全部遣送到關島，甚至有西班牙人在水井裡放毒藥的傳說，讓當時的無人島平添各種鬼怪故事。於是島上原來放養的牛和豬在無人看管下都野化自由繁衍，到德國人接續而來的時候，發現天寧島的森林裡有上百頭的野牛，和數萬隻的野豬、野雞到處亂竄。日本接管此區域後，最早來到此地開墾的日本人是丸喜商會的松井傳次郎和大阪的棉花王喜多又藏，他們在天寧島北部的秋羅池和西南部的宋宋（Songsong）大規模種植椰子，但在大正八年（一九一九）受病害影響，幾乎全園覆沒，而在大正十年改種棉花後又連年虧損，最後只能以失敗告終。松江春次此時施展手段，以三十萬圓買下天寧島的經營權，在調查評估後，以畜牧業和製糖業並進的方式開拓天寧島，經過八年經營而有今日的面貌。[17]

對細川隆英來說，南興成功的開墾，在天寧這樣的小型島嶼同時也標示著自然原生環境已難以復見，許多原生物種因此消失。在次生林環境採集有些氣餒，讓人提不起勁，一切也只能期待羅塔島不要太令人失望吧。

細川隆英和藤野修一郎兩人在七月八日搭塞班丸客船前往羅塔島，同時將先前採集的標本暫時留在天寧島，等回程的時候再來取回。羅塔島對外的交通只有一個月兩次的塞班丸客貨船往來羅塔和塞班兩島，由於羅塔島上沒有什麼冷藏和貯存設備，許多民生物資如米、菜等都必須仰賴運輸船載送而來。羅塔島位在天寧島的西南方約一百公里處，唯一主要的城鎮是位在島西邊，和天寧島有一樣地名的宋宋（Songsong，ソンソン）。宋宋位在羅塔島往西南延伸出去的海岬連結處，是一個小型城鎮，靠南邊也有南興的製糖工廠建設地。大抵而言島上仍有不少原生植被，原住民族查莫洛人則約有七百人，[18]在兩年之前島上的生活仍相當單純，還沒有什麼日本人居住，但在南洋廳和南興開始引入移民開墾後，已有和原住民數目相當的日本人居住於宋宋，以及往北一些的塔塔丘（Tatacho）兩地。

羅塔島上協助安排的是在製糖所工作的續木梶太，從港口到宋宋的路上就會經過製糖所正在興建的工廠和宿舍，還算寬的道路筆直往前，還會再延伸到塔塔丘，同時也在進行鐵路的鋪設。最早到島上開發的日本公司是西村拓殖，大正七年（一九一八）日本正式自德國取得託管權後，西村拓殖就在塞班島開設製糖所，然後在羅塔島取得棉作許可，帶進約五十名山口縣人和朝鮮人墾殖。不幸的是隔年遇到暴風雨，雇工又出了問題，棉作欠收，加上塞班島上的甘蔗遭受嚴重病害，最終西村拓殖只好宣告破產。和天寧島的情形類似，南興的松江社長看準它未來的潛力，拿下羅塔島的經營權，不過並沒有馬上

圖 5-9　細川隆英採自羅塔島的馬里亞納扁擔杆，採集編號 Hosokawa 7580。

大規模地開發，只有小範圍的維持椰子和甘蔗種植。南興在昭和六年（一九三一）開始羅塔島的基礎調查建設和不同甘蔗品種的試種後，島上才有較大的改變，若是一年前來羅塔島的話，島上不僅看不到汽車，連一臺腳踏車也沒有，路上只有原住民常用以牛拖曳的「荷車」。[19]細川隆英在第二天（七月十日）前往羅塔島東北部的辛納波（Shinapal），隔日則到南邊的沙巴納（Sabana）高地採集。沙巴納高地南臨海岸，陡下的山崖有幾條小溪，中間還形成好幾個瀑布。這裡有一個自然湧泉，當地稱之為魯普克水源地（Lupok Alesña），水質相當好且終年水量豐沛，南洋廳正在興建一條引水渠道，⑱從此處一直延伸到宋宋，像這

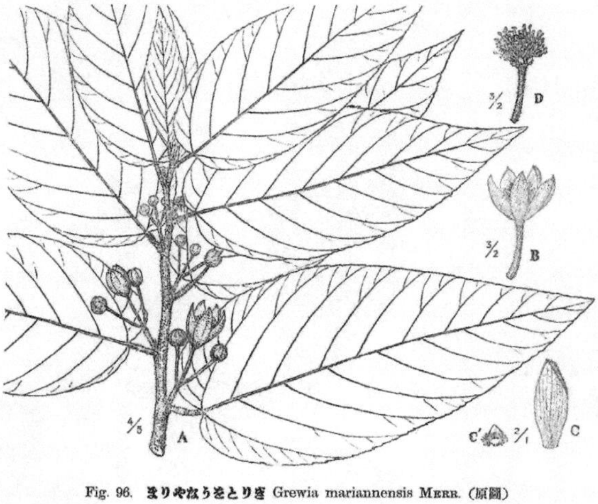
D
B
C
C'
A
Fig. 96. まりやなうをとりぎ Grewia mariannensis MERR. (原圖)
A 花ヲ着ケタル枝　B 花　C 萼　C' 花瓣及ビ鱗片
D 萼ヲ去リ取リタル花（花瓣ト雄蕊トヲ示ス）

圖5-10　金平亮三《南洋群島植物誌》中，馬里亞納扁擔杆之插圖。

⑱ 此條被稱之為「宋宋水道」（ソンソン水道）的引水渠在昭和十年（一九三五）完成。

樣在地面上的水道在馬里亞納群島中相當少見。水源地的下方也因此有一些水田，雖有人在此嘗試種植可可和水稻，但都沒有成功。

沙巴納高地的植被仍然相當完整，蘭花和蕨類種類也挺豐富，在熱帶降雨林可以看到豆科太平洋鐵木[20]的大型板根，以及椴樹科的馬里亞納扁擔杆[21]、杜英科的究加杜英[22]、大戟科的馬里亞納白桐[23]等。細川的採集路線從沙巴納高地經塔塔丘，再回到宋宋，並且到最西邊以珊瑚礁岩為主的太平國山（Taipinkoto）。在十天的停留期間中，去除下雨和室內工作，有七天左右的時間在羅塔島野外，細川總共採集一百三十五份標本。一行人在七月二十二日於天寧島停留一天，將先前的標本重新整理打包，回到塞班島已是七月二十四日。

回到塞班島支廳所在加拉邦的香取町，細川隆英和南洋廳的山本繁藏、南貿的伊藤耕作再次會面，報告採集的成果。伊藤專務告知已安排南貿的長明丸，讓細川藉南貿收貨之便，停留北馬里亞納的各個島嶼。整個船程自七月二十七日到八月十二日，同行的還有毛利八郎、藤田達一、瀨川幸麿、大波信夫、倉本茂、前田進等人。[24]

北馬里亞納群島住民相當少，大多是當地島民，只有少數幾個日本人在零星較大的島嶼如帕甘島（Pagan）居住。這些島的海邊都有種植椰子，南貿也因此不定期會派船隻前往收購椰子核（copra）。椰子核是島民取用椰子汁後，留下的內果皮和白色的椰子肉（胚乳），最後可以用來提煉椰子油。長明丸預計在其中幾個島每島停留一晚，到北邊的阿格里漢島（Agrigan）後再折返回到塞班島。細川隆英能夠上島的時間大約只有半天多，因此

圖5-11　內南洋群島椰子核的出口一直是重要經濟來源　圖片來源：《日本帝國委任統治 南洋群島寫真帖》（南洋協會南洋群島支部1925）

為抓緊時間只能趕路，進行簡單的採集。

船隻第一個停靠的島是安納塔漢島（Anatahan），它是個火山島，面積雖然也有羅塔島的三分之一（約三二．二平方公里），而且最高的山有海拔七百多公尺，但島上大多都被芒草[25]覆蓋，中央的舊火山口就占幾乎一半大的區域，有木本植物生長的地方基本上都是以黃槿為主，沿岸多為陡直的小峭壁，較平緩的岸邊則生長棋盤腳樹[26]和卵果蓮葉桐[27]。自西班牙人統治期間以來，椰子樹即在此地大量種植，成為當地重要的產業，年出口量曾到達一百公噸。不過明治和大正期間的幾次風災摧毀大多數的椰子園，產量已大不如前。由於停留時間有限，細川只有在爬到火山口的路上，沿路採集約五十餘份標本即返回船邊。⑲

休息隔夜後，船在阿里馬罕（Alamagan）停靠，它也是個火山島，面積更小，只有十一平方公里。不過島上森林的覆蓋程度好得多，原生林的樹種也相當豐富，包含馬里亞納樹蘭[28]、麵包樹、加羅林榕[29]等，芒草間也可見究加杜英、大葉苧麻[30]等。在往山頂的路上，細川隆英發現一個數量相當多的柃木屬植物[31]，與其伴生的還有馬里亞納野牡丹，和一個杜鵑花科的植物[32]，都是他過去沒有看過的種類。

下一個停留的島嶼是北馬里亞納群島中最大的帕甘島，面積有四十七平方公里，但比羅塔島還小一點，海拔也並不高，最高的山還不到六百公尺。它也是群島中唯一人口超過一百人的島嶼，是較有日本人聚集的地方。不過此處有點像是化外之地，不僅沒有

⑲ 安納塔漢島二〇〇三年火山爆發，大部分的居民都撤離該島。

學校、郵局等公共設施，連一個警務駐在所也沒有。⑳帕甘島的形狀像一個長形的棍棒，南北各有一個火山形成的中心，所以較膨大，中間則有一個較細的陸橋連結。島北邊的帕甘山仍是活火山，故地表多處裸露，還有熔岩屑，間中生長一些木麻黃。島南邊的沙發山(Salfai)則多為芒草，和散生的銀落尾木[33]和麵包樹。帕甘島上優勢的木麻黃也讓它和附近島嶼在植物相上不一樣，而木麻黃森林中其他可見的種類還包含桃葉扁擔杆[34]、銀葉山黃麻[35]等。

船隻在七月三十一日抵達阿格里漢島，它的面積雖然比帕甘島略小，但是最高峰有九六五公尺，是北馬里亞納海拔最高的山。可惜山勢非常陡峭，時間上也不允許細川登頂。雖然全島有不少草生地，但是山坳處的森林生長良好，包含麵包樹、山欖、加羅林榕、刺桐等，樹種相當豐富。和長明丸一起抵達阿格里漢島的是夏天常遇到的颱風，細川等人在船上搖晃一整晚，幾乎無法入睡，隔天眾人便決定簡單收拾後回到帕甘島休息。接下來的幾日天候不佳，只能留在帕甘島的臨時住處，但比起一直在船上晃個不停還是好得多。

回程中還泊岸在先前跳過的薩里甘島(Sarigan)停留半天，這是位在安納塔漢島北邊，一個面積不到五平方公里的小島。島上低地植被幾乎都被椰子園取代，只有近山頂和山麓溪澗的地方有些殘存的原始森林，物種而言和其他島嶼類似，如黃槿、大葉苧麻、刺桐等，溪旁的蓮座蕨[36]和樹蕨長得都相當高大。最後長明丸在安納塔漢島略事停留後，返

⑳ 北馬里亞納群島各島一直到一九四一年，才在帕甘島設立了唯一的駐在所(宮內久光2018)。

㉑ 二次大戰後太平洋植物研究的重量級學者福斯伯格(F. Raymond Fosberg)在密克羅尼西亞的植物進行了長期的調查，他在一九六〇年的研究報告(Fosberg 1960)對於塞班島的

回塞班島。

在塞班島的最後一個星期，細川幾乎都在南洋廳產業試驗場整理標本，和田常記分場長和塞班支廳的山本繁藏係長常來一起聊天。山本係長在來到塞班島之前，曾在楚克支廳待過三年，說到楚克島的美麗環礁和許多有趣的風土民情，山本也爽快地答應會親自當地陪，讓細川心動不已。

塞班島因為是南洋廳設立後最早開發的島嶼，島上大部分地方不是住宅就是農田，種植甘蔗和椰子，原生林大概只存在中央海拔最高，有四七四公尺的塔波丘山。細川找了個空檔，也走訪塔波丘山和再北面一點的電信山，記錄當地原生林中的優勢樹種包含山欖、馬里亞納番荔枝、加羅林榕、塞班桑葉麻[37]、密克羅尼西亞赤楠[38]、卡富林投[39]、香林投[40]、海檬果[41]、馬里亞納樹蘭等。㉑

一九三四年八月二十四日，細川隆英搭乘近江丸回到橫濱港。總計一個多月的時間，採集四百三十三份標本，數量雖不算多，但是這次馬里亞納群島的採集，讓細川思考不同尺度下島嶼和島嶼間植物相差異的原因，也使他對西太平洋地區植物地理研究愈發感到興趣。

描述是：「全島土地一直到山頂都被日本人種植甘蔗，之前的植被樣貌如何沒有被記錄，推測應該是有一些混生森林。」「在山上留存的一小部分的木本植物中，占優勢的有皮孫木（*Pisonia umbellifera*）、海檸檬（*Ochrosia oppositifolia*）、桃欖（*Pouteria*）、桑葉麻（*Laportea*）、榕（*Ficus*）、墨鱗木（*Melanopteris*）、馬里亞納番荔枝（*Guamia*）、樹蘭（*Aglaia*）、白桐樹（*Claoxylon*）、黃槿（*Hibiscus tiliaceus*）、茜草樹（*Randia*）等。」從二者間的比較可以看出有一些植物在細川隆英研究二十五年後仍然存在，但有幾個物種在塞班島後來已變少或消失，比如山欖、密克羅尼西亞赤楠等。對比今日塞班島因人類長期開發，以及外來入侵種使得許多當地植物受到嚴重威脅，引進的相思樹和銀合歡恣意生長，整個島上幾乎都被次生林和草生地覆蓋，細川隆英留下的標本和觀察文字，已經成為重要的歷史紀錄。

Fig. 3 テニアン島。
Cynometra 林內
に於ける *Heritiera*
longipetiolata
KANEHIRA と著者。

圖5-12　天寧島上，細川隆英與長柄銀葉樹合影（Hosokawa 1934k）

Fig. 6 ロタ島原生林内の
の一部。
中央の板根樹木
Artocarpus communis
Forst.（パンノキ）と
著者。

圖5-13　細川隆英與羅塔島上的麵包樹合影（Hosokawa 1934k）

第六章

赤蟲島的紳士們①

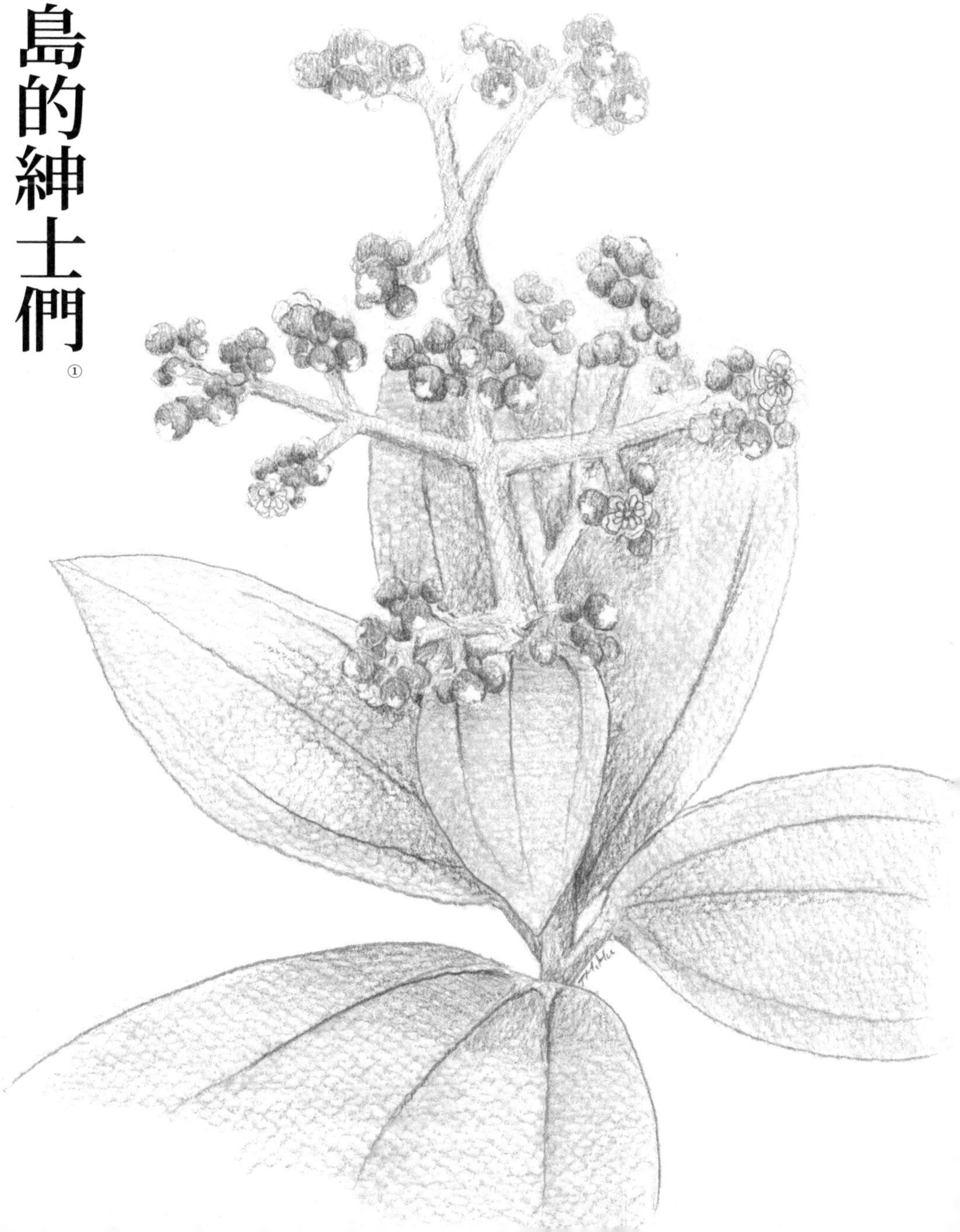

故友來訪

午後的雲層並沒有很厚，陰霾的天空斷斷續續飄下幾絲細雨，空氣中也明顯有潮溼的味道。在臺北帝大的校門口，一位戴著圓帽，身材不高但相當結實的年輕人稍稍停下原本大步邁前的腳步，他抬頭微瞇起眼睛自言自語：「唔，雨終於小些了，整週都看不到太陽，臺北的天氣真是令人開心不起來啊。」接著逕自往右前方的腊葉館走去。接近腊葉館門口，在迴廊就聽到辦公室內四、五個人說話的聲音，這時其中一人手拿著幾本書走出來，看到門口面帶微笑的青年，嚇一跳地瞪大眼睛，「鹿野君！你怎麼跑到這裡來？是要來參加生物學研究會嗎？」

「好久不見，細川君，我是特地來找你聊天啊！研究會只是順便來聽聽。」脫下帽子說話的正是鹿野忠雄，細川隆英的高中同學。嚴格說來鹿野早細川一年進入臺北高校，但因他留級一年，故和細川同年畢業。[1]鹿野因多年昆蟲和博物學的研究成果早在臺灣學界嶄露頭角，他自高中起足跡踏遍臺灣知名高山，而在前一年（昭和九年，一九三四）年初又因為發表臺灣冰河理論的研究而聲名大噪。鹿野於東京帝大畢業前後原本多半住在東京，但昭和九年下半則開始接受臺灣總督府警務局理蕃課兼警務課的囑託②，研究和生活重心又回到臺灣。細川開心地拉著鹿野的手臂，走進辦公室讓他和大家打招呼。

這一天是昭和十年（一九三五）二月二十二日，下午在理農學部第一講義室有第四十

① 本章的題目引自國分直一(1963)在《太陽》十月號的文章〈赤虫島的紳士—ヤミ族綺談〉，其中提到鹿野忠雄等人在蘭嶼的生活種種，赤虫（ツツガムシ）指的是蘭嶼常見的恙蟲，許多在當地感染的熱帶病都是恙蟲病，當年很難治療而有高死亡率。

② 為臨時聘僱人員。

六回生物學研究會的演講。這個研究會由臺灣博物學會和臺北帝大合辦，不定期邀請學者專家演講，是當時臺灣生物學領域交流的重要聚會。今天的講者有校內的鈴木重良和總督府中央研究所衛生部的富士貞吉兩人，鈴木重良的報告題目是「臺灣產松屬植物葉片比較解剖」（臺灣產松屬各種葉の比較解剖），後者則要報告有關「赤外線（紅外線）的生物學研究」。腊葉館內福山伯明和鈴木時夫兩人則在幫忙準備演講會要用的物品以及現場展示的物件。③

細川隆英向腊葉館的眾人介紹鹿野忠雄，大家都相當興奮。鈴木重良等人也喜歡爬山，和鹿野在臺灣山岳會過去的活動時就有多次往來，包含人在海外的山本由松，許多人都算是舊識。福山伯明雖也是臺北高校的校友，但他還沒有機會親自見過這位有名的學長，幾人講到高校的話閘子一開就停不下來，聊得十分開心。

鹿野忠雄注意到細川桌邊有幾箱標本，箱外的寄件人寫著「金平亮三，九州大學」，問起這些是什麼標本，為何金平教授要寄標本來。

「這說來話長，要說的話得從我前年在帛琉採的植物說起。」細川隆英輕嘆一口氣，「我在帛琉的科羅島採集時，有去附近一個叫歐羅普西亞加魯的小島，採到不少有趣的植物。和我一起去的是當地產業試驗所的人，他提到前幾個月他們也有人帶金平教授到那裡採集。那次去密克羅尼西亞我和金平先生失之交臂沒能見面，但去過的地方有不少是重疊的，當時我也不以為意，回來花了一點時間整理採集的植物，去年六月和十一月各

③ 有關本次生物學研究會，參考《臺灣博物學會會報》（昭和十一年二月一日）學會錄事，以及臺北帝大《學內通報》第一二二號之紀錄。原本並無鹿野忠雄參加本次會議之記載，為鋪陳該年鹿野與細川蘭嶼採集之行，故安排此處讓兩人見面。文中天氣狀況情境，則參考《臺灣日日新報》昭和十年二月分的天氣報導紀錄。

發表一篇文章在《臺灣博物學會會報》，大概有十個新種吧。[2]」

鹿野忠雄點點頭，「我有看到這兩期有你的文章，不過我對植物不熟悉，沒怎麼仔細讀，出了什麼問題嗎？」

「問題就在後來那篇，」細川露出苦笑，「出刊沒多久，我收到東京寄來新一期的《植物學雜誌》，我一翻開看到金平先生的文章④就知道糟了。我們兩人重複發表一個植物新種，那是一種豆科頷垂豆屬的植物，我們都叫它帛琉頷垂豆（*Pithecellobium palauense*）。」

這時鈴木重良看鹿野忠雄仍一臉疑惑，補充說：「金平先生在《植物學雜誌》的文章是十月分出刊，而細川君的則是十一月出刊，依照植物命名法規，金平先生的新種擁有優先權，因此這個種的學名最終得寫成『*Pithecellobium palauense* Kanehira』，而不是『*Pithecolobium palauense* Hosokawa』⑤。換句話說細川君的新種成為一個無效名，等於做了白工。」鹿野露出恍然的表情，點頭表示瞭解。

「做白工其實也沒什麼大不了，不過沒有把該做的功課做好，比如先比對在日本內地的標本，特別是沒有檢視金平先生在南洋採集的標本就發表，會給人草率的印象。」細川頓一頓接著說：「後來在去年底我就接到金平先生的來信，信中提到他很高興有人對南洋植物有興趣，然後也指出我重複發表帛琉頷垂豆的學名。他信裡很客氣地解釋，他的文章六月就送出，因為出刊較晚的關係，讓我多花時間在這個物種的研究，感到很抱歉。信中也慷慨地說會準備一些複份的南洋標本寄給我，希望未來有交換標本研究交流的機

④ Kanehira (1934a)，金平亮三發表十種他在一九三三年南洋採集的植物新種。

⑤ 後者學名發表在Hosokawa (1934h)。根據POWO資料庫，目前這個植物被移入*Archidendron*屬，學名更名為*Archidendron palauense* (Kaneh) I.C.Nielsen，金平和細川的兩個學名都成為這個新學名的同物異名(synonym)，即特定植物除正式學名外，被注記為曾經發表過，但列為同種植物的學名們。

會。」細川指了指身旁的標本箱，「結果就是你看到的這幾箱東西了，我到現在還是有點懊惱呢。」⑥

鹿野忠雄笑著說：「這是好的苦惱呢，至少看起來金平先生還蠻看重你的，也願意分享他的研究成果。你知道我去年提出臺灣冰河理論之後，平白多出不知多少個學術界的敵人，光是和他們唇槍舌戰就花了不少力氣，也不知道有沒有人會在我背後捅一刀。」鹿野說完淺啜一口茶，往後靠向椅背，眼睛盯著茶杯像是在整理一些思緒，一會後側頭對細川隆英說：「我讀了你寫的幾篇有關馬里亞納群島植物地理的文章，包含在《熱帶農學會誌》和《日本生物地理學會會報》的那兩篇，[3]對你利用量化的方式分析不同地區的植物組成，印象十分深刻。我想問問你對生物地理線的看法，以及你怎麼看臺灣的狀況。」

細川聽完點點頭，知道這才是鹿野來的主要目的，略微思考後說：「如同我的文章所說，馬里亞納群島的植物，和北邊的小笠原群島有相當的差異，而與南方的加羅林群島較類似。這條位在小笠原群島和整個密克羅尼西亞間的生物地理線，應該是蠻清楚的。另外馬里亞納群島中，從地質和植物相的角度來看，北馬里亞納各島的植物應該來自於南方的幾個大島，如塞班、羅塔、關島等。這個植物相的形成方向，我也認為沒有問題。」

「至於臺灣的情況，」細川隆英略頓一下，對視鹿野的眼睛，微笑說：「你想問的是臺灣和紅頭嶼（蘭嶼）間是否存在生物地理線吧？先前梅里爾（Elmer Drew Merrill）⑦所提出的生物地理線將北延的華萊士線畫在紅頭嶼和巴丹群島之間，這樣的做法還有一些討論的

⑥ 根據臺大植物標本館（TAI）的館號薄紀錄，昭和十年（一九三五）二月二十三日有三百五十六份「金平氏寄贈（南洋標本）」的入館紀錄。目前TAI標本館則共有三百七十九份金平亮三採自南洋的標本仍存放館內，顯示之後金平可能仍持續有寄贈其他標本。至於金平與細川並沒有通信紀錄，為作者臆想的情節。

⑦ 梅里爾（Elmer Drew Merrill, 1876–1956），美國植物分類學者，一九〇八至一九二四年間在菲律賓大學任職，其後歷經加州柏克萊大學、哥倫比亞大學，一九三五年至哈佛大學任教，至一九五六年逝世，對植物分類學，特別是菲律賓的植物研究上有極大的貢獻。

空間，對嗎？我也有拜讀你在《地理學評論》討論紅頭嶼動物地理學的文章喔，寫得很精采，對我研究植物地理的想法相當有啟發。」

華萊士線是生物地理研究重要的指標，切分歐亞大陸和澳洲兩個區域，二者間存在著相當差異的生物相，在線的東側是澳洲區系的動植物，如有袋類動物、鳳頭鸚鵡、天堂鳥、尤加利樹等；而線的西側則有歐亞特有的亞洲象、紅毛猩猩、龍腦香等。自十九世紀末開始，有許多生物學者檢討修正這條實際上是隱形的生物

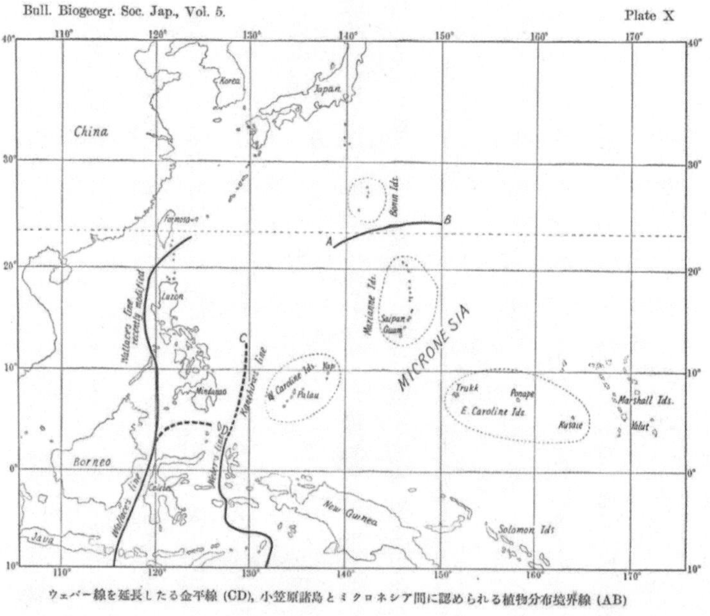

圖6-1　西太平洋的生物地理線（引自Hosokawa 1934k），圖中AB間的線，即為細川隆英所提之生物地理線，小笠原群島（圖中標注「Bonin Ids.」）在此線的北方，密克羅尼西亞群島（圖中標注「MICRONESIA」）則在此線的南方。圖中左下方位在婆羅洲（Borneo）和蘇拉威西（Celebes，現名Sulawesi）間的黑線即為「華萊士線」（Wallace's line）。

地理線，這股風潮也影響日本的學界，在一九二八年成立「日本生物地理學會」，一九三二年植物學者又另外創立「日本植物分類地理學會」。兩個學會的學術出版物《日本生物地理學會會報》[⑧]和《植物地理．分類研究》(*Acta Phytotaxonomica et Geobotanica*)沒有間斷地持續出刊，至今都是日本學術界的重要文獻。在一九三〇年代初期，日本學界對於生物地理學的研究相當蓬勃活絡，有不少日本境內的生物地理線被拿來討論。梅里爾是美國知名生物學者，當時擔任紐約植物園主任，在一九〇三至一九二四年間曾在菲律賓（美國屬地）進行植物採集，對於東亞的植物有深入研究。

鹿野忠雄把手一攤，「被你看穿了，我其實已經相當肯定修正的華萊士線應該北延到臺灣和紅頭嶼之間，但是先前我蒐集的資料多是昆蟲和動物方面，我想再找些植物的證據來支持這個想法，但我對植物真的不那麼在行。」他微微傾身向前，向細川問道：「這是我今天來的主要目的，想問問你有沒有興趣到紅頭嶼研究這個議題。你也知道我現在在警務局當囑託，到哪裡去都很方便。」

細川隆英喜出望外，點頭回答：「當然好，我早就想去紅頭嶼看看，只是苦無機會。」接著轉頭指著身旁的福山伯明和鈴木時夫，「前兩年他們兩人趁我不在時自己偷跑去紅頭嶼好幾次都不找我，我還氣了老半天呢。」

鈴木時夫連忙抓起福山的手臂解釋，「細川先輩饒了我們兩個吧，我只是陪這小子去紅頭嶼找蘭花，回來不知已經被你唸了多少次。」

⑧《日本生物地理学会会報》(*Bulletin of the Biogeographical Society of Japan*)自一九二九年創刊，後在一九九九年改版為全英文的《生物地理學》(*Biogeography*)，持續發行至今。

細川隆英搖搖頭笑笑沒再說什麼，低頭沉吟一會，「對紅頭嶼植物最熟悉的，應該是林業部⑨的佐佐木舜一先生，他這幾年去紅頭嶼採集不下十次，你有沒有問過他？」

「如果我只是要看標本或找人採集，當然找佐佐木桑就沒問題，說起來我們都在總督府工作，也算是同事。但我希望找個能同時思考生物地理問題，志同道合的夥伴，年紀還是差不多比較好。⑩而且我猜佐佐木桑可能不太有辦法忍受我三不五時的怪異行為，你說是吧？」鹿野忠雄笑著回答，又接著說：「我今年有拿到一個日本學術振興會的經費補助，題目是紅頭嶼和火燒島（綠島）的動物相研究，[4]預計今年夏天會到那裡待一兩個月，這一次來臺北就是要安排旅程的相關事宜。」

「咦，真的嗎？我以為只有教授才能申請學術振興會的經費，你也有拿到嗎？」細川隆英驚訝問說。

「我知道佐佐木桑也有獲得補助，但他身分是總督府的職員，雖說他也在帝大兼課。」鈴木重良補充。一旁的鈴木時夫也忍不住插口：「鹿野先輩不是還在東大念書嗎？你怎麼申請得到？」

鹿野忠雄聽眾人七嘴八舌問問題，有點沒好氣地抬起手，「不是跟你們說過我也在警備課兼任囑託嗎？身分有什麼問題？況且我們東大大學院的學生也有幾個以個人研究者的身分拿到補助。」接著又轉頭向著細川，「你如果也想拿補助去密克羅尼西亞研究，一定要記得申請看看，就我所知學術振興會有特別編預算給南洋地區的研究，所以應該有

⑨ 此指臺灣總督府中央研究所林業部，佐佐木舜一其時擔任林業部技手。

⑩ 佐佐木舜一生於一八八五年，鹿野忠雄則生於一九〇六年，兩人相差二十一歲。

蠻大的機會，而且聽說南洋廳在帛琉成立一個熱帶生物研究所，肯定是希望有更多的南洋學術活動。」⑪細川正煩惱未來南洋研究經費的籌措，聽完興奮地點頭。

「那麼我們就這樣說定，你夏天的時間可以配合吧？」鹿野盯著細川。

細川隆英想了一下回答：「若只是在紅頭嶼採集和進行一些基礎生態調查的話，七月分找大約一兩週的時間應該就夠，我手邊的工作可以另外安排。」接著又問鹿野，「你什麼時候出發？」

「我還會找幾個朋友一起，大概六月中旬就會出發，雖說計畫是要做動物調查，但我其實還想多做一點人類學的研究，大概會待到七月底或八月初，這樣的話你看時間，中途再加入我們沒有問題，我們會住在紅頭嶼駐在所的宿舍。」鹿野輕鬆地回答說：「之前去紅頭嶼的時候借住宿舍還有點不好意思，現在以公務身分去住是蠻理所當然，不錯吧。」

細川隆英和鹿野忠雄夏天前往紅頭嶼的行程就這麼決定下來，接下來的日子大家各有忙碌的工作。鈴木時夫從去年底開始獲得三井合名會社⑫的補助，進行文山州桶後溪地區的森林調查，每一兩個月都得跑烏來一帶，福山伯明常常會一起去幫忙，暑假期間工作特別忙碌，沒法和細川一同去蘭嶼，兩人都感到懊惱不已。⑬這一年理農學部生物學科也迎來唯一的新生島田秀太郎，他其實進入臺北帝大已有一段時間，島田在昭和七年（一九三二）進入臺北帝大農林專門部，昭和十年四月自專門部畢業後就正式進入臺北帝

⑪ 帛琉熱帶生物研究所（パラオ熱帶生物研究所）在一九三四年開始籌劃，南洋廳於一九三五年四月在帛琉科羅島開所，由東北帝國大學畑井新喜司教授規劃主持，並擔任第一任所長，初期以珊瑚礁相關事業為其研究重點（坂野徹2019）。有關當時日本學術振興會的計畫計畫補助，參見日本学術振興会学術部編（1935, 1936）之報告。

⑫ 三井合名會社的農林課在一九三六年獨立成為日東拓殖農林株式會社，鈴木時夫依然持續獲其補助，臺北帝大《學內通報》第一九二號（一九三八年）提及時，以後者之名（日東）為補助單位。

⑬ 有關鈴木時夫和福山伯明的採集頻度，參考臺大植物標本館的採集紀錄。

大生物學科，他非常喜歡爬山，也同時擔任帝大山岳部的幹部。島田和細川一樣是熊本縣人，同家鄉來的學長學弟自然倍感親切。⑭

這一年的上半，細川也花不少時間持續整理發表密克羅尼西亞諸多植物的文章。四篇發表的文章中包含二十七個新種植物（一個蘭科、十三個大戟科、三個五列木科、一個馬錢科、七個茜草科、一個蕁麻科，和一個葡萄科植物）。炎熱的夏天也在學期結束後，一如往常地在喧鬧的蟬聲中到來。

紅頭嶼之旅

從臺灣本島到紅頭嶼的交通船一個月只有四趟船班，當地留居的日本人雖不太多，但他們依然相當依賴交通船進行各種物資的補給。兩地距離雖然不遠，但是途中風浪還是蠻大的，細川隆英剛到達紅頭部落碼頭時，身體尚未從顛簸的航程中恢復，走起路來還有點重心不穩。這次旅程他沒有帶太多行李，除了隨身衣物和一個鋁製採集盒外，就只有標本夾和一些報紙，依鹿野所說，定期交通船也會帶一週分的報紙過來，宿舍那裡已囤積不少舊報紙。紅頭嶼駐在所離碼頭不遠，並不難找，細川深吸一口氣自己拎起行李走向駐在所。隔不遠就看到宿舍門口蹲著三個人，鹿野穿著有幾個破洞的短褲，赤裸上身對地上的一些器物比手畫腳，不時向看來是當地的原住民提問並做紀錄，對方身上

⑭《臺灣總督府報》昭和七年四月，十年四月、五月記有島田入學卒業之紀錄。島田秀太郎在昭和十三年死亡（臺北帝大《學內通報》），在臺大植物標本館留下超過五百份的植物標本。

只穿有一條丁字褲，膚色比常出野外的鹿野還要深上許多。兩人中間還有一位樣貌看來像是來自臺灣本島的原住民在幫忙翻譯，但穿得比鹿野還要整齊。

鹿野忠雄看到細川隆英，站起身開心地向他走來，拉著細川到其他人身旁互相介紹。穿著整齊的年輕人名叫Simakayo，他是卑南族人，紅頭嶼駐在所的巡查。[⑮]幾人幫忙把細川的行李搬到旁邊的宿舍房間，進門就看到一位身材瘦高，面容有點蒼白，年紀和鹿野相仿的年輕人剛打開蚊帳坐在床旁。看到一群人進來，他微笑著招呼，「Sikanosan，你碰到什麼人，這麼開心？」

「Sikanosan？」細川隆英驚訝轉頭問鹿野：「你改名了嗎？」

鹿野笑著回答：「這是雅美人對人的稱呼，名字前都會加個『si』，[⑯]所以你的名字會是Sihosokawa，記好了，至少在這裡得這麼稱呼你。」接著向坐著的人說：「明石君，這位是細川隆英，就是我之前提過會來調查植物的老同學。你今天看來精神不錯啊，可以起床走走了嗎？」鹿野先請人將細川的行李和箱子堆在另一個房間，再回來介紹眼前的年輕人明石哲三給細川認識。

明石和鹿野同年，一九二八年東京農大畢業後，在南洋停留過一段時間，因為對繪畫的喜好，一九三一年進入日本美術界知名「二科會」所成立之「番眾技塾」學習，師事熊谷守一、有島生馬、安井曾太郎等當代畫家，[⑰]對於熱帶的特殊文化非常著迷。明石前幾年遇到鹿野後，一有機會就央求他一起到臺灣各地旅行，進行原住民生活各種面貌的

⑮ 日名後藤武雄，參考山崎柄根（1998, p 217），原文為一九三七年鹿野再次前往蘭嶼時所提及並有照片，此處借用來描述細川與鹿野在當地的情境。

⑯ 鹿野名字的描述參考山崎柄根(1998, p211)。雅美人為親從子名制，未婚男女性的名字前會加上si-，而結婚後個人名字則會改成以第一個孩子的名字前加上syaman（父親）和sinan（母親）。

⑰ 明石哲三（一九〇六—一九七三），日本畫家，生於日本千葉縣，著有《南方絵筆紀行》等書，生平參考明石哲三(1942)。

觀察和繪圖。然而這次和鹿野同行，一到紅頭嶼後，卻因罹患熱帶病而臥床數週。[18]

「今天覺得好些，每天四肢無力躺在床上真是快受不了，還好卡利雅魯，[19]就是照顧我起居的當地人，每天餵我粥，幫我換水枕裡的冷水，還到村裡想辦法找雞蛋給我吃，要不然我可能撐不下去。」明石苦笑著說，接著不知道想到什麼，又自顧自笑了起來，「我每次看到卡利雅魯，都會想起藤田嗣治先生，[20]你知道他嗎？」

細川隆英搖頭表示不認識，但鹿野露出莞爾的表情，「我知道你在說什麼，前兩年我在東京有機會遠遠看過他，他的髮型也和雅美族人一樣像一個圓蓋蓋在頭上，你是想說這是跨越時空的審美觀嗎？」細川聽著也不禁笑了起來。

因為明石哲三生病的關係，鹿野的田野工作多留在紅頭部落，頭幾天細川也就在附近簡單採集，或是跟著鹿野進行一些訪查。主要詢問的是重要作物的種類、名稱和食用方式等等。鹿野的知識非常廣博，又長期和各地原住民交往，深悉跨文化溝通所需的耐心和技巧，加上他具有獨特的洞察力，往往能從不同的片段理出新的頭緒。對細川來說，這是第一次親自參與人類學式的田野調查，有別於先前自己所熟悉的植物採集研究方法。

在經過幾天準備後，細川隆英和鹿野忠雄決定先以蘭嶼南邊的大森山為踏查目標，第一天先到稱作南岬角的臺地，[21]第二天再攀登大森山。細川一邊進行野外觀察記錄和採集，一邊也教鹿野認植物。由於有不少物種是臺灣本島很少見到的熱帶植物，比方說野牡丹科的大野牡丹（圖6-3）在島上森林中就相當常見，鹿野在大開眼界的同時，也興

⑱ 有關本次蘭嶼之行，參考鹿野忠雄（1935），明石哲三（1935）及山崎柄根（1998）。

⑲ 明石哲三（1935）原文中為「カリヤル」（Kariyaru），此為音譯。

⑳ 藤田嗣治（一八八六—一九六八），出生於東京的藝術家，為法國巴黎畫派的代表之一，他的瓜皮髮型和其個性一般獨樹一格（明石哲三1935）。

㉑ 今日蘭嶼青青草原至好望角附近。

㉒ 「イミラクラン」在一般文獻和地圖中都沒有出現過，如中研院整合《臺灣百年歷史地圖資料庫》中的臺灣堡圖（1921），日治五萬分之一地形圖（1924），三十萬分之一臺灣全圖（1939）等都無此地名。但由於鹿野忠雄和細川隆英同地的採集標籤，這個地名指的應該就是蘭嶼南岬角。

致盎然加入採集的行列，有時採得比細川還認真。兩人一道採集，但標本標籤注記時各記各的，反而有互補的資訊被留下。比如在南岬角的採集，鹿野通常記錄採集地為「南岬角附近台地の溪畔林」，但是細川則記為「イミラクラン附近溪畔林」[22]。（圖6-4）

細川和鹿野兩人回到紅頭部落後，還一同前往島上最高峰，海拔五五二公尺的紅頭山（七月十二日），以及北角（今蘭嶼雙獅岩）（七月十六日）等地。兩人在臺北帝大腊葉館都留下同日同地同一物種的採集標本。

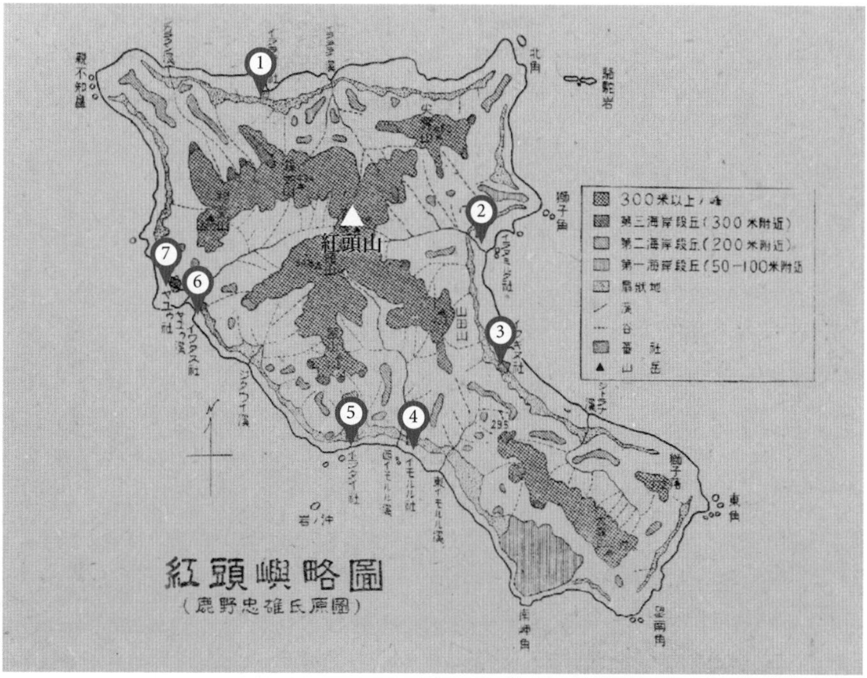

圖6-2　細川隆英（1935h）〈紅頭嶼與植物〉（紅頭嶼と植物）一文中所附紅頭嶼（蘭嶼）地圖，重要地點以綠點另行標注。

1. イラライ社　朗島部落
2. イラヌミルク社（イラノシルク）　東清部落
3. イワギヌ社（イワリヌ）　野銀部落
4. イモルル社　紅頭部落
5. イラタイ社　漁人部落
6. イワタス社　伊瓦達斯
7. ヤユウ社　椰油部落

七月下旬有個颱風經過臺灣南部，[23]南部各地和紅頭嶼已下整個禮拜的雨，連日的風浪也讓交通船停駛。明石哲三經過近一個月的休養，病況已大幅好轉，漸漸恢復健康，偶爾可和鹿野等人四處走走，但大部分的時間還是待在宿舍，有體力的時候就畫畫或看書。七月二十五日，鹿野和細川兩人趁著難得雨停的時候，一早就北上椰油部落，進行當地耆老的訪談，而明石則在屋前寫生。傍晚時明石移坐到不遠處的棚架上，懶洋洋地看著海邊。明石將腳交疊，兩手向後撐著身體，閉上眼睛感受海風和陽光在臉上飛舞，這是他非常享受的時刻，可以將自己完全放鬆在熱帶的味道裡。

明石和鹿野一樣，對於原始的生活不僅一點不以為苦，還相當著迷，認為這樣才更能體會自然的律動。他常常認為文明人的生活容易讓人迷失，在紅頭嶼的生活中，樸實簡單的幸福才更深入人心。紅頭嶼因為與臺灣之間有海洋的區隔，讓島上的原住民和臺灣本島人不常往來，其獨特的文化和臺灣各族相異，也因隔離而能保留下來。這是明石第二次來到紅頭嶼，前次的旅程經歷在他心中烙下很深的印象，只可惜這次來島上之後就臥病在床，好在身體終於康復，否則真是會懊惱不已。

這時明石望見鹿野和細川從遠處走來，他有點意外兩人手上沒有太多東西，因為之前他們總是帶滿植物或器物回來。鹿野隔遠就和明石揮手招呼，但細川一臉苦惱，露出有些無奈的表情。兩人把背包裝備卸在棚架角落後，也一起坐在明石身旁。細川用手搖了搖一個當地以椰殼製作的水壺，拔開布蓋，仰頭將裡面剩下的水喝得一乾二淨。

[23] 本文颱風資訊參考《臺灣日日新報》昭和十年七月二十二日至八月六日之天氣資料，包含颱風編號一四八（七月二十二日）、一四九（七月二十九日）、一五〇（八月五日）等，有三個颱風接連影響臺灣中南部地區，也造成不少危害。

「回到家就猛喝水，小心不要嗆到自己，」鹿野看著細川喝水的模樣感到有些滑稽，接著轉頭向明石苦笑，「有個壞消息得告訴你，看來接下來這一個颱風我們躲不掉了。椰油的耆老說快要變天，要我們自己小心風雨。」

明石這才恍然為何細川一臉煩惱，大概是擔心無法進行採集工作，接著有點緊張地詢問：「我聽廣播說有個颱風很可能直撲臺灣而來，不過他們沒有非常確定。颱風真的會掃到這裡嗎？」

「看來是這樣，沒想到颱風接連而來，但我想聽老人家的準沒錯，我對他們的信心遠比廣播來得大。」細川接著說：「不過原本的採集計畫又要泡湯了。不僅如此，交通船也無法前來，想離開也沒辦法。」

「啊，我們的米糧和食物剛好快用完，上週本期望有補給船但給颱風打亂時程，現在交通船又沒來我們怎麼辦？」明石望向沒有半艘船的海面，擔心地問。

鹿野笑笑地輕鬆回答：「有房子可以遮風避雨，我們再和當地朋友買些芋頭、甘藷、魚乾和貝類，餓不死你的。」細川聽著也笑了起來，對明石說：「讓你嘗嘗真正原始的滋味也好，住在這裡吃著運來的白米、青菜和味噌，我還有點不太習慣，老是有時空錯亂的感覺。」

「說到地瓜，」鹿野從背包中拿出幾個用報紙包著煮熟的甘藷，「這是剛剛經過紅頭部落時朋友塞給我的，大家一起吃。坐在這裡一邊吃甘藷，一邊看黃昏的海岸是最愜意的

圖6-3a　細川隆英於一九三五年七月十日在大森山所採集之大野牡丹（TAI館號085516）

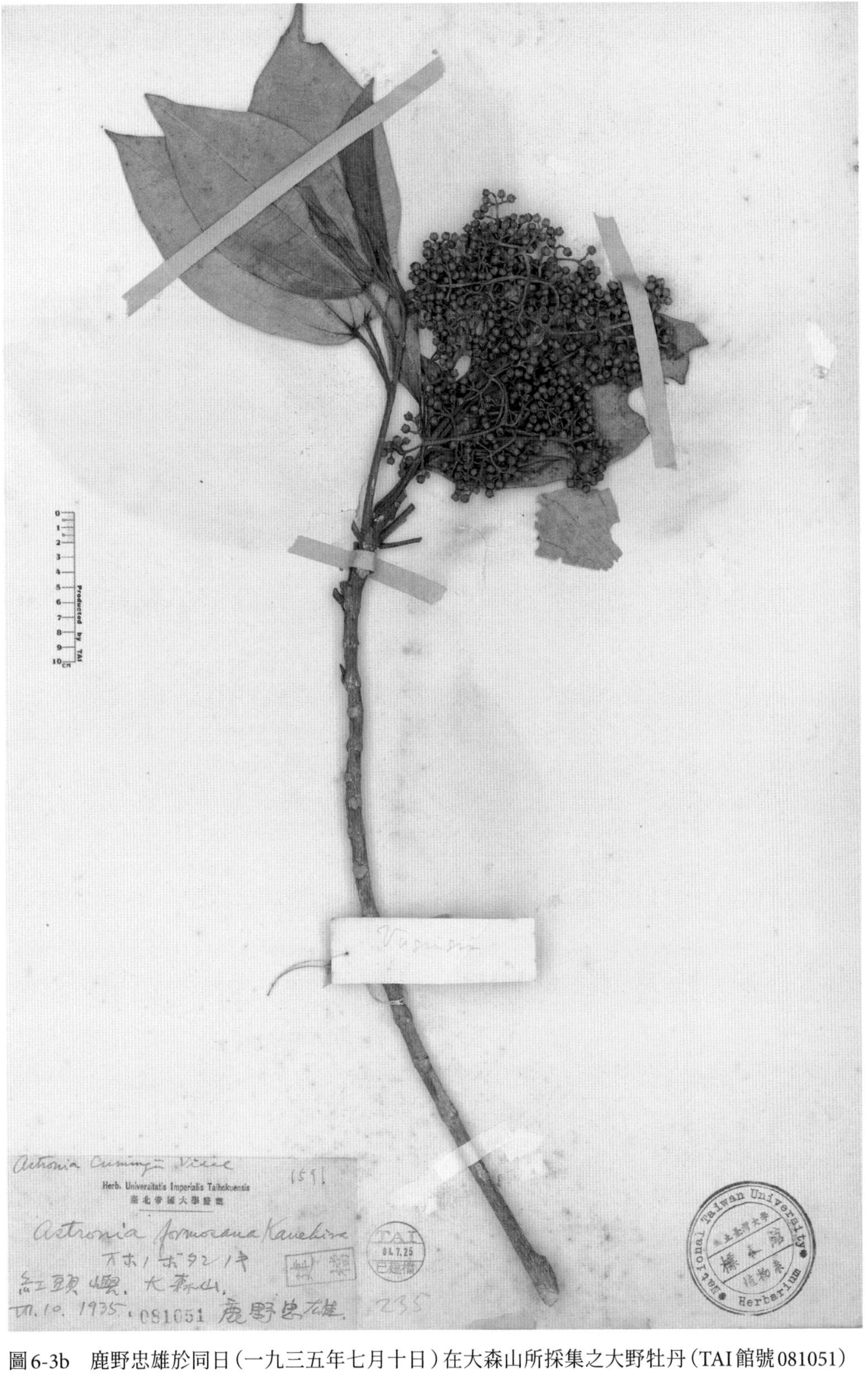

圖6-3b　鹿野忠雄於同日（一九三五年七月十日）在大森山所採集之大野牡丹（TAI館號081051）

事。『ko ikakey o wakay』。」

看明石和細川一臉疑惑的表情，鹿野才笑說：「這是雅美語『我喜歡甘藷』，wakay是甘藷的雅美名。」邊說邊將甘藷分給兩人。

幾人說笑歸說笑，但對於颱風來臨仍然不敢掉以輕心。前一年（一九三四）夏天的室戶颱風㉔造成日本中部近三千人死亡的新聞，眾人想起來仍然心有餘悸。相較於紅頭嶼原住民的家屋常建成半地下的方式以減少風災損害，日本人所住的宿舍反而給人一種缺乏安全性的裸露感。當地的住民雖然也注意天氣變化，但生性樂天的他們並不太將颱風的到來當作一回事，晚上月光微露出來時，仍可以看到族人在屋外跳舞的身影。

隔天一早，鹿野忠雄忙著比對田野筆記和一旁蒐集的物件，細川隆英則在整理這幾天所採集的標本，明石哲三放下手邊進行中的油畫，剛泡好一壺茶，走到細川身旁問說：「我對植物完全外行，紅頭嶼的植物真的那麼特別嗎？到底是和臺灣還是菲律賓的植物比較像呢？」

細川回答：「我這幾天看起來，雖然也有不少臺灣看得到的種類，但有些植物明顯是南方成分，在臺灣沒看過的，比如說蘭嶼八角金盤（*Boerlagiodendron*）、圓葉血桐（*Homalanthus*）[6]、四脈麻（*Leucosyke*）這幾個屬的植物都不產於臺灣。」細川隨後從身旁的另一疊報紙中翻找，抽出一份標本補充，「這是我在紅頭山原始林中採到的漿果苣苔屬（*Cyrtandra*）植物[7]，雖不確定是不是新種，但是這個屬在南洋地區相當普遍，菲律賓也有，

㉔ 一九三四年九月二十一日在日本高知縣室戶登陸的室戶颱風是京阪神地區所經歷過最重大的風災之一，半毀家屋超過九萬棟，死者和失蹤者合計三千餘人，傷者近一萬五千人，被稱為是昭和時代的三大颱風之一(https://ja.wikipedia.org/wiki/室戶台風)。

不過我在臺灣從來沒有看過。」

細川繼續解釋：「若是問臺灣和紅頭嶼的共有植物，而菲律賓卻沒有的，我還想不出有什麼種類呢。」他頓了一下，「講到紅頭山，在山上海拔兩百多米的地方，我注意到有幾個植物具有支柱根的現象。」他怕明石聽不懂，再補充解釋：「支柱根是南洋地區熱帶降雨林裡常見樹幹的板根現象，在樹幹基部的地方多出幾個分枝狀的根，好像在支撐著主幹，這在臺灣山區並不常見，只有海邊的紅樹林還不少。紅頭嶼的福木和桃金孃的支柱根，讓我想起在密克羅尼西亞森林裡看到類似的生態習性。這也許意味著紅頭嶼的森林相，和南洋群島植物有一定的連結。不過這大概得要進一步的研究才行。」

鹿野停下手邊的工作，轉頭表示同意，「我記得細川君在紅頭山上有提過這件事，不過你說沒有更細節的生態因子調查，比如林內的溫溼度，或是降雨型式等等的資料，很難回答這個問題。」他沉吟一會，像想到什麼似的，「從物種組成的角度來看，似乎還是比較能快速地進行初步分析，也許像是你小笠原群島和馬里亞納群島的研究，用量化的表格檢視植物地理線一樣。」細川點頭同意說：「即便我這次採的植物不夠多，但我可以綜合先前的研究材料，比如佐佐木先生的採集品，還是可以有一個名錄來進行比對分析。」

「這麼說起來，從植物相來看，蘭嶼和菲律賓可能真的關係比較密切呢。」明石哲三將茶注入各人的茶杯中，「我記得鹿野君曾和我說過球背象鼻蟲的分布也是類似的狀況，

圖 6-4a　細川隆英於一九三五年七月九日在南岬角所採集之多子漿果莧（TAI 館號 043681）

圖6-4b　鹿野忠雄於同日（一九三五年七月九日）在南岬角所採集之多子漿果莧（TAI館號043684）

這倒是讓我想起去阿波山的昆蟲採集啊。㉕」

「阿波山？」細川隆英露出疑惑的表情，「民答那峨島的阿波山？」

「沒錯，就是菲律賓群島的最高峰阿波山，我在前幾年去過一次，可惜沒能登頂。那裡的森林真是棒極了，有機會的話你一定要去看看。」明石說。

細川點點頭，從明石的手中接過茶杯，一邊啜著一邊盯著茶自言自語，「沒米飯沒關係，希望不要連茶葉都斷了才好，我沒喝茶就全身不對勁。」鹿野和明石兩人聽著也笑了起來。

第二個颱風最後直接在花蓮登陸，在碰到中央山脈之後明顯減弱，但還是帶來不少風雨和災害。偶爾鹿野會帶著細川和明石兩人在風雨較歇的時候，拜訪附近的雅美族朋友。雅美族人完全不吝於招待這幾位日本人，拿出水芋和飛魚共享，但他們有個小小的要求，希望鹿野能再帶著那個會發出聲音的神奇小箱子前來。原來這次鹿野帶一臺箱型的小蓄音機（留聲機）到紅頭嶼，他想著也許空閒的時候可以聽聽音樂，有一次雅美族人聚會的時候鹿野帶去播放他最喜歡的小約翰史特勞斯〈藍色多瑙河〉，全場的人都安靜下來，聆聽從小箱子播放的旋律，從此有機會便央求鹿野帶這個神奇小箱到他們家去。㉖

明石哲三一直以來對於文明和不文明所感受到幸福覺得太過主觀，有時會對鹿野和細川談到，我們不是當地人，永遠無法感受原住民心裡是否真的喜歡生活簡單的幸福，還是隨遇而安和接受現況。所謂「文明人」帶來的「文明」和「方便」是否真的是比較好，

㉕ 細川隆英（1940b）文中有提及明石哲三曾在阿波山（Mt. Apo）進行昆蟲採集。

㉖「蓄音機」一詞是日文用法，文中有關於鹿野在紅頭嶼播放〈藍色多瑙河〉的描述，參考山崎柄根（1998），該文中的時序不明，但有可能在一九三七年或以後，本文此處則援引借用，以豐富內容。

還是讓生活複雜化，又或只是顛覆原本的價值觀？但也的確要有電才能聽廣播，要有顏料才能畫圖，「文明人」的藝術感和「非文明人」的藝術感到底有沒有一致性？鐵殼船航行快速但是給人冷冰冰的感覺，而雅美族的木舟也許不能去太遠的地方，但觸手卻是溫潤的木材，孰優孰劣總是難說。但無論如何，在〈藍色多瑙河〉響起的一刻，所有人都放下各種執念，可以閉上眼睛隨之起舞，無視於屋外的風雨，這大概就是音樂跨越族群的魅力吧。

不過讓他們沒有料到的是，在不到一個禮拜之後的八月五日，第三個颱風又接續從臺灣南邊經過。所幸這次的颱風方向略偏，沒有造成太大危害，交通船也在幾天後抵達。最後的兩三個禮拜鹿野等人大多待在宿舍，頂多到村裡找人聊天，到八月十二日終於也搭交通船回到花蓮港，輾轉自太魯閣經由剛全線通行的合歡越嶺道到臺中，最後再回到臺北。㉗

接下來的九月三日在臺北帝大舉行第十六次的「植物分類．生態學談話會」，由於不少人自田野地回來，難得齊聚一堂，除了還在國外的山本由松和剛好忙著搬家的森邦彥㉘之外，幾乎每個人都有上臺報告。正宗嚴敬報告的是他六、七月間到北海道、鹿兒島等地的旅行，福山伯明報告七月在關山越（今關山越嶺道）的植物採集，鈴木重良介紹沖繩植物，新生島田秀太郎則報告他在七月登大霸尖山和伊澤山所見植物。鈴木時夫的夏天特別忙碌，他一口氣報告三個題目，包含七月中去阿里山採集的蕨類，七月底登秀姑

㉗ 有關鹿野蘭嶼行，也有簡單記錄於《臺灣山岳彙報》昭和十年九月五日第九號，以及《臺灣日日新報》昭和十年八月十五日七版。

㉘ 森邦彥在九月十五日搬到古亭町一八一（臺北帝大《學內通報》第一三五號）。

巒山和馬博拉斯山的植物採集，以及樂培山（ロッペイ山）植群調查成果。細川隆英當然就是分享此次紅頭嶼之行所見所聞，特別對紅頭嶼的植物相進行討論。

為了這次的談話會，鈴木時夫和福山伯明還跑去臺北知名的和洋菓子店「一六軒」買各式糖果請大家吃。一六軒是新高製菓創業者森平太郎在一九〇二年所創，本店在臺北撫臺街二丁目，製作各式名菓和羊羹，以及富有臺灣特色的香蕉牛奶糖。[8]福山伯明向參與談話會的夥伴解釋：

「今天帶一六軒的糖來是有特別的用意，因為我們的期刊《*Kudoa*》現在有了自己的匯款帳號『臺灣4716』，『四七一六』剛好唸起來是『支那の一六軒』，㉙為讓捐錢的人更容易記得我們的帳戶，我們就用一六軒的糖果幫助大家記憶。」

大家也開心同意，此後的「植物分類・生態學談話會」，一六軒的糖果就成為必備點心。然而在報告當天，細川又接到一個讓他苦笑不已的消息。鹿野忠雄帶來新的一期六月出刊的《日本生物地理學會會報》，裡面有金平亮三的另一篇文章，討論從樹木地理分布的角度談紅頭嶼和菲律賓間的關係，[9]文中將新華萊士線北延至臺灣和紅頭嶼之間，用

圖6-5　臺北一六軒本店，今日重慶南路一段一〇三號所在。（圖片來源：臺灣大學圖書館特藏組）

㉙ 此處指數字的日文讀音「し—な—(の)—いち—ろく」，「支那」一詞乃直接引用原文文字，此處並未進行改動，有關《*Kudoa*》帳號命名由來，參考《*Kudoa*》昭和十年第三卷第三期末之說明。談話會報告人及內容，亦直接引用《*Kudoa*》第三卷第三期。

的分析方法，與細川原本想要進行的島嶼間植物相比對如出一轍。

「你好像又慢金平先生一步，」鹿野拍拍細川的肩膀，「不過站在朋友的立場，我還是希望你能將我們這次的旅行觀察整理一下發表，千萬不要氣餒。」

細川有些無奈地嘆一口氣：「我好像一直追著金平先生後面跑，誰教我們對植物的興趣很相似。不過金平先生這篇文章中只討論木本植物，也許我可以另外針對漿果苣苔寫篇文章。」

鹿野露出不同意的表情，「不只這樣吧？我們一起調查雅美族的民族植物利用，也麻煩你整理寫一下，我大概沒空可以寫植物的部分。」

細川振起精神，「我可以把食用植物調查的結果整理起來，雅美族人常吃的地瓜、芋頭、小米、薯蕷、香蕉、椰子、檳榔，以及薑等，品系的多樣性相當有意思，很值得好好記錄。另外，有關紅頭嶼森林植物相，我想我也可以多描述一些。」他想了想，「生物地理線的部分，也許由你來統整不同類群生物的資料會更好，我個人的感覺比較偏向你前兩年的假設，紅頭嶼、綠島若要和臺灣之間畫一條線，那麼它們和巴丹群島之間也存在類似的地理線，像是一個過渡帶吧。」

「那麼就這麼說定了，」鹿野表示同意，「我會在今年完成紅頭嶼生物地理的文章，到時候再引用你的資料，所以不要忘記趕快寫出來啊！」

細川隆英在九月下旬以〈紅頭嶼與植物〉（紅頭嶼と植物）一文發表在《臺灣教育》第

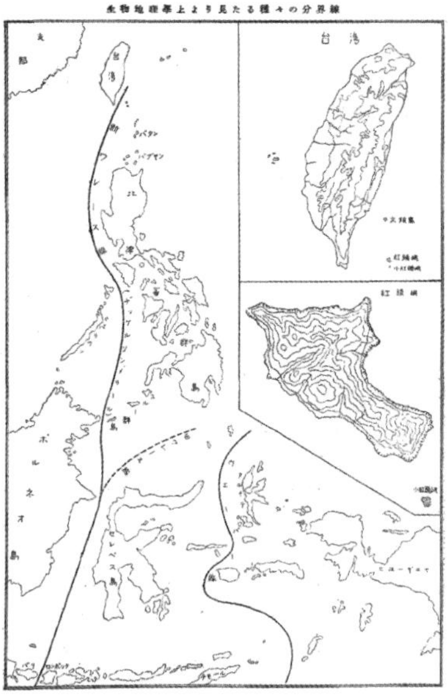

圖6-6a　金平亮三（1935）文中有關生物地理線之繪圖

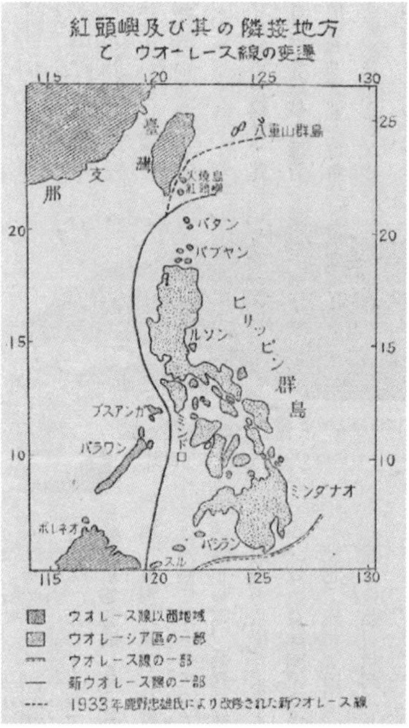

圖6-6b　細川隆英（1935h）文中有關生物地理線之繪圖

三九九期的期刊，[10]內容包含此次紅頭嶼的植物調查，和民族植物學的紀錄。鹿野忠雄則在同年以一系列〈蘭嶼生物地理學相關問題〉（紅頭嶼生物地理學に關する諸問題）一至七發表在《地理學評論》期刊，[11]對於新華萊士線北延的部分，修正梅里爾的想法，而將紅頭嶼和綠島視為一特殊區域，和臺灣、巴丹分開。（圖6-6b&c）這一條生物地理線的畫法，和金平亮三一九三五年的發表有些出入，主要仍將梅里爾的想法保留一部分，即蘭嶼和巴丹之間仍有一個區隔，而在蘭嶼／綠島和臺灣之間，多一條新的生物地理線。有趣的是，鹿野認為這條線向東延伸，和細川所提小笠原群島和密克羅尼西亞之間的生物地理線連在一起。一如鹿野和細川所言，兩人的文章都互相引證對方的研究結果，為今夏的紅頭嶼之行留下注腳。

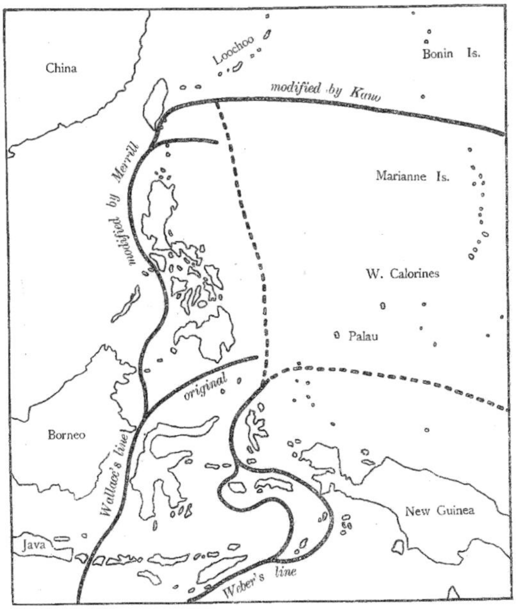

第 21 圖　ワーレス，ウェーベル兩線改訂圖（著者原圖）

圖6-6c　鹿野忠雄（1935）文中有關生物地理線之繪圖

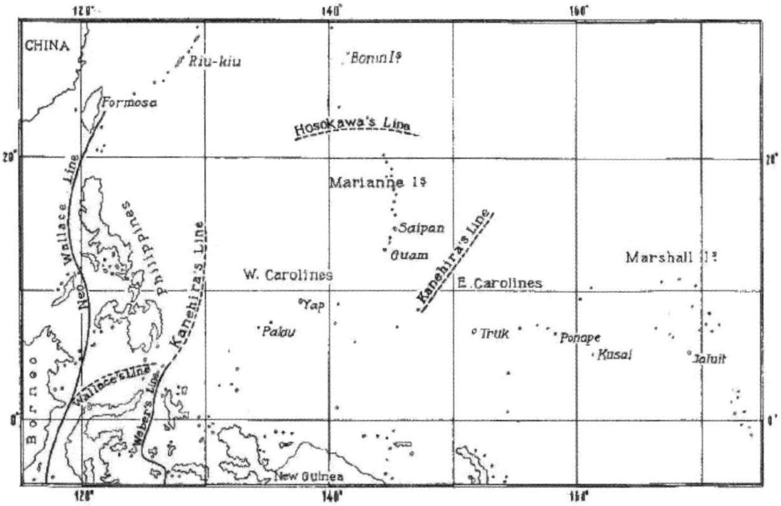

Jour. Dept. Agric. Kyushu Imp. Univ. Vol. 4　Plate 2

The Micronesian region, showing various lines of biogeographic demarcation

圖6-6d　金平亮三文章中（Kanehira 1935b），第一次提到細川線的名稱，標注為「Hosokawa's Line」。

細川線的正式定名

這一年的下半年，臺北帝大植物分類教室迎來不少新的變化。山本由松老師因病縮短在海外研究的時間，提早於十月中旬回到學校。一年八個多月的期間，他先在加州大學，梅里爾教授研究室學習，之後又到英國邱植物園（Kew Botanical Garden）和德國的標本館進行參訪研究，但在旅行期間，山本一直身體狀況不佳。本來還想好好撐完整個在外研究期程，但事與願違，最後只能提早回臺灣。山本在出國前，以《續臺灣植物圖譜》申請博士學位，在前一年（一九三四）也順利獲得東京帝大的理學博士，[12]這次回臺灣，算是完成必要的學經歷，對於未來升遷可說是指日可待。㉚生物學科裡的另一位老師正宗嚴敬也申請海外研究，希望明年初出發到歐洲。離年底剩下一個多月難得全員都在，大家也決定在十二月三日的「植物分類・生態學談話會」，讓山本、正宗以及鈴木重良三位老師一起報告，討論彼此的研究心得。

山本由松回國後，不僅分享歐美植物園和標本館的研究成果，同時也帶回來不少新觀念。在海外期間，山本也前往不少當地國家公園和博物館，對於植物園甚至行道樹的設置規畫都進行深入考察，見到許多的大學博物館或標本館也以一些展示來推廣植物學研究，或是展出研究成果。山本自美國帶回來的許多標本都是大家從未見過的，像是著名的孑遺植物世界爺，以及超過三十公分長的甜松毬果，都令人驚嘆不已。㉛

㉚ 在當時日本帝國大學體系自然學科中，要升等教授多半需要以一本（或系列）著作來申請博士學位，同時再有一年以上的海外研修經驗，才較易取得升等資格。

㉛ 山本由松所採集的世界爺（*Sequoiadendron giganteum* (Lindley) J.Buchholz）和甜松（*Pinus lambertiana* Douglas）毬果標本，現在都典藏在臺大植物標本館內。

細川隆英提起不久前收到金平亮三寄來的一封信函，信中附上他在《九州大學農學部紀要》的一篇新文章。[13]這篇文章主要是整理密克羅尼西亞的最新植物名錄，其中也引用細川所發表最新的物種，來自前輩學者的肯定，讓細川有些喜出望外。細川在上半年金平教授寄來標本後，也整理了一部分前兩年所採的複份標本寄給金平，這些標本都在金平的文章中有提及。

然而最特殊的是，文章裡唯一的圖版（圖6-6d），標注密克羅尼西亞地區的幾條生物地理線，其中赫然有著「細川線」（Hosokawa Line）一詞。金平沒有針對這張圖做太多說明，但文中直接引用細川前一年探討植物地理的兩篇文章，[14]這也是「細川線」這個名詞第一次正式出現在學術文章之中。細川隆英對於自己能在生物地理線的討論上留名相當開心，雖然只是地圖中小小的一條線，但無疑是學術成就上的一大肯定。

年底正宗嚴敬的海外研究申請正式通過，他預計以一年六個月的期間到法國、瑞典以及美國三地的標本館進行研究。正宗在隔年（昭和十一年，一九三六）的一月六日，先以採集出差的名義回到岡山老家，然後在一月二十五日偕同妻子到門司港搭船前往法國馬賽。[15]

一九三六年春天，臺北帝大校內也有不少重要的轉變，原本臺灣總督府轄下的臺北醫學專門學校改納入臺北帝大，正式成立為醫學專門部，由三田定則擔任第一任的學部長。原來的理農學部長、動物學者青木文一郎卸任後，由農學背景的山根甚信接任。

臺北帝大自設校以來，由於教職員人數不多，設備也不齊全，從未有正式的大學開學式。到此時醫學部成立，各方事宜也相對成熟，於是校方訂在五月十七日於圖書館的二樓閱覽室盛大舉行開學式。除幣原坦總長（校長）在前一晚以廣播演講〈我國之光〉外，大阪大學總長楠本長三郎、菲律賓馬尼拉大學校長山多士（Mariano V. de Santos）等也親臨與會，時任臺灣總督的中川健藏，拓務省拓務大臣永田秀次郎等均提供祝詞。㉜由於前一年臺灣總督府始政四十年時學校已有一些小型展示的經驗，因此希望在理農學部也辦個主題展覽，配合學校圖書館等單位個別展示。剛從歐洲歸來的山本由松這時自然被交付策展的任務，在和研究室同仁討論後，決定在開學式五月十七、十八日兩天，利用腊葉館的空間，規劃一個植物主題的展覽。

展覽的主展場在腊葉館二樓，由山本由松和森邦彥負責，展出臺北帝大創校以來植物學研究的成績，各種發表文獻，以及珍貴稀有的臺灣植物介紹，如臺東蘇鐵㉝、臺灣穗花杉、臺灣杉、紅檜等十六種植物，包含腊葉標本和部分活體植株，以及植物照片等羅列於展桌上。（圖6-8）同時二樓也有一小區特別展出臺灣的蘭花主題，也是有照片、文獻和活株蘭花，由蘭花迷福山伯明全權負責。

腊葉館的一樓則展示「植物分類．生態學研究室」近年兩個主要的研究計畫成果，一個是「臺灣全島的甘蔗園雜草調查」，[16]這是兩三年來山本由松和鈴木重良主要負責的工作項目之一，由臺灣蔗作研究會支持，自一九三三年六月開始，從新竹、臺中、臺南、高

㉜原題〈み國の光〉，臺北帝大《學內通報》昭和十一年五月三十一日第一五一號。另參考松本巍（1960）《臺北帝國大學沿革史》，以及《臺灣日日新報》昭和十一年五月十六至十九日報導資料。

㉝當時的學名仍用 *Cycas taiwaniana* Carr.（臺灣蘇鐵），後來才發現此學名應指廣東所產的種類，臺東蘇鐵後來正名為 *Cycas taitungensis* C.F.Shen, K.D.Hill, C.H.Tsou & C.J.Chen。此處的中名使用的是後來才有對應學名的中譯，但因臺灣只有一種原生蘇鐵，為免讀者混淆，故使用新的中名，不過指的仍是原生在臺東的特有蘇鐵。雖然近年也有研究指出臺東蘇鐵和蘇鐵應予合併（Chang et al. 2022），不過筆者於本書暫時仍給予臺灣的原生蘇鐵種位階的名字。

雄，以至東部的蘭陽、花東等地進行甘蔗園附近的植物調查研究。蔗園植物調查總共進行十三次，研究室的正宗嚴敬、上河內靜等人也都有參與其中。另外一個則是「南洋群島植物研究資料」的展示，理所當然是由細川隆英來負責。細川將南洋的展示分為幾個小主題，介紹密克羅尼西亞群島中的特有屬植物，以及植物地理學上有重要意義的植物，另外還選出一些有園藝栽培潛力的物種。除了標本外，也展出各類南洋地圖和八十多幅的植物照片。比較特別的是一個有十五種露兜樹的標本區，讓沒有機會到過南洋的人，可以近距離看看這類南洋代表植物。配合這次的展覽，也同時出版《臺灣竝に南洋群島の植物研究資料》（臺灣與南洋群島植物研究資料）一書，[17]整理過去八年來的所有研究成果。

為這次的展覽，大家可說是卯足全勁準備，成果也相當豐碩，不過另一個讓細川隆英開心的事是他以「南洋群島／密克羅尼西亞植物區系與植物生態地理學之研究」（南洋群島［ミクロネシア］の植物區系的竝に植物生態地理學的研究）為題的研究計畫，獲得日本學術振興會的補助，一年期間，總共有九百圓的經費。雖然臺北帝大在一九三六年度有不少學者拿到學術振興會的計畫，但細川隆英是唯一不是教授或擁有博士學位的研究者。和山根甚信學部長、山本亮、松野吉松等理農學部的教授們同樣受到學術振興會的肯定，絕對是令人興奮的事。有了這九百圓的補助，不僅可以採買各種採集裝備和工具，在各地行走研究也能輕鬆許多，不用隨時苦惱經費不足的問題。於是細川決定在六

(圖1) 臺北帝國大學理農學部腊葉館(全景)

(圖3) 第一・第二陳列部(腊葉館階上)

(圖7) 第三、第四陳列部、(階下) 前方は第三部、後方は第四部、(南洋群島陳列部)

上：
圖6-7　臺北帝大腊葉館

中：
圖6-8　昭和十一年五月十七至十八日腊葉館展示，第一、第二陳列部(腊葉館樓上)。

下：
圖6-9　昭和十一年五月十七至十八日腊葉館展示，第三(前方)、第四陳列部(後方，南洋群島)。

月中出發，預計到波納佩和楚克島進行一個月的研究，另外再視情況跑一兩個點。不過他想先在東京停留幾日，前往東京帝大的標本館檢視一些標本，並拜訪先前來過臺北帝大的池野成一郎老師。

在東京盤桓幾天，處理完各項事務後，細川準備前往橫濱，搭乘六月二十六日船班先到塞班島。出發的前一天他已將行李都寄送到碼頭，有一整天的空檔，細川想著該到東京大森區的馬込町㉞一趟，離開臺灣前他母親特別交待他帶一份禮物給她住在那裡的小表妹。細川隆英的外祖母共有四個姊妹，㉟其中一位嫁給在大森的輪船工程師朝倉福太郎，他們有一位女兒朝倉富代就是細川母親提起的小表妹，上回參加貞子婚禮時，細川母親曾介紹他們認識。富代若依輩分算起來還是細川隆英的表姨，不過她的年紀其實比細川要小個七、八歲，雖然當時沒有太多交談，但彼此都留下相當不錯的印象。這一切細川的母親應該都看在眼裡，所以這回細川到東京，他明白母親的交待別有用意，隱含有撮合他們的意思。

細川並不排斥去拜訪朝倉家，他心裡也有點想再見富代一面，不過由於沒有事前聯絡好，細川不確定適不適合直接就去大森馬込町。單身男子前去年輕女子家裡，雖然有遠親的關係，但總是不知是否太過唐突。經過一番小掙扎，細川最後仍下定決心去大森，不再多想，一切交給命運安排。

大森地區附近早年在江戶時期就以出產海苔聞名，有許多海苔的採集漁民和加工

㉞ 今日東京都大田區，北接品川區，南為川崎市，再往南就是橫濱市。

㉟ 四姊妹的名字是乙惠、長、トナ、マサ，其中トナ和マサ都嫁給河井熊太郎，細川的母親ヱイ，是河井和マサ的女兒。「長」與朝倉福太郎結婚，有朝倉保和朝倉富代兩個孩子。朝倉富代生於大正六年（一九一七），比細川隆英小八歲，兩人後來在兩年後的一九三八年結婚。有關細川隆英和富代的相遇描述，以及家族資料來源參考永野洋及永野華那子。

廠。一九三四年開始在東京灣內還有海苔養殖業的興起，更能穩定海苔的收成，產量年年提高。㊱自從一九二三年關東大地震之後，有許多人自東京都原本市中心搬遷來此，特別是在馬込町附近，集結不少文人藝術家到此地定居或是暫居，包含尾崎士郎、川端康成、三島由紀夫、宇野千代等人，不僅改變居民的人口結構，也帶起當地藝文風氣，產出許多描述記錄關於當地自然之美的文章和繪畫。㊲細川經過大森附近的田園，順利抵達朝倉家，出乎意料地只有富代一個人在家裡，碰巧其他家人都有事出門。富代開門時露出意外的表情，不過很快便認出他是誰，客氣地請細川進屋。細川先說些抱歉的話，請富代原諒他的無禮，並將母親託付的禮物交給她。富代沒有說什麼，只微笑請細川在客廳稍坐，她則進到廚房。不一會富代端出一壺茶和一盤點心放在茶几，在細川側邊坐下，「你遠道而來，不好意思沒有什麼東西可以招待你，這些是我早上做的小餅乾，你嘗嘗看吧。」她以帶有一點照顧後輩的語氣說話，但卻不知想到什麼事情，俏皮地抿起嘴笑了笑。

細川有點不好意思地拿起點心咬了一口，相當驚訝富代的好手藝，出自內心地稱讚幾句後，問起富代怎麼會做餅乾。富代回答她最近在學做各種家事，包括縫紉、烹飪和西點，「我還想學怎麼做冰淇淋呢，最近我們附近在流行不同口味的冰淇淋做法。」她認真地說。

「真的嗎？這也太難了吧？下次有機會的話，得要見識一下才行。」細川露出不可置信的表情，接著注意到客廳一角的一臺留聲機，不由想起在蘭嶼時聽鹿野忠雄播放〈藍色

㊱當地海苔產業的描述，參考Kurokura (2004)及村山健二、石川幹子(2010)。在戰後東京灣改造和工業化影響下，大森地區的海苔產業在一九六三年春天正式結束。

㊲在後來特別是戰後興起的「鎌倉文士」圈發展之前，「馬込文士村」在日本藝文界小有名氣，是關東文人雅士聚匯之處(大矢幸久2017)。

多瑙河〉的情境，「留聲機讓我想起和一個朋友在颱風天一起聽音樂的日子，當時覺得很奇特，現在想起來卻感到一絲溫暖。」細川說起他前一年的蘭嶼旅行，以及接連遇到三個颱風的經歷，富代都安靜而專注地聆聽。不一會細川問富代：「妳喜歡音樂嗎？哪種類型的？」

富代開心地回答：「我喜歡聽歌劇，高低音應合的和諧感特別令人感動。我之前也還有學一點鋼琴，不過彈得不怎麼好。」她略停頓一下接著問細川：「對了，我還沒問你到東京來做什麼呢。」

細川解釋他拿到學術振興會的補助，要去密克羅尼西亞群島進行植物調查，並告知隔天就會從橫濱搭船出發。富代略有耳聞細川的南洋研究工作，點頭表示瞭解，於是又細問起一些南洋的風土民俗，聽細川說著各種經歷，好像身歷其境一般津津有味，講到有趣的故事時，兩人也會不約而同一起笑出來。

細川發現他很享受和富代共度的時光，也喜歡看富代泡茶的樣子。富代有著細而直挺的鼻梁，眉眼間隱約透露出自信，但舉止恬靜而有教養。因著富代的沉靜和善體人意，也是個很好的傾聽者，彼此相處一點都沒有不自在的感覺。兩人天南地北閒聊，時間很快就過去，細川覺得不好意思再待太久，依依告別富代之前，也相約要彼此通信。細川和富代後來綿延數十年的長遠繫絆，就從此刻起悄悄在兩人心中結下了不解之緣。

第七章

半樹上的世界

波納佩的附生植物調查

從橫濱到塞班島的船班，是南洋群島中最熱鬧的一段航程。自塞班島往東南方，可以到楚克、波納佩、科斯雷，以及更東邊馬紹爾群島的賈盧伊特環礁（Jaluit Atoll）。往西南的話，船班主要目的地則是南洋廳所在的帛琉，而從帛琉可以再往西邊，前往位於菲律賓民答那峨島的達沃。不管最終目標是東西哪一個方向，乘客都會在塞班島停留，也因而在船上有各種機會和不同人物交流聊天。昭和初期的經濟動盪漸漸穩定，商業活動又活絡起來，有不少人對於海外新興市場充滿期待。大部分的人前往南洋，都是希望能賺大錢讓生活更好，如果能夠在爆炸性的資訊流動中嗅出商機，做出及時的判斷或開拓新的商路，自能在商場脫穎而出。因此不管在船艙中或甲板上，不時都能看到三五成群的人聚在一起聊天，比之細川隆英兩年前前往南洋時更加活絡熱鬧。

船班在航經馬里亞納群島北邊的帕哈羅斯島時照例放慢下來，島上的火山，在這一年（一九三六）的四月中再度爆發，火山濃煙持續超過一個月。[1]細川隆英抽空走上甲板，船欄邊已站滿不少參觀的人，船上廣播以誇張的語調介紹火山爆發時的情境，巨響震動大地，風雲如何變色，日月黯淡無光。少數當時經歷的旅人也心有餘悸地加油添醋議論紛紛，雖然這天萬里無雲，一旁眾人聽得仍如身歷其境，驚嘆不已。和船相對的島上，放眼望去許多地方仍是一整片黑色光禿的錯落石塊，只有間中偶爾冒出幾株新綠，無言地提供難以辯駁的鉅變見證。

細川在欄杆旁拿出望遠鏡，一邊盯著島上火山礫岩，一邊在筆記本上記錄能夠辨識出的植物種類。這時船頭幾個年輕人對著帕哈羅斯島指手畫腳討論起來，因為話題圍繞在火山土壤和農作物生長的影響，讓細川不由留心起來。

「我說我們農場選的位址真的占了不少便宜，就是因阿波山肥沃的火山土壤。」其中一個比細川矮一個頭，身穿輕便的卡其襯衫，身材略微圓潤的人說道。另一個較瘦小的年輕人也出言附和：「奧本君說得沒錯，若沒有地利之便，怎能成為獨霸一方的農場呢？我們的馬尼拉麻①產量可是占了全菲律賓一半。只不過阿波山會不會也像這個火山一樣再度爆發呢？我有聽傳言說阿波山是活火山，說不準什麼時候會完全甦醒，到時我們農場肯定完蛋。」

原先說話的男子握拳作勢，「去，不要說那些有的沒的，阿波山幾千年來都沒噴發過，你說噴就噴嗎？」②接著自言自語：「倒是我在阿波山腳住了好幾年，卻從來沒有爬過阿波山，若可以登頂菲律賓第一高峰的話感覺一定很棒，我看山腳的森林很不錯，不知道有沒有什麼有趣的植物呢。」

細川想起在紅頭嶼時明石哲三提過阿波山的生物相非常值得好好研究，再也忍不住，闔上筆記本走向他們，揚起手打招呼：「不好意思，我剛剛聽到你們在聊阿波山，指的是否是民答那峨的阿波山呢？」看著眼前眾人露出疑惑的神色，他接著補充：「啊，忘

① *Musa textilis* Née，日文「マニラ麻」，是芭蕉科重要纖維作物。
② 阿波山其實沒有任何爆發的歷史紀錄，最近一次的爆發應該都在一萬年之前，不過阿波山目前仍然被列為是活火山 (https://volcano.si.edu/)。

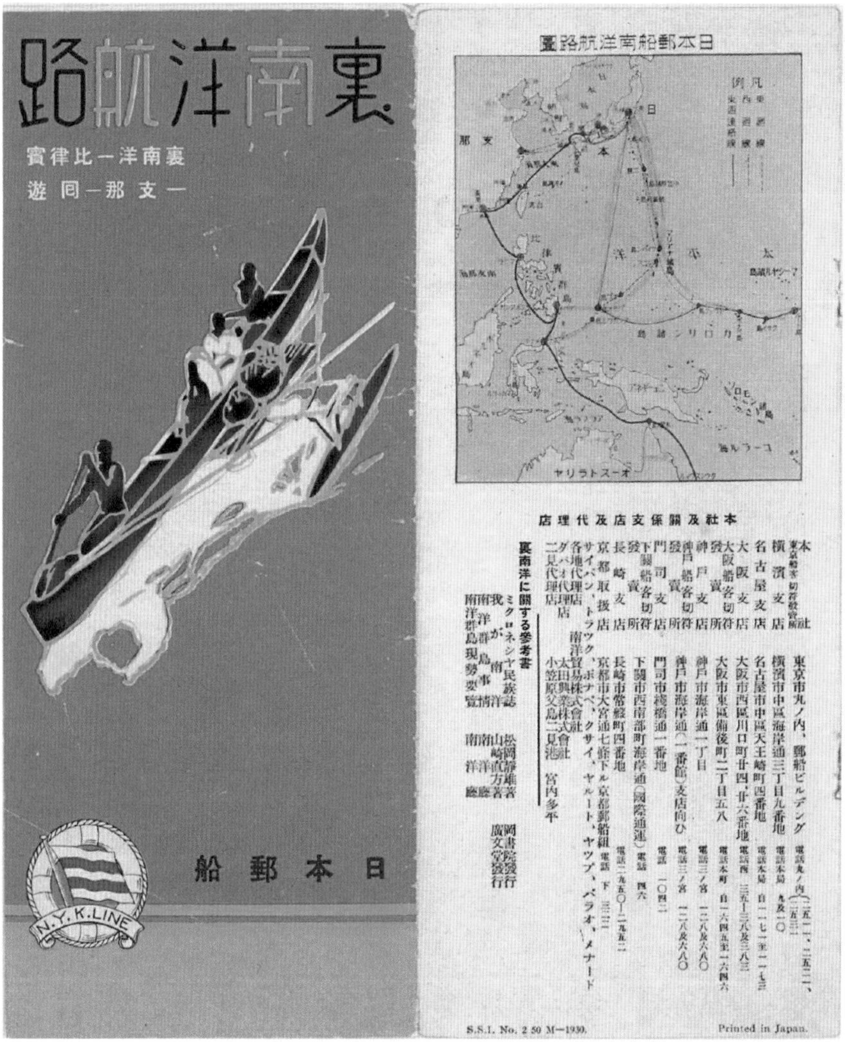

圖7-1　日本郵船公司一九三〇年所出版《裏南洋航路》案內　圖片來源：琉球大學附屬圖書館

了自我介紹，我是細川隆英，在臺北帝大做植物研究，對阿波山很感興趣，所以想多知道一點它的資訊。」

名叫奧本的男子瞄一眼細川手上的筆記本，點頭說：「你知道阿波山啊？你在研究火山嗎？」

細川略揚一下筆記本，搖頭回答：「不是，我在記錄看到的島上植物，想知道火山爆發新長出來的植物是哪些種類，算是植物演替初期的生態調查吧。」

「我叫奧本春治，是太田興業的人。」眼前的男人伸出手和細川相握，接著介紹身旁的樺山兵衛、高橋多吉等人。他們都是太田興業株式會社在達沃農場的工作人員，在塞班島停留後，就會搭西迴線的航路，經由帛琉到民答那峨的達沃。

太田興業成立於明治四十年（一九〇七），它和稍晚大正四年（一九一五）成立的古川拓殖株式會社是日本在菲律賓最大的兩家公司。早期在菲律賓的日本商人於一九一〇年前，大部分集中在馬尼拉工作，人數約三千人左右。不過從一九二〇年開始，有愈來愈多的日本人移居到南部民答那峨島達沃地區工作。一九二九年太田興業在達沃正式建立大規模的農場，種植纖維作物馬尼拉麻、苧麻，以及椰子和各式蔬果，幾年下來到一九三〇年代中期，資本額已達到近兩百萬披索（約一百萬美元），成為菲律賓最大的公司。一九三五年時，達沃的日本人已達一萬三千人，占了所有在菲日人的六三％，而在馬尼拉的日本人也才四千人左右，可知達沃是當時日本商業在菲律賓的重鎮。③

③ 菲律賓雖然有不少經商的日本人，但其在日本整個南進政策中的地位，一直到一九三〇年代都有些曖昧不明，主要原因是日本政府不想和美國有直接的衝突。在太平洋戰爭爆發之前，菲律賓有時甚至會被刻意排除在日本所稱的南洋區域之外，或者至少以模糊化的方式存在於南進論的討論之中，有關菲律賓日人的描述，參考Yu-Jose (1996)。太田興業和古川拓殖的資料，則參考長堅道雄（1938）所著《南洋關係會社要覽》。

細川隆英這時對於熱帶高山植物的生態相當感興趣，不想放過這個去菲律賓的機會，於是向奧本等人提議一起去攀登阿波山，進行初步的生態觀察。幾人聊得很投機，奧本對爬山本就有興趣，於是一口答應細川的請求，並說會想辦法說服他們社長提供協助，眾人約定等細川八月底波納佩島的工作結束後，再直接坐船到達沃找他們。

船班到塞班島後，細川寫信回臺北帝大，解釋自己的情況，也請日比野信一老師幫忙菲律賓出差的申請。安排妥當之後，再搭船行經楚克島，在昭和十一年（一九三六）七月八日抵達波納佩島北邊的科洛尼亞港，在碼頭迎接細川的是久違的喜多村登。

喜多村不改他輕鬆愛開玩笑的個性，看到細川便一把抓住他的胳臂，幾乎是拖著一路往海岸通的方向走去。跟在兩人後方產業試驗場的搬運工，也熟練地將細川的行李搬上貨車。細川拿喜多村沒辦法，也只能由他帶著離開，這時才發現喜多村登身旁還有另一個人，覺得有點面熟，卻想不起是誰。

看到細川猶疑的臉，那人自我介紹：「我是江川一雄，你上次來時，我們有匆匆見過面，但是你大概不記得了，後來因為我事忙，沒有跟你們一起上山。」細川這才想起來他也是產業試驗場波納佩分場的員工，連忙說抱歉。

「這次不同啦，江川君希望能一起上山工作，他後來聽我們在山上做生態調查的事，也很感興趣呢。」喜多村笑著說。

相較兩年前，海岸通顯得更加熱鬧，港口附近由於缺乏規劃管理而有些髒亂，可是街道旁的小販叫賣配合顧客一邊聊天一邊殺價此起彼落的聲調，讓空氣中洋溢著活潑的氣氛。三人在人群中穿梭，細川注意到街上的日本人似乎比當地人還要多，向兩人問起波納佩的近況。

「你說的沒錯，現在住在科洛尼亞的日本人已經有一千多人，大概占六成的人口吧。今天是貨船入港的日子，所以街上的人特別多。」喜多村指著前方南貿的商店，「南貿這兩年在波納佩生意愈做愈大，你看他們還在樓頂架了鞦韆給小朋友玩，然後也不知哪裡找來幾隻猴子關在籠子裡給民眾看，簡直把這裡當遊樂園哩。」[2]

喜多村和江川沿路介紹這兩年新開的商店，不時和遇到的熟人打招呼，最後帶著細川回到產業試驗場新蓋好的員工宿舍，宿舍群建在試驗場的入口附近，建築分成四種類型，一種是給場裡有家眷的職員，總共三間，稱為「農夫宿舍」。另一幢多人使用的獨立房舍為「農夫合宿所」，有五個相連的房間，每個房間約六個榻榻米大小，這幾幢建築都是試驗場一開始就有的建物。一九三四年因應試驗場擴大經營，興建新的宿舍，一個是通鋪型的「講習生寄宿舍」，旁邊還設有一個大食堂，方便給招募來的雜工或訓練學員使用。最後一類就是細川這次入住的「雇傭人宿舍」，共有四幢獨立建築，進玄關後有個三公尺長的緣側④，左邊起居室總共有十二個榻榻米大小，以拉門隔成兩半，可以彈性使用。每間宿舍都有自己的廚房和衛浴設備，相當舒適。由於宿舍才剛蓋好，正好有空房間可供細川暫住。⑤

④「緣側」是日式舊建築常有的設計，位在起居空間的門窗外側，通常是面對庭院的木質廊道。

⑤有關產業試驗場的房舍描述，參考Spennemann & Sutherland (2007)。宿舍建成的時間約在一九三四至一九三五年間，宿舍房型的中名直接引自文中所提產業試驗場一九三四年的建築藍圖中所示漢字，由於部分文字模糊不易辨識而以意譯，至於細川隆英住在何種房型，純粹為筆者推測，並無紀錄佐證。

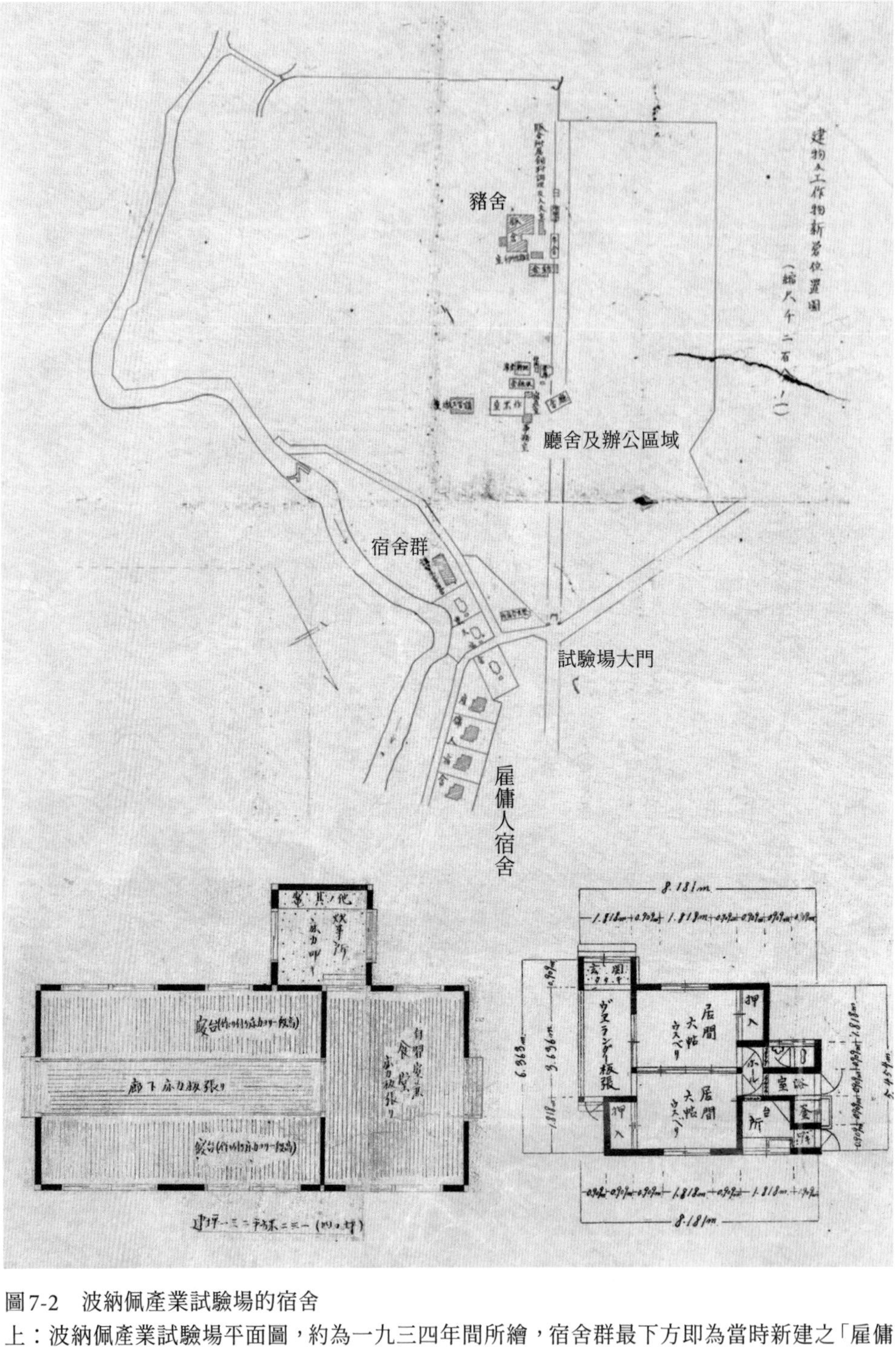

圖7-2　波納佩產業試驗場的宿舍

上：波納佩產業試驗場平面圖，約為一九三四年間所繪，宿舍群最下方即為當時新建之「雇傭人宿舍」。

下左：講習生寄宿舍的平面圖

下右：雇傭人宿舍的平面圖

圖片來源：Spennemann & Sutherland（2007）

略事休息後，細川隆英和喜多村、江川三人在辦公室討論這次的工作。細川在波納佩島只打算待十天，主要是希望能嘗試建立觀察附生植物的生態樣區。樣區的地點選在島中央最高峰娜娜拉烏山附近的森林，上回細川來時對於山頂雲霧繚繞中的植被印象非常深刻，在二、三十公尺高的樹幹上，長滿各式各樣的植物，它們不像其他植物把根深入土壤吸收水分和養分，而是以附生的方式生長在大樹上。這些離地而生的植物，包含各種蘭花、爬藤，以及苔蘚植物等豐富的多樣性。附生植物們是如何選擇生長的環境，其多樣性的生態又是如何被影響形塑的呢？經過年來的思考，細川希望能夠好好探索這個離地半天高的新世界。這次細川帶來各種生態調查用具，包含採集枝剪和皮尺、溫度計等測量工具，定位樣區範圍的繩子則請喜多村準備。

經過兩天的整備和人員招募，細川一行人自科洛尼亞南行，經過三角山，在娜娜拉烏山山腰大約五百公尺處紮營。次日一早到附近勘查後，細川決定在離營地不遠的苔蘚林，設置一個長寬各三十公尺的正方形樣區。樣區內的優勢物種是島上相當常見的波納佩男椰子，這次的調查細川希望能研究在森林裡不同的樹高中，其附生植物的組成是否會有差異，同時也測量在高度不同的微環境中的溫度變化。

細川選擇樣區內一株高約二十公尺的短柄鳩漆為調查對象，將整棵樹分成四個不同高度區域：樹幹基部（〇．五公尺）、樹幹下部（一．二公尺）、樹幹中段（十公尺）、樹冠層（二十公尺）。然後在這四處各綁上一個溫度記錄器，上方再以椰子葉遮蔭，以避免陽光直射或雨滴留在儀器上造成溫度失準。忙完一整天總算在傍晚前將溫度記錄器設置完成，預計從當天六點開始進行第一次的記錄，接下來連續三天的早上八點和傍晚六點各收集一次溫度資料。

這個溫度記錄器可以記錄一段時間內的連續溫度變化，從收集的資料中，細川發現不管是早上或是黃昏，森林中的最高溫和最低溫都在樹冠層出現，一天之中可以從二十一度到二十九度之間變化。相對來說，接近地面的樹幹上，氣溫幾乎沒有太大的變動，三天期間都在二十二到二十四度之間。換言之，對於附生在樹幹上的植物來說，不同區位的樹幹微環境會有差別，至少在植物周遭的空氣溫度並不一樣，因此不同高度區位的植物種類可能因為生態適應而有差異。每天先確認儀器都有運作後，細川等人就進行樣區內的物種調查，包含不同高度中的附生植物相，以及往山頂附近簡單採集。

一行人在七月十六日一早收完資料後，將溫度記錄器拆下，一路下山回到科洛尼亞。雖然第一次正式在波納佩進行生態調查，剛開始大家都有點手忙腳亂，光是爬樹和固定儀器就花費不少時間，但是眾人還是相當開心，也是相當新鮮而特殊的經驗。細川和喜多村等人討論後，希望未來能夠在波納佩進行更大規模的調查，針對跨海拔不同植群社會間的附生植物來調查，應該會得到更清楚的結果，不過這也許得要等到目前這個三年期計畫結束後才能實現。⑥這次波納佩之行主要的工作是初步的生態調查，時間也很有限，細川最後只採集大約五十份標本，[3]在十八日結束行程，坐船前往此行的重點楚克島。

⑥ 細川隆英本次調查過程及實驗方法細節，參考Hosokawa (1943c)。細川再次踏上波納佩島，是四年後的一九四〇年夏天。

楚克群島與左拳老人

七月二十一日的黎明，細川隆英所搭乘的船班緩緩接近楚克島群。楚克島由直徑約六十公里海域內的一系列島群所組成，島群外圍一圈是近乎連續的環礁，有幾個船隻出入口可以進入中間的區域，包含大大小小幾十個島嶼。雖然原本島群各島都有自己的島名，但在日本人統治本區後，將其中較大的十一個島嶼重新命名為東邊的四季諸島（春、夏、秋、冬島），和西邊的七曜諸島（日、月、火、水、木、金、土曜島）。[4]

從波納佩島來的船隻通常由環礁的北東水道駛入環礁，首先映入眼簾的是春島，而遠方的水曜島則隱約可見。相較於環礁外幾百公尺深的海洋，環礁內最深的地方也只有八十公尺左右，進環礁後的海面明顯平靜下來。細川回頭望向東方的環礁入水道，海面上有一塊大概是運油船留下來的油漬，和海天相接的清澈蔚藍形成明顯對比。春島南邊不遠處是南洋廳楚克支廳的所在——夏島，夏島的南邊有一個被稱作竹島的小島，目前在建置郵務機場。楚克島群沒有大型碼頭，船在竹島的近岸處下錨後，許多當地原住民赤裸上身划著獨木舟或是帆船靠近貨船邊，忙著接運客人和貨物。

在細川前面下船的是一個西班牙籍的女宣教師，身上穿著黑色長袍，頭戴白色的大遮陽帽，在船上她從頭到尾都沒有說過一句話，經過細川時也只略微點頭，她微笑走下舷梯時吸引了眾人的目光，獨木舟間也騷動起來。

來接細川的是南洋廳楚克支廳庶務課的助手森清明，他在本地負責各個農場相關業務，常在各島嶼間來往。兩人乘坐支廳的小艇，直接開往夏島的碼頭，支廳舍位在碼頭北面山坡的小山頭上，用的是德國占領時期所建的官舍，從碼頭還得開車才能抵達。在支廳等待的，是睽違兩年沒見的山本繁藏，山本在前一年自塞班支廳調任到位於帛琉的物產陳列所，一年後又轉任到楚克支廳，擔任支廳長，總理楚克群島的一切事務。兩人久別相見，自是十分欣喜。

近午時天氣轉陰，不久開始下雨，且滂沱的雨勢沒有停歇的意思。山本支廳長找了對面不遠處夏島公學校的校長稻喜藏過來，三人在支廳窗邊望著外面的大雨閒聊，順便討論細川接下來的行程。由於這是細川第一次在楚克群島正式進行採集，山本建議以夏島為基地，在最大的幾個島嶼：水曜島、春島和秋島，花多一點時間調查，其餘的島嶼就看天氣狀況和時間再決定行程。這幾個地點，也是金平亮三於一九二九年八月、一九三一年六月和八月，一共三次在楚克群島調查採集的地方，不過當時他的採集時間相當短，每次都只有兩、三天。在此之前只有一九一四至一九一五年鹿兒島高等農林學校的河越重紀教授，以及一九一〇年德國軍醫克雷默（A. Kraemer）曾有較長的時間在楚克群島採集。[5]

稻喜藏校長今年才從水曜島調職到夏島公學校，他曾在水曜島待過兩年，相當熟悉當地情形，他向細川說：「水曜島原本有不錯的森林，不過去年底來個大颱風，不少森林受到破壞。那裡接替我學校長職務的是佐藤俊炳先生，他原本也在夏島公學校，和我算是互換學校，彼此熟得很，你到那裡時可以找他。」[6]

「不過細川君到水曜島要拜訪的人中，可不能漏掉最重要的一位。」山本支廳長微笑著打斷稻校長：「那就是當地的大酋長左拳老人。」

看著細川疑惑的眼神，稻校長補充說明：「就是森小弁先生，⑦他在我們楚克群島可是不得了的傳奇人物呢。」細川露出恍然的表情接著詢問：「我聽說過森先生，是最早來南洋開拓的一批日本人之一吧，不過大酋長和左拳老人是指什麼呢？」

「這你就有所不知了，且聽我慢慢道來。」稻校長輕啜手上熱茶，似是享受著靠往後面的椅背，「森先生二十歲出頭就來到南洋，那時楚克還是西班牙的屬地，他不僅做生意，還協助春島依拉依斯村（イライス）的村長打贏部落戰爭，他的右手手指就是那時候失去的，所以他自稱『左拳老人』，村長在戰爭中得勝成為春島酋長，最後還把女兒伊莎貝爾⑧嫁給他。後來德國人占領楚克，將廳舍設在夏島，有一年過年時一群德國人到春島見到日本人就

圖7-3　森小弁　圖片來源：Peattie (1988)

⑦ 亦作「森小辨」（一八六九—一九四五），年輕時移居楚克島從事貿易，在政商界相當活躍，曾被授與勳八等瑞寶章。與當地女性結婚後育有六子五女，其子孫繁衍眾多，成為楚克島一大家族，據說整個家族算起來超過三千人。其曾孫曼尼．森（Manny Mori）還曾任密克羅尼西亞聯邦的總統。森小弁相關生平事蹟參考橫田武（1938）《大南洋興信錄》，森沢孝道（1985a,b），Peattie（1988），将口泰浩（2011），以及維基百科網頁https://ja.ikipedia.org。

⑧ 伊莎貝爾（イサベル）是春島依拉依斯村（イライス）酋長瑪努比斯（Manuppis）的長女，與森小弁在一八九八年結婚，楚克島為母系社會，依照當地文化森小弁比較像是入贅，但森還是幫他妻子取了日本名字「伊佐」（Isa）（将口泰浩2011）。

抓起來驅逐出境，但是森先生不知用了什麼手段沒被一起抓走。森先生也是當時楚克唯一一個沒有被遣返回去的日本人。不久後他和妻兒就移居到水曜島，離開德國人的眼皮底下，低調地種植椰子等作物進行買賣。大正十一年（一九二二）南洋廳設立後，因著他的在地人脈，森先生備受支廳長官的倚重，生意也愈做愈大，不管是日本人或是楚克當地人都很尊敬他。而另外那個『大酋長』的稱號由來就更不得了，在楚克的卡那卡族人（カナカ，Kanaka）的酋長制度有兩種，一種是世襲的，一種是選舉的。森先生後來被島民推舉為水曜島的大酋長，這可是第一次有外國人成為當地大酋長呢。森先生一直致力於日本人和島民之間的文化交流，常常給新來的日本人開課，教他們適應本地文化。支廳這邊也很受森先生的幫忙，對吧？」稻校長轉頭問山本支廳長，後者也點頭表示同意。

細川聽得津津有味，直呼一定要拜訪這位奇人，接著問起目前楚克島的日本人狀況，山本支廳長如數家珍地說明：「現在楚克支廳轄下，日本人大概有兩千人，島民則有一萬七千左右。[7]你知道當初南洋廳總部原本是要設在楚克的嗎？最早西班牙人和德國人在南洋區域殖民時都選中此地作為基地，因為楚克位在整個密克羅尼西亞的地理中樞位置，而且楚克群島外圍有一圈環礁，本身就是易守難攻的海上堡壘。我們現在所在的支廳舍，過去就是德國人的官廳。要不是政府後來考慮到外南洋的發展，最後才將南洋廳設在靠西邊的帛琉，就近作為連結，否則楚克的發展會是另一番光景。」

稻校長接著補充：「當然陸地的腹地太小也是一個考量，和帛琉、波納佩比起來，楚克的耕地面積小得多，人口和經濟規模受到一些限制，可以發展的應該只有水產業吧。不過若說到教育這一塊，我們楚克可是首屈一指，單是公學校就有七所，沒有哪個支廳能夠相比，另外還有六所德國人辦的宗教學校，你說哪裡可以找到和我們楚克一樣的地方？」[8]細川相當驚訝宗教學校這麼多，山本支廳長解釋由於西班牙和德國的宣教師長期在此地傳教，超過九成的島民是基督教新教或舊教的教徒，幾乎是南洋廳所有教徒總和的一半之多。⑨南洋廳設立之後，楚克島的公學校就學生人數也一直是所有支廳之冠。[9]

「所以你在楚克旅行不用太擔心，」山本支廳長向細川解釋：「這裡的卡那卡人都很友善，也幾乎都會說日文，我會跟幾個島上的老朋友知會一下，你有什麼需要幫忙的地方儘管跟我說。」細川連忙感謝支廳長的協助，因為山本繁藏本身也是植物愛好者，⑩平時就喜歡養花蒔草，和細川聊得很投機，有他的安排，在楚克的田野工作會輕鬆許多。

眾人在雨勢稍歇後一同搭車到「花町」的餐廳共進晚餐。支廳所在的區域稱作「山手町」，支廳舍山坡東面是一個突出的半島，當地稱之為「松島」，但和夏島本島之間是以紅樹林為主的沼澤地連在一起，兩地也有道路相接，過沼澤區後道路的右邊是楚克公立醫院，左前方是夏島神社，再往前到海邊則是南貿的碼頭，而在碼頭不遠處的山邊就是花町所在，這裡有幾間餐廳和酒店。晚餐後回到支廳舍，細川在山本支廳長安排下休息一晚，隔天天氣恢復晴朗，兩人也一道在支廳山下的紅樹林踏查。這裡的沼澤溼地景觀在環礁內的各個島嶼間相當普遍，黃槿、繖楊、露兜樹等均隨處可見。較靠近部落的地

⑨ 矢內原忠雄（1935）《南洋群島の研究》中，一九三三年統計楚克島島民基督教新舊教徒合計共一萬四千五百五十九人，是全島島民的九四%。

⑩ 根據橫田武（1938）記載，山本繁藏的興趣為「花卉、讀書」。

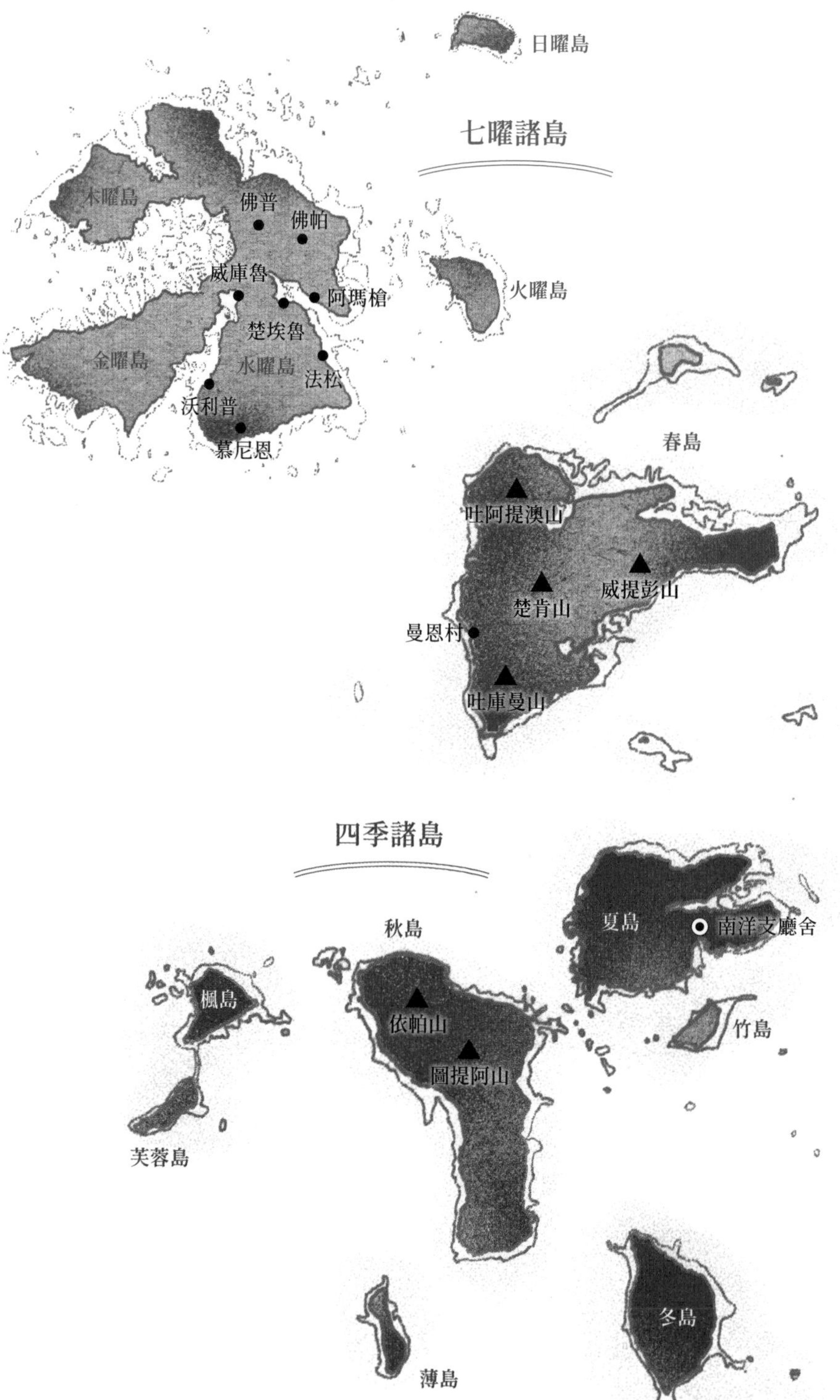
日曜島
七曜諸島
木曜島
佛普
佛帕
威庫魯
阿瑪槍
火曜島
楚埃魯
金曜島
水曜島
法松
沃利普
慕尼恩
春島
吐阿提澳山
威提彭山
楚肯山
曼恩村
吐庫曼山
四季諸島
夏島
南洋支廳舍
秋島
楓島
依帕山
竹島
圖提阿山
芙蓉島
冬島
薄島

楚克群島地圖及
細川隆英1936年7月21日至8月28日之採集路線

胡哲明依標本資訊重繪標示，丸同連合製圖

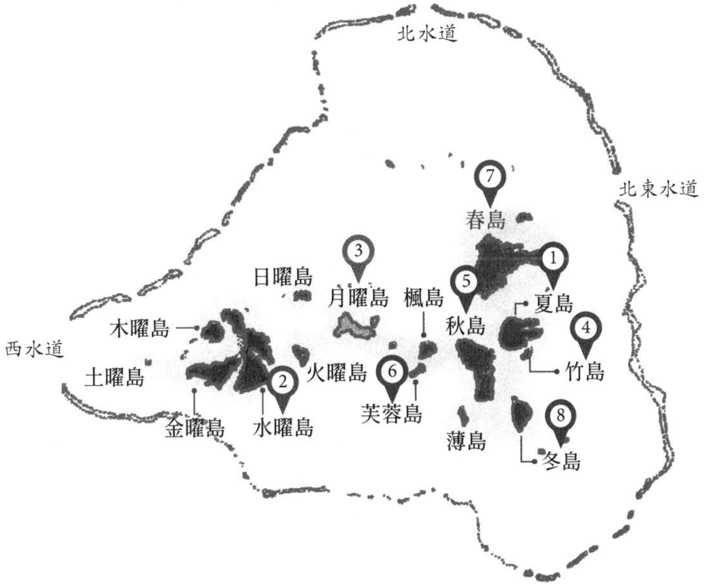

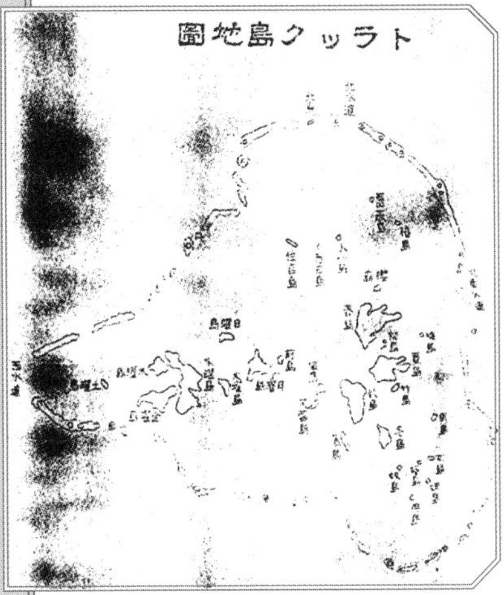

細川隆英（1937）文章所附
楚克群島地圖

- 7/21-23 ① 夏島 Dublon（Trowasi）（Hosokawa 8359-8366）
- 7/24-30 ② 水曜島 Tol（Hosokawa 8241-8342）
- 7/31-8/1 ③ 月曜島 Udot（Hosokawa 8343-8358）
- 8/2-4 ① 夏島 Dublon（Trowasi）
- 8/5 ④ 竹島 Eten
- 8/6-10 ⑤ 秋島 Fefan（Hosokawa 8367-8394）
- 8/11 ⑥ 芙蓉島 Tarik（Tadiu）（Hosokawa 8395-8401）
- 8/12 ① 夏島 Dublon（Trowasi）
- 8/13-17 ⑦ 春島 Moen（Wara）（Hosokawa 8402-8474）
- 8/18-19 ① 夏島 Dublon（Trowasi）
- 8/20-21 ⑧ 冬島 Uman（Hosokawa 8481-8490）
- 8/22-27 ① 夏島 Dublon（Trowasi）（Hosokawa 8493-8512）

方，可可椰子和麵包樹的大樹普遍栽植在房舍附近，細川也藉機會爬上麵包樹採集，並觀察記錄其上的附生植物。

經過一天的整備和食物採購等工作，細川在七月二十四日一早，搭著支廳協助安排的小型發動機船前往水曜島，途中還遇到強烈的颮呼嘯而過，但經過月曜島後天氣就轉晴，一路順利在下午一點抵達水曜島，當晚就住在法松村[11]的總村長家。和所有來訪水曜島的人一樣，細川先前往拜訪住在當地的森小弁先生，森先生留著半長的白鬍鬚，兩眼精光鑠鑠，在瞭解細川的工作後，很爽快地協助雇工安排，並簡單介紹水曜島當地的狀況。

水曜島分成南北兩個島，中間以很淺窄的沼澤水道分隔，退潮時紅樹林連成一片。南北水曜島的地方名是「*Wonei*」，南水曜島是「*Tol*」，而「*Tol*」也同時指整個水曜島群。南北兩島分別和金曜島（地方名「*Polle*」）、木曜島（地方名「*Pata*」）以類似的方式連結。自日本開始託管密克羅尼西亞之後，森小弁在此地的政經影響力與日俱增，所有重要的建設或決策，都必須經過他同意後才會進行，因此森先生基本上是這附近島群名望最高之人。森小弁本身相當好學，對於數學和物理很感興趣，家中的書櫃擺滿他自日本採購回來的書籍，閒時最大的娛樂就是自己一個人在書房看書。森小弁對細川隆英的植物調查很感興趣，也表示前幾年金平亮三來時有幫過一些小忙。細川向森先生表示希望攀登法松西面的烏里里波山（Mt. Urribot）[12]，這座山海拔四四五公尺，也是楚克群島的第一高峰。森

⑪ 日名「ファーソン」（Fa-son），水曜島東南部海邊的主要村落。

先生聽完細川的需求後，解釋從法松村登山的話相當陡峭，來回就要一整天，可以考慮從西南邊的沃利普村（Wonip）⑬上山會比較好爬。另外森先生也建議細川到水曜島北邊的佛普村（Foup）⑭和佛帕村（Foupo）⑮走走，都有不少熟人可以幫忙。

第二天細川隆英帶著三名原住民雇工出發，往烏里里波山試登，烏里里波山往西南延伸是一系列的連續斷崖，半年前的颱風破壞不少原始林，但整體仍可以看到森林有慢慢恢復。山頂附近的主要喬木樹種有棕櫚科的加羅林男椰子[10]、桑科的加羅林榕[11]，和楚克特有豆科的橫田氏手帕樹⑯、漆樹科的克氏大果漆⑰等。克氏大果漆的樹高可達十五公尺，倒披針形的葉子最長有一公尺，叢生在枝條前端，表面綠色，葉背灰白，在森林中非常壯觀。其他比較特殊的植物還有無患子科的吉勞明氏柄果木[12]、茜草科的細密錐花序九節木[13]這兩種也是楚克島的特有種植物，以及原本只在波納佩島發現過的雷氏貝木[14]，現在多了一個分布地點。

隔天七月二十六日，原本細川想要自法松村直接搭獨木舟到對岸的阿瑪槍村（Amachang）⑱，但這天剛好是星期日，村裡大部分的人都去禮拜堂，一時之間找不到可以用的獨木舟，和雇工商量後，決定從陸路繞一大圈到對岸。於是細川從法松村沿海岸往北到楚埃魯村（Chukienu）⑲後，先從威庫魯村（Wichukuno）⑳抵達北邊的佛普村，再經由佛帕村，最後到達阿瑪槍村，在村子附近的斷崖進行採集，傍晚則找到願意協助的村民，以獨木舟送他們回到法松村。

⑫ Mt. Uriribot，又名Winipot Mountain或Mount Tumuital。

⑬ 日名「オーリップ村」（Wonip）。

⑭ 日名「フォーヅ村」（Foup）。

⑮ 日名「フォーバ村」（Foupo）。

⑯ 學名 *Maniltoa yokotae* (Kaneh.) Hosokawa，目前POWO資料庫中，將之恢復為原學名 *Cynometra yokotae* Kaneh.（橫田氏喃喃果）；此植物為金平亮三為紀念故南洋廳長官橫田鄉助所命名。標本編號Hosokawa 8301。

⑰ 學名 *Semecarpus kraemeri* Lauterb.，種小名為紀念在楚克島採集的德國人克雷默所命名。標本編號Hosokawa 8312。

⑱ 日名「アマチアン村」（Amachang）。

⑲ 日名「ツクエル村」（Chukienu）。

⑳ 日名「ウイックロ村」（Wichukuno）。

圖7-4　楚克島的傳統會所(上圖)，與接駁船和商船工作情形(下圖)。

圖片來源：《トラック島写真帖》(高坂喜一1931)

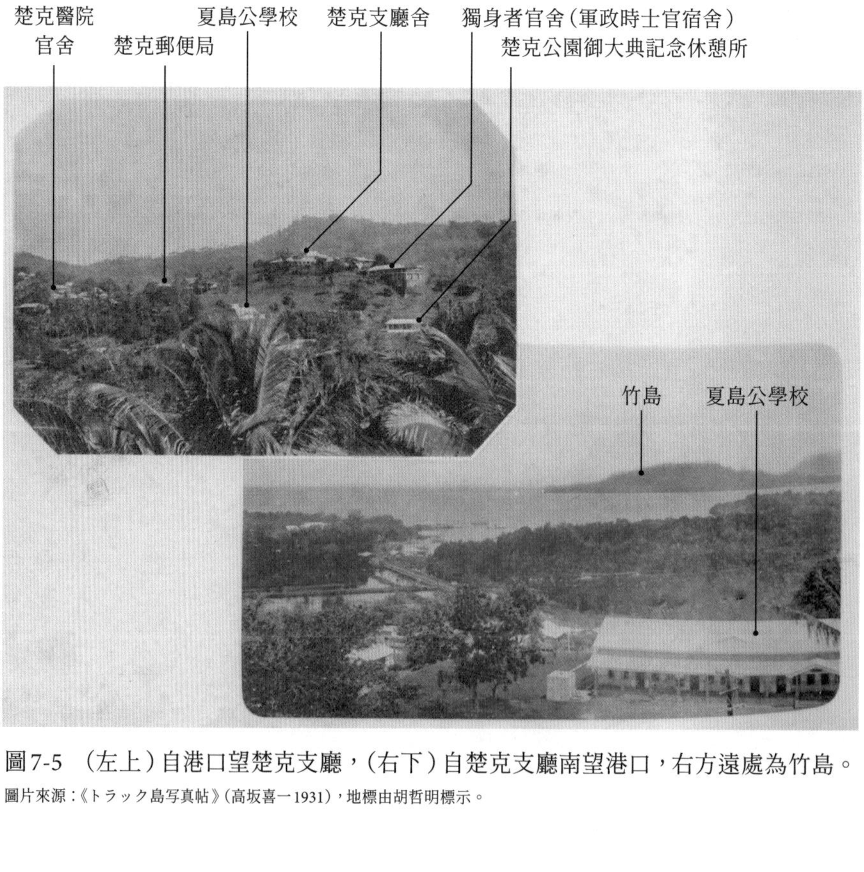

圖7-5　(左上)自港口望楚克支廳，(右下)自楚克支廳南望港口，右方遠處為竹島。

圖片來源：《トラック島写真帖》(高坂喜一1931)，地標由胡哲明標示。

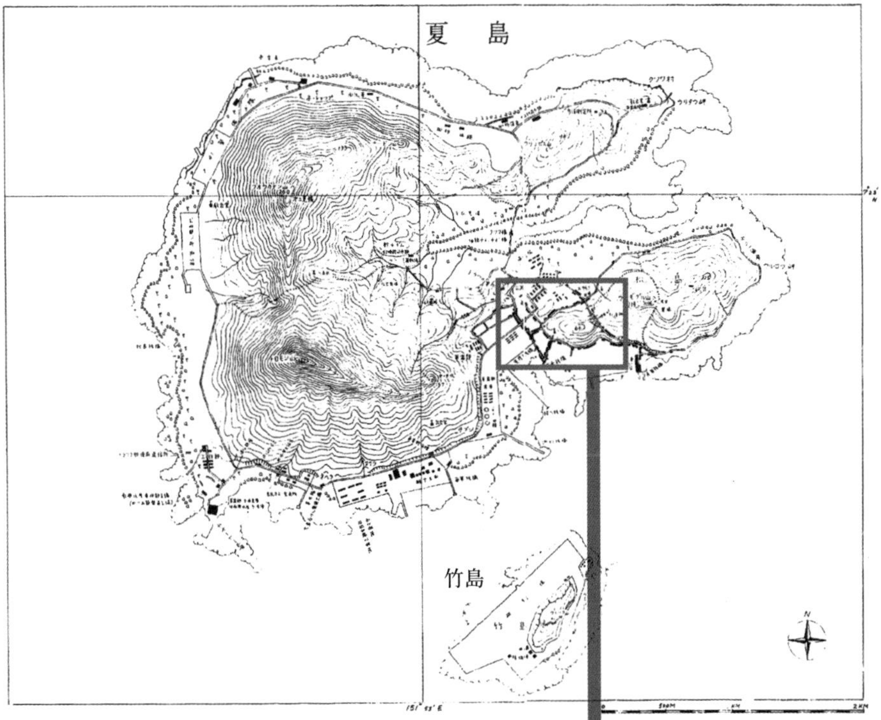

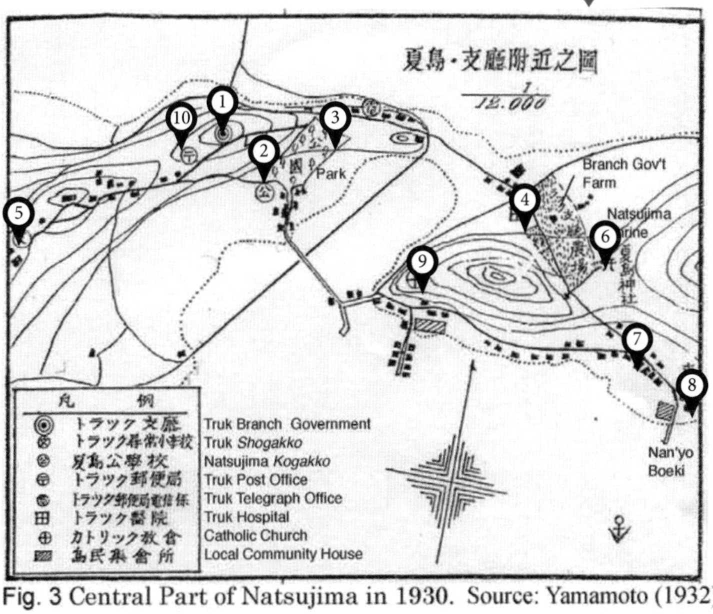

Fig. 3 Central Part of Natsujima in 1930. Source: Yamamoto (1932)

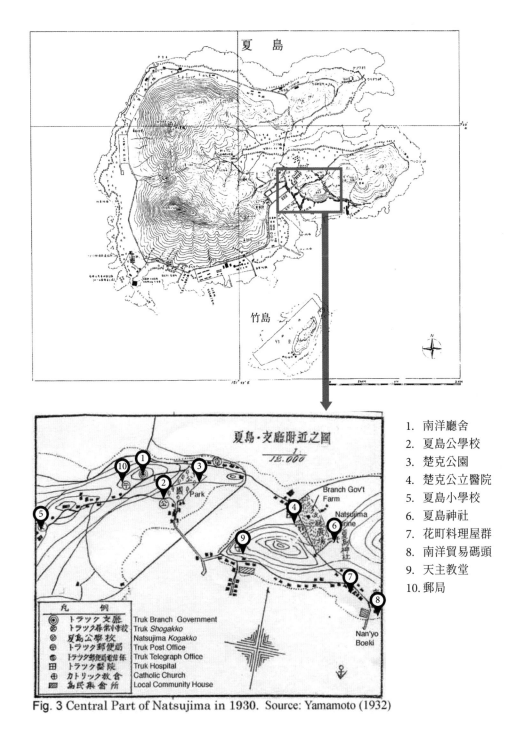

1. 南洋廳舍
2. 夏島公學校
3. 楚克公園
4. 楚克公立醫院
5. 夏島小學校
6. 夏島神社
7. 花町料理屋群
8. 南洋貿易碼頭
9. 天主教堂
10. 郵局

圖7-6　夏島平面圖，上圖的繪圖表現時間點大約在一九四四年，屋舍會較多，圖下可以看到如航空母艦外型的竹島。圖片來源：加藤邁、杉本作兵衛（1987）

下圖則是一九三〇年代由山本繁藏所繪，夏島楚克支廳附近的放大圖。圖片來源：Ono & Ando（2012a）

在村長和森先生的建議下，細川決定花一些時間自沃利普村從西邊再登烏里里波山，至少在山上待個幾天。於是細川等人先走陸路到威庫魯村後，再搭小艇沿岸南下到沃利普村。這段的航程輕鬆許多，可以坐在船上欣賞岸邊的椰子樹和紅樹林。在沃利普村的第二天，細川到附近的山上採集，並整備三天份的食物，預計在山上紮營進行調查。這天晚上村長安排細川隆英到當地住民的集會所住宿，在此地日本人還不太多見，特別是帶著一堆採集工具的外地人，很難不吸引鄰近的好奇之士。不多久聞風而來的住民們，圍繞在細川隆英身邊問東問西，眾人共進晚餐，還教細川當地的「楚克島歌」，一同練唱到深夜才分別就寢。

從沃利普村攀登烏里里波山的確容易許多，不僅坡度較緩，路徑也清楚。不過沿路的植被都是以可可椰子和麵包樹為主的森林，推測大部分是人為種植，一直到稜線才有原始林。山頂的森林和前幾日從東邊上山所見非常類似，克氏大果漆、加羅林男椰子、加羅林榕等優勢植物數量都很可觀。不過讓細川隆英有些失望的是，在山頂附近來回檢視，都沒有看到和波納佩島和科斯雷島山頂相似的苔蘚林，顯示這裡的環境可能不夠溼潤，整體的附生植物也較稀少。比較特別的，是找到先前細川隆英在科斯雷島也看到過的距藥野牡丹，當時帶回臺灣後，鑑定為加羅林距藥野牡丹，㉑這個物種在金平亮三的《南洋群島植物誌》中，列為特有在科斯雷和楚克兩地。今次細川在水曜島也再次採集到這個植物，不過他直覺和在科斯雷島上所見略有不同，看來只能回臺灣後再仔細檢視二

㉑ 學名 *Astronidium carolinense* (Kanehira) Markgraf（野牡丹科），在金平亮三(1933)書中原記載學名為 *Astronia carolinense* Kanehira。細川在後來的分類處理中，將產在楚克群島和科斯雷島的這類植物分為兩個不同物種，前者加羅林距藥野牡丹特產於楚克群島，而科斯雷島上則命名為科斯雷距藥野牡丹(Hosokawa 1937f)。

者的差別。另外山頂附近細川也發現一個防己科的新物種，當地人稱為「*Tyòtyon*」㉒。由於烏里里波山原始林的狀況不如預期，細川決定停留一天後就下山回到沃利普村，隔天再搭乘小艇回法松村的總村長家。

細川隆英在七月三十一日早上九點離開水曜島，同船有位德國籍的女宣教師烏蘇拉(Sr. Ursula Matsunaga)[15]要在月曜島下船，她是月曜島女學校的老師，這是創立於一九二八年一所專為島民女子所設的學校，學生大約二十多名，主要教授聖經、教會史、家事、裁縫、音樂等科目，每週上課十二個小時。[16]細川隆英在高中時即有修習德文，大學期間也閱讀不少德文文獻，於是以德語和烏蘇拉交談。難得聽到家鄉的語言，她喜出望外地和細川聊了起來，知道細川在進行植物調查後，烏蘇拉希望他能在月曜島停留兩天看看，並協助安排細川到一位混血教友艾斯塔㉓的家中寄宿。隔日細川隆英登上月曜島的最高峰，海拔二四三公尺的威托南普山(Wittonnap)，可惜附近也幾乎都是次生林，但讓細川還是感到開心的是他終於採集到楝科樫木屬(*Dysoxylum*)的植物，這個屬的植物在太平洋群島中常常是重要樹種，金平亮三認為楚克群島有一個獨立的種類，但一直沒有發表。細川原本以為可以在水曜島上看到，但也許剛好擦身而過，在月曜島上的採集填補了這一個空白。當地人稱這個植物為「*Abo*」，細川也決定如果要發表新種，就以這個名字來命名。㉔

從月曜島回到夏島已是八月二日下午，接下來幾天細川就在支廳舍略事休息，並整

㉒ 在水曜島的這份標本(Hosokawa 8325)，細川後來定名為楚克夜花藤(*Hypserpa trukensis* Hosokawa, Hosokawa 1937*e*)。

㉓ 日名「アイスター」(Hosokawa 1937*j*)。

㉔ 後來細川隆英依月曜島採集的標本 Hosokawa 8357，以及其他幾份楚克群島上的採集品，命名為新種植物阿波樫木(*Dysoxylum abo* Hosokawa, Hosokawa 1937*e*)。

188　　第貳編　ミクロネシヤ樹木誌

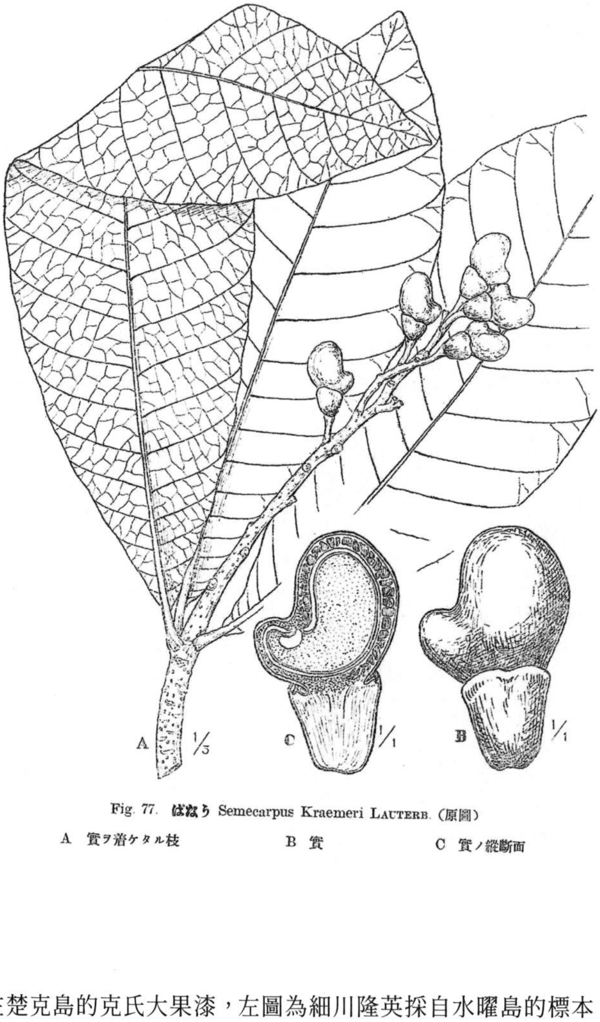

Fig. 77. ばなら Semecarpus Kraemeri LAUTERB. (原圖)

A　實ヲ着ケタル枝　　B　實　　C　實ノ縱斷面

圖7-7　特產在楚克島的克氏大果漆，左圖為細川隆英採自水曜島的標本，採集編號Hosokawa 8312。右圖為金平亮三（1933）《南洋群島植物誌》克氏大果漆之手繪圖。

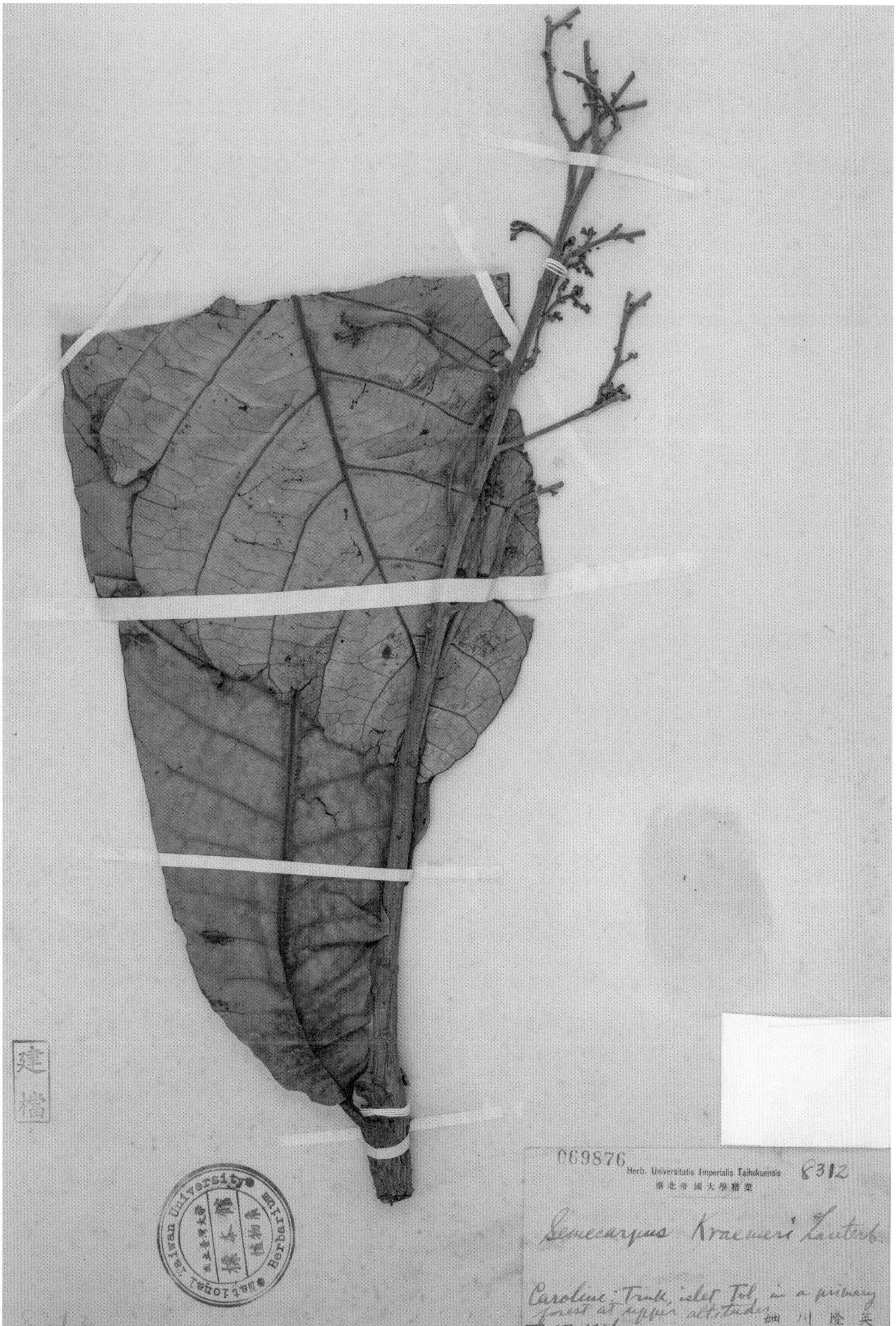

建檔
National Taiwan University Herbarium
國立臺灣大學 植物標本館
069876
Herb. Universitatis Imperialis Taihokuensis
臺北帝國大學腊葉
8312
Semecarpus Kraemeri Lauterb.
Caroline: Truk, islet Tol, in a primary forest at upper altitudes
細川隆英
VII.27.1936

理這一陣子採集的植物標本。另外細川也找時間和山本支廳長一同參觀在竹島興建中的飛機場，整個島的一半都以填海造陸的方式建造為停機坪，遠遠望去，真的像極一艘超巨大型的航空母艦。

經過幾天休息，細川在八月六日前往夏島西南方的秋島。秋島的面積比夏島略大，是南北向的長形島嶼，最高峰是北邊的依帕山(Mt. Ipal)，海拔有三一三公尺。圍繞著中央的山脈，整個島分為二十五個村落，細川在上岸不遠的集會所住宿。他花費兩天時間在依帕山和東面的圖提阿山(Tuktyap)㉕進行採集，依帕山頂和圖提阿山的南面區域仍保存相當不錯的原始森林：加羅林男椰子，以及特產在楚克群島的楚克藤黃[17]和加羅林擬藤黃[18]等，先前在波納佩島和帛琉都有看到比人還要高的加羅林月桃，在山頂附近也有發現。不過除此之外，整個秋島的山區和低地，包含更西邊的芙蓉島，都已被開發，多改為種植可可椰子。細川於八月十二日搭船自芙蓉島回到夏島，將標本簡單整理，並準備接下來的食糧，便馬不停蹄地在隔天前往夏島北面，和水曜島面積相當的春島，在下午兩點抵達春島西邊的曼恩村(Mwan)。㉖

整體來說，春島中央幾個山頭的森林保存狀況都相當好，特別是南邊的吐庫曼山(Tukuman)到中央的楚肯山(Trukken)間，可以看到綿延的原始林，令細川想起波納佩島上的完整森林，樹高都可以達二、三十公尺。除了和月曜島有相同的優勢樹種外，細川還採集到一些特產在春島的植物，如前幾年金平亮三以森小弁命名的森氏閉花木㉗、加羅林

㉕ 今名Mt. Chukuchad。
㉖ 日名「マン」，今Mwan。

瓦果梔[19]，以及其他地方未見，一種桃金孃科蒲桃類的不知名植物[20]，成果算是相當不錯。西北邊的山頭吐阿提澳山（Tratyau）植物相就差得多，可能是較鄰近部落居住地，幾乎整片都種植可可椰子和麵包樹。

結束春島的踏查後，細川也花一天的時間走訪面積不大的冬島，但島上只有北面仍殘存一些原始林。剛到島上細川就覺得胃不舒服，後來實在難以繼續田野工作，只好回到夏島休養，連續躺在床上兩三天後，身體稍微好些，又在夏島西面的楚曼山（Mt. Troman）簡單採集。細川隆英停留的最後一天，八月二十八日中午，山本繁藏特別找他一起吃飯，閒聊細川之後前往菲律賓的行程。山本支廳長提起他最近體力大不如前，醫生懷疑是腳氣病的緣故，嘆氣著說他過兩年也許會再調回南洋廳帛琉辦公室，下次見面不知會是什麼時候，在什麼地方。兩人聊了整個下午，山本支廳長請人送細川和行李到碼頭，於是細川隆英帶著三百餘份在楚克採集的標本，在六點半搭乘山城丸出發前往帛琉，預計從那裡再搭船到菲律賓的達沃港。

阿波山的山中老人

細川隆英於九月四日抵達民答那峨東南的達沃港，從港口前往市區時，部分道路還有四線道的寬度，車水馬龍的景況讓細川嚇一大跳，在被稱為「小東京」的大街上，整

㉗ 學名 *Cleistanthus morii* Kaneh.（大戟科），種小名 *morii* 即為紀念森小弁（Koben Mori），採集編號 Hosokawa 8408。

排日文的商店招牌也讓他有身在日本的錯覺。細川搭乘出租車直接前往太田興業株式會社，會社的辦公室位在達沃市西邊，大約十公里遠的塔洛莫町（タロモ，*Talomo*）。在此細川拜會太田的社長諸隈彌策，向他解釋此行的目的，以及希望在阿波山採集。由於先前在船上遇到的奧本春治已經先和諸隈社長匯報過，也預先安排人手，細川就在塔洛莫町進行採集物品和食物的整備，隔天再出發到太田位在塔洛莫河上游的巴構（バゴ）農事試驗場。在農場的奧本春治見到細川相當興奮，有許多場裡工作的日本人知道他們要攀登阿波山都躍躍欲試，最後在協調留守人員後，由奧本春治、樺山兵衛、高橋多吉以及鈴木廉治四人，會同細川，再加上作為挑夫的五位當地巴格博族（Bagobos）人，一行十人浩浩蕩蕩地前往阿波山踏查。巴格博族是民答那峨島上三大部族之一，民風剽悍，部分地區對外來的日本人也不太友善。據奧本所言，日本人在進入山區都會腰佩短槍，以嚇阻當地人；找巴格博族人同行時，其人數也最好不要超過日本人，以免有不測之禍。

從巴構農試場乘小卡車一路往西，經過西布蘭溪（Sibulan）㉘的巴格博族部落紮營一晚，道路到此為止，從這裡阿波山的山腳往上，就只能靠自己的雙腿爬山。在海拔約一千二百公尺的

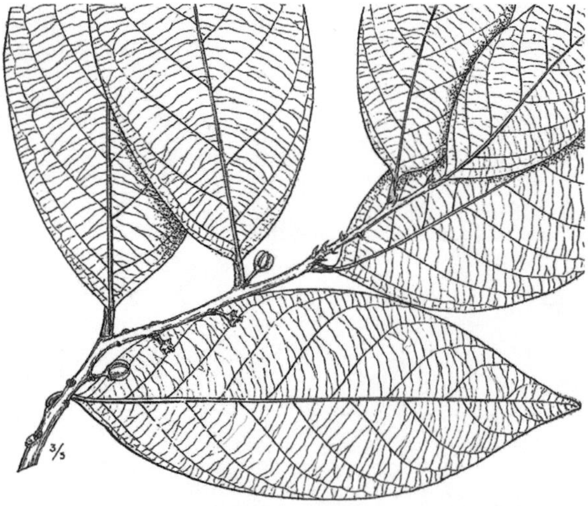

Fig. 67. おほばはづもどき Cleistanthus Morii KANEHIRA（原圖）

圖7-8b　金平亮三《南洋群島植物誌》中，森氏閉花木的手繪圖。

㉘ 日名「シブラン川」（Sibulan River）。

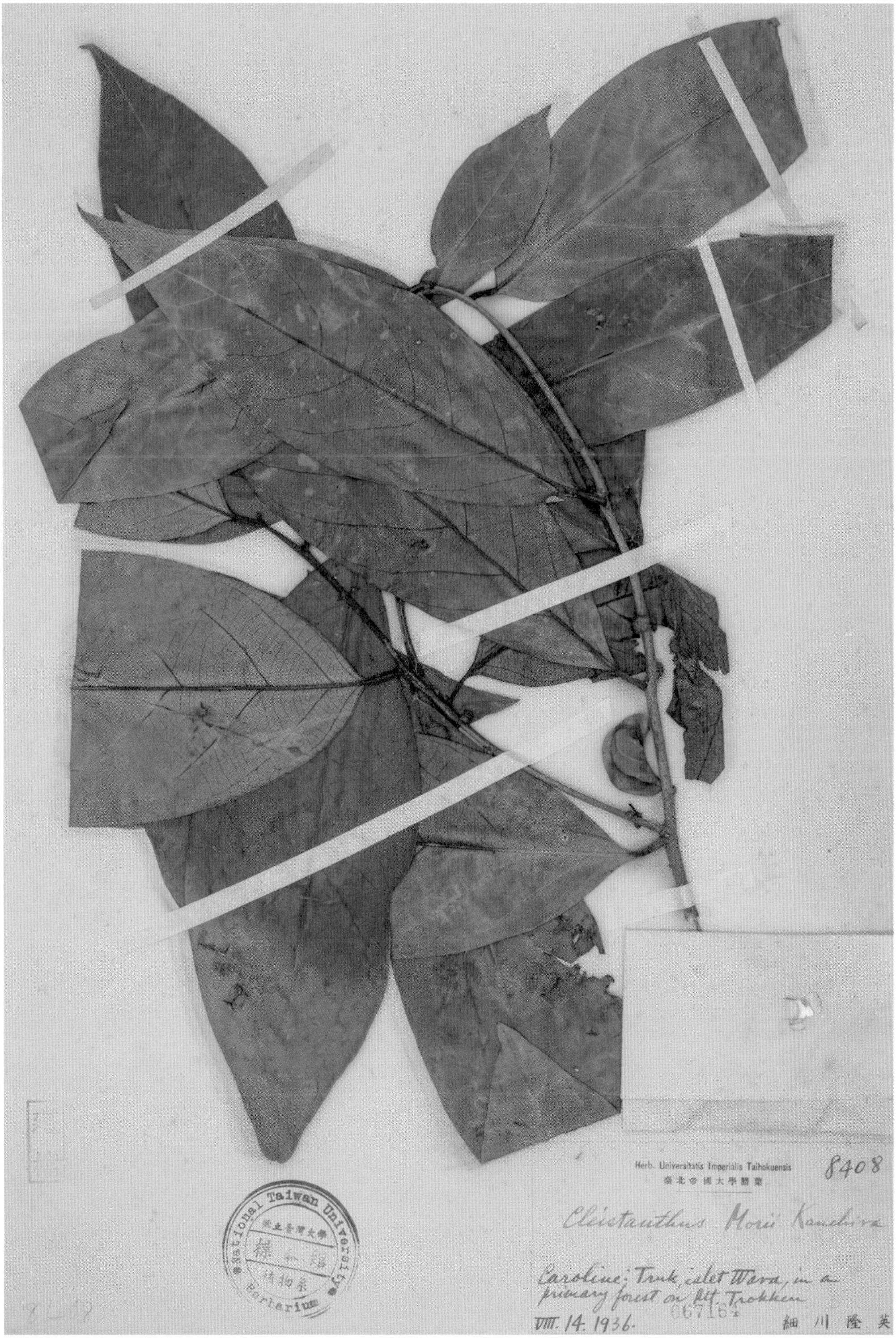

圖 7-8a　森氏閉花木，細川隆英一九三六年八月十四日採自春島之標本，採集編號 Hosokawa 8408。

原生林內，出現一間小木屋，旁邊還有溫泉湧出，屋外玩耍的兩個小孩看到細川一行人，連忙跑進屋內。不久後從木屋走出一位略有點年紀，皮膚黝黑的日本人，他看到眼前眾人露出驚訝的表情。

奧本春治走向前去，舉手表示沒有惡意：「請問是高森先生嗎？我是太田興業的奧本春治，我們是來阿波山踏查的，我久仰您的大名，今天第一次有機會前來拜訪。」接著介紹其他人給他認識，然後轉頭和細川隆英說：「這位是高森保太郎先生，他住在這裡已經有二十年了，沒有其他日本人對這座山有更深的瞭解。」

高森操著生硬的日語笑著回答：「我是愛知人，在大正四年（一九一五）來到這裡，很喜歡這地方，後來住到現在。」大概是不常使用日語，他只能斷斷續續地講完一句話。高森先生定居此地後娶了巴格博族的女性，生有兩個男孩，他也是最早登頂阿波山的日本人，近年凡是要登阿波山的人，幾乎都會經過他們的小木屋，成為達沃附近口耳相傳的山中奇人。

知道細川隆英想要做植物生態調查，高森露出原來如此的表情，「前幾年有來看鳥的，還有幾個抓蟲的美國人，其中一個還在山上摔斷腿；另外有一個也喜歡蟲的日本人，叫什麼來的？」他側著頭想一會，「好像是Akaki（赤木），還是Akashi（明石）的。」

細川興奮地說：「明石，明石哲三，對吧？」高森點點頭：「對，對，哲三，應該是這個名字。不過我記得他沒有爬到山頂，說是太累了。」細川隆英再追問細節，高森卻不太答得出來。一夥人最後決定就在小木屋旁紮營，順便享受泡溫泉的樂趣。

高森問起日本的現況，奧本解釋一番才發現他對滿洲事變和上海事變[29]都一無所知，想來這幾年都沒有日本人上山。奧本等人和細川聊起年初在東京的二二六事件，都覺得近期的政局發展似乎讓軍國主義開始蠢蠢欲動起來。二二六事件是日本「皇道派」發起的失敗政變，也是日本近代史上規模最大的叛亂行動，「統制派」在事件後勢力大增，使日本法西斯主義快速發展。[30]而在歐洲的德國，由希特勒所領導的納粹反猶太行動愈演愈烈，義大利墨索里尼也在一九三五年入侵衣索比亞，由英法主導的反對聲浪愈來愈大，國際局勢頗有風雨欲來之態。

對於陸軍在內閣掌權，一眾人有支持，也有反對的想法。樺山等人認為日本政府應該要強硬一些，才能保護海外日人的安全和經濟活動，近年在達沃已有多次日本人被當地政府打壓的情形發生。（見頁323）奧本則比較持保留態度，認為軍方介入，會讓衝突檯面化，對農場經營不見得是好事。細川全身泡在溫泉中，心裡想的卻是剛剛沿路走來採集的植物標本還沒有壓，他閉上雙眼，突然覺得耳邊的說話像是毫無意義的聲響，不知為什麼得要在深山的溫泉裡浪費時間爭辯，不遠處的青蛙叫聲反而更吸引人。

阿波山的海拔二九二九公尺，是菲律賓群島的第一高峰。山腳處巴魯塔康仍是以龍腦香科為主的熱帶降雨林，但從那磅[31]，也就是一千三百公尺以上的地區，就屬於苔蘚林的範疇。苔蘚林內的植物，包含殼斗科、野牡丹科、羅漢松科，和數種杜鵑花屬植物外，

㉙ 滿洲事變，或稱九一八事變（一九三一年九月十八日）；上海事變，又稱一二八事變（一九三二年一月二十八日），都是近年中日衝突的重要事件。

㉚ 皇道派和統制派的鬥爭，參見第一章。此處眾人的論點均為筆者臆測加入文中。

㉛ 地名巴魯塔康為細川隆英（Hosokawa 1940b）文章日文「バルタカン」之音譯，那磅則為「ナーバン」音譯，二者在目前地圖中均查無資料，可能是當地舊地名。

335

Diplazium polystichoides Hosokawa, sp. nov.

Eudiplazium.

Rhizoma ignotum. Stipes caespitosus, 40 cm. altus, supra valde sulcatus, fibriloso-paleaceus, basi dense paleaceus, palea lineari-lanceolata castacea 2 cm. longa 1.5 mm. lata. Frons ca. 60 cm. longa, ambitu ovata, 2-pinnata, pinna alternata ca. 15-juga lineari ad 18 cm. longa 2.5 cm. lata. Pinnula alternata, ad 20-juga, ca. 1.7 cm. longa, ca. 1 cm. lata, flabellato-trapeziformis, basi oblique cuneata, apice rotundata, margine partis superioris nonnunquam crenulata vel integra, venis flabelliformi-furcatis liberis. Sorus in quoque pinnulo 4-6, ad marginem dispositus, oblongus 2.5 mm. longus, 1.5 mm. latus, plus minusve immersus. Indusium bruneum oblongum.

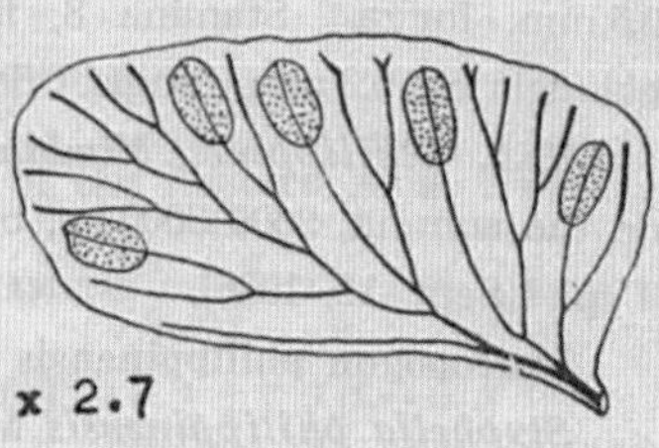

x 2.7

A pinnule of *Diplazium polystichoides* Hosokawa, sp. nov.

Hab. *Philippines, **Mindanao,*** in a primary forest (900-1460 m.) near Nâpan, at the middle altitudes of Mt. Apo (T. Hosokawa, no. 8673 !—Type ! Sept. 14, 1936).

Halorrhagis paucidentata Hosokawa, sp. nov.

(*Euhalorrhagis-Monanthus-Lamprocalyx*).

Halorrhagis micrantha (non R. Br.) Merr. in Philipp. Journ. Sci. I. Supp. Bot. (1906) p. 217, pro parte.

Planta parva. Caulis tenuis repens, ascendens, radicans, glaber, ca. 5 cm. altus. Folia brevipetiolata, opposita, lamina orbiculari-ovata, glabra, paucidentata (1- vel 2- vel rarius 3-dentata), plus minusve incrassata, apice obtusa, basi petiolum angustata, 3-5 mm. longa, 2.5-3 mm. lata, petiolis glabris supra canaliculatis ca. 1 mm. longis. Inflorescentiae ad caulis et ramorum apices vel e foliorum axillis provenientes, laxe spicatae, pauciflorae spicis ca. 2 cm. longis. Flores hermaphroditi, minimi, breviter pedicellati, pedicello usque 0.2 mm,

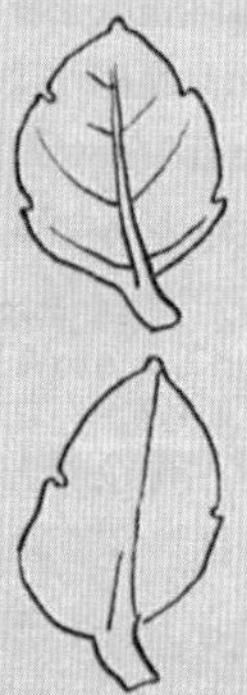

Leaves of *Halorrhagis paucidentata* Hosokawa, sp. nov. (×5)

圖7-9　細川隆英（Hosokawa 1940d）所發表兩種在菲律賓阿波山採集的新種植物文章頁，擬耳雙蓋蕨（蹄蓋蕨科，*Diplazium polystichoides* Hosokawa），和疏齒小二仙草（小二仙草科，*Halorrhagis paucidentata* Hosokawa）。

Falling a Giant Stalk for its Fibre
トッパ
Your Rope in the Stalk
成熟せる麻山
〔31〕

圖7-10　達沃地區馬尼拉麻園　圖片來源：馬越文雄（1930）

THE OHTA DEVELOPMENT Co
The latest method of
Transportation
麻の運搬
The bullcart where motor
trucks are rot available
麻の運搬
Trailers on the way to Market
麻の運搬
Farm tractors are useful in many ways
The old method of Transportatian
麻の運搬

圖7-11　達沃地區馬尼拉麻採收情形　圖片來源：馬越文雄（1930）

特別有看到長相奇特的枝葉松。[21]

細川等人在九月十一日中午登頂阿波山，四望平野展望極佳。阿波山的山頂則是以禾草草原和岩屑地所組成，細川花了整個下午的時間在山頂調查，記錄所見物種，傍晚就在山頂紮營，在一塊大石頭旁拉出開放式的帳幕，眾人於帳幕下擠著睡覺。隔天一早五點左右細川隆英就醒來，天才微亮，空氣中瀰漫著朝露的溼氣，但附近的鳥兒已迫不及待地四處上下飛竄。細川起身回收前一天在附近溼原放置的兩個溫度記錄器，紀錄中顯示水溫大約攝氏九．五度，而昨夜的氣溫最低曾到五度左右。熱帶高山提供植物一個特殊的生長環境，阿波山頂斜面有優勢的矮小灌木如須石楠[22]，以及多種杜鵑花屬植物。較低溼的平坦地區，則有莎草科的麥氏蔗草[23]，和一種小二仙草屬的植物[24]為主要優勢種。而有趣的是，雖然阿波山也有不少臺灣高山常見的植物類群，比如松屬（*Pinus*）、龍膽屬（*Gentiana*）植物，但是還有很多太平洋澳洲區系才有的植物，如山頂的須石楠。對細川來說，菲律賓的植物相在植物地理上具特別有趣的地位，只可惜沒能再多花一點時間前往其他的島嶼。一行人打包行李後就一路下山，到西布蘭溪的部落開車回到巴構農事試驗場。此次的阿波山行，細川也發現兩個可能的新種，總共採集約八十份標本。[25]

細川隆英在農事試驗場又多停留幾天，一方面進行植物標本烘乾處理，一方面也由奧本春治帶領參觀試驗場。整個巴構農事試驗場面積超過三十公頃，有近一半的土地都是種植馬尼拉麻，其他作物則還有橡膠和少數的苧麻園、椰子園，與各式各樣試種的果樹園等。馬尼拉麻是達沃地區最成功的作物，雖然市場價格在過去二十年起伏不小，但仍然吸引愈來愈多的日本人前來投資種植，在各競爭者中規模最大的就是太田興業株式會社。這個時候的達沃，是日本人在菲律賓，甚至是整個南洋地區的經營高峰。大面積的馬尼拉麻種植和採收，以及從加工處理工廠到纖維捆包運送的過程，都是細川從沒有看過的規模。細川隆英在九月十九日於達沃港登上大阪商船「恆河丸」，經由宿霧和馬尼拉，最後在九月二十三日回到基隆港，結束第三回的南洋旅程。

第6圖 アポ山頂上附近平坦地に於ける高層濕原の一部。Gahnia javanica MORITZI 顯著なる小群落を作る。中央の傾斜せる岩塊の凹みを筆者等は露營地とせり。 昭 11. 9. 11 細川)
第7圖 アポ山頂上附近に於ける高層濕原。左方の莎草草本は Gahnia javanica MORITZI. 右方は Leucopogon philippinensis HOSOKAWA. 白色の斑點はサルヲガセなり。 (昭 11. 9. 11 細川)
第8圖 アポ山頂上附近の高層濕原。白色の斑點はサルヲガセなり。 (昭 11. 9. 11 細川)

圖7-12 細川隆英所攝阿波山山頂照片。上：阿波山山頂，中央山岩凹入處即為細川等人紮營地點。下：阿波山山頂附近溼原。

圖片來源：細川隆英(1942d)

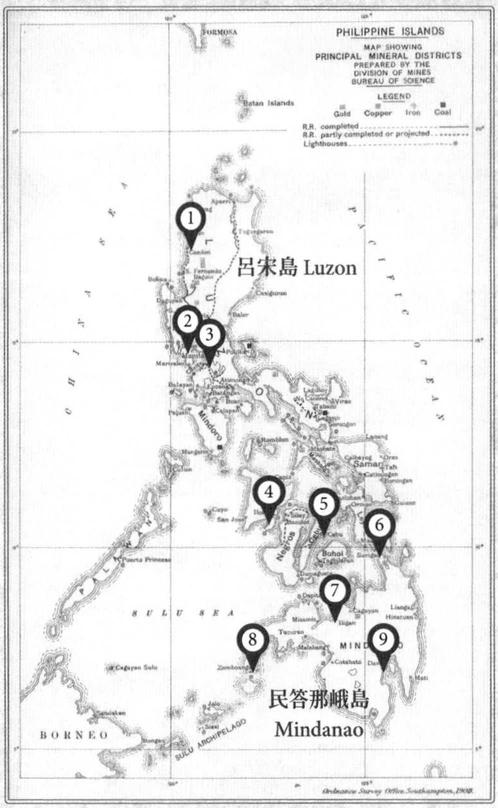

圖7-14　菲律賓全圖，標注本文中提及之地名。原圖來源：University of Texas Libraries

1. 伊洛克斯 Ilocos
2. 邦板牙 Pampanga
3. 馬尼拉 Manila
4. 怡朗 Iloilo
5. 宿霧 Cebu
6. 蘇里高 Surigao
7. 伊利甘 Iligan
8. 三寶顏 Zamboanga
9. 達沃 Davao

牙兩千萬美元的菲律賓「建設費」以取得菲律賓群島的控制權。

在美西開戰的兩年前（一八九六），菲律賓人民為尋求獨立發動菲律賓革命，與西班牙政府對峙僵持，而在一八九八年八月美西戰爭時美菲聯軍將西班牙軍隊擊敗，革命軍發布《菲律賓獨立宣言》，並在一八九九年一月通過新憲法，正式成立「菲律賓第一共和國」（República Filipina），領袖阿奎納多（Emilio Aguinaldo）被推舉為總統，同時表態反對《巴黎和約》的內容。美菲兩方化友為敵，一八九九年二月起在馬尼拉交戰，第一共和國不久敗戰，美國得到菲律賓群島的所有主權，納為其未合併領土㉜之一，以「美屬菲律賓」（Insular Government of the Philippine Islands）的政府運作，美國也終於在列強環伺的東亞取得一個立足之地。

工業化的美國面對擴大市場的需求，經營一個自己的屬地可以有效降低原物料的價格，還可多一個外銷市場，但是美國的立國精神又是反對殖民主義，二者充滿利益糾葛與矛盾。美國在菲律賓的經濟政策，就在反帝國的民

㉜ 美國未合併領土（unincorporated territories），或美國領地（American territory），指由美國政府管理，但不屬於美國任何一州，如關島、波多黎各、美屬維京群島等，迄今仍為非合併的美國建制領土。

菲律賓、民答那峨與「達沃問題」

民答那峨位於菲律賓南部，是菲律賓第二大島嶼。雖然西班牙在十六世紀中期就占領菲律賓群島，但受限於人力資源，其影響力只集中在少數幾個主要城市，如馬尼拉、宿霧等。西班牙在民答那峨的勢力，要到十九世紀才在耶穌會努力下，開始有小區域的拓展，特別是民答那峨島西邊的商港三寶顏（Zamboanga）、島北邊的大城蘇里高（Surigao）和伊利甘（Iligan）等。十九世紀末的達沃，相較於這幾個城市，仍像是一個安靜的海邊小鎮，人口組成以當地的巴格博族為主，外國人加起來還不到千分之一。[26]一場在一八九八年四月開戰的美西戰爭，撼動西班牙在中美洲和太平洋上殖民帝國的地位。這場沒有在美國或西班牙本土發生的美西戰爭歷時不到四個月，以西班牙慘敗告終，最後兩國簽訂《巴黎和約》，西班牙放棄古巴主權，而美國得到波多黎各、關島等殖民地，同時支付西班

圖7-13　美西戰爭一八九八年五月一日在馬尼拉灣的激烈海戰　圖片來源：Wikimedia Commons

五千左右的美國人，到了一九二〇年時，只剩不到一百人留在達沃。

經濟失衡加上長期倚賴美國的菲律賓政廳無法提出有效的解決方案，菲律賓獨立的內部聲浪在一九三〇年後再度升高，原本美國國會對於其獨立要求一向不太重視，但在本土農業保護主義和反移民主義支持者推波助瀾下，美國國會於一九三五年同意協助菲律賓成立「菲律賓自治邦」(Commonwealth of the Philippines)，並計劃在十年後，也就是一九四六年正式讓菲律賓獨立。由於美屬菲律賓的運作一開始即以美國利益為優先考量，包含關稅優惠等措施，對於非美國的外國企業來說一直覺得非常不公平。日本經商者也認為菲律賓政廳一向對日本人太過苛刻，如果菲律賓宣布獨立，將可以消除不公平的商業競爭，大大有利於日本商社的發展。因此美日兩國以不同的盤算，不約而同地支持菲律賓的獨立運動。

由於菲律賓有土地保護政策，外國人經商或在沿海捕魚都受相當限制，原本在民答那峨經營的太田興業和古川拓殖等公司一直以各種手段收購土地種植馬尼拉麻、可可椰子等作物，比如利用當地人的人頭買賣，或是娶當地人為妻，以合法進行土地交易或得以從事漁業活動等，此類行為在菲律賓當地原本常見，被稱為「帕考」(*pakyaw*)式交易，有點類似批發轉手買賣。但遊走法律邊緣的做法衍生出各種社會問題，許多官民衝突因此而生，尤以達沃地區為然，因此在一九三〇年代，這個對立情形被稱之為「達沃問題」(Davao Problem)[28]。一九三五年六月，菲律賓的農業商業部門認定在達沃此類的土地交易違法，因而引發一系列的日本人抗爭，直到奎松(Manuel L. Quezón)就任菲律賓自治邦的總統，取消這項條款，才暫時平息這場糾紛，而這項政令也一直持續到太平洋戰爭爆發，日本入侵菲律賓為止。

圖7-18　奎松(Manuel L. Quezón, 1878-1944)，為菲律賓美治時期總統，日本人一九四二年入侵菲律賓後，流亡澳洲。圖為一九四二年影像。圖片來源：Wikimedia Commons

左：圖7-15　西班牙步兵團在馬尼拉　圖片來源：Wikimedia Commons
右：圖7-16　美國駐法國大使康朋（Jules Cambon，坐者）代表西班亞簽署《巴黎和約》　圖片來源：Wikimedia Commons

主核心思想和帶有帝國意涵的資本化經濟擴張下交互影響菲律賓的發展。美國在菲律賓無疑帶進不少建設，道路開拓和現代化電話線路的鋪設，讓菲律賓在幾年後擁有當時東南亞數一數二的郵務及通訊系統。[27]但由於同時大量輸入美國文化和各式產品，菲律賓的在地產業反而被工業化的發展所限制，政府面臨嚴重的貿易逆差。眾多的壓力讓許多公司經營困難，在伊洛克斯（Ilocos）、邦板牙（Pampanga）、怡朗（Iloilo）、達沃等地，積欠員工薪資，各式工廠面臨倒閉等事件層出不窮，美國資本家也在經濟衰退時逐漸抽手離開。以達沃而言，原本在一九一〇年以前仍有為數

圖7-17　阿奎納多（Emilio Aguinaldo, 1869-1934），菲律賓第一共和國總統，為西班牙人、華人與他加祿人混血。圖約為一九一九年影像。
圖片來源：Wikimedia Commons

第八章

雅浦的草裙・盛開的花

Kudoa學會

細川隆英回到臺灣兩個星期後，鈴木時夫暑假在烏來山區的調查工作也告一段落，腊葉館回復不少活力和笑聲，第三十一次的「植物分類．生態學談話會」在十月七日熱鬧展開。除了仍在國外的正宗嚴敬，研究室的夥伴們全部到齊。這次的談話會除了福山伯明報告他七月底攀登中央尖山的旅行外，已是二年級的島田秀太郎報告一篇有關西藏植物和地理的文章，細川也分享他夏天在密克羅尼西亞和菲律賓的見聞。

鈴木時夫藉機會再次說明一個月前腊葉館內開會決定的例行事務給先前缺席的細川知道，特別是希望將一九三四年腊葉館開始每年編纂的〈臺北帝大年度植物名錄〉（Index Taihokuensis）正式化。名錄主要收錄前一年日本屬地（含臺灣、滿洲、密克羅尼西亞等地）內所發表的新植物學名，對於植物學研究者是很實用的參考文獻。這份名錄的前三期，原本都發表在《*Kudoa*》的油印期刊上，印刷品質雖不甚理想，但臺灣各地索取者仍絡繹不絕，研究室的成員們因受到各方肯定都相當振奮。

「我希望下一期的名錄〈Index Taihokuensis IV〉能另外裝訂成冊，以正式的方式出版，山本老師和正宗老師也說他們會盡力支持。順利的話，我們預計在明年（一九三七）出刊。」鈴木時夫向細川和在座的研究室夥伴解釋：「另外我還有一個想法，也許我們可以成立一個植物分類和生態的學會來推動各項活動，就像『臺灣昆蟲學會』和『熱帶農學會』一樣。你們覺得如何？」

「是指要有章程、組織的正式學會嗎？」細川想到自工藤教授過世之後，植物分類的研究領域確實低迷好一陣子，現在好不容易聚集愈來愈多的同好，正是把力量集結的時候。「這樣一來除了談話會之外，我們也可以有出版品，也能有一定的會費收入。」

山本由松點頭同意，「有固定會員的話，辦起活動來會更容易些。」接著微笑說：「我先捐拾圓給這個未來的學會作為基金，我也代替正宗桑答應出資，這樣我們就有一些基本的資金。」眾人聽得都很興奮，七嘴八舌地討論學會的名字，會員的來源等，如果叫「植物學會」範圍太廣不妥當，稱「臺灣植物分類生態學會」又有點太冗長，爭論半天仍沒有結果。這時鈴木時夫突然想到什麼似地站了起來，伸出手示意大家安靜，「我想到了，何不就用我們的期刊《*Kudoa*》作為學會的名字？『Kudoa學會』[①]！多麼響亮又有代表性的名字。」

「這回我同意你的看法，就是這個名字了。」平常愛和鈴木時夫鬥嘴的福山伯明忍不住插嘴，露出開心的表情。山本也認可這樣的名字，於是學會的籌備就這麼定了下來。

「還有另一件事我想找你們商量，」鈴木時夫舉起手讓大家注意，「這兩年我跑了不少地方，你們也知道我對植被和生態有興趣，其實我一直想要對整個臺灣的狀況有全盤性的研究，但是很難入手，光是取樣的點就讓人很頭大，要去的山多到去不完，有些地方又很危險沒辦法前往。之前和山本老師聊過後，想到一個方法，就是以山地駐在所為單

① 「Kudoa學會」的名字，第一次出現在《*Kudoa*》一九三六年十二月出刊的第四卷第三期中，開始有籌組的想法，其中也注記山本由松和正宗嚴敬各捐金拾圓給學會，其時山本的薪水每月大約五拾圓。但是這個學會終究因種種原因，包含經費不足和後來戰事爆發而沒有成立。

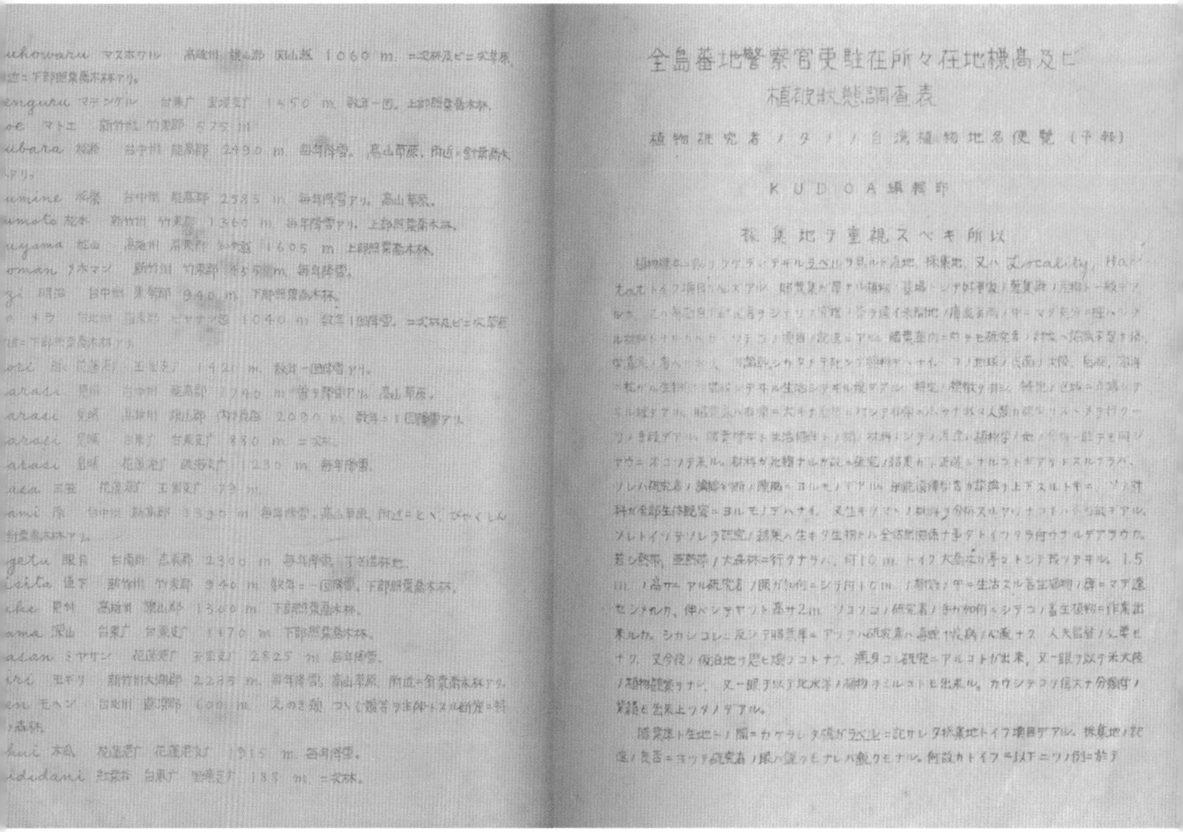
全島蕃地警察官吏駐在所々在地標高及ビ植被狀態調査表

植物研究者ノタメノ台灣植物地名便覽（予報）

KUDOA編輯印

採集地ヲ重視スベキ所以

圖8-1　由《*Kudoa*》編輯部所整理之〈全島蕃地警察官吏駐在所所在地標高及ビ植被狀態調查表〉封面及內頁第九十六頁，發表於《*Kudoa*》第四卷第三期。左邊顯示「見晴（Mikarasi）駐在所有四處，分別在臺中州能高郡（今清境農場內，舊合歡越嶺道路霧社駐在所至立鷹駐在所舊址間）、高雄州旗山郡（今卑南主山南邊，舊內本鹿警備道路日之出駐在所至出雲駐在所舊址間）、臺東州臺東支廳（今知本以西，舊知本越警備道路追分駐在所至深山駐在所舊址間），以及花蓮港廳研海支廳（今中橫新白楊附近，舊見晴社所在）。資料參考確認：《臺灣百年歷史地圖》一九三四年版〈日治三十萬分之一臺灣全圖〉

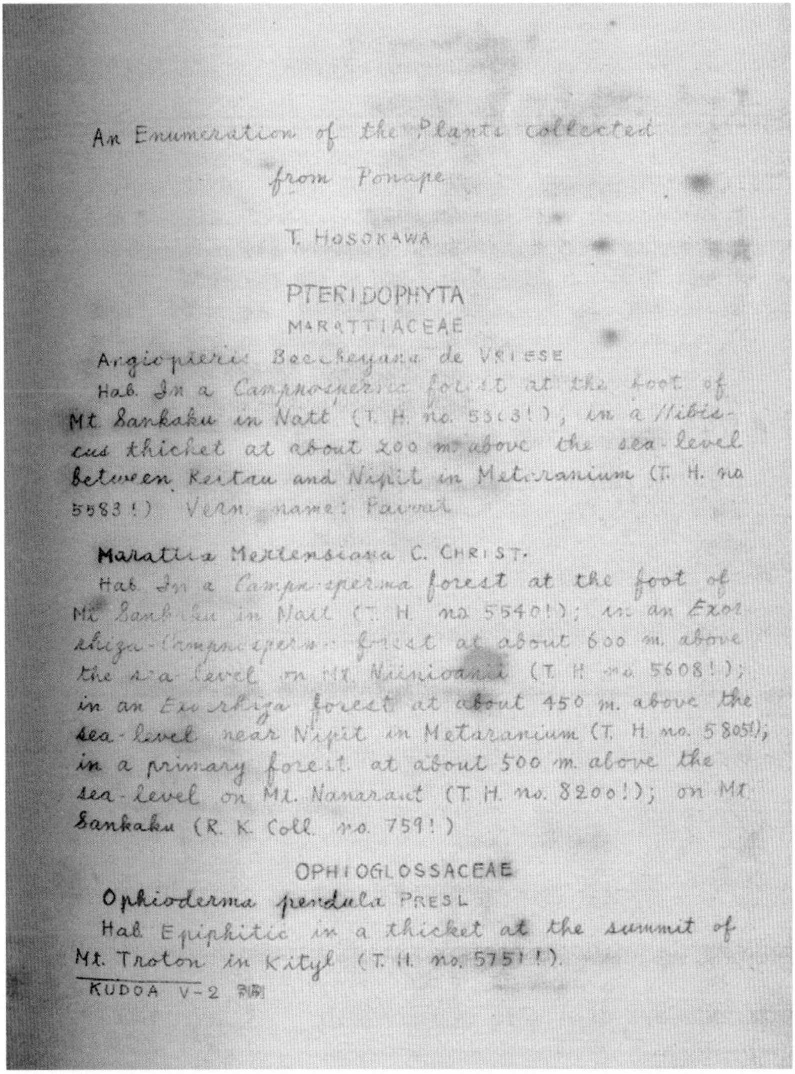

An Enumeration of the Plants collected from Ponape

T. HOSOKAWA

PTERIDOPHYTA

MARATTIACEAE

Angiopteris Boeckeyana de VRIESE

Hab. In a Campnosperma forest at the foot of Mt. Sankaku in Natt (T. H. no. 5313!), in a Hibiscus thicket at about 200 m. above the sea-level between Reitau and Nipit in Metaranium (T. H. no. 5583!) Vern. name: Pairat

Marattia Mertensiana C. CHRIST.

Hab. In a Campnosperma forest at the foot of Mt. Sankaku in Natt (T. H. no. 5540!); in an Exorrhiza-Campnosperma forest at about 600 m. above the sea-level on Mt. Niinioani (T. H. no. 5608!); in an Exorrhiza forest at about 450 m. above the sea-level near Nipit in Metaranium (T. H. no. 5805!); in a primary forest at about 500 m. above the sea-level on Mt. Nanaraut (T. H. no. 8200!); on Mt. Sankaku (R. K. Coll. no. 759!)

OPHIOGLOSSACEAE

Ophioderma pendula PRESL

Hab. Epiphitic in a thicket at the summit of Mt. Troton in Kityl (T. H. no. 5751!).

KUDOA V-2 別刷

圖8-2　細川隆英一九三七年在《*Kudoa*》第五卷第二期至第四期，連三期發表波納佩植物名錄。此為第一篇第一頁。

位，記錄當地附近的植被狀況。因為駐在所幾乎全臺灣到處都有分布，覆蓋程度相當好，這樣一來，我們仍然可以對臺灣有全面性的瞭解。」

「相關的駐在所資料，我已經從總督府那裡取得後拿給時夫。」山本補充：「前兩天他拿初步整理的地名資料給我看，我也才知道光是叫『見晴』的駐在所就有四個，所以這個資料整理也可以重新檢視地名資訊，這對標本標籤上的地名書寫和辨識會很有幫助。」於是山本請研究室的所有成員每人負責一部分資料的蒐集整理，最後由鈴木時夫統整，因為工作繁雜，還將《*Kudoa*》第四卷第三期的出刊時間推遲到十二月一日，但總算完成臺灣第一份綜整性的植被資料彙整：〈全島蕃地警察官吏駐在所所在地標高及ビ植被狀態調查表〉，包含了駐在所名稱、所屬行政區、海拔，以及大略的植被類型。

接下來的一段時間，細川隆英除整理標本外，也準備密克羅尼西亞植物研究系列的文章發表，預計分三篇投稿到《植物研究雜誌》(*The Journal of Japanese Botany*)上。[1]選擇不同於以往發表在期刊《臺灣博物學會會報》上，主要因為今年的研究受到日本學術振興會的經費補助，而且山本和正宗老師都鼓勵細川應該要發表在更受日本學界重視的期刊，好打響知名度。此外，細川也整理手上波納佩的植物名錄，包含自己採集，以及在其他標本館所見的標本，先發表在一九三七年出刊的《*Kudoa*》期刊中。[2]

一九三七年夏天，臺北帝大腊葉館又忙碌起來，研究室的眾人各有不同的採集行程。鈴木重良、鈴木時夫、福山伯明，帶著年輕生力軍島田秀太郎，在七月八日至二十日攀登南湖大山；山本由松則預計七月底會同森邦彥，從花蓮、臺東，沿內本鹿警備道路翻過中央山脈，到當時屬高雄州屏東郡的藤枝進行植物採集。②細川隆英則在七月初搭船到橫濱，依著原先的計畫準備第四次的南洋之旅。不過同一個時間，東亞也漸漸籠罩在戰爭陰影下，七月七日中國和日本兩軍在蘆溝橋衝突，八月十五日日本政府正式宣布開啟與中國的全面戰爭，同日臺灣軍司令部也宣布進入戰時體制。中國國內年來國民黨和共產黨兩方勢力大小衝突不斷，而在日軍進逼的威脅下，時任中國國民政府軍事委員會委員長的蔣介石下達對日抗戰總動員令，國共暫時放下歧見一致對外，往後綿延數年的中日戰爭正式揭開序幕，不過國共內鬥的隱憂如不定時不定向的炸彈，為戰局增添不少難測的變數。戰雲雖悄然逼近，但對在各地採集的臺灣植物學者來說，還未能感受到太多直接影響，學術工作並沒有因此中斷。

雅浦的草裙

細川隆英在昭和十二年（一九三七）六月二十五日自臺北出發到橫濱，在東京停留兩週，隨行的還有他的母親和妹妹烋子。雖說是以探視貞子夫婦為名，但期間也拜訪東京的其他親友，包括大森的朝倉家。細川和朝倉兩家對於細川隆英和富代兩人的未來都保持樂觀其成的態度，但也都認為不用著急，可以等到明年再商討。細川母親和烋子難得

② 此處的採集路線和人員，參考臺大植物標本館之標本資訊彙整而成。

到東京，決定在貞子家多盤桓幾天再回臺灣，細川隆英則於七月十二日搭乘塞班丸離開橫濱港前往南洋。

細川這次的行程預計以兩個月的時間在兩個地點研究，一個是先前尚未踏查過的雅浦島，另一個則是離雅浦不遠的帛琉，希望也進行一個月左右的調查。在塞班島有一大半的乘客下船，新上船的乘客和其他人一樣大多以帛琉為目的地，不過離開塞班後船上明顯空了許多。自橫濱港上船後，細川隆英即和一位年輕人住同一艙室，他的名字是川上泉。川上比細川小三歲，今年才剛從京都帝大畢業，今次是要前往帛琉熱帶生物研究所（帛琉熱研所）進行六個月造礁珊瑚蟲的研究。[③]兩人都是生物學者，雖然研究的對象不同，但相似的背景讓他們有不少可聊的話題，其中之一是時任臺北帝大講師的川口四郎。[④]川口和細川年紀相仿，東京帝大畢業後就到臺北帝大工作，前一年（一九三六）夏天他也曾到帛琉熱研所進行四個月研究，年底時還在理農學部的生物學研究會給過演講，[⑤]介紹熱帶生物研究所給校內師生，讓細川印象深刻。由於川口四郎也是進行珊瑚的研究，川上對他的工作相當熟悉，他也邀請細川隆英之後到帛琉時，前往帛琉熱研所找他，細川自然開心地答應。

雅浦島位於塞班島和帛琉之間，距離塞班島大約一千公里，但離西南方的帛琉只有約四百五十公里。雅浦島的面積約有二百平方公里，比塞班島略大，在加羅林群島中僅次於帛琉和波納佩島。雅浦實際上由四個以珊瑚礁相連的陸塊所構成，最主要的港口位

③ 川上泉與細川隆英此行相關描述，參考細川隆英（1971b, 1973）。川上泉（一九一二—二〇一〇），一九三七年京都帝大畢業，戰後任九州大學生物學教室教授（坂野徹 2019）。

④ 川口四郎（一九〇八—二〇〇四），海洋生物學者，明治四十一年一月一日生於愛知，一九三〇年東京帝大理學部動物學科畢業後，任臺北帝大理農學部助手，一九三三至一九四一年任講師，一九四二至一九四四年任助教授。戰後至岡山大學任講師、教授，一九七三年退休後轉任川崎醫大至一九七八年，平成十六年十二月十五日逝世，其妻愛子是臺北帝大／臺大磯永吉教授的長女。

⑤ 第六十回生物學研究會一九三六年十二月十二日例會，川口四郎的講題為「帛琉熱帶生物研究所介紹（パラオ熱帯生物研究所の紹介）」（《臺灣博物學會會報》昭和十二年三月學會錄事）。

在中央的科羅尼亞（Colonia）。細川搭乘的船隻在穿過礁岩間的狹窄通道後，於七月十九日抵達從查莫洛灣（Chamorro Bay）延伸出來的半島碼頭旁。

雅浦島在密克羅尼西亞群島中開發度並不高，島上仍然保有相當程度的原本文化型式，雖然有幾條簡單的街道，但是路上沒有任何一輛汽車，只有幾臺腳踏車和載貨的荷車停在碼頭邊。雅浦雖然也有種植椰子，但是沒有南興、南貿這些大公司進行大規模的開發，主要的商業活動是鰹魚業和高瀨貝業，故日本人活動的區域大都集中在碼頭附近。比如雅浦支廳舍、郵局、醫院都集中在半島近碼頭處，和南洋廳其他支廳有些不同，因此細川下船後徒步沒多遠就能到支廳舍。[3]接待細川的是雅浦支廳庶務係長片桐榮一郎，⑥片桐約莫三十歲出頭，他是支廳長小林喜代一⑦年初到雅浦就任時，從南洋廳（帛琉）帶過來的職員。細川向片桐解釋此行的目的，希望在雅浦各地進行植物採集，片桐隨口答應幫忙，但沒說兩句便開始抱怨當地生活的不便，不僅沒有交通工具，連餐廳都只有兩三間等等。眼見片桐係長態度不是很積極，細川暗嘆口氣，但也無可奈何，再聊一會，片桐便請人協助細川到支廳舍的臨時住處。稍微安頓後，細川思忖該如何安排接下來雅浦的田野行程，他回想起先前和矢內原忠雄教授通信時，曾提到在雅浦島如果需要可以找當地醫院的院長長崎協三⑧協助。矢內原教授在雅浦研究時受到長崎院長不少幫助，也許該先去拜訪他看看，主意既定，細川將行李留在住處，信步前往不遠處的雅浦醫院。

由於整個雅浦島只有一家醫院，遠近民眾有醫療需求都會前來此地，一進醫院門口，

⑥ 片桐榮一郎，明治三十六年（一九〇三）生於茨城縣，一九二三年下野中學校畢業後，歷任拓務省朝鮮課勤務，南洋廳長官官房祕書課次長，一九三七年任雅浦支廳庶務係長，一九三八年轉調楚克支廳庶務係長，一九四三年為北部支廳總務課長。資料參考海外研究所編（1940）《南洋群島人事錄》及橫田武編（1939）《大南洋興信錄（第一輯）南洋群島編》。

⑦ 小林喜代一，明治十七年（一八八四）生於山口市，明治大學法學部畢業，一九一五年起歷任內閣祕書課、人事課，一九三四年任南洋廳長官官房祕書課主任，一九三七年任雅浦支廳長。資料參考海外研究所編（1940）《南洋群島人事錄》及橫田武編（1939）《大南洋興信錄（第一輯）南洋群島編》。

⑧ 長崎協三，明治二十四年（一八九一）生於島根縣，一九二七年京都帝大醫學部畢業後，前往波納佩醫院擔任醫

就有不少當地民眾或坐或站地占著各個角落，其中一大部分的人仍赤裸上身，包含少部分的女性。細川左右巡視看著醫護人員忙進忙出，在門邊停了下來。細川戴的是野外工作的圓頂帽，一式卡其衣褲和細心捆紮的綁腿，吸引周圍幾個小朋友對他指指點點，顯然對他的「奇裝異服」感到十分有趣，細川也不以為意，向他們報以微笑。這時忽然身旁一個女子的聲音喊道：「細川先生！」

突如其來的招呼讓細川隆英嚇一跳，轉頭看到的是一個熟悉的面孔，但一時卻想不起她是誰。

「真的是你啊，細川先生。」眼前的年輕女子一手拿著醫療包，一手興奮地抓住細川的手臂。「你不記得我了嗎？我是澄子啊！」

細川這才想起來，她就是幾年前在往塞班島的船上遇到的落單女孩，當時還和矢內原教授等人聊得很開心，沒想到竟然在雅浦島的醫院再次相遇。澄子先將醫療包交給身旁另一位護理人員並交待幾句，扯著細川到醫院外的樹蔭下說話。原來澄子在抵達塞班島後，先在當地教會住一段時間，後來就到塞班醫院幫忙雜務，由於她做事俐落，待人親切，醫師到各地巡診時也常帶著澄子打理瑣事。這次她就是和塞班醫院的醫官岡谷昇⑨一同前來雅浦島，並準備協助雅浦醫院的下鄉巡診工作。

問明細川想要拜訪長崎院長，澄子請他中午休息時間再去試試，這兩天雜事特別多，院長又考慮外調，並希望岡谷醫師之後可以來接任院長的職務，這次就是特別邀請岡谷

官，一九三三年就任雅浦醫院院長，一九三九年起歷任波納佩醫院、塞班醫院院長，發表數篇熱帶病論文。資料參考海外研究所編（1940）《南洋群島人事錄》及矢內原忠雄（1935）《南洋群島の研究》。

⑨岡谷昇，明治三十年（一八九七）生於千葉縣，一九二二年千葉醫專畢業，歷經帛琉醫院、塞班醫院的工作，一九三三年升任醫官，一九三九年起歷任雅浦醫院長及波納佩醫院長。資料參考海外研究所編（1940）《南洋群島人事錄》。本章關於澄子的經歷以及岡谷昇醫師到雅浦的訪問描述均為虛構，巡診隊的臨時診療所地點，主要參考矢內原忠雄（1935）所述，及其參與巡診之類似經歷。

前來雅浦醫院幫忙和熟悉環境。兩人在異鄉重逢，絮絮叨叨地聊起天來，細川很高興澄子的生活豐富而多采，聽著她開朗的笑聲，早已沒有先前離家出走的陰霾。近午時分，澄子才帶著細川回到醫院裡。

長崎院長年紀四十多歲，問明細川的來意，得知是矢內原教授介紹而來，露出親切的表情，「你來得正好，我們這一陣子醫院都在雅浦各地巡診，有很多機會到處跑，」接著指向身旁的醫師，「岡谷醫師才剛從西邊的卡尼弗⑩和固羅魯⑪回來。接下來你可以和他們巡診隊一起走，互相也有個照應。」

「做植物調查的話，你有沒有特定想去的地點？」一旁陪同的岡谷醫師詢問細川。

「我希望能採集一些原生植物，順便進行些野外觀察。」細川連忙回答：「去山上或森林完整一點的地方當然最好，不過我也可以盡量配合你們的行程。」

長崎院長側頭想了一下，「奇里貝斯⑫那裡的塔必伍山（Mt. Dabiol）⑬是這裡最高的地方，我想森林應該還不錯，不過我自己沒有去過。」接著轉頭問岡谷：「你過兩天要去烏魯魯（Ururu）⑭對吧？要不就帶著細川君一起去？之後再安排去奇里貝斯的魯摩部落，你們巡診的時候，細川可以去爬山採集。玉中君也會去吧？」

岡谷坐正身體，「是的，我們預計二十一日會到塔拉固（Tarago）⑮那邊，已經和村長安排好了。」接著向細川解釋：「玉中正則先生是這裡的醫師，同時也是警部的技手，[4]有他同行會方便很多。」岡谷突然想起一件事，回頭又問長崎院長：「對了，剛剛澄子拜託我，

⑩ 原日文名「カニフ」，今雅浦島達李彼皮紐（Dalipeebinaew）附近，雅浦島之日文地名參考南洋廳（1930）《南洋群島島勢調查書》，及細川隆英標本標籤之描述。
⑪ 原日文名「グロール」，今雅浦島固羅魯（Guroor）附近。
⑫ 原日文名「ギリベス」，今雅浦島法尼夫（Fanif）附近，位於科羅尼亞北方。
⑬ 原名Mt. Dabiol，今名Mt. Taabiywol，海拔一七六公尺。
⑭ 原日文名「ウルル」，英名Ururu，今日雅浦島如耳（Ruul）地區，科羅尼亞西南邊。
⑮ 原日文名「タラゴ」，英名Tarago，今名Taalguw，科羅尼亞西南方的村落。

希望院長答應讓她和菲歐菈⑯一起參加巡診。」並和細川補充說明菲歐菈是雅浦醫院當地的醫護助手，和澄子是好朋友。

長崎院長笑笑著答應，「早知道澄子不會放過她，但有她幫忙翻譯我也比較放心。」又大致和細川解釋雅浦的醫療狀況，由於人力和設備不足，目前只有雅浦醫院有基本醫療設備，所以定期會到各地以巡迴診療所的型式看診，有時也會請塞班或帛琉的醫護人員來支援。而所謂的巡迴診療所也只是借用當地的學校或是集會所外的空地，拼湊出幾張桌椅，相當克難。

細川等人討論完走出辦公室，就看到澄子和一位個子比她略高的女孩站在門外閒聊，看到岡谷醫師向她們點點頭表示院長已同意要求，兩人興奮地幾乎要跳起來，細川猜想這應該就是那位叫菲歐菈的助手。眼前的女孩身穿白色的護理員衣服和長裙，頭髮整齊地往後梳然後結個短髻在左後方，雙眼靈動有神，但因為她的皮膚比當地一般人白，從輪廓眉宇間讓人聯想到她可能是混血兒。

澄子拉著菲歐菈介紹給細川認識，並提到她的父親是德國人，因此有一半德國的血統，父親過世後就一直在雅浦醫院幫忙。細川想到之前學習德文時，有學過菲歐菈（Fiora）作為德文名字使用，原本的意思是花，於是試探地用德語問她：「Magst du Blumen?」（德語：你喜歡花嗎？）

菲歐菈愣了一下瞪大眼睛，露出不可置信的表情，接著開心地以德語和細川聊起來，

⑯ 菲歐菈是本書虛構人物，原型為矢內原忠雄（1935, p. 538）書中提及在雅浦遇到住在科羅尼亞市街背後三角山附近德國與查莫洛混血兒弗來明哥（獨逸人とチヤモロとの混血兒フレミング〔Flamingo〕）。

因為她遇到大部分的日本人都不會德語，自父親過世後，她已少有機會說德語，有時甚至還特地跑去教堂找會德語的西班牙籍艾斯培拉神父[17]聊天，只為想像和父親說話。菲歐菈詢問細川怎麼會德語，細川回答說他因為要閱讀德文的植物學文獻所以認真學過一段時間，不過讀寫還可以，口說的話就不怎麼行。菲歐菈的德語比日語流利得多，澄子看著兩人用聽不懂的語言你來我往地交談，連忙以日語插問，也羨慕地向細川表示之前都沒有看她這麼開心聊天過。長崎院長在一旁也驚訝細川能以德語溝通，並表示他自己只能看懂一點德文，最後還順口提醒細川到村落時，其實可以用德語和一些長老交流，會有不錯的效果。

二十一日細川按照原訂計畫，和巡迴診療隊到烏魯魯地區的塔拉固村落。由於醫院有自己的汽艇，從科羅尼亞坐船過去相當便捷。整個診療隊除了醫護人員外，還有當地人的巡警和助手，抵達後很熟練地在村裡空地搭好的帳蓬下擺放桌椅設備，細川在他們診療的時候就在附近簡單採集，回來也會幫忙收拾，當天傍晚就坐船回到科羅尼亞休息。

接下來兩天澄子和菲歐菈留在科羅尼亞的醫院，細川則和巡警一起到北邊奇里貝斯的塔必伍山，以及科羅尼亞西邊的瑪波（Mabo）[18]山上採集。塔必伍山其實並不高，海拔只有一七六公尺，雖然這附近的確有較好的森林，但和最近的帛琉比起來明顯較乾燥而附生植物少得多。不過整體而言雅浦和帛琉兩地物種還是蠻相似的，特別是在雅浦溪流旁的熱帶降雨林，漆樹科的大果漆、山樣子，以及葉子快和手臂一樣長的短柄鳩漆，還有

⑰ 艾斯培拉（Fr. Bernando de la Espriella）神父在一九二〇年代來到雅浦，一直持續傳教到二戰爆發。由於當時日本在南洋的政策，一九一九年後所有在雅浦的德國人幾乎都被驅逐出境，後來才在當地人的宗教需求聲浪下，請教宗任命西班牙籍的傳教士前往雅浦和楚克群島。艾斯培拉在二戰期間與其他宣教師被遣送至帛琉集中管理，最後在一九四四年九月十八日，與另外兩位傳教士在帛琉被日軍射殺（Hezel 2003）。

⑱ 日文地名マボ（Mabo），今日Maabuuq附近。

藤黃科藤黃屬的植物等都是類似的優勢樹種。⑲

澄子和菲歐菈每天傍晚都會連袂前往細川隆英住處，看他從野外採回來的標本。細川也教她們分辨不同的植物，並且指導她們如何壓製腊葉標本，兩人都學得津津有味。從野外採回來的植物會大概先按採集地點、種類分類攤在地上整理，分別以枝剪修到適當長度，再依次壓在報紙間，壓的時候也會順便進行「整枝」的動作，調整標本在平面上的排放位置，有點像是繪畫的構圖。壓製標本時也會考慮未來放在臺紙上的呈現方式，同時注意葉片正反兩面是否都有顯現，以及花果不要被葉片蓋住等等細節。細川坐在地上熟練地整理標本，菲歐菈和澄子兩人則蹲在植物旁，不時指指點點，或拿起植物端詳。

菲歐菈看著細川將一段帶花的枝條壓進報紙，指著它說：「唉，你怎麼還沒等結果就把『*gooneg*』採下來了？它的果實很好吃耶。」澄子追問那是什麼，細川笑著回答：「它叫海檀木[5]，是鐵青樹科的植物，」接著問菲歐菈「*gooneg*」是否是當地的名稱，菲歐菈點點頭，拿起另一段帶著稀稀落落花朵的植物枝條，「這個我也認得，『*carambola*』⑳的果實也挺酸，但很好吃。不過你這段標本也太難看，我下次幫你找好看一點的果實吧。」

細川看澄子一臉狐疑，又想辦法解釋：「它就是楊桃，又名『五斂子』，妳有沒有吃過？」接著把楊桃標本給澄子，示意她拿去。看澄子笑著搖搖頭，菲歐菈還是有點不以為然，「我們還有另一種『*bilimbi*』[6]，比它還要酸，可是更好吃。唉呀，真是可惜了，你真的該等它果實成熟。」細川只能在一旁苦笑，不同人對於植物價值的認知果然很不一樣。

⑲ 大果漆和名ドクウルシ，屬名*Semecarpus*，雅浦和帛琉共有的種是*Semecarpus venenose* Volkens。山檨子和名ウミソヤ，屬名*Buchanania*。雅浦產的是特有種廣葉山檨子（*Buchanania engleriana* Volkens）（採集編號Hosokawa 8756），帛琉則有細葉山檨子（*Buchanania palawensis* Lauterb.）。短柄鳩漆細川隆英在科斯雷、波納佩、帛琉等地都有採集過，雅浦島該植物的採集編號為Hosokawa 8742。藤黃屬和名フクギ，屬名*Garcinia*，雅浦產的是和帛琉共有的盧米優藤黃（*Garcinia rumiyo* Kanehira）（採集編號Hosokawa 8880）。植被描述參考細川隆英《南方熱帯の植物概観》(Hosokawa 1943f)及細川隆英採集標本。

⑳ 金平亮三（1933）使用「カランボラ」作為楊桃的和名，也是學名*Averrhoa carambola* L.（酢醬草科）中種小名的直接音譯，現今多使用楊桃的英文音譯「スターフルーツ」(star fruit)稱之。

不一會坐在一旁的兩人忽然竊竊私語起來，菲歐菈一邊偷笑地指著細川正在壓的標本低聲說了幾句話，說完兩個女孩就笑成一團。細川被兩人的舉動弄得一頭霧水，終於耐不住好奇心出聲詢問。兩人一開始還有些扭捏不肯說，最後菲歐菈拗不過澄子的哀求，才臉紅地說：「你壓的那個植物，我們叫『*bith*』，它的葉子是我們上廁所在用的啦。」澄子笑著搭上菲歐菈的肩膀，「剛剛我們在討論哪種植物『擦』起來最舒服，她跟我推薦用椰子殼內的果肉部分，又舒適又清涼。」看著細川愣住的模樣，菲歐菈的臉整個脹紅起來，氣得直往澄子捶去。細川回過神來，手上的植物是加羅林血桐，[7]他先前在科斯雷、波納佩、帛琉等地都有採集過，是群島間相當普遍的物種，但從來不知道它有作為廁紙的用途。加羅林血桐圓形的葉子直徑大概有二十公分，兩面布滿綿毛，的確是如廁的方便工具，想到這裡自己也不禁在心裡笑了起來，但又不敢表現得太明顯，只能有點尷尬地低下頭繼續壓標本。菲歐菈從她母親處認識不少植物，在細川整理標本時會向他解釋植物的當地名字和用途，三人圍繞植物聊天，讓細川放鬆不少，休息時也說起臺灣的故事給從沒去過臺灣的兩人聽。在南洋廣闊無垠的星空下隨興閒談，有時心神會恍惚起來，不知是臺灣還是南洋比較像是夢境。

隔天細川跟著巡迴診療隊到科羅尼亞對岸托米爾島（Tomil）的塔普村（Taap），從此地向東可以抵達另一個村落瑪村（Maaq）㉑。整個托米爾往北是一大片紅土的臺地，貧瘠地上的植被不多，東禿一塊西禿一塊，細川一路沒有太多的採集，徒步走到瑪村後回到塔

㉑ 托米爾（トミル，Tomil），今日Tamil區；塔普村（タープ，Taap），位於今日托米爾島西南。日治時期的「瑪村」（マー），位在今日瑪村的東方近岸處，兩個村落原始位置所在目前已無明顯聚落。過往由於交通工具為船隻，聚落多以近岸為主，今日托米爾的主要聚落，則位於島南邊中央的內陸區。

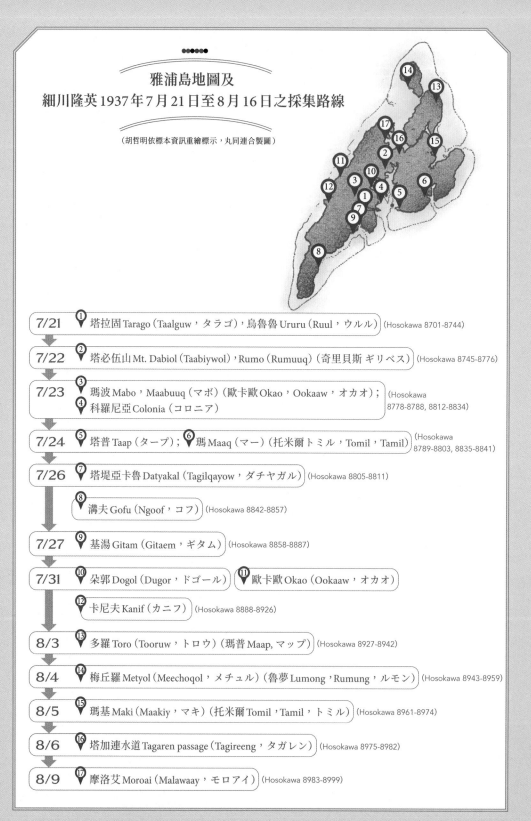

雅浦島地圖及
細川隆英1937年7月21日至8月16日之採集路線

（胡哲明依標本資訊重繪標示，丸同連合製圖）

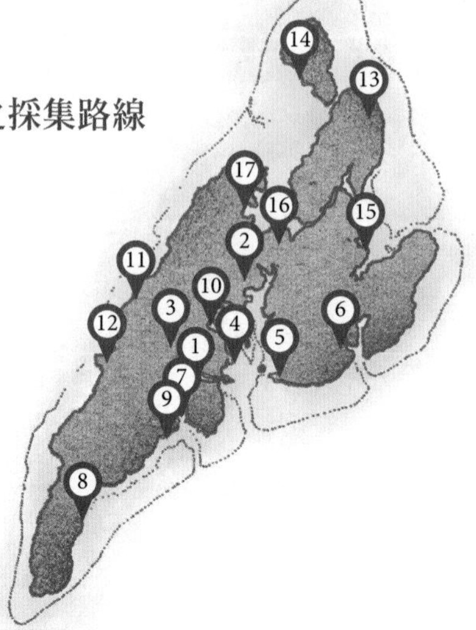

7/21 ① 塔拉固 Tarago（Taalguw，タラゴ），烏魯魯 Ururu（Ruul，ウルル）（Hosokawa 8701-8744）

7/22 ② 塔必伍山 Mt. Dabiol（Taabiywol），Rumo（Rumuuq）（奇里貝斯 ギリベス）（Hosokawa 8745-8776）

7/23 ③ 瑪波 Mabo，Maabuuq（マボ）（歐卡歐 Okao，Ookaaw，オカオ）；④ 科羅尼亞 Colonia（コロニア）（Hosokawa 8778-8788, 8812-8834）

7/24 ⑤ 塔普 Taap（タープ）；⑥ 瑪 Maaq（マー）（托米爾トミル，Tomil，Tamil）（Hosokawa 8789-8803, 8835-8841）

7/26 ⑦ 塔堤亞卡魯 Datyakal（Tagilqayow，ダチヤガル）（Hosokawa 8805-8811）

⑧ 溝夫 Gofu（Ngoof，コフ）（Hosokawa 8842-8857）

7/27 ⑨ 基湯 Gitam（Gitaem，ギタム）（Hosokawa 8858-8887）

7/31 ⑩ 朵郭 Dogol（Dugor，ドゴール）⑪ 歐卡歐 Okao（Ookaaw，オカオ）

⑫ 卡尼夫 Kanif（カニフ）（Hosokawa 8888-8926）

8/3 ⑬ 多羅 Toro（Tooruw，トロウ）（瑪普 Maap, マップ）（Hosokawa 8927-8942）

8/4 ⑭ 梅丘羅 Metyol（Meechoqol，メチュル）（魯夢 Lumong，Rumung，ルモン）（Hosokawa 8943-8959）

8/5 ⑮ 瑪基 Maki（Maakiy，マキ）（托米爾 Tomil，Tamil，トミル）（Hosokawa 8961-8974）

8/6 ⑯ 塔加連水道 Tagaren passage（Tagireeng，タガレン）（Hosokawa 8975-8982）

8/9 ⑰ 摩洛艾 Moroai（Malawaay，モロアイ）（Hosokawa 8983-8999）

圖8-3　南洋廳雅浦支廳舍　圖片來源：南洋廳（1932c）《南洋廳始政十年記念　南洋群島寫真集》

圖8-4　雅浦醫院，照片攝於一九二六年。　圖片來源：天野代三郎編《ヤップ島寫真集》

普村和眾人會合。他注意到菲歐菈等人並不太想要在外地過夜，上廁所時也總是和澄子遠繞村後。回到科羅尼亞後，細川很快壓完為數不多的標本，長崎和岡谷醫師帶著澄子和菲歐菈拿一些食物過來一塊晚餐。細川說起他的觀察，詢問診療隊在外是否有什麼不便之處，否則似乎不太有多日的行程。長崎院長怕菲歐菈不好啟齒，所以代為解釋，身為雅浦的女性是有不少不便之處。

「在雅浦社會裡，從女性初經開始之後，她們就會被帶到一個特定的房子，叫作『*dapal*』對吧？」長崎院長看菲歐菈點頭，繼續說明：「女性去住一年之後才能離開，而且一年之後只要月事一來，就得回去『*dapal*』住，而且那段期間走路不能經過老人種的芋頭田，只能走特定的小徑。其他還有諸多未婚女性的限制，所以巡迴診療隊若有女護理人員的話，我們都不太會在外住宿。」

澄子也點頭同意，「住在科羅尼亞方便多了，沒有那麼多規矩要嚴格遵守。若是在外地像是男性集會所『*faluw*』，我連靠近一點都會被警告。」

「男性集會所也是個頭痛的根源，我在巡診的時候，有不少性病的病人都跟它有關。」岡谷醫師進一步向細川解釋：「雖然政府三申五令禁止在集會所的性行為，但是積習難改，雅浦的性病比例在南洋廳裡相當高，之前醫院院長藤井保博士就認為這是雅浦人口衰退的主要原因。[8]長崎院長你覺得如何？」

長崎院長略皺一下眉頭，「性病流行固然是一個原因，但人口衰退應該是有更多錯綜

STONE MONEY OF UAP, WESTERN CAROLINE ISLANDS.
(From the paper by Dr. W. H. Furness, 3rd, in Transactions, Department of Archæology, University of Pennsylvania, Vol. I., No. 1, p. 51, Fig. 3, 1904.)

圖8-5　雅浦島上的巨石錢幣，W. H. Furness博士於一九〇三年攝。

圖片來源：Wikimedia Commons

複雜的因子在影響。連續三十幾年人口都是負成長就不是件正常的事，㉒南洋廳中只有雅浦有這樣的問題。前幾年矢內原忠雄教授來雅浦調查的時候就有注意到這個現象，低出生率和高死亡率背後的社會制度和經濟結構都會造成人口下降，性病和肺結核這類疾病只是浮在檯面上讓人比較容易看到。」

經過長崎和岡谷醫師的解釋，細川總算瞭解巡診隊在外的難處，也稍微能體會像菲歐菈這類接觸過西方文化的當地人，心中存在的各種矛盾。細川又再問到集會所前看到的大圓石幣，有些直徑達到兩公尺，他知道這是

㉒ 雅浦島自一九〇〇至一九三七年間，人口從七四六四人減少到三三九一人(Lingenfelter 2019)。

雅浦小學校
雅浦醫院
雅浦郵便局
雅浦支廳舍
集會所

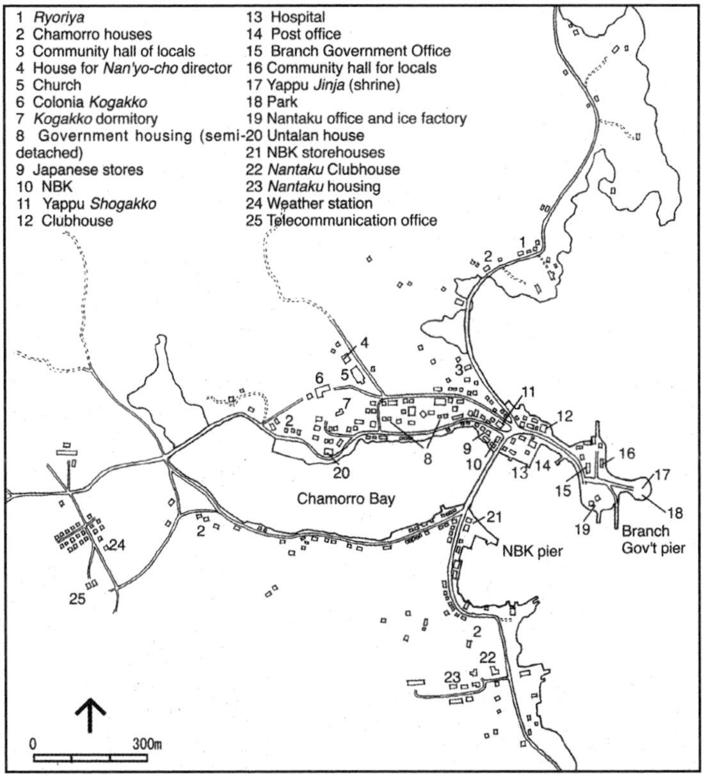

圖8-6 雅浦島科羅尼亞(Colonia)全景，並標注主要建築物。圖片來源：天野代三郎編《ヤップ島寫真集》(日本國會圖書館藏)，建築物並參考一九四四年代之科羅尼亞附近地圖(Ono & Ando 2012)。

過去使用的貨幣，但不清楚來龍去脈。

菲歐菈笑著解釋：「這個巨石錢幣叫『*rai*』，傳說最早約有一百五十枚巨石錢幣由Fatha'an從帛琉運來雅浦，成為我們這裡的貨幣，愈大的巨石價值愈高，但我們也不會輕易交換大石幣。」

長崎院長接著提到先前矢內原教授來的時候，曾經說過十九世紀後期，有位美國的船長奧基夫（David O'Keefe）在瞭解巨石可當貨幣使用後，從帛琉運來更多石幣和雅浦人交易，甚至到了萬片以上，雖然因此大賺一筆，卻相當程度地影響當地經濟，打亂原本的貨幣交易體系。菲歐菈則再補充說：「但我們還是知道哪些石幣是舊的，特別那些大巨幣本來是誰的，之後曾送給誰，我們都很清楚。舊石幣的價值還是比較高，不過新舊石幣我們都有在用。」㉓

接下來的幾天，細川跟著巡迴診療隊又前往南邊位在烏魯魯的塔堤亞卡魯（Datyakal）、溝夫（Gofu），以及基湯（Gitam）等地，㉔也都進行簡單的採集。七月三十一日巡迴診療隊預計搭船繞到雅浦島西側的歐卡歐村（Okao），細川和眾人商量後，先讓船在科羅尼亞北邊的朵郭（Dogol）㉕讓細川和當地嚮導上岸，其餘人則搭船北繞塔加連水道（Tagaren Passage）㉖，直接到歐卡歐村。塔加連水道是連結雅浦兩大島間的狹窄水道，在德國統治期間開始開鑿，南洋廳成立後日本人再次拓寬，從昭和八年（一九三三）底到昭和九年（一九三四）三月完工，使得在低潮時仍能開船通過水道。細川等採集隊成員則直接向西

㉓ 有關雅浦石幣的傳說和說明，參考Gilliland（1975）、Tu（2018）、Fitzpatrick（2002）等文。雖然日治時期曾經記錄多達一萬三千片的石幣，但後來由於各方搜刮，離散各地，目前據信已不到一半的巨石錢幣留在雅浦。

㉔ 塔堤亞卡魯（ダチヤガル，英名Datyakal，今名Tagilqayow）、溝夫（コフ，英名Gofu，今名Ngoof），以及基湯（ギタム，英名Gitam，今名Gitaem）。

㉕ 朵郭（ドゴール，英名Dogol，或Dugor）。

㉖ 塔加連水道（タガレン，Tagaren Passage），參考矢內原忠雄（1935）遊記。

邊走陸路橫切，到西岸的歐卡歐再和大家會合，這樣一來走陸路採集的時間就可以多一些。

這個屬於歐卡歐的區域，一直到北邊的奇里貝斯，保留不少雅浦傳統的文化習俗，是當地日本人口中的「邊陲地區」。這附近沒有設立公學校和駐在所，會來到此地的日本人幾乎只有巡迴診療隊。部落裡大部分的人都保持傳統穿著，男性只有簡單的布料遮著下半身重要部位；女性則裸露上半身，下著一圈看起來蓬蓬的草裙。細川在午後抵達歐卡歐的臨時診療所，今天的看診已差不多結束，只剩幾個女孩坐在路旁的棚架上。細川到臨時拼湊的桌椅旁坐下，看了看旁邊穿著草裙的女孩，顯然對草裙的植物組成很感興趣，但又不太敢直接去詢問，從地上撿起一根像是草裙上掉下來的長條乾草，在手上翻來覆去觀察。坐在細川旁邊的菲歐菈微微側身地小聲說：「我們的草裙主要用『*gal*』的纖維撕下編成，就是你們說的『黃槿』，但有時也會加上椰子葉、香蕉葉。一件草裙大概可以穿一週，我們女孩子從小就穿草裙，也都會自己編織，還會以各種不同植物點綴裝飾。」[9]

細川聽完有些不好意思，謝了兩句，接著又忍不住問起為何有些女性身上有掛一條黑色的帶子，有些又沒有。菲歐菈笑著解釋：「成年後的女性，會在頸子下方垂下一條用黃槿纖維編成的黑色帶子，稱之為『*marfaa'*』，帶子繞著脖子一圈後，再從胸前下垂，大約到肚子的長度，下垂的黑帶也可以後移到背部。」[27]接著輕拉自己的衣領，另一隻手指指自己身上的「*marfaa'*」，「我也有戴啊，只是穿在衣服裡。」細川點頭表示瞭解，但是眼

㉗ 所謂成年女性，係指初經後的女性，雅浦女性會終身戴著這個黑帶，英文拼法也有時是「*marfaw'*」，參考Ling (2011)、Lingenfelter (1975)，和Hobbs (1922)。

睛不敢再看向她，低頭在筆記簿上做記錄。

菲歐菈略微直起上身，看細川拿筆記錄自己剛才解釋製作草裙的植物，暗想植物學家也真是認真，左右張望一下附近後起身離開，不一會回來時手上多了幾份植物。菲歐菈將植物一一放在細川身前，「這些都是我們會拿來裝飾草裙的植物，有時還會再編織和染色。」她拿起一個有深裂葉片的蕨類，「這是『*gob*』，我特別喜歡它，因為它帶有一種香氣，你們叫什麼名字？」

細川回答：「這是海岸擬茀蕨[10]，」他翻過葉子的另一面，指著一團團橘色圓形的粉狀

最後一種是「月經小屋」（*dapal*），主要提供給經期間的女性居住，以及孕婦生產嬰兒的所在。女孩在初經後的第一年（稱為 *rugod*）必須移住到「*dapal*」，由年長女性教導女性成年後相關的習俗和禁忌，如這段期間不能接近芋頭田、不能吃自己父親或其他男性種的食物，在村內行走的路徑也和其他人不同。「*dapal*」的位置通常在離村中其他住屋一段距離的地方，也常和祖墳相鄰。初經後的第二年，女孩則住到附近的另一個小屋「*tarugod*」一整年，之後才能回到村落，但仍需遵守各種禁忌才能展開人生另一個階段。

今日的雅浦已很少使用月經小屋，除了極少數在法尼弗（Fanif）的村落。而部落集會所和傳統領袖的結構雖然在現在社會仍然存在，但是當地階序和政府組織有不少結構上的矛盾，引發不少衝突，造成各種社會問題（參考矢內原忠雄 1935；Lingenfelter 2019；黃郁茜 2021）。

雅浦傳統集會所

雅浦傳統的集會場所主要有三種，幾乎每個部落都存在，第一種是「村落（成人）集會所」（*pebaey*或*pebay*），是部落主要的社交中心，提供成年人及長者使用，部落內的重要決定會在集會所內由年長的男性與女性來主持，年輕人通常不能隨意發表意見。初經後的年輕女性，以及經期間的成年女性都被禁止接近成人集會所。集會所前會有一個舞蹈廣場，提供各種活動使用，巨型石幣也會堆放在門口。

第二種是「青少年集會所」（*faluw*），僅限男性使用，建築和成人集會所類似，但是沒有走廊，也不允許女性接近。唯一的例外是被稱之為「*mispel*」（hostess，集會所的女主人）的女性，她執行屋舍內妻子的工作，除灑掃煮炊外，還包含和屋內男性不限對象的性行為。這些女性多半來自外村，也仍須遵守一定的村內禁忌。「*faluw*」的存在提供年輕男性一個自由空間，他們可以在屋內隨興地工作和玩樂，不受其他族人干擾，但青少年集會所也是傳統知識傳承的場域。此外，

圖8-7　雅浦島島民集會所，門口亦可見巨石錢幣。圖片來源：《南洋廳始政十年記念　南洋群島寫真帖》（南洋廳1932c）

由於「*faluw*」並不禁止其他成年男性進住，從疾病傳播的角度來看，它也的確容易成為性病傳染的溫床，故德國和日本統治者都立法禁止集會所女主人的安排，但部落傳統習俗很難改變，特別在偏遠地區。類似的情形在帛琉民族誌也有紀錄，由外村的女性組團前來拜訪男人屋（*bai*）與提供性服務，而當她們回村時，也會得到有價值的物件作為服務的回報，這樣的活動可以提升她們在原本村落的階級與影響力。帛琉此類的村落網絡關係在德國殖民時期開始加以禁止而最終沒落（Yamashita 2011）。

構造，「這是它的孢子囊群，就是產生孢子的地方。」菲歐菈點點頭，又拿起另一片小葉子，露出有點俏皮的表情，「那麼這個呢？你也應該知道吧？我們稱它『*guchol*』，它可以拿來吃，拿來染色，也可以做藥，生活裡少不了它。」

那是一片植物的幼葉，細川接過植物細看一下，用鼻子聞了聞，「是薑黃的小孩吧？你想要用片小葉子來考我嗎？不過它的味道實在太特別，我不會認錯的。」

菲歐菈咯咯地笑著，又補充解釋她們會將各種植物再用椰子或是「*yibung*」㉘的纖維編織在草裙上，也可以一層一層疊加。這時澄子也忙完過來，三人談談笑笑一起幫忙收拾，準備前往南邊的卡尼夫（Kanif）㉙略作停留後，再搭汽艇回到科羅尼亞。

在巡迴診療隊的協助下，細川隆英在雅浦各地進行調查和採集，到八月初大部分的地區都已踏查完成，剩下的時間就是整理標本和採集資料。細川預計搭乘八月十六日的帛琉丸客船離開，而岡谷昇醫師和澄子也差不多在同一時間要搭船北上回塞班。

為了感謝塞班醫院的協助，小林喜代一支廳長請片桐係長安排午宴，宴後在集會所廣場則有雅浦傳統舞蹈表演。第一場表演全由男性擔綱，十來個人排成兩列縱隊，每人手上拿著一根三尺左右長度的竹子，全身只有腰下有簡單的椰葉遮蔽，有些人頭上戴著椰子葉編成的帽箍，手臂和小腿上也有椰子葉的裝飾。跳舞時兩人一組，互相以竹子敲擊，同時口中呼喝，時而交換位置。㉚

第二場表演是全女性的舞蹈，站成一排的每個人都穿著圓蓬蓬的草裙，草裙本身是

㉘ 一種五加科南洋參屬（*Polyscias*）的植物，在草裙上的使用，參考 Merlin et al.（1996）。

㉙ 卡尼夫（カニフ，英名 Kanif）。

㉚ 有關雅浦傳統舞蹈的描述，參考矢內原忠雄（1935）、Dean（1996），以及 Troop（2009）。雅浦的舞蹈型式主要有三種：立舞（*saak'iy*）、坐舞（*paer nga buut*），以及竹舞（*gamel'*），各有其表演背景需求和文化意涵，也常是取代語言的溝通方式，前二者基本上都是男女分開，而竹舞則多會男女合跳（Troop 2009），本文僅以男性的竹舞和女性的立舞來作代表。

圖8-8 雅浦島新舊島民對照，照片左三婦女上身穿戴的即為「*marfaa'*」。照片年代不明，但應在一九三二年之前。圖片來源：《ヤップ島寫真集》（天野代三郎）

圖8-9 雅浦島傳統穿著的女性舞蹈。照片年代不明，但應在一九三二年之前。

圖片來源：《ヤップ島寫真集》（天野代三郎）

圖8-10 雅浦島島民生活改善講習會 圖片來源：《南洋廳始政十年記念 南洋群島寫真帖》（南洋廳1932c）

乾燥的黃槿或椰子纖維，走起路來會發出沙沙的聲音，腰際則再以新鮮的葉子作裝飾。每人的頭上都戴著和男性類似椰子葉編的帽箍，裸露的上半身則塗抹一層椰子油，但是各人會自己加上各種椰子葉的編織裝飾，手腕和腳踝也綁上植物編，在跳舞的時候會發出各種聲響。坐在細川身旁的澄子悄悄指著其中一位女生，細川定睛一看才發現原來是菲歐菈，難怪這兩天都沒有看到她。

菲歐菈的頭上兩側各插上一小段以椰子葉編成的小花，脖子上掛著一串貝殼項鍊，胸前除了黑色的「*marfaa'*」，還披上一串以各種蕨類編成的長帶，草裙腰帶以香蕉葉和椰子纖維細細編串，草裙則有長而彎曲的香蕉葉絲為底，襯以染成紅色和綠色的黃槿纖維交錯其間。她的上臂和手腕上都綁著黃色的椰子葉，跳舞的時候一邊以有節奏的吟唱和身上的草裙、裝飾發出的聲音相應和。菲歐菈偶爾也偷眼望向細川等人，臉頰不知是因為天氣太熱還是其他原因泛著紅暈，最後舞蹈在眾人的歡呼鼓掌下結束，菲歐菈和其他女孩謝幕後就一起離開。

澄子露出一抹曖昧微笑伸手推細川肩膀，「你是沾了我們醫院的光才能看到雅浦的傳統舞蹈，我卻是沾了你的光才看得到菲歐菈跳舞呢。」看著細川的臉紅起來，澄子才搖搖頭笑說：「只是和你開個小玩笑吧。不知怎的，在這個偏遠的南洋角落，我才放得比較開，感覺可以隨心所欲地生活。」

風吹過椰子葉的窸窣聲讓人心情平靜下來，菲歐菈換回裙裝加入他們，三人坐在海邊椰子樹下的草地上聊天，都有點不想離開微鹹的海風帶來的慵懶。澄子怔怔望著前方不斷緩慢前進的海浪，過一會轉頭問細川：「你還會再來南洋嗎？」

細川抬頭想了一下，「我預計明年會到科斯雷做生態研究，應該會待超過一個月吧。」他側頭回問澄子：「那妳呢？打算一直留在南洋嗎？」澄子將目光回到遠方的海浪，「嗯，暫時還不想回內地。」她又笑起來抓著菲歐菈的手臂，「但也許有天會突然和菲歐菈跑去臺灣找你喔。」細川微笑答應。

隔日一大早，細川隆英在住處收拾行李，片桐係長帶著兩名壯丁用板車載著一個麻布大包來找細川，後面跟著澄子和菲歐菈，板車原本是細川拜託來協助載行李和標本的，細川有些困惑地望向眾人。片桐先放下麻布包，招呼一聲便和其他人一起搬運屋內的標本箱，留下門口的三人。澄子把菲歐菈往前一推，拍拍地上的麻布包，「這是菲歐菈要給你的禮物，得麻煩你扛回去囉。」

細川將麻布包封口解開往裡看，才發現是一整件草裙，驚訝地望向一旁略顯窘態的菲歐菈。

菲歐菈抬頭將目光移到另一邊，收起笑容假裝不經意地說：「反正這裙子我一年沒穿幾次，下次也不知是什麼時候，放在家裡也會壞掉，就送給喜歡壓扁花草的植物學家吧。」說到這裡忍不住笑起來，和澄子鬧成一團。三人又聊一會，待片桐等人先載著行李離開，才一起走路到碼頭。分別前菲歐菈和澄子都有點不知說什麼才好，默默看著細川上船。

船隻起錨後，細川從甲板上舉手回應碼頭上一直不斷揮手的澄子和菲歐菈，雖然很高興在雅浦認識了不少朋友，離別之際也有些不捨，心裡想著若是從植物學研究的角度來衡量，自己短期內要回到雅浦的機會實在不大，帛琉、波納佩、科斯雷的原始森林都更適合未來想做的生態調查，但是再過幾年後雅浦不知會不會完全變了個樣。就像矢內原教授說的，雅浦在整個密克羅尼西亞來說，受到外界的影響有限，仍然保有相當獨特迷人的文化，他從菲歐菈身上看到傳統與現實的矛盾，也想到馬里亞納群島的高度開發結果嚴重破壞原本的生態面貌，雅浦很可能也無法逃過這

圖8-11　細川隆英一九四六年捐贈給臺大人類系的草裙

圖片來源：國立臺灣大學人類學博物館

樣的未來，這讓細川聯想起在紅頭嶼時明石哲三的話語：「文明到底是好是壞呢？」一邊想著，眼前岸邊的人影已愈來愈小，細川輕輕地自言自語：「Auf Wiedersehen.」（德文：珍重再見），幾年之後，那個穿著草裙婀娜起舞，燦爛如花的女孩，不知是否還能一直開心地在雅浦生活呢？㉛

充滿活力的帛琉

八月十七日細川隆英乘坐的帛琉丸抵達科羅港，在碼頭等待的是久違的吉野剛，上次見面已是四年前的事，吉野待幫忙搬運行李的工人上車走後，帶著細川在街上散步。街道兩旁商店櫛比鱗次，特別是各式料亭特別興盛，咖啡店和酒吧加起來也有三、四十間，㉜間中穿梭著刻意打扮的女性，讓人恍若置身東京街道。在南洋廳的銳意經營下，州廳所在的帛琉達到前所未有的巔峰繁榮，單是科羅一地，日本籍的人口已超過一萬人，而主要大島巴伯爾圖阿普上的幾個示範殖民區域，如中部的卡魯米斯康和南部的艾來，也遷入一批又一批的日本移民。

前一年（一九三六）南洋廳也開始進行一系列的官制改正，廳內各課整合在新設立的內務部和拓殖部兩大部門之下，等於是將拓殖業務升級，產業試驗場改制為「熱帶產業研究所」，首任所長由原任拓殖課課長的蘆澤安平擔任，原本的場長栗野龜藏則辭官加入新

㉛細川隆英雖然在接下來一九三八到一九四一年間三度造訪密克羅尼西亞，但始終沒有再前往雅浦島。在臺大人類學博物館，收藏有細川隆英於一九四六年贈送的十五件人類學相關藏品，其中一件（藏品編號3439）是雅浦島的草裙，但沒有任何描述說明其來源（胡哲明2021）。本文有關細川收藏的草裙和雅浦菲歐拉發生的故事，均純屬臆想。

㉜此時科羅街道的樣貌參考Ono等人（2002）和Peattie（1988）之描述，此時代的咖啡店（カフェー）為有大量女給（女侍）的餐飲場所，和兼營特種行業的酒店類似（文可璽2014）。

成立的南洋拓殖株式會社（南拓）。南拓是半官半民的組織，功能為統整殖民的產官各項業務，職掌日本拓務行政的拓務省下同時成立的還有臺灣拓殖株式會社，其目的都在於能彈性進行拓殖事業，以及提供拓殖資金給在地會社。㉝舉凡農林漁牧、礦業、海運、移民、土地經營，甚至是新聞報業，都在支援的業務範圍之內。除了南洋廳本身之外，南拓的資金主要來源還包括南洋興發、三井物產、三菱社、東拓等大企業。

兩人回到熱帶產業研究所後，細川向吉野解釋，希望在巴伯爾圖阿普島選定幾個方形樣區，進行植物群落的調查研究，地點則選擇路易士阿魯摩那桂山和卡特勒威山（Mt. Kattelewel），㉞包含短柄鳩漆優勢的熱帶降雨林、安卡風吹楠優勢的溼地森林，以及山下的紅樹林區域等。問明所需器材工具，吉野也幫忙張羅物品和協助安排人力，以熱帶產業研究所在巴伯爾圖阿普島的開墾區為基地，在接下來的十多天中與細川一起設置樣區，調查樹木的物種，同時記錄附生植物的種類和數量。

記錄附生植物比想像中困難許多，光是每爬上一棵樹就花費不少時間。在紅樹林調查時，細川記得吉野先前提過河裡的鱷魚，總是十分擔心。河岸邊紅樹林植物的樹幹有些滑溜，細川在爬樹時有兩三次不小心掉進河裡，每次下水都心驚膽跳，幾乎是馬上站起來左右張望，深怕被鱷魚盯上，看得陪同的吉野都感到好笑。

卡魯米斯康的殖民戶愈來愈多，去年（一九三六）就又從北海道移入十五戶，若加上鄰近的卡斯邦地區，南洋廳在此地總開墾面積已超過一千町步。㉟因應殖民家庭的需求，

㉝ 在拓務省下所成立的相關會社中，最早成立的是負責韓國拓殖的「東洋拓殖株式會社」（明治四十一年成立），其次是此處所提昭和十一年的「南拓」和「臺拓」，最後則是昭和十二年設立的「滿洲拓殖公社」。參考拓務大臣官房文書課（1941）編纂之《拓務要覽》，長野道雄（1938）、池田雄藏（1939）之《南洋關係會社要覽》，相關人物參考南洋廳出版之《職員錄》。

㉞ 卡特勒威山，英文名Mt. Kattelewel或Mt. Katteluel，位於阿魯摩那桂村（Almonogui，アルモノクイ）。

㉟ 數值參考南洋經濟研究所（1943）和Ono et al.（2002），一千町步相當於大約一千公頃。

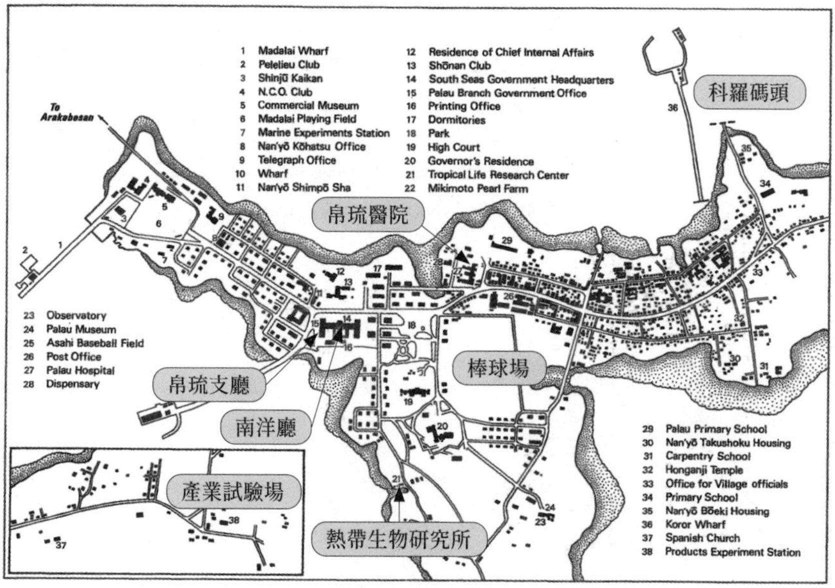

Figure 14. Koror Town, Koror Island, Palau Group, 1938. (Redrawn by Noel Diaz from a map issued by the Nan'yō Guntō Kyōkai)

圖8-12　一九三八年的科羅市街圖　圖片來源：Peattie (1988)

圖 8-13
帛琉熱帶生物研究所正門
圖片來源：《科學南洋》1940 年第 3 卷第 1 號

圖 8-14
帛琉熱帶生物研究所實驗室
圖片來源：《科學南洋》1940 年第 3 卷第 1 號

帛琉地圖及
細川隆英 1937 年 8 月 17 日至 9 月 22 日之採集路線

（胡哲明依標本資訊重繪標示，丸同連合製圖）

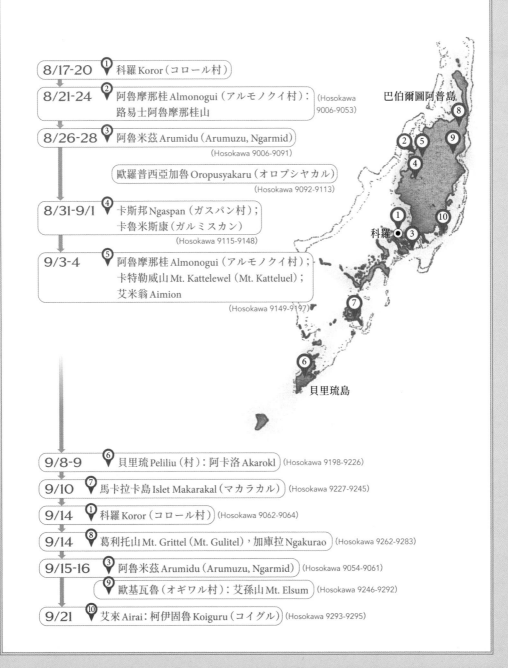

- 8/17-20 ① 科羅 Koror（コロール村）
- 8/21-24 ② 阿魯摩那桂 Almonogui（アルモノクイ村）：路易士阿魯摩那桂山 (Hosokawa 9006-9053)
- 8/26-28 ③ 阿魯米茲 Arumidu（Arumuzu, Ngarmid）(Hosokawa 9006-9091)
  - 歐羅普西亞加魯 Oropusyakaru（オロプシヤカル）(Hosokawa 9092-9113)
- 8/31-9/1 ④ 卡斯邦 Ngaspan（ガスパン村）；卡魯米斯康（ガルミスカン）(Hosokawa 9115-9148)
- 9/3-4 ⑤ 阿魯摩那桂 Almonogui（アルモノクイ村）；卡特勒威山 Mt. Kattelewel（Mt. Katteluel）；艾米翁 Aimion (Hosokawa 9149-9197)
- 9/8-9 ⑥ 貝里琉 Peliliu（村）：阿卡洛 Akarokl (Hosokawa 9198-9226)
- 9/10 ⑦ 馬卡拉卡島 Islet Makarakal（マカラカル）(Hosokawa 9227-9245)
- 9/14 ① 科羅 Koror（コロール村）(Hosokawa 9062-9064)
- 9/14 ⑧ 葛利托山 Mt. Grittel（Mt. Gulitel），加庫拉 Ngakurao (Hosokawa 9262-9283)
- 9/15-16 ③ 阿魯米茲 Arumidu（Arumuzu, Ngarmid）(Hosokawa 9054-9061)
  - ⑨ 歐基瓦魯（オギワル村）：艾孫山 Mt. Elsum (Hosokawa 9246-9292)
- 9/21 ⑩ 艾來 Airai：柯伊固魯 Koiguru（コイグル）(Hosokawa 9293-9295)

南洋廳也在昭和十二年（一九三七）四月正式設置卡魯米斯康尋常小學校，男女學生加起來已有一百十二名之多，由田中優任校長，淺見良次郎任訓導，原本負責教學的三宅辰巳終於可以休息，專心農事。而前幾年宍戶佐次郎推動的鳳梨種植得到相當不錯的成果，南拓於是在巴伯爾圖阿普島的幾個殖民區都設置工廠，由南拓鳳梨株式會社經營。[11]

在巴伯爾圖阿普島工作時，細川遇到一位來自東京帝大的年輕人津山尚㊱在當地進行植物採集，他先前就有耳聞這位年紀比自己略輕的植物學者，兩人都是研究植物分類，自然有各種話題可聊，於是也結伴到卡特勒威山採集。津山是中井猛之進教授㊲的學生，近年對於小笠原群島和南洋群島的植物很感興趣，走訪不少地方採集植物，這次前來帛琉是針對蘭科植物進行採集。細川聊著聊著，卻有些擔心福山伯明起來，眼前這個年輕人積極又充滿幹勁，若是福山再不把手上累積的蘭科資料整理出來，很可能會被津山搶先發表新種。由於細川此次在帛琉的工作是樣區生態調查，主要以定點方式進行，津山則希望多跑不同的地點，於是和細川等人在自卡特勒威山下山後就分開，自行前往巴伯爾圖阿普島各地採集。

回到科羅後，細川也安排前往帛琉群島中最南端的貝里琉島（Peliliu或Peleliu）和馬卡拉卡島（Makarakal）㊳採集。貝里琉是帛琉著名海龜故事板背景地點，對細川也有特別的意義，感覺和在天上的妹妹純子能有微妙的連結，親自來到貝里琉的海邊，也算是完成純子想到南洋的心願。細川在兩個島上各停留一天，共採集約五十份標本，[12]即返回科羅。

㊱ 津山尚（一九一〇—二〇〇〇），明治四十四年生於廣島，一九三四年東京帝大理學部植物學科畢業，一九四三年獲理學博士，一九四六年任日本女子大學助教授，一九五〇年任御茶水女子大學教授至一九七六年退休。一九七五至一九七六年任日本植物分類學會會長（大場秀章 2007）。

㊲ 中井猛之進（一八八二—一九五二），日本植物分類學者，明治十五年生於岐阜縣，一九〇七年東京帝國大學理科大學植物學科畢業，一九一五年理學博士，後任東京帝大教授，小石川植物園園長，及國立科學博物館館長（大場秀章 2007）。

㊳ 日名マカラカル，英名 Islet Makarakal。

在科羅停留期間，除了在附近設立類似的方形樣區調查，細川也抽空前往帛琉熱帶生物研究所拜訪先前在船上認識的川上泉。熱研所位在科羅市區南邊的一個半島上，前方是島嶼錯落的海灣，被研究人員們稱之為「岩山灣」。這兩年在所長畑井新喜司㊴的大力推動下，不僅完成許多研究硬體設施，包含修築紅樹林內的木棧道，讓野外觀察更方便之外，還邀請不少學者來此地進行短期客座研究。目前在熱研所的除了畑井所長和川上泉外，還有慈惠醫大的羽根田彌太，以及東北帝國大學的島津久健等，都是以海洋生物如珊瑚蟲等為材料進行研究。[13]雖然熱研所的研究設備不算齊全，甚至研究員住宿都還得在附近南洋廳官舍的空房，或是向南洋真珠會社借用，但是能有一個長期固定的研究站，仍是讓細川羨慕不已。到九月二十二日，細川結束帛琉的樣區調查，共採集約三百份標本，[14]搭船返回橫濱，停留一個多禮拜後，回到臺灣時已是十月七日。

㊴ 畑井新喜司（一八七六—一九六三），明治九年生於東京，一八九八年仙臺市東北學院專門部理科畢業，後至美國芝加哥大學進修，回日後任東北帝大教授。一九四〇年任帛琉熱帶生物研究所所長。參考一九四〇年《南洋群島人事錄》。

第九章

海角的君子之島・風起①

戰事暗湧

時序雖已入秋，但天氣仍十分悶熱，連續好幾天太陽都不曾露臉。昭和十二年（一九三七）十月十三日是植物分類・生態學談話會第五十回的例會，也是九月開學後的第二次聚會，由福山伯明進行文獻選讀，以及由細川隆英報告「南洋群島旅行談」。[1]正宗嚴敬教授在經過一年半的海外研究後，在上個月底（九月二十四日）回到臺灣，特別的是，談話會後正宗夫人帶著剛滿七個月大的正宗行人和大家見面。在座大部分的人都還沒見過這個在海外出生的小孩，圍在四周興奮地問東問西。美中不足的是，鈴木重良在前幾天因為胃痛住院，缺席這次的談話會。此外，細川知道福山已經送出密克羅尼西亞蘭科植物整理的文稿，雖鬆一口氣，但仍把福山拉到一邊耳提面命，提起可能的研究競爭者，在帛琉遇到的東大學者津山尚，並要他多花些時間在其他未完成的文稿整理上，福山自然認真答應。

不久之後，臺北帝大理農學部傳來令人悲傷的消息，年僅四十四歲的鈴木重良後來確診為胃癌，病情一天比一天嚴重，最後仍敵不過病魔，在十一月二十四日逝世於臺北醫院。鈴木重良身體狀況一向不差，七月還和福山伯明、鈴木時夫一起去爬南湖大山，他是相當活躍的野外採集者，累積採集的標本超過兩萬份，可以說是臺北帝大第一人。[2]鈴木重良個性隨和，平時深受年輕學生的愛戴，細川等人和他的感情也很好，他的突然離去讓

① 本章章名源自Buck（2005）和西野元章（1935）對科斯雷島的描述，以及宮崎駿（2013）描寫零式戰機開發者故事的改編動畫《風起》。Buck描寫的是科斯雷島上的基督教會人員的生命歷程，並稱之為「天使之島」，而「君子島」則是西野書中附圖對科斯雷的暱稱。《風起》中戰機設計與和平主義的糾結，與本書細川在戰時入伍時的植物採集心態有不少共通之處，因此我借用這幾部作品名稱來作為本章章名。

② 根據細川隆英（1938a）的描述，鈴木重良在臺灣採集超過二萬份的標本，依臺大植物標本館館藏資料來看，應該約有一半留在臺大，其餘則可能以交換或其他方式散於其他標本館。

眾人難以置信與接受。而因鈴木原本也負責臺北帝大農林專門部的教學，校內得進行職務調整。在經過討論後，山本由松接下鈴木大部分在農林專門部的工作，而原先由山本和日比野信一共同分擔的植物學第一講座，則改由以正宗嚴敬為主，山本來協助分擔。[2]

令大家明顯感受到不一樣的氛圍，卻是自八月中旬日本和中國發動全面戰爭以來，每天的報紙新聞幾乎都充斥著戰爭相關報導。不過報章媒體大多報喜不報憂，一開始不少民眾仍保持樂觀的想法，甚至以實現遠大的大東亞共榮理想為豪，與鈴木時夫熟識，臺北帝大氣象學講座的小笠原和夫就常常鼓吹四海一家，③以日本學者帶領東亞各國的口號。隨著戰事推展，帝大校內有不少被充員應召的教職員和學生，包含動物學講座的川口四郎在內，理農學部的年輕助手、雇員有超過十人被徵召。[3]入秋後局勢再有變化，日本近衛內閣不顧國際輿論反對，十一月占領上海後，十二月攻陷南京，主戰派勢力大增，帝國膨脹的高張情緒下，社會的不安定感同時漸漸發酵，臺北帝大校園內也偶爾出現各種檢討聲音，但多半是在私下進行，不敢太過張揚。此時細川輾轉得知東京帝大矢內原忠雄教授的消息，他因長期反對諸多政府施政而被高層視為眼中釘，最後在東大經濟學部部長土方成美批評壓力下辭去教授之職，細川不免擔心這位前輩的未來，心裡想著批判時政的良心聲音漸漸式微，但洶湧的暗潮顯然不會因此消失。

隔年（一九三八）年初腊葉館也有不少新的改變，鈴木時夫接下總督府專賣局鹽腦課的勤務工作，負責全臺灣的樟樹調查，回到理農學部的時間變得更少。福山伯明也結束

③ 小笠原和夫（一八九九—一九七九），一九二三年進入東北帝國大學理學部，跟隨本多光太郎從事物理學研究，畢業後進入京都帝國大學文學部哲學科，一九二九年取得文學士後，任臺北帝國大學理農學部氣象學講座助手，一九三二年升任助教授，至戰後返回日本，輾轉在一九五九年進入富山大學任教，後轉往芝浦工業大學工學研究所任職（洪致文，2013）。有關小笠原的生平和思想脈絡討論，包含其對日本軍國主義的支持，和實用主義的想法，參考 Zaiki & Tsukahara（2007）、成田茂（2021）。

原本在農業部應用動物科的囑託，不過他拿到日本學術振興會的補助計畫，進行蘭科生態地理學的研究工作，間中也協助鈴木時夫的野外調查，但留在腊葉館的時間相對變少。少了鈴木和福山這兩個支柱，腊葉館顯得冷清許多，正宗和山本兩位老師找來細川商量，在人力和經費吃緊下，原本已出刊五年的《*Kudoa*》期刊不得已必須暫時劃下句點，大家覺得很惋惜，但心裡都明白這是無可奈何之事。而在初春天氣回暖之際，理農學部又傳來噩耗，原本相當活躍的三年級生島田秀太郎在四月二十日意外死亡，[4]讓植物分類．生態學的研究團隊又少一名生力軍。

五月開始日本軍方發動廈門戰爭，時局不停變化，雖然有許多不確定因素，但昭和十三年（一九三八）六月的南洋行，細川還是依照原先學術振興會補助計畫的規畫前往科斯雷島。出發之前，細川在東京盤桓幾天，這回除了到東大拜訪老師，更重要的是為了安排自己的終身大事，不過其實大部分的事務，包括和富代的父親朝倉福太郎的聯繫和婚禮的安排，都是由他叔父細川隆元一手包辦處理。兩人的婚禮預訂在細川自南洋返回東京的九月下旬，妹妹貞子也開心地和富代在房間一起討論結婚禮服、糕點、蜜月旅行地點等，兩人把細川隆英推到客廳，笑著說他只需要到時候出現就可以了，好似結婚的是她們兩個，細川也只能苦笑離開自行準備出門工作的行李。

科斯雷的盛宴

這次的南洋旅程是三年期計畫的最後一次出差，預計大約需要兩個多月的時間，調查重點雖然以科斯雷島為主，但由於在此地的船班不多，細川仔細計算船班接駁，希望把握這次機會走訪更東方的馬紹爾群島，也就是目前日本轄下最東邊的領地。細川先從橫濱搭乘東迴線的近江丸，在塞班島稍事停留補給，接著搭船沿途停靠楚克、波納佩、科斯雷等地，最後抵達馬紹爾群島中的賈盧伊特環礁④。另外一艘東迴線的橫濱丸剛好會在三天後駛抵賈盧伊特環礁後再西返橫濱，細川預計可以再搭這艘橫濱丸回到科斯雷島進行調查，中間有幾天的空檔在賈盧伊特環礁停留，而到科斯雷島後下一班回日本橫濱的船則要到四十天後才會抵達。科斯雷島並不像帛琉、塞班或是波納佩島等地方，有產業試驗場或是南興的朋友可以幫忙，它在住宿、研究裝備支援上都難以相比，因此這段長途旅程可能不太好捱。

因為在賈盧伊特環礁只會停留三天，細川將所有的採集裝備都於去程時留在科斯雷島的來魯港港口，這樣一來可以節省一筆運費，又可以帶著觀光的輕鬆心情瀏覽這個南洋的邊陲島嶼。

馬紹爾群島位於科斯雷島東邊，和其他密克羅尼西亞地區在地貌上有明顯不同，整個區域由超過三十個珊瑚環礁組成，面積不大且沒有任何的山地。在一九二〇年前，德

④ 賈盧伊特日名「ヤルート」，英名 Jaluit。有關船班航程資訊，參考南洋廳長官房調查課編（1939）《昭和十四年版南洋群島現勢》。

國人已在此地大規模種植椰子，賈博魯⑤也是整個馬紹爾群島商業活動集散地。此地椰子核殼的產量在密克羅尼西亞首屈一指，但也幾乎一直是唯一的經濟產業，並且將所剩不多的平地森林剷除殆盡。日本人在此地的人口不多，一方面地處偏遠，一方面產業規模不大，因此很少人會移民此地，整個賈盧伊特支廳的日本人數從沒超過五百人。支廳所在的賈盧伊特環礁是由許多小島組成的珊瑚礁所構成，位在整個馬紹爾群島南邊，所有島嶼的海拔都沒有超過三十公尺。賈博魯島位於賈盧特持環礁東南，形狀細長，南北各有一小塊較平坦的陸地，面積只有十平方公里，港口和工廠設施則位在島嶼北端。

港口左側最明顯的是南貿在此地的商店和倉庫，右側則是賈盧伊特支廳舍，以及公學校。除支廳舍和簡單的公共設施外，剩下是兩間教堂，以及大多和南貿的生意有關的商店，將島上可用的地方幾乎占滿，不用花多少時間就可以繞走一圈。島上的日本人超過四百人，占全島人口的三分之一，大部分是南貿本身或和南貿做生意的商人，另外也有一些捕撈和加工鰹魚為生的漁民。賈博魯當地缺乏娛樂活動，多數人晚上都到南邊的料亭擠著聊天或和陪酒的女侍說笑，似乎除了找尋消磨整夜的溫柔，沒有什麼別的事情可做。

細川隆英白天大部分時間都在海邊閒晃，觀察海濱植物、拍照和簡單的採集。賈博魯附近的區域種植成片的椰子，只有隆起的珊瑚礁上有零星的海濱植物。先前細川因為注意力都集中在山區森林和紅樹林的植被，也難得有機會在海邊好好觀察珊瑚礁植物。

⑤ 賈博魯島日名「ジャボール」，英名Jabor。

橫濱丸依預定時間在兩天後抵達賈盧伊特環礁，細川跟著船班在七月十五日前往科斯雷東邊的來魯港。和五年前第一次來訪時相比，科斯雷島可說是密克羅尼西亞群島變化最少的一個地方，南興和南貿等大企業似乎仍沒有餘力開拓此地，對於目標是野外植物調查的細川來說，這該是值得慶幸的事。不過前次曾碰面過的畑政繼巡查和山崎國平校長都已離職，細川可以感受到這裡的氣氛明顯和以前不同。細川在來魯港附近的警務課辦完手續後，和新派駐的警部安田賤夫自我介紹和說明工作項目。

「你要到山裡面採集啊？就你一個人嗎？」安田警部在聽完細川的解釋後露出狐疑的表情，一邊將手裡看來像是當地手捲的香菸點著吸了兩口，「我們警部可沒有多餘的人力可以支援你喔。」

細川連忙回答：「沒有問題的，我會僱用當地人當嚮導和助手，不用您擔心。」他頓一下補充道：「對了，我上次來的時候有找一位在地人叫多雷斯，他之前也有在公學校幫忙，若可以找到他協助的話就會方便許多。」

聽到公學校，安田警部的表情有點不自然起來，將視線移向窗外，「我不清楚這個人，你得自己去問問看。」他再吸一口菸後望回細川，帶著一點命令的語氣，「你行程安排好後，留一份資料給我。瑪連和烏瓦村[6]都有無線電，到當地後要記得回報給我們警部。」細川口頭答應確定後會立刻將資料送來，但心裡不禁嘀咕起來，明白遇到一個愛擺架子的警部。

圖 9-1　賈盧伊特環礁的港口，可見日本旗幟的船與當地人的船筏。本圖為一九一六至一七年左右由澳洲記者 Thomas J. McMahon 拍攝，當時日本已接管當地兩年左右。

圖片來源：Wikimedia Commons

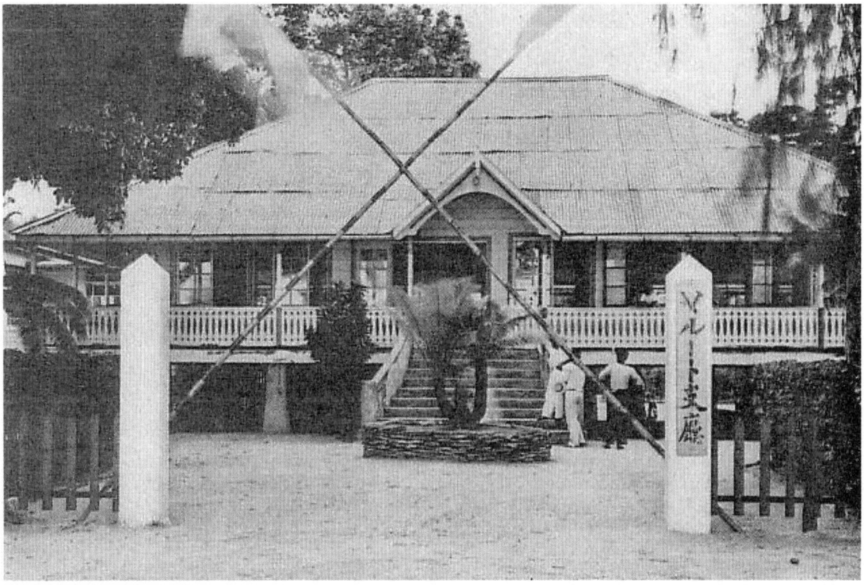

圖 9-2　賈盧伊特支廳，出自二戰前グアム（關島）新報社《南洋群島寫真帖》。圖片來源：Wikimedia Commons

科斯雷島地圖及
細川隆英1938年7月18日至8月28日之採集路線

（胡哲明依標本資訊重繪標示，丸同連合製圖）

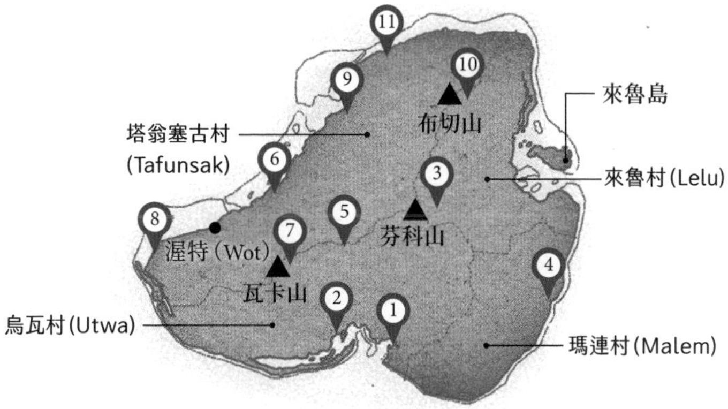

- 7/19 ① 芬科河 Finkol River (Hosokawa 9336–9359)
- 7/20 ② 烏瓦河 Utwa River (Hosokawa 9360–9388)
- 7/22 ③ 芬科山 Mt. Finkol (Hosokawa 9389–9425)
- 7/28 ④ 瑪連 Malem（マーレム）(Hosokawa 9429–9431)
- 7/29 ⑤ 伊阿瓦山 Mt. Iyawal (Hosokawa 9432–9440)
- 8/3 ⑥ 伊阿拉河 Iyara River (Hosokawa 9442–9445)
- 8/4-6 ⑦ 瓦卡山 Mt. Wakapp；渥特 Wot (Hosokawa 9446–9459)
- 8/8 ⑧ 伊尼西阿普 Inishiapp (Hosokawa 9461–9465)
- 8/12 ⑨ 歐卡河 Okat River (Hosokawa 9466–9468)
- 8/13-16 ⑩ 馬坦特山 Mt. Matante（布切山）(Hosokawa 9472–9487)
- 8/17 ⑪ 伊拉羅 Iraro (Hosokawa 9490–9495)
- 8/23 ④ 瑪連 Malem (Hosokawa 9496–9499)

辭別安田警部後，細川沿著海邊的道路找到公學校，新的公學校校長是西川庄一郎，他原本在塞班和天寧島的小學校擔任訓導，兩年前才轉任此地的公學校。令細川最頭痛的是，西川校長告知多雷斯已離開公學校回到自己部落，眼前都是沒有經驗且對森林不瞭解的人。

聽到細川轉述安田警部說他不知道多雷斯去那裡，西川校長翻了一下白眼，「安田會不知道？真是見鬼了，他手上有全島島民的名單呢，誰不知道他只是想要丟個難題給我。警部在這裡根本沒有什麼事做，這裡的人都滴酒不沾，也沒有罪犯，守規矩得很，監禁室根本閒在那沒有用。在這裡做最多工作的還不是我們公學校，每天都有忙不完的事，你不要理安田那個喜歡偷懶的傢伙。」西川搖搖頭撇了撇嘴角，露出不以為然的表情，停頓一會後轉頭看著細川，「這樣吧，你也不用煩惱，我剛好知道多雷斯現在在渥特⑥的教會學校工作，而且正巧明天我們公學校就會有人去那裡，可以載多雷斯回來，到時你再和他商量看看吧。」

科斯雷島在名義上隸屬於波納佩支廳管轄，由於波納佩和科斯雷兩地來往船班不多，支廳的行政官員無法常常到此地視察，因此日常事務都是警務課和公學校來處理。但是安田和西川兩人個性不合，一見面就彼此較勁，都認為自己才是科斯雷的老大。⑦細川夾在中間，只能兩邊盡量配合，不得罪任何一方。

隔天多雷斯回到來魯島，他和細川隆英許久未見，兩人都十分高興又再次碰面。細

⑥ 渥特部落英名 Wot（或 Mwot），位於科斯雷島西邊的塔翁塞古村（日名タオンサック），英名 Tafonsak。有關多雷斯的描述為本書虛構。

⑦ 有關科斯雷當地警部及公學校長人名，參考南洋廳《職員錄》，另 Ono & Ando (2012b) 文中曾引一位在一九四一至一九四二年到帛琉島訪問的作家中島敦提及科斯雷的警部和公學校校長不合。

川向他說明此行的大概時程，以及野外的工作項目，並希望再次委託多雷斯擔任嚮導和行程安排。多雷斯在美國教會學校的事務不多，他也樂於幫忙野外調查，還能有額外的工作收入，所以欣然答應細川的請求。

科斯雷島的調查工作和在雅浦時類似，要在不同的森林間設置方形樣區，調查樹木上不同高度的附生植物。多雷斯和其他幾個當地人從來沒有做過相關工作，細川得從頭教起耐心解釋，不過大多時候還是得自己完成所有觀察紀錄。科斯雷島中間都是山地，有三個主要的山峰，島中央是最高峰芬科山，其次是北邊的馬坦特山，和西邊的瓦卡山。⑧全島依群山的稜線分成四個行政區，分別為東北的來魯村，東南的瑪連村，西南的烏瓦村，和西北的塔翁塞古村。在三個山峰山頂附近都常年有雲霧圍繞，這些雲霧林中的植物是細川此行的調查重點與樣區設置所在。山頂的雲霧林和鄰近波納佩島的森林樣貌十分相似，都有豐富的附生植物生長在樹幹上。芬科山的山頂生

圖9-3　科斯雷島上的新教教會　圖片來源：《南洋廳始政十年記念　南洋群島寫真集》（南洋廳1932c）

⑧ 馬坦特山（Mt. Matante）即細川在一九三三年來此地所稱布切山（Mt. Buache）的新名。在細川一九三八年的採集紀錄中，均已更名為馬坦特山，本書依不同年代呈現細川當時注記的地名。瓦卡山（Mt. Wakap）是科斯雷西部最高峰，海拔五一八公尺。

長著樹蕨類的波納佩桫欏，以及科斯雷距藥野牡丹等植物，前者只分布在波納佩和科斯雷島，而後者更是科斯雷島的特有種。這兩個物種細川在一九三三年第一次造訪此地時就有採集到，但直到前兩年他才正式發表為新種，[7]能再次看到自己發表的植物讓細川感到相當興奮。

在山腰到山頂間的高地，細川也設了幾個調查樣區，其中的森林以短柄鳩漆和波納佩椰子為優勢樹種。再下來的低地森林，則有不少近二十公尺高的加羅林欖仁，這些森

後來改為一間男子和一間女子學校，負責的伊莉莎白和珍·鮑德溫（Elizabeth and Jane Baldwin）[⑪]姊妹自一九一一年開始來到科斯雷島，到一九三六年兩人退休後搬到來魯島，教導和接生科斯雷的島民無數，幾乎全島沒有人不認識她們，而她們也認識所有島民，科斯雷島民視她們如母親。在國王敕令和教會學校教育的影響下，科斯雷島很少人喝酒，也幾乎沒有犯罪情形，若看到有人喝酒，其他人還會怒目斥責。

一九二六年時，伊莉莎白·鮑德溫完成她花了十二年時間翻譯成科斯雷文的聖經，這個時候她已因過度使用眼睛而導致全盲，但仍經由口述讓助手幫忙寫稿校對。渥特學校斥資購買印刷設備，男孩們負責印刷和縫書，女孩們從旁協助，此地也成為全島印製各種文書的中心。珍·鮑德溫則另外編寫科斯雷字典，兩人對於科斯雷在地化的教育功不可沒。

二戰期間，日軍將渥特的學校拆除，部分移作軍營，學生也解散回家。戰爭結束後，渥特學校重新啟動，直到一九六六年各地政府辦的學校興起，宣教會才選擇結束渥特學校運作。渥特的土地在一九九二年，也就是斯魯四世國王答應教會使用的一百一十三年後，正式由美國宣教會歸還原居民。有關此地宗教發展，參考Ernst & Anisi（2016）和Buck（2005）。

太平洋的基督教活動和渥特的訓練學校

渥特的訓練學校歷史相當悠久，也見證基督教在此地的發展過程，不過在幾十年前這裡仍然是杳無人煙的地方。十九世紀之前，除了居住在科斯雷島東半部的原住民外，大部分的外來者只有歐洲的捕鯨船船員。雖然密克羅尼西亞在太平洋各群島間最早接觸基督教，但真正的教會發展卻較其他地區晚。一六六八年西班牙耶穌會（Spanish Jesuit）曾在北馬里亞納和關島停留，不過要等到倫敦傳道會（London Missionary Society）和衛理公會（Wesleyan Methodist Missionary Society）在十八世紀晚期到十九世紀初期的拓展，基督教才在大溪地、庫克群島和薩摩亞等地生根。西班牙耶穌會雖然在初期的傳教受挫，但二十世紀初期仍在密克羅尼西亞各島嶼設立教會和傳教。倫敦傳道會和衛理公會在太平洋地區拓展相當快速，彼此較勁的情形不時或聞。

美國基督教宣教會在一八二〇年於夏威夷開展，並往南擴展到吉里巴斯的吉爾伯特群島（Gilbert Islands）和馬紹爾群島，但直到一八五二年才有第一批宣教師抵達科斯雷島。最早停留此地的是班哲明．史諾（Benjamin Snow）和莉迪亞．史諾（Lydia Snow），以及丹尼爾．歐普努（Daniel Opunui）和多蕾卡．歐普努（Doreka Opunui）兩對夫婦。在國王盧帕利一世[9]的允許下，他們在來魯島南邊的小島進駐，從教導英語和學習科斯雷語開始，成為基督教在此地生根的起點。宣教的進展雖然緩慢且不時遇到阻力，但在一八七四年國王斯魯四世[10]掌政期間有了轉機，由於他對教會的支持，將渥特地區約一千畝的土地給宣教會使用，並同意設置學校和開墾種植作物。這個好消息讓美國宣教會決定將腹地狹小位於吉爾伯特和馬紹爾的學校都遷到渥特。於是在一八七八至一八七九年間，渥特地區陸續成立三個宣教會的訓練學校，除了來自吉爾伯特和馬紹爾群島的兩個男子學校外，還設立一間女子學校，招收包含本地科斯雷島和吉爾伯特、馬紹爾群島的女孩一起上課。學校也鼓勵年輕學生在此找到人生伴侶，如原來在馬紹爾群島的瑪麗．海恩（Mary Heine，後改名瑪麗．蘭威）就嫁給大她兩歲的艾薩克．蘭威（Issac Lanwi）。

歷經不同的殖民政府到日本統治時期，渥特的學校一直十分活躍，但

⑨ 盧帕利一世（King Awane Lupalik I），在太平洋地區又被稱為「Good King George」（Buck 2005）。

⑩ 斯魯四世（King Sru IV，本名Tulensa Sigrah），於一八七四至一八八〇年間任國王，是科斯雷第一個民選的國王，繼任者是他的姊夫坎古（Kanku），被稱為斯魯五世（King Sru V）。

⑪ 伊莉莎白．鮑德溫（Elizabeth Baldwin，1859–1939），埋骨於科斯雷；珍．鮑德溫（Jane Baldwin，1863–1949）在一九四一年離開科斯雷，回到美國紐澤西的家中，於二戰後逝世。

林內的溼度相當高，所以附生植物種類和數量都非常豐富。完成芬科山和瑪連村的樣區後，在多雷斯的建議下，細川等人一起先前往在西邊的塔翁塞古村的渥特停留，再從渥特攀登瓦卡山。渥特位在瓦卡山北面近海邊，是美國宣教會在此地建立訓練學校之處，⑫也是多雷斯目前工作的地方。學校的建築群散落在近海邊的高地上，兩到三層高的木造房舍包含教室和師生們的宿舍，遠遠就可以看到側面是三角形的大片屋頂，非常醒目。

學校在此地的負責人是艾莉諾・威爾遜（Eleanor Wilson），她是一位四十多歲，舉止優雅的美國女士，此外協助教學的還有年紀稍長的克萊倫斯・麥考（Clarence F. McCall）先生。⑬麥考夫婦和威爾遜女士在一九三六年五月依美國宣教會指派，接替原本在此地工作的鮑德溫姊妹（Elizabeth and Jane Baldwin）。由於他們三位都曾長住日本，麥考夫婦甚至在日本教會工作超過二十年，一口流利的日文使當地還謠傳他們是日本派來的間諜。此外，學校裡還有一位年約三十，個性活潑的日本女性山田小姐，前一年才由日本南洋宣教團派來此地，協助日本語的教學。

細川抵達渥特後的第一印象，是一切都乾淨清爽、井井有條，而且每一個學生都很有禮貌地停下來打招呼，男生穿著短袖上衣或背心和短褲，女生則多半是素色的連身長裙。麥考先生敦促著學生在田間除草，和種植新的作物，看到細川等人只有略略點頭。

威爾遜女士和山田小姐在校舍辦公室接待細川隆英，細川也簡單解釋他在這裡的工作。威爾遜女士提到她記得昭和六年（一九三一）金平亮三來此地採集的事，畢竟在科斯

⑫ 美國宣教會（American Board of Missions）後來改稱美國海外宣教會（American Board of Commissioners for Foreign Missions），本書有關科斯雷島的宣教會描述，參考西蒙斯大學（Simmons University, USA）所藏艾莉諾・威爾遜文獻（Eleanor Wilson papers 1891–1972）、南洋群島教育會（1938）、Peattiie (1988)，以及Buck (2005) 等資料。此地訓練學校名稱日名為ミクロネシア。トレーニングスクール（Micronesia Training School，密克羅尼西亞訓練學校）。

⑬ 艾莉諾・威爾遜（Eleanor Wilson, 1891–1972），美國籍宣教師，一九三六至一九四一年在渥特的訓練學校任教師和校長，她在一九二五至一九三二年間任職於日本神戶女子神學校（Kobe Theological Seminary for Women，今日位於兵庫縣的關西學院大學前身之一）。她在一九四六年回到科斯雷，協助當

雷碰到植物學者還是十分稀奇，聽到細川說明要設樣區進行附生植物的研究，更是覺得特別。細川以渥特為基地，花了兩天的時間到瓦卡山區調查，間中也採集一些附生植物，特別是為福山伯明採的蘭花。下山的時候，他注意到多雷斯在科斯雷肉桂⑭的樹幹上用刀切下一些樹皮收集起來。多雷斯解釋這個當地稱為「*Masulu*」的植物，科斯雷和波納佩人都喜歡用熱水泡來喝。

要離開渥特的前一天晚上，多雷斯邀請細川、山田小姐等人到家裡吃晚餐，威爾遜女士則因身體不舒服留在住處。⑮

中午過後細川在教會學校旁的農地和山田小姐會合，山田將手上的一個籃子交給他，「這是我們今天的任務，要採一些『*kadiring*』過去多雷斯家。」細川聽得一頭霧水，直到兩人走到路邊，山田指著

圖9-4　科斯雷島的風景，圖下方文字說明描述科斯雷島是宗教教化影響甚深的地方，有「君子島」的稱號。圖片來源：《海の生命線我が南洋の姿——南洋群島寫真帖》（西野元章1935）

地的戰後重建工作。克萊倫斯・麥考（Clarence F. McCall, 1881–1962），於一九三六至一九四〇年間任職於渥特的訓練學校，其夫人蔻拉・麥考（Cora Campbell McCall, 1878–1966）亦同行陪伴，但未在學校任教，兩人都是美籍基督會的宣教師，一九〇八至一九三〇年間曾在日本基督會工作（Buck 2005）。

⑭ 科斯雷肉桂以日文直譯當地俗名為「マースルー」，金平亮三（1933）使用的學名是 *Cinnamomum carolinensis* var. *oblongum* Kaneh.，是科斯雷特有變種（POWO資料庫=*Cinnamomum verum* J.Presl 錫蘭肉桂），書中注記當地人以沸水沖泡切細的樹皮飲用，波納佩島也有類似的習俗（Balick 2009）。細川隆英八月六日有在瓦卡山腰採集此植物做成標本，採集編號Hosokawa 9459。

⑮ 根據Buck（2005）所述，威爾遜女士和麥考夫人在科斯雷期間常生病。

圖9-5　細川隆英於科斯雷島瓦卡山所採集的科斯雷肉桂，採集編號Hosokawa 9459。

圖9-6　細川隆英於科斯雷島渥特附近的伊尼西阿普所採集的神羅勒，採集編號Hosokawa 9464。

幾棵開著紫紅色花的小灌木，他才恍然大悟，「你說的是神羅勒啊，*Ocimum sanctum*。」細川隨口說著植物的拉丁文學名。

這回輪到山田皺起眉頭，「什麼歐西蒙的，我不知道你在說什麼，這是多雷斯交代我要採的，他說也可以泡茶或加在等會要煮的料理裡。因為要新鮮葉子，所以讓我們來的時候帶過去。」兩人採了約半籃的神羅勒葉子後，經過一片芋頭田，抵達多雷斯的家。

多雷斯向他們招手，請身旁的人接過籃子，再介紹細川隆英給家人認識，他笑著說，「我知道你對我們食物烹調有興趣，特別叫你們早點來，今天要招待你們吃『*fahfah*』。」接著進一步解釋，「『*fahfah*』是以『*kuhtak*』，也就是芋頭為主的食物，但有許多不同的料理方式，我們今天做的叫『*erah*』，還會將『*usr*』混在一起。」多雷斯拿起一根香蕉，「『*usr*』是一種香蕉，把它混著芋頭還有椰子汁，再打成泥後，用香蕉的葉子包起來。」他教兩人葉子的包法，由於山田先前曾經做過類似料理，手法熟練許多。細川好不容易包完兩三個，其餘的材料卻都已經被身旁的快手們掃光，只好坐旁邊休息。

在另一個角落有一堆用火燒紅的石頭，以木棍將石頭打散攤平後變成名叫「*um*」的烤鍋，細川協助眾人將包好的「*erah*」丟在烤熱的石頭上，再用表面沾溼的大片芋頭葉蓋在上頭。大約過一個小時後大家將「*erah*」拿出來，剝開包覆的葉子直接熱騰騰地吃，別有風味。

一邊讚賞手上的美味，細川一邊詢問多雷斯：「除了加『*kuhtak*』和『*usr*』之外，

『*fahfah*』還有什麼做法？」

「我吃過用麵包樹做的。」山田搶著回答：「把整顆果實直接放進『*um*』烤，烤完之後拿出果肉再和生的麵包樹果肉放在一起搗爛，最後再用湯匙挖著配椰子汁吃，味道還挺不錯的。」

多雷斯笑著說：「沒錯，但還有另外一種比較複雜的『*fahfah nguhn*』，做起來就辛苦了，我不那麼熟悉，但我母親做的好吃多了。」他轉頭用母語問他母親做法，再翻譯給細川和山田：「將『*mokmok*』的根搗碎過濾，再在太陽底下曬乾。在鍋子裡將『*mokmok*』的粉加水混合，再把燒熱的石頭丟進去鍋裡。接著把『*okon fien*』用類似的做法搗爛加進去，加椰子汁和糖就可以了。」

「這麼麻煩啊？」山田吐了下舌頭，「你說的『*mokmok*』和『*okon fien*』是什麼？」

多雷斯回答，「『*okon fien*』是露兜樹的根，至於『*mokmok*』，唉，我不知道它的英文和日文名耶。」他左右張望一下，站起來跑到鄰近的田裡，採了兩片葉子回來給細川，「哪，這就是『*mokmok*』的葉子。」另外也把放在地上的幾小段根拿給山田。

細川接過葉子後交給山田，「這是『クズウコン』（葛鬱金），英文是arrowroot，你們使用的是它的根吧。」多雷斯點頭稱是，山田則把葉子拿到鼻子前輕輕地聞，「嗯，味道很不錯，我想我看過這個植物，只是不記得當地的名字。」[8]

晚餐後細川和眾人品嘗以科斯雷肉桂泡的飲料，熱騰騰的茶水裡有切成細長條的樹皮，肉桂的香氣四溢，喝完後有全身舒爽的感覺。他們以日語混著英語聊天，多雷斯家人的英語都很流利，但年輕人也可以日語勉強溝通。山田的工作是在學校教日文，但彼此交流時候也使用英語。學校本身則除了英、日語外，還會用科斯雷語和馬紹爾語教學，有不少人四種語言都能說上一些。細川也分享他在南洋採集的所見所聞，和臺灣的人物軼事，幾人十分開心地聊了整夜。

結束瓦卡山的調查，細川前往馬坦特山、瑪連村等地，同樣也設置樣區進行附生植物的記錄。回到來魯島的最後幾天，細川大部分時間都在整理資料，間中也到街上僅有的小商店買了幾艘木製的小艇作為紀念品。

八月二十八日下午，細川結束科斯雷的調查工作，搭乘帛琉丸客船離開來魯島，回程經過波納佩、楚克、羅塔、塞班等島，最後再回到橫濱。去程的時候細川在塞班島都忙著和產業試驗場聯絡，整備酒精等採集用具，行程很緊湊。回程到塞班島終於有多一點的空閒時間可以稍微逛逛，細川心中掛念著在塞班醫院工作的澄子，本想抽空探望，可惜到了醫院才知道她剛巧前幾天又和岡谷醫生到雅浦島巡診。由於不知道接下來什麼時候才能再來南洋地區工作，細川感到有種緣慳一面的惆悵，留下一封信和買自科斯雷的紀念品交待澄子的同事轉交後，收拾行李返回船上。

圖9-7　細川隆英於一九三八年八月四日科斯雷島渥特村附近所採集之科斯雷黎蘭。除了標本館的館號之外，標籤上還有兩個個人編號，一個是細川隆英的編號Hosokawa 9452，一個是福山伯明的編號「福山番号7354」。顯示這份標本是由細川交給福山進行研究和發表。

被迫小別的新婚

九月十二日早上船班抵達橫濱，接下來的一個星期細川都待在東京為終身大事做準備，家人們都為他和富代的婚禮忙進忙出，富代也開心地為移居臺灣整理行李，光是衣物就有好幾大箱，還把留聲機也一起打包。結婚式在神田[16]的學士會館舉行，學士會館建於一九二八年，是關東大地震後所建造的鋼筋混凝土抗震建築，氣派非凡，原址是東京帝國大學的校舍，故此處也被稱為帝大發祥之地。

婚禮後朝倉富代正式改名為細川富代，兩人接著前往位在神奈川的溫泉聖地湯河原，享受短暫但甜蜜的新婚旅行。湯河原有不少名勝古蹟，包含鎌倉時期留下的寺廟，有九百年歷史的城願寺，寺中還有一個被東京帝大三好學教授所指定的國家天然紀念物，一株超過八百年歷史的柏樹。[17]同時此地也因是日本最古老詩集《萬葉集》的出處而聞名，吸引不少文人雅士前來。兩人在九月二十一日晚上回到富代在馬込町的老家，不過在家裡等待的，卻是誰也不希望接到的壞消息——一封來自臺北家中的電報，通知收到細川入伍的召集令。

這突如其來的消息讓細川隆英和富代亂了手腳，雖說隨著中日戰事的進行，軍隊不斷地擴編，[18]被徵召似乎也不會太過意外，但兩人新婚燕爾之際，實不願兩地分離。富代難過地哭了一整晚，但隔天就讓自己堅強起來，協助打點行裝，連原本預訂的結婚照拍

⑯ 今日日本東京都千代田區神田錦町。

⑰ 此樹據稱是鎌倉時代武將土肥實平所栽，日名「ビャクシンパワー」，昭和十四年被指定為「国の天然記念物」。

⑱ 一九三八年四月一日，日本頒布《國家總動員法》，將軍隊擴編至六十萬人，六月開始下達武漢和廣東的作戰準備。九月中旬日軍第二十一軍司令部編組完成，預計十月開始作戰。

攝都取消，匆忙地收拾後和細川一起搭船返回臺北。

細川等人回到臺北富田町[19]的住所簡單地安頓，腊葉館的夥伴們已先接到細川要入伍的消息，鈴木時夫和福山伯明都嚷著要找大家一起見面吃飯。在約好的日子，細川經過校門附近的生物學教室，[20]還沒到植物學講座的大門，就看到門內鈴木和福山兩人，站在一個巨大的樹木圓盤斷面前，和山本由松討論要如何固定這個木材標本。這個樹木圓盤直徑約有二．七公尺，厚度約二十六公分，踮起腳尖來手都搆不到直立的圓盤頂端。細川驚訝地問這是哪裡來的標本，鈴木先開心地問候久未見面的細川，讓他和眾人打聲招呼，才拉著細川說明。

「這個是世界爺[21]的樹木橫斷圓盤，一個多月前才從廈門大學運過來，很壯觀吧？」細川露出難以置信的表情，「世界爺？廈門大學？這兩個東西怎麼會連在一起？」

「這你就要聽我好好說，」鈴木一臉終於輪到我來教你的表情，「你知道皇軍在五月就占領廈門，後來七月我們學校指派土俗人種學的移川子之藏和神田喜一郎兩位教授和助手宮本延人，三人一起前往廈門大學，將遺留的大量書籍和還未遭盜竊的文物運回臺北帝大，要進行整理和修復，結果這塊世界爺也順便就載回來了。」

山本教授補充：「這塊世界爺就我所知，應該是一九二〇年代後期美國世界爺國家公園製作提供展示的圓盤之一，圓盤標本會贈送到不少地方的博物館和學校，所以我推測它送給廈門大學大概已有十年左右。」

⑲ 細川原本住在富田町八十九，婚後改住至富田町五十五，即今日臺大研一舍對面附近，原日式宿舍已拆除。

⑳ 今日臺大一號館。

㉑ 世界爺學名 *Sequoiadendron giganteum* (Lindl.) J.Buchholz，原產於加州。有關此片樹木圓盤的歷史，參考謝長富(2019)。一九三八年五月，日軍發動「廈門攻略作戰」，以航母加賀號為首的艦隊在澎湖集結，五月十日對廈門展開攻擊，三天後占領整個廈門。七月臺北帝大指派三位學者前往廈門大學，協助接收，整飭該校所藏人類學、民族學及考古學文物，和數萬冊的圖書（葉碧苓 2009）。因為在戰區有毀損和被偷盜的風險，於是三位學者決定將所有圖書、文物運回臺北帝大，古物搬至「土俗人種學講座標本室」，由人類學者移川子之藏（一八八四—一九四七）和宮本延人（一九〇一—一九八八）負責整理。圖書運至圖書館，由專精中國古

續下頁▼

細川等人在樹木圓盤前又讚嘆了一會，才回到腊葉館。細川把先寄送到的標本拿出來，將其中一疊交給福山伯明。「這裡有十幾份蘭花的標本，直接交給你處理，若有新種，就趕快發表吧。」㉒細川轉頭叮嚀鈴木：「我不在的時候，你得多幫忙盯著福山，我回來的時候，可是要驗收成果喔。」福山裝出誠惶誠恐的表情雙手接過標本，鈴木則從後面打了下福山的腦袋，大家都轟笑起來。

「我一定會好好看著他，這一陣子我和福山還很用功練習德文，也許我會強迫他以德文來發表。」鈴木擺出一切沒問題的動作，接著詢問細川：「細川君知道會到哪裡服役了嗎？」

細川搖頭表示不知道，「我接下來要先去新兵訓練三個月，之後才會被通知到什麼地方報到。」

「細川先輩若直接派到東南亞的話，就可以順便進行熱帶植物研究了，到時可別忘記多幫我採一些蘭花回來。」福山打趣說。鈴木也加上一句：「我知道細川君應該最希望到婆羅洲，對吧？」眾人對於最佳採集地點的選擇熱烈地討論起來，一時間沖淡因細川要入伍的不安感，而從未歷經戰事的大家，還沒人能真正體會戰爭殘酷的一面。

細川隆英在十月三日進入臺灣步兵第一隊報到，接受三個月的新兵訓練後，並沒有依他的期望派到東南亞，而是前往另一個戰場——中國的廣東。㉓接近年底時，在訓練完畢後到廣東新部隊報到間的短暫假期，細川回到臺北家中，並和富代兩人抽空補拍了

籍的神田喜一郎（一八九七—一九八四）負責清點。另外一片直徑近三公尺的世界爺樹木橫斷面圓盤，則送至生物學教室（今臺大一號館）大門內安置。此樹木圓盤在一九九八年臺大生命科學館建成後，於二〇〇三年在謝長富老師的協助下移至生科館內一樓大廳修復展示。

㉒ 福山伯明隔年（一九三九）將細川在科斯雷島所採的蘭科植物整理後，以德文發表在《*Trans. Nat. Hist. Soc. Formosa*》第二十九期，包含兩個新種，兩個新變種植物。

㉓ 日軍在十月初開始進攻廣州，不到一個月的時間即占領廣州和佛山。(https://zh.wikipedia.org/zh-tw/廣州戰役_(1938年))有關細川的軍旅歷程，參考細川隆英（1971），細川家族永野洋提供之軍籍和個人資料，以及網路上之相關戰史資料(http://dangshi.people.com.cn/BIG5/n/2015/0713/c85037-27294357.html)。

盛裝的結婚照。十四歲的妹妹烋子還是個中學生，但她非常開心富代的到來，幾個月的時間兩人已像熟稔的姊妹。烋子特別佩服富代的手藝，她總能像變戲法般在物質缺乏下做出各式小點心，和婆婆一起三人在午間小憩時，一邊吃茶點一邊聊天。

短暫相聚後，細川辭別家人前往新部隊，十二月二十五日從高雄上船，十二月二十八日軍隊抵達廣東黃埔港，歸飯田支隊長管轄，成為最低階的二等兵。飯田支隊是由飯田祥二郎少將所帶領的旅團，原為華中軍，後來在一九三八年底編入第二十一軍移至廣州駐防，隔年初該支隊改編為臺灣混成旅團，準備投入海南島的戰事。

飯田支隊的駐軍紮營在廣州中山大學裡，軍隊進校園後將學校的師生強迫驅離，士

圖9-8　細川隆英與富代的結婚照，攝於一九三八年十二月二十一日。（永野洋與永野華那子提供）

圖9-9　細川富代（左）與細川烋子（右）的合照，攝於一九三八至一九三九年間。（永野洋與永野華那子提供）

兵們就分別睡在教室和禮堂內。細川隆英抵達廣州後，編入臺灣步兵第一聯隊第十一中隊，駐紮在廣東大鎮和官窑墟（官窯墟），此地暫時已無戰事，軍隊其實主要擔任戒護警備的工作。在昭和十四年（一九三九）新年過後的幾天，細川接到石本貞直聯隊長的通知要他到本部辦公室報到。細川邁步經過原來中山大學的禮堂時，剛好看到幾個士兵坐在幾疊書所堆起來的空間，這些書是從圖書館搬出來的，被堆起來平鋪作為床墊。他抬頭看著葉子已經變紅的烏桕，皺起眉頭嘆了口氣，他已和長官抱怨不該將書籍如此糟蹋，但沒有什麼效果。㉔

聯隊長辦公室除了石本大佐外，還有一位面生的軍官和兩位中隊長。細川向聯隊長敬禮後筆直地站在房間中央，石本將身體靠往椅背望向細川，「你之前在臺北帝大研究植物嗎？」他在細川回答稱是後把一份文書資料往前推，「你不用和我們一起去海南了，從明天開始你就去直接司令部的獸醫那裡報到吧。」細川嚇了一跳，還沒回答就被催促離開，臨行前石本大佐又叫住細川，說有一位也是臺北帝大，姓宮本的老師剛好來本部拜訪，讓他順道打聲招呼。等細川答應後走出辦公室，石本身旁的軍官才笑笑地說：「你是故意不讓他去前線吧？這不像是你的作風啊。」石本大佐的眼神仍望向前方，若有所思地露出一點苦笑，「只是想起一些舊事，也不想讓這些讀書人去當炮灰。正好有朋友跟我要人，就順勢送他去而已。」說完搖搖頭嘆了一口氣。

與細川見面的是人類學講座的助手宮本延人，他去年底和幾位臺北帝大的教授受南

㉔ 有關廣州日兵以書籍作床的描述，以及南支調查會在當地的狀況，參考宮本延人口述(1999)《我的臺灣紀行》和許進發(1999)《臺北帝國大學的南方研究》。宮本延人並未提及是否有與細川隆英會面，但兩人在廣州工作的時間地點皆有重疊。

支調查會委託組成一個調查班，工作告一段落後，宮本被指定為廣州地區教員再教育的校長，這次來到本部則是要商討中山大學復校的事務。細川知道宮本的名字是因為帝大生物學教室的世界爺圓盤，宮本是當時廈門大學文物接收小組成員，兩人說起來是臺北帝大的同事，只是一個是文政學部，一個是理農學部，平時沒有太多機會認識。細川詢問世界爺在廈門大學的狀況，也分享他在南洋的植物研究，宮本聽得興致盎然，兩人聊得十分開心，還約了一起吃晚飯。

隔日細川依新的派令抵達獸醫部，這才知道部裡正在為馬糧傷腦筋，原本的軍馬照顧者和獸醫都是從關東軍派來的，到廣東之後發現糧秣不足，他們對附近的植物又不熟悉，所以向司令部請求派遣瞭解植物的人幫忙解決軍馬糧草飼料的問題。石本聯隊長在

圖9-10　細川隆英一九三九年臺灣第一聯隊入隊時的照片（永野洋與永野華那子提供）

圖9-11　細川隆英一九三九年在海南島海口的照片（永野洋與永野華那子提供）

翻閱細川資料後，就向司令部推薦他去獸醫部。

細川有些哭笑不得，原以為可以到熱帶的海南島經歷一下，但沒想到堂堂一個植物學者得要留在廣東替馬找食物，但迫於軍令也只能遵守。細川在一月二十五日被任命為步兵一等兵，一直到九月底的期間都在獸醫部服勤。日本陸軍由安藤利吉為司令官的第二十一軍和海軍第五艦隊的近藤信竹長令官以陸海協同的方式在二月初向海南進軍，陸軍的主體臺灣混成旅團（飯田支隊為骨幹）在海南島北部澄邁灣登陸，接著攻占海口、瓊山、清瀾港等地。海軍則同時間在三亞登陸，占領榆林、三亞和崖縣，不久日軍就以勢如破竹的速度占領整個海南島。[9]

細川在獸醫部的許可下，第一項工作就是在附近進行植物調查，找尋可用的糧草。除了在獸醫部位於中山大學興建中的石牌校園，㉕細川也到廣州西邊的西村、[10]南邊的番禺、北邊的白雲山等地採集植物，並壓製標本。

接下來的幾個月，細川還前往廣州東邊的從化和汕頭調查採集。有好幾次細川還遇到隱伏的中國散兵游勇與鄰近的日軍隔空交火，躲在樹叢裡的細川，聽著頭上的槍林彈雨呼嘯來去，心中才特別真實地感受到戰爭和自己近在咫尺。廣州市內倒是沒有戰事，大部分的活動幾乎恢復如常，漆成綠色的街頭宣傳車到處穿梭，車子後方掛著「日華親善」、「明朗廣東」，和笑得很開心的日本、中國兒童相片，擴音器則播放愛國進行曲。[11]「日華攜手來親善」的歌聲，夾雜在路旁帶有敵意的瞪視，形成充滿違和感的畫面，讓人

㉕ 今中國廣東省廣州市天河區石牌村，後來此地劃歸一九五二年重組的華南工學院（今華南理工大學）。

心裡湧起不舒服的感覺。

在廣東的勤務期間，細川倒是得到一個特別的機會前往海南。義大利駐廣東的領事向日本駐軍要求到海南島視察，需要一個通譯隨行，於是就找到能用德語溝通的細川一同乘坐軍用機到海南島北部的海口，雖然只是幾天的時間，總算讓細川踏足海南。從飛機上看海南島北部，許多地方都是草生地，間中散生一些樹叢，和想像中的熱帶降雨林有些落差。

昭和十四年（一九三九）九月底，日軍在華南的戰事稍微穩定，在戰略考量下，部分的臺灣混成旅團決定解編，於是十月一日在江門解除召集，遣送旅團士兵回臺。不過這時司令部勸說細川繼續廣東的軍馬植物調查，另外也讓細川找機會調查廣東的藥草植物，因為當地有相當豐富的植物利用知識。在司令部的說服下，細川因此在廣東多待了半年，直到隔年（一九四〇）四月才帶著採集標本返回臺灣。㉖

回到臺灣後見到家人，細川有種不真實的感覺，畢竟離家一年多是從來沒有過的事，加上讓新婚妻子獨守空閨也不免心中有愧。富代略見清減，但在臺灣適應得還算不錯，雖然對丈夫決定多留在中國半年沒有抱怨任何一句話，但是細川從她堅毅眼神下的依戀，還是能感受到些許的怨懟。由於臺灣和廣州的船運相當頻繁，兩人分開這段期間其實都有持續通信。富代會在信中寫下許多生活小細節，像是家裡養了一隻小雞，原本要養大殺來吃，但到最後大家卻捨不得，只好變成寵物來養，或是床子在學校又和誰吵架

㉖ 臺大植物標本館目前留有細川隆英在廣東所採集的四百份植物標本，採集時間從一九三九年二月到一九四〇年一月（採集編號 Hosokawa 10000–10483）。細川在一九四〇年則發表〈廣東的藥草〉一文（細川 1940e）。

等等，所有的瑣事是思念的羈絆，但也是兩人共享心情安定的養分。

不久後細川馬不停蹄地在五月十一日「植物分類．生態學談話會」的討論會上，報告自己在廣東的生活和植物觀察，同一天還有鈴木時夫報告他參加日本植物學會第八回年會的見聞。這次會議距上次的例會有近兩個月，腊葉館好一陣子沒有全員聚在一起，大家都聊得十分開心。討論會後的聚會不少其他親友也陸續加入，除了富代外，還有山本和正宗兩位老師的夫人，以及來自化學科的助手伊東謙㉗和他的妹妹貞子。伊東謙和鈴木、福山是臺北帝大同級生，昭和九年自化學科畢業後就留在理農學部擔任助手。伊東在前年也收到徵兵召集，但不久後就因為染肺結核而退伍，回到臺北帝大的工作崗位。伊東家也是九州人，但比細川家還要早搬到臺灣，原本因伊東謙父親的工作住在臺中，自伊東謙兄妹長大後，幾個小孩就寄住在臺北就學。伊東謙和福山、細川兩人同樣都是臺北高校畢業，幾人很早就認識。富代到臺灣後住在帝大宿舍，經由福山的介紹和伊東家兄妹開始有來往，富代只比伊東貞子長兩歲，年紀相近加上她和細川妹妹同名，這份親近感讓兩人很自然地成為聊天的好夥伴。個性開朗的貞子愛和木訥的福山伯明鬥嘴，

㉗ 伊東謙在昭和九年（一九三四）自臺北帝大畢業，一九四一年臺北帝大預科（先修班）設立，成為化學科的專任教授，他也是臺北帝國大學校歌的譜曲者。（芋傳媒 2018/6/13，胡家銘報導）（臺大校史館資料）

圖 9-12　富代與烋子約於一九三九年合影的照片，富代抱的正是他們捨不得殺來吃的雞。（永野洋與永野華那子提供）

湊在一起時總是有停不下來的笑聲，細川隆英和富代有心想要撮合他們，常藉機邀兩人到家中吃飯。生活在細川返家後，有著簡樸但回歸穩定的步調。

植物分類·生態學研究室這時有個令人興奮的消息，正宗嚴敬在今年（一九四〇）二月初終於升等教授，並正式擔任植物學第一講座，和理農學部附屬植物園長。[12]這是自工藤祐舜一九三二年過世之後，植物分類學講座第一次有教授級的專任老師擔綱，多年來懸缺的植物園長也有正式的任命，不再由日比野信一代理。雖然大家都十分高興，但看到年資更久的山本由松卻無法升等，還是不免為他擔心。

可能是因為被認為只是補遺的工作，山本由松沒能以《續臺灣植物圖譜》作為升等教授的依據，一些身邊的朋友建議他朝藥用植物、植物化學或比較應用的方向研究，校方也許會比較重視而給予肯定。山本心中本有不少遲疑，但去年正宗提出升等時的刺激讓他下定決心調整研究方向，想辦法申請到南洋進行藥用植物的研究。山本獲得經費後，從昭和十四年（一九三九）六月十四日到十一月四日，以近五個月的時間走訪爪哇、蘇門答臘、婆羅州、峇里等地的植物園、農場進行考察。一年來在《科學の臺灣》和《臺灣時報》發表數篇旅行紀錄，受到不少好評。[13]

於此同時，臺北帝大接受臺灣總督府的委託，預計組織一個綜合性的學術考察團前往海南島，希望借重臺灣經驗到這個熱帶島嶼進行全面調查。日本在占領海南島前，已有零星的學者進行各種調查，如天蠶絲的研究，由時任臺灣總督府農事試驗場技師的素

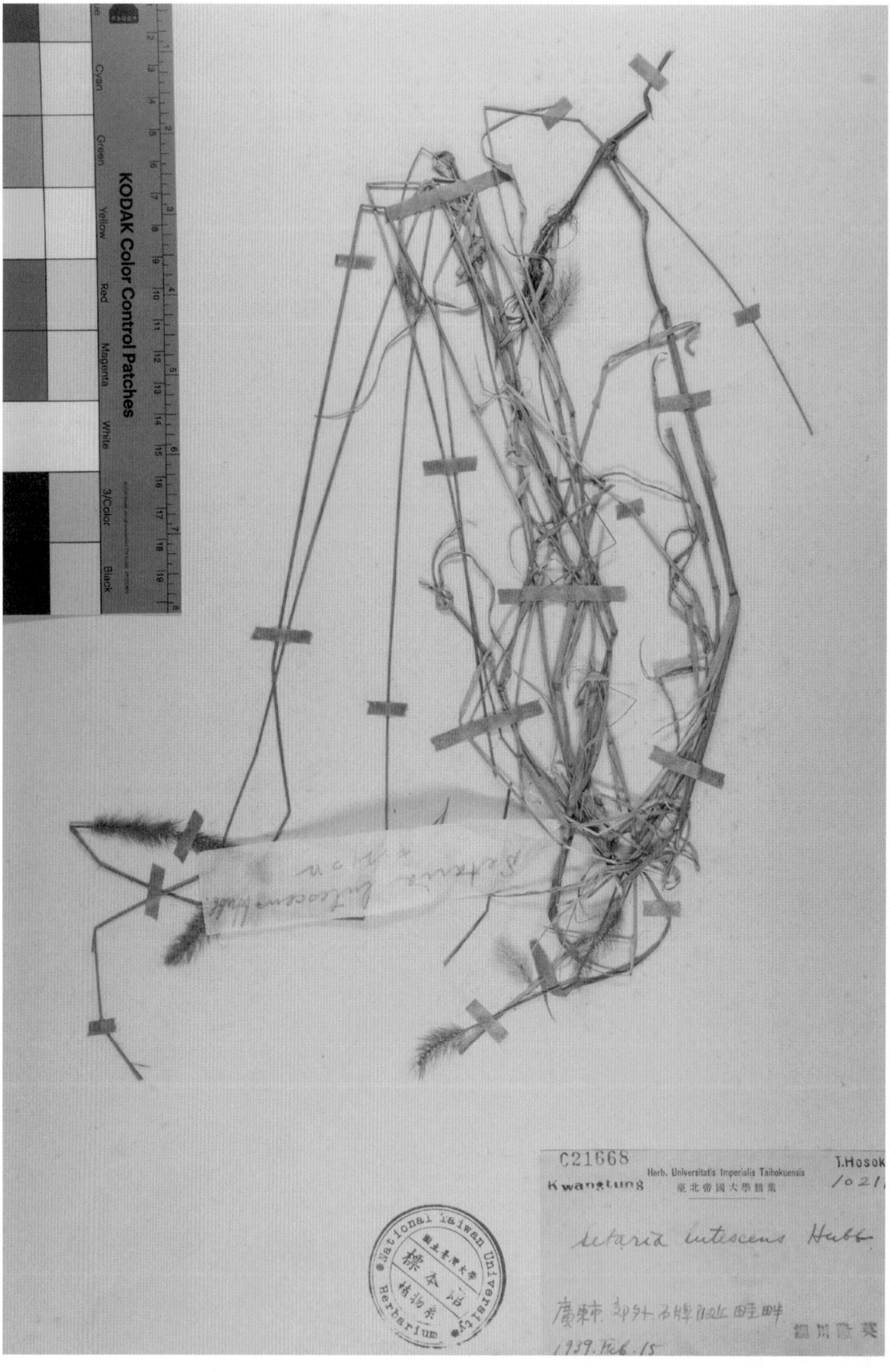

圖9-13　細川隆英於一九三九年二月十五日在廣東市郊外所採集之莠狗尾草，採集編號Hosokawa 10211。

圖9-14　細川隆英於一九三九年四月二十八日在廣東市郊外中山大學校園所採集之三腳虌，採集編號Hosokawa 10475。

木得一和殖產局的小西成章，在一九〇八至一九〇九年間自五指山採集引進天蠶至臺中東勢，另外專賣局的池田幸甚和村上勝太也多次赴海南島進行樟樹和艾粉的調查。日軍占領海南一年後（一九四〇年），臺灣總督府亦派人前往海南島進行水產和各種農業基本調查，其中臺北帝大的平坂恭介和川口四郎也在新上任的理農學部長早坂一郎的指派下在七月作先期探勘，預計在年底組成全校性的調查團。

細川隆英在經歷廣東的軍旅生活後，對海南島的調查老實說有點興趣缺缺，相對來說，密克羅尼西亞地區的研究似乎更具有吸引力，而幸運地他再次獲得日本學術振興會的補助，進行波納佩島植物的群落學研究，雖然經費較過去少些，但能前往熟悉的研究場域仍是非常開心的事。[28]

重返波納佩

昭和十五年（一九四〇）夏天，細川又再度航向南洋。這次的目標，是植物相非常豐富的波納佩島。

在整個密克羅尼西亞地區，若純粹就植物豐富度而言，當以位於東加羅林群島的波納佩和科斯雷兩個島嶼最高，兩者都有超過五百公尺的高山，波納佩島的娜娜拉烏山更是密克羅尼西亞最高峰，山上因為常有雲霧繚繞，而形成附生植物發達的苔蘚林。細川

[28] 細川獲得日本學術振興會昭和十五年度補助五百五十圓，題目為「波納佩島的植物群落學研究」（ポナペ島の植物群落學的探究）。

隆英曾在一九三三年和一九三六年兩次造訪波納佩島，第一次雖然停留近二十天，但是為生態調查的初期，許多工作並不完備，四年前細川則只在波納佩待了十天，因此這次預計總共兩個多月的南洋旅程目標，重點就完全放在波納佩島。

在橫濱等待船班的幾天，細川抽個空前往東京帝大，一方面拜會年事已高的池野成一郎教授，一方面也到小石川植物園與津山尚會面。細川和津山聊著彼此的近況，包含細川在廣東服役期間的見聞，津山提到東大也有不少人被徵召充員，認為對於學術研究造成不小影響。細川問起矢內原忠雄教授，津山只說風聞他離開學校後花比較多的時間在教會事務上，沉潛在家。㉙兩人也聊到帛琉的植物發現，津山在年初剛發表一個他採自帛琉的天南星科白鶴芋屬新種植物，但細川注意到這個物種其實和前一年（一九三九）九州帝大的初島住彥所發表的密克羅尼西亞白鶴芋是同一種植物，特別和津山提及此事。津山嚇了一跳，當下只隨口說會去查一查，等細川離開後細細回想，的確在帛琉時有人提起先前有人採過類似的東西，但自己沒有太在意，回來之後也只注意國外的相關文獻，而忽略這件事，新種描述發表前完全沒發現初島的文章，感到十分懊惱。[14]

昭和十五年（一九四〇）七月十五日，細川搭乘山城丸自橫濱出發，途經塞班、楚克等地，在兩週後的七月二十九日抵達波納佩島的科洛尼亞港。港口的「海岸通」街道熱鬧非凡，在碼頭等待細川的是江川一雄，兩人搭乘熱帶產業研究所的汽車回到所內。原本的支場現在也改制為「波納佩支所」，支所長仍然是星野守太郎。

㉙ 矢內原忠雄在一九三八年成立山中湖畔聖經演講會，一九三九年在自己家中成立週六學校（矢內原伊作著、李明峻譯，2011）。

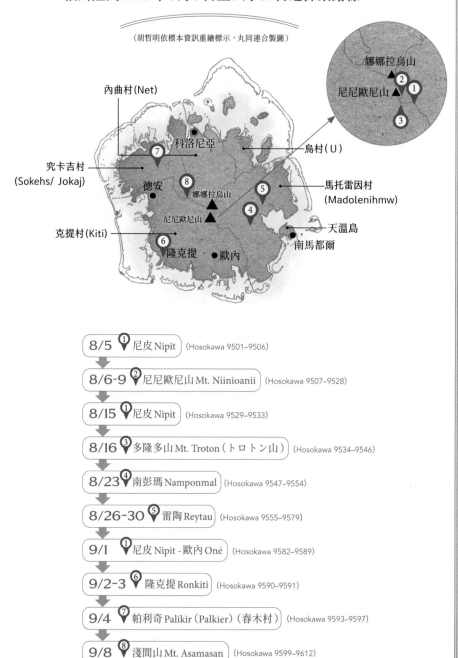

波納佩島地圖及
細川隆英1940年8月5日至9月17日之採集路線

（胡哲明依標本資訊重繪標示，丸同連合製圖）

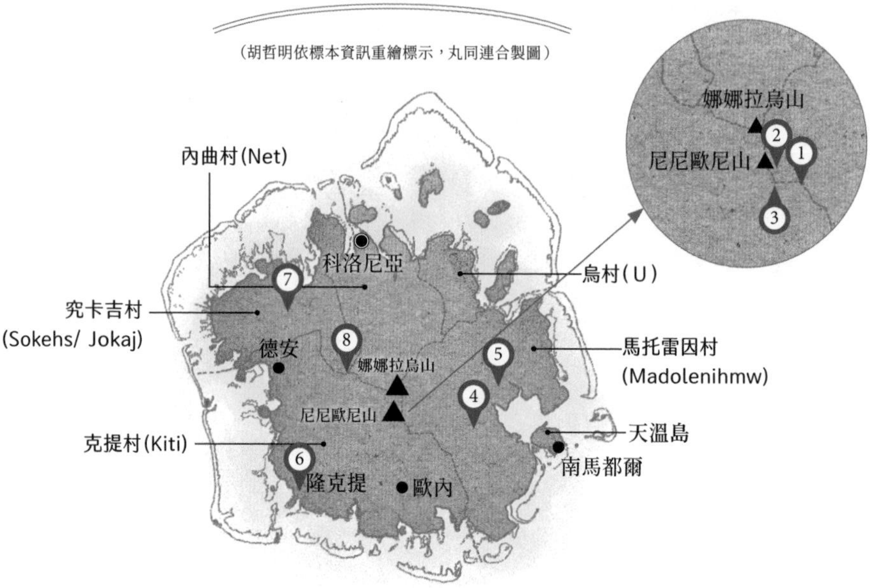

8/5 ① 尼皮 Nipit (Hosokawa 9501–9506)

8/6-9 ② 尼尼歐尼山 Mt. Niinioanii (Hosokawa 9507–9528)

8/15 ① 尼皮 Nipit (Hosokawa 9529–9533)

8/16 ③ 多隆多山 Mt. Troton（トロトン山）(Hosokawa 9534–9546)

8/23 ④ 南彭瑪 Namponmal (Hosokawa 9547–9554)

8/26-30 ⑤ 雷陶 Reytau (Hosokawa 9555–9579)

9/1 ① 尼皮 Nipit - 歐內 Oné (Hosokawa 9582–9589)

9/2-3 ⑥ 隆克提 Ronkiti (Hosokawa 9590–9591)

9/4 ⑦ 帕利奇 Palikir (Palkier)（春木村）(Hosokawa 9593–9597)

9/8 ⑧ 淺間山 Mt. Asamasan (Hosokawa 9599–9612)

細川向星野支所長解釋今次的工作和時程，大抵會和四年前來此地做的樣區型式類似，但要選定不同地區調查樹幹上附生植物的種類和數量，因此也需要一些人手幫忙。這位在波納佩島上待超過十年的支所長兩鬢已花白，但雙眼仍炯炯有神，沉吟一會後回答：「我想你有聽說喜多村君已經調到帛琉本所了，這次的調查，就由江川來負責協助安排吧。」江川是支所裡的資深助手，喜多村登離開後，是幫忙細川調查的理想人選。

江川點頭表示瞭解，「支所長，我想就請植本平和江越勝兩位助手主要來幫忙細川，[30]我最近業務有點多，可能沒辦法全程參與，不過我可以一起去南興的馬塔拉尼姆村和南貿的尼皮高地那邊，順便看一下農田。」他轉頭向細川說明：「你之前應該都到過這兩個地方，但現在那裡變化很大，你去之後一定會嚇一大跳。」

幾天商討後，細川決定以尼皮高地作為基地，再前往附近地區設置樣區。尼皮高地是南貿主要的開墾區，過去以生產樹薯澱粉為主，但最近他們開始全面改種植甘蔗，也和南興的農場一樣，投入糖業和酒精生產的行列。熱研所和這些地方關係密切，江川經常走訪各地農場，熟門熟路地帶領細川搭船前往波納佩島東邊的馬塔拉尼姆村。

近傍晚眾人在雷陶河口下船，馬塔拉尼姆村的街上燈火通明，商店林立，除各式餐館飯店外，還有時髦的咖啡廳，打扮入時的女給[31]在顧客間穿梭來去，路上的行人絕大多數也都是日本人。細川瞪大眼睛，有些不可置信地四處張望，若非路旁的椰子樹提醒著這裡是南洋的海島，他還以為自己走在東京的街道。

[30] Hosokawa (1943c) 文章中提及協助在歷次波納佩島研究的有「Moritaro Hoshino、Kazuo Egawa、Noboru Kitamura、Masaru Kawagoe、Taira Uemoto」等人，比對南洋廳《職員錄》的日名，文中人名可對應為星野守太郎、江川一雄、喜多村登、江越勝及植本平。

[31] 是日文「女給仕」的簡稱，有女服務生之意，但除了一般的接待及服務工作，也會陪客人聊天、玩樂，提供曖昧互動、肢體接觸，甚至營造戀愛氛圍。

「這裡被稱為小銀座不是沒有道理的，南興的松江社長花費不少精神在這，從建築備料到商店引進，整個城鎮幾乎是原汁原味由內地運來。」江川以帶著興奮的語氣介紹兩旁的街景，身後的植本和江越也比手畫腳討論哪家餐廳好吃。細川感到有點難以投入眼前的情境，心中想到的是塞班的加拉邦和帛琉的科羅，這種爆發式的擴張，對比他之前留有的波納佩印象，實在有不小的落差。

在鎮上停留一晚後，眾人於隔日抵達尼皮高地，落腳南貿的農場空宿舍。以此為據點，細川等人在西北方的尼尼歐尼山，以及西南方的多隆多山設置樣區。尼尼歐尼山往娜娜拉烏山的山區是雲霧林生長最茂盛的地方，一九三三年細川來時就驚豔於這裡豐富的附生植物，如今舊地重遊，沒有什麼比看到蒼鬱如昔的森林更令人開心的事了。工作兩個多星期後，細川結束尼皮高地附近的調查，由於江川要回科洛尼亞，就請他將採集的植物標本一起先帶回去熱研所，其他人則依循細川曾走過的舊路，先往南到歐內部落，再沿海岸往北經隆克提，到達波納佩島西北邊的究卡吉村，這個日本人移入墾殖的區域，因應南洋廳的政策，在兩年前（一九三八年）改稱為春木村。

前幾年在這裡的農業種植幾乎都以失敗告終，種的稻米、蔬菜只能勉強餵飽在地居民，無法達到南洋廳的期待，提供給島上其他日本移民。而在昭和十年（一九三五）時，此處的日本移民曾經減少近一半，只剩四十餘戶，但在熱研所的大力協助和新的移民努力下，春木村在昭和十五年（一九四〇）終於回復到七十八戶，約三百五十人，而且農作

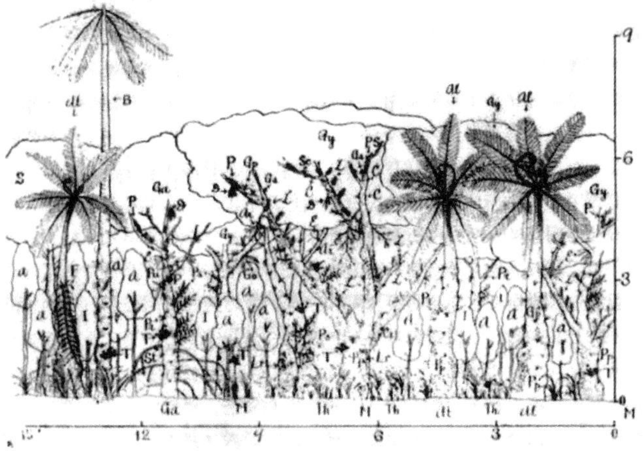

図9　ポナペ島ナーナラウト山海抜750m附近、ヤマヒルギを主体とする蘚苔林の模式図。

圖9-15　細川隆英所繪製，波納佩島娜娜拉烏山海拔七百五十公尺處，以山紅樹（*Gynotroches axillaris* Bl.，紅樹科）為主體的苔蘚林之森林剖面圖。（細川隆英1971）

生產增加，甚至還有餘力輸出到島上其他地區，以整個波納佩島來說，已經幾乎達到農作自給自足的狀況。[14]波納佩島的成功案例，振奮不少墾殖的日本住民，讓原本一些鼓吹南洋放棄論的人閉上嘴巴，南洋廳也不再被人說是拖累本國的錢坑。

九月初細川完成波納佩島的野外調查，在島上不同海拔的森林中總共設立五十個長寬各三十公尺的樣區，調查時將樹幹高度分為五部分，分別記錄其上附生植物的種類和豐富度。同時細川也嘗試繪製森林的剖面圖，這是可以清楚表示森林結構和附生植物在樹幹相對位置的圖示法，配合在不同樹高所測量的溫溼度和光度，可以分析各種附生植物所處的生態微環境。過去從沒有人在太平洋的熱帶島嶼做過類似的研究，過程雖然辛苦，但豐碩的成果讓細川相當興奮。全島調查結束後，細川隆英搭乘九月十九日的船班，途經楚克和塞班島，在月底回到橫濱港，再由此換船至基隆，返回臺北。

第十章

南島烽煙・夏花秋葉①

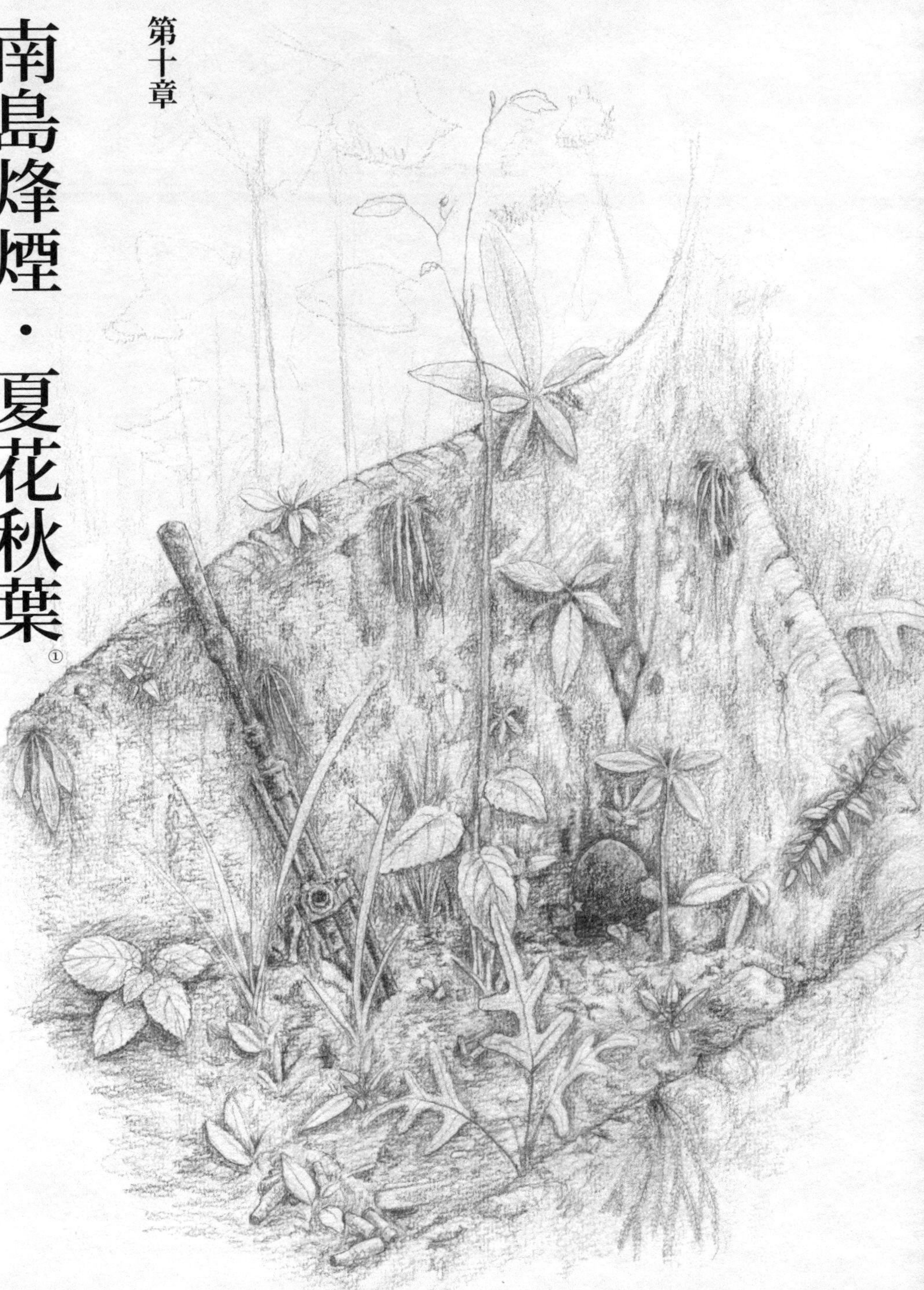

海南島調查團

在中日全面戰爭起始的階段，日軍快速占領華北、華東等地，但華中和華南的戰事明顯呈現膠著狀態。在戰場太廣闊無法照應下，日軍於前線改採重點的軍事打擊，並扶植占領區的自治政府，[②]另外則以重慶為主要的戰略轟炸目標。一九三九年初日本占領海南島，首要之務是希望獲取各項熱帶資源，以作為接下來南進之路其他地區如外南洋的範本。日本各方學術人馬在政府授意下，將海南島作為優先研究的目標躍躍欲試地希望前往調查。最早的幾批包含東京帝國大學的柴田桂太教授、野口彌吉等人分別帶領學生前往進行人類學和農學的調查。而臺北帝大的田中長三郎教授也在一九三九年八月親自至海南島短暫採集。[③]一九四〇年起，臺灣總督府亦前往海南島進行水產和各種農業基本調查，而臺北帝大的平坂恭介和川口四郎在七月先期採勘。同一時間，臺北帝大的農林專門部和醫學部也分別派遣由學生組成的「學徒團」，從學生的視角觀察海南島。[1]

細川自波納佩旅程回到學校幾天後的星期一（一九四〇年十月十四日）下午，生物學科教室內聚集不少人，氣氛相當活潑熱絡。這天是植物分類・生態學談話會的聚會，細川照例和大家分享他剛完成的南洋調查，山本由松也報告他最近的植物研究。不過這次聚會來的人不只是植物分類學者，還包含動物學的平坂恭介，以及氣象學講座的助教授小笠原和夫。把理農學部的教授們匯集在此的主要原因，是會後大家要一起討論海南島

① 章名取自印度詩人泰戈爾《漂鳥集》中的名句：「生時麗似夏花，死時美如秋葉。」暗諭南島的風華，隨著二戰末期的焦土戰事，摧殘殆盡。

② 如一九三九年成立之「蒙古聯合自治政府」，一九四〇年成立之「中華民國國民政府」（汪精衛政權），北平的「華北政務委員會」等。

③ 田中長三郎在前一年（一九三八）即根據海南島的文獻和標本，與小田島喜次郎在《熱帶農學會誌》發表〈海南島植物總覽〉（Tanaka & Odashima 1938），兩年後則再發表〈續海南島植物總覽〉（Odashima & Tanaka 1940）。另外田中也在一九三九年至海南島親自採集前，在《臺灣時報》發表兩篇相關的文章：〈海南島の科學探險〉和〈海南島的植物資源〉（田中長三郎 1939a, b）。

學術調查研究的相關事宜。④

平坂教授首先轉達早坂一郎學部長和校方的討論結果，希望這次的海南島調查團以理農學部為主幹，重點雖然放在資源的初步考察，但許多基本調查項目仍會進行，第一回的調查團確定會組成生物學班、農學班，以及地質學班三組分別前往調查。第一批的生物學班預計於十一月中旬出發，其餘兩班則在年底和隔年初再出團。由於名額有限，先前已有不少關於參與人選的討論，平坂和川口兩人因為已在前一年參與初探，故主動讓出名額給生物學科的其他人。生物學班由最資深的日比野信一教授領隊，加上正宗嚴敬、山本由松兩名植物學專家，以及研究水域動物的原田五十吉助教授為主要的核心，再搭配理農學部的助手吉川涼、小田島喜次郎、田中亮、中條道夫等人，針對不同生物類群進行調查。⑤另外主聘在農林專門部的森邦彥則加入農學班，協助專門部的田添元教授進行林業方面的調查工作。由於細川在夏季到波納佩調查後才剛回到臺灣，這次談話會後的小型會議，平坂等教授希望藉這個機會詢問細川隆英是否要加入生物學班之中。

雖說這是一個相當難得的機會，特別是理農學部幾乎是傾全部之力參與調查，細川卻有些許不想宣之於口的遲疑。在經歷過廣東的軍旅生活後，細川下意識地對中國前線有股排斥感，充滿敵意目光的廣州街頭，和子彈從頭頂飛過的緊迫畫面，不時還會讓他從睡夢中驚醒。

生物學教室的另一個角落，小笠原教授正興奮地向福山伯明和鈴木時夫等人說明他

④ 一九四〇年十月十四日的植物分類．生態學談話會，參與的人員和有關海南島的討論議題，均為作者自行加入，非有文獻描述。

⑤ 此處幾位助手，對應協助的講座教授為吉川涼（植物學講座日比野信一），小田島喜次郎（園藝學講座田中長三郎），田中亮（動物學講座青木文一郎），中條道夫（昆蟲學講座素木得一）。

對於熱帶氣候的見解。他正在整理撰寫一本名為《南方氣候論》的書，其中第二編討論氣候與植被的關聯性，鈴木和細川都曾提供不少協助。小笠原是大東亞共榮圈和日本民族主義的擁護者，最近讀到杭庭頓（Ellsworth Huntington）[⑥]有關氣候決定論的文章，更對於氣候影響不同地區的生態環境，甚至左右文明進程的議題產生濃厚興趣，且認為日本有得天獨厚的條件在東亞走在最前端來發展。小笠原在東北帝大的物理學科畢業後，又到京都帝大哲學科就讀，師從當時日本唯一的數理哲學家田邊元。身為極少數集理學士和文學士於一身的他，思想比一般科學研究者更為天馬行空，說話語調有一種特別的魅力，幾人的談話吸引在座不少目光，讓細川在做決定前還有一點時間能稍微整理一下思緒。

由於鈴木目前仍然受聘於臺灣總督府專賣局，不屬於臺北帝大一員，自然無法加入調查團。而福山雖然剛接下農試所的工作，但終究是臨時職缺，所以如果要找替代人選，福山應該是比較好的選擇。細川深吸一口氣，把視線移回平坂和日比野兩位教授，「這次的海南島調查，我想推薦福山君前往。我其實也算有到過海南，因此想把機會讓給其他人，再加上我希望留在臺灣整理資料，所以就讓我留守腊葉館吧。」

日比野和正宗交換一下眼神，似是在猜測他做此決定的理由，猶豫一會後還是點頭表示同意，「福山君當然可以勝任這次調查，如果你已下定決心的話，那麼農試所那邊由我來和他們說一下福山的狀況。」正宗接著說：「如此一來福山必須回到學校才有身分，就由理農學部聘福山君作助手，手續應該還來得及。」

⑥ 杭庭頓（Ellsworth Huntington，1876–1947），美國地理學者，著有《文明與氣候》(*Civilization and climate*) 等書。

圖 10-1　細川氏鳶尾蘭模式標本，細川隆英在一九四〇年九月八日採於波納佩，標本編號 Hosokawa 9599。

散場後福山被幾位教授找去說話，鈴木走到細川身旁，拍了拍他的手臂，「我想我大概能瞭解你心裡的感受，你是刻意避開海南的調查吧？」兩人看著小笠原等人離開教室，鈴木雙手扠在胸前，「小笠原和正宗老師是同年吧？他們好像也很聊得來，有一次我還看到他們在一起討論俳句呢。⑦不過我實在沒辦法像他們那麼投入，只要說到推動日本文化或是南進事業的事，小笠原總是非常熱中，但我覺得他有點太過注重實用主義，而且老是認為自己才是對的，有時不會考慮其他人的感受。」

「我還以為你和小笠原站在同一邊，前一陣子他不是常常找你聊天？」細川見鈴木白了他一眼，兩手一攤，「好吧，我只是開開玩笑而已，我和你也有類似的感覺，但無可否認小笠原對於熱帶氣候的理論有不少獨到的想法。」接著露出一絲苦笑，「你和福山都聽我吐過不少當兵的苦水，我是真的不那麼想要到前線，這種事一次就夠了。」他嘆了口氣，「不過說實在的，不參加海南調查團的主要原因，除了最近在幫臺灣南方協會整理《外南洋的有毒植物》（外南洋の有毒植物）[2]那本書，希望明年初可以出版，另外就是我希望能花多一點時間將在密克羅尼西亞這幾年的研究成果好好整理發表，然後拿來當作申請博士學位的主題論文。」

鈴木眼睛亮起來，開心地問：「你跟日比野和正宗老師討論過了嗎？我真的希望細川君能成為我們一夥人中第一位博士啊。」接著側頭想了想，「我記得你有提過明年還要去帛琉吧？是還希望再收一些論文需要的資料嗎？」

⑦ 參考成田茂（2021）和《正宗嚴敬追悼紀念文集》（1993）描述，兩人皆曾作俳句自娛。至於兩人一起討論俳句，為筆者的猜想。

「沒錯，我上回去的時候，在隆起珊瑚礁上的熱帶林植被設的樣區太少，我希望能再補一些資料。」細川點頭回答。這時福山和其他老師們分開，向他們走來，拉著鈴木笑說：「來吧，我們一起去細川君家裡叨擾一頓飯，難得兄弟相聚。」鈴木斜瞄他一眼，「要不要我去找貞子一起來啊？免得你約會的時間變少了。」細川看福山的臉紅起來，笑笑地拍他的肩膀，「等等我請富代去找她來吧，人多點也熱鬧些，晚餐時我再跟你說一些去海南該注意的事。」

臺北帝大的第一回海南島調查團生物學班，就在十一月十四日正式從基隆乘開南丸啟航，十八日抵達海口，在三亞、陵水、萬寧、鹹塘、佛羅、長田、石碌山、南山嶺等地調查，十二月十五日回到海口，最後在二十三日回到基隆。眾人回到臺灣之後，忙著整理蒐集回來的各種標本和資料，細川也埋頭撰寫這幾年累積的密克羅尼西亞植物研究，在隔年（一九四一）春天前，送出兩份文稿到《臺灣博物學會會報》發表，[3]包含七種植物新種描述。其中最特別的是由福山伯明依據細川在前回（一九四〇年）波納佩島楚南努卡山[⑧]附近所採集的附生蘭花標本，定名為「細川氏鳶尾蘭」（*Oberonia hosokawae* Fukuyama）。雖然不是第一次，但是細川看到自己的姓氏被放在學名的種小名上，仍然非常開心。

⑧ 細川隆英標本上記錄為「Mt. Trun-nanukap」，但在地圖資料中查無此名，同日細川有另幾份標本採自於「Mt. Asama-san」，對照今西錦司（1944）書中地圖所示，應為「淺間山」之英名，位於科洛尼亞南邊，三角山西邊的山區。

最後的航行

昭和十六年（一九四一）七月七日，細川搭乘近江丸自橫濱出發前往帛琉。船隻在經過塞班和雅浦後，抵達科羅港的碼頭，等著細川的是久違的喜多村登，他在前年調派到帛琉熱帶產業研究所本所擔任技手。兩人先在街上吃飯聊近況後才回到熱研所，與也是舊識的蘆澤安平所長會面，這兩年熱研所規模愈來愈大，因應業務需求所內分為農林部和鑛業部，前者再下分農業科和林業科，本所加上塞班和波納佩兩個支所，編制職員的總人數已超過二十人。[4] 熱研所一個非常重要的功能是提供日本墾殖移民在農作上的協助，南洋廳相當重視這些農業人口，因為相較於南洋地區的商業和漁業活動，他們對於土地的認同感更能顯示長期移民的成效。帛琉由於是南洋廳的所在，殖民村的規劃一直有指標性意義，而最大的殖民區域就在北邊的大島——巴伯爾圖阿普島。

南洋廳在昭和十三年（一九三八）將巴伯爾圖阿普島上的四個主要殖民區域分別給予正式的日文名，取代原本的拼音村名。島南端最早開發的定名為「瑞穗村」（舊名「艾來」[9]），東側則有「清水村」（舊名「梅萊凱奧克」[10]），西邊有兩個大型開發地，艾米翁[11]附近的「朝日村」，和卡斯邦北邊的「大和村」（「舊名「卡魯米斯康」[12]」）。而卡斯邦的西南，則是熱帶產業研究所的開拓和造林區域。

和細川上次在帛琉調查的方式類似，但這次不需要在紅樹林裡一邊提心吊膽地擔心

[9] 日名「アイライ」，英名「Arai」，開拓啟始時間一九二五年。

[10] 日名「マルキヨク」，英名「Melekeok」，開拓啟始時間一九二七年。

[11] 日名「アイミオン」，英名「Aimion」，開拓啟始時間一九二七年。

[12] 日名「ガルミスカン」，英名「Ngermeskang」，開拓啟始時間一九三九年。

鱷魚一邊進行調查，而是以低、中海拔山區的森林為目標。細川接受喜多村的建議，以巴伯爾圖阿普島熱研所的開拓區作為基地，再前往附近山區設置樣區，如此可以節省不少時間，而且住在所裡面，食宿可以方便解決。取得蘆澤所長的同意後，兩人就忙著準備調查工具和徵募臨時工，同時喜多村也帶細川參觀熱研所的各種新設施。在科羅的幾天細川還抽空往訪西南邊的熱帶生物研究所，在臺灣出發前理農學部的川口四郎託他帶一些文獻書籍給在那裡進行研究的阿刀田研二⑬。阿刀田年紀比細川略小，和川口一樣都是以造礁珊瑚蟲作為研究材料，川口前兩年在熱生所進行約半年的研究時，兩人就成為相當熟識的朋友。熱帶生物研究所以海洋生物為研究重點，原本的所長畑井新喜司在一九三八年退休後，同樣來自東北帝國大學的阿刀田就被賦予接棒的重任，擔任代理所長。阿刀田也邀請細川之後有空在岩山灣附近的島嶼設樣區調查時，也可以住在熱生所的宿舍。

行程安排妥當後，細川等人出發前往巴伯爾圖阿普島的卡斯邦，有了喜多村這個得力助手，調查工作順利很多，有不少餘暇整理過去的資料，時間在野外工作和論文寫作中一天天度過。不過悠閒的日子並沒有持續太久，八月七日起帛琉開始演練夜間燈火管制，八月中旬細川遇到帛琉今年的第二次防空演習，⑭在這個太平洋的小島上，警報夾雜在椰子葉搖曳的沙沙聲和遠方海浪的拍岸聲中，顯得特別格格不入而刺耳。細川看窗外靜得像幅畫的景色，心中湧出怪異無倫的感覺，好似身處一個奇特的交錯空間，但實在很難把戰爭的破壞和眼前一切連在一起。他有時會想，不知道島上的動物們會如何看待

⑬ 阿刀田研二（一九一二—一九九五），動物學者，明治四十五年生於日本宮城縣，一九三一年進入東北帝國大學理學部生物學科，師事畑井新喜司，畢業後在淺蟲臨海實驗所擔任助手，一九三八年三月至一九四二年一月派遣至帛琉熱帶生物研究所，一九四二年歸任淺蟲臨海實驗所，一九四四年任滿洲國國立中央博物館學藝官，戰後至第二高等學校任教，一九四九年轉往東北大學教養部，至一九七五年退休（東北大學史料館 1975）。川口四郎在一九三六年六至十月，以及一九三九年十一月至一九四〇年四月，兩度到帛琉熱生所進行研究（坂野徹 2019）。

⑭ 這一年帛琉第一次的防空演習在七月十三日至十五日，其次則在八月十四日至十五日，有時有實機演練，有時有軍隊集結。有關帛琉防空演習相關描述，參考清水久夫（2014）整理《土方久功日記》第二十九冊之紀錄。

人類的行為，是不是和他一樣覺得荒謬呢？

幾天後熱生所的阿刀田託人捎來消息，邀請細川在八月二十四日參加一個晚宴，這個聚會是土方久功發起，邀請來訪帛琉的東京帝大人種學古畑種基⑮教授、帛琉醫院的藤井保院長，以及熱生所的夥伴們一起參加，主要是為古畑教授辦的送別宴。與會的多是學界人士，因此阿刀田也邀細川一道參加。晚餐的場地在科羅街上的南洋飯店，到場的有十多人，相當熱鬧。⑯

古畑教授和當地的醫院合作，此行目的是進行帛琉當地原住民血型等體質人類學的大型調查，以公學校學生和相關人員兩百多人為主要對象，花了一個半月的時間，蒐集血型、指紋、掌紋等資料。陪古畑教授同行的，是東京慈惠會醫科大學的羽根田彌太，⑰和古畑的兒子古畑定基。羽根田原本的專長是發光生物，過去曾多次在帛琉熱生所進行海外研究，這次因為其醫學背景，加上和帛琉的密切關係，成為古畑教授的牽線人。

至於聯繫身為長住南洋多年的民族學者土方久功，則是藉著土方和熱生所的密切關係。土方和熱生所的淵源始自前任的所長畑井新喜司，土方和畑井兩人熟識多年，畑井常邀請土方到熱生所，除了介紹帛琉當地海洋生物的研究之外，也引介他從東北帝大帶來的學生輩們如加藤源治、榎並仁、阿刀田研二等人。而由於土方這幾年也幫忙南洋廳籌備物產陳列所的各種事務，以此介紹南洋文化給一般的日本人，免不了要熱生所提供一些具有地方特色的生物標本，每個月都會和熱生所的人聯繫，可以說認識所裡每一個

⑮ 古畑種基（一八九一—一九七五），法醫學者，明治二十四年生於日本三重縣，一九一二年東京帝國大學醫科入學，一九二三年獲得醫學博士，一九二四年任金澤醫科大學教授，一九三六年任東京帝大教授，一九五六年獲得文化勳章。

⑯ 有關此次聚會地點和參與人員，均記錄在清水久夫（2014）整理土方久功日記中，但是並未提及細川是否參加。此處為筆者自行加入的段落，旨在藉土方等人描述當時帛琉景況。

⑰ 羽根田彌太（一九〇七—一九九五），動物學者，明治四十年生於日本岐阜縣，一九三二年東京慈惠會醫科大學就讀，畢業後留任為助手，之後在畑井新喜司的支持下，一九三六至一九四二年間四次前往帛琉熱帶生物研究所進行研究，一九四二至一九四五年間任昭南博物館（今新加坡國家博物館）副館長，一九五五年任橫須賀市博物館館長，至一九七四年退休（Yourpedia資料）。

人。

這天下午下了一場大雨，傍晚天空放晴，空中瀰漫被太陽曬出的水氣。阿刀田和細川約好在碼頭碰面，他們剛走進飯店就聽到一群人的談笑聲，從對話中可以知道人群的中心，頂上頭髮有點稀疏，戴著厚重眼鏡的就是土方久功，正開心地和圍在身旁的人聊天。這是細川第一次看到土方久功，讓他想起之前在店裡買的故事板，就是他帶領的學生所繪。羽根田彌太看到阿刀田和細川一起進飯店，走過來和兩人打招呼，中等身材的羽根田臉上常帶著笑意，非常健談，知道細川來自臺北帝大，乾笑了兩聲，「你大概不知道我曾經讀過一年臺北帝大喔，不過是農學科的。」細川連忙追問他是哪一年入學，羽根田說是昭和六年，也就是和鈴木時夫、福山伯明同一屆。「你這麼說我好像有點印象，但你是不是不常來學校？」細川的回答讓羽根田有點不好意思，「我後來被我叔父勸回家改念醫科，就是我現在工作的慈惠醫大。」羽根田頓了一下，轉個話題詢問細川：「聽說你曾去過密克羅尼西亞的各個島嶼，我有不少問題想問你呢。」接著拉細川到一角的座位，他對旅行顯然很有興趣，不斷追問一些各地風俗習慣的細節。6

這時畑井向土方問起展覽的事：「之前不是聽你說要在南貿辦展覽會，我一忙就忘了，現在如何？對了，中島敦[18]先生身體還好吧？」土方喝了一口手上古畑送的日本酒，先讚美一番後，放下酒杯回答：「中島身體還沒恢復，他來了一個月多，大部分的時候都在生病拉肚子，你知道他本來就有哮喘的毛病，加上水土不服，沒幾天能工作。原本前

⑱ 中島敦（一九〇九—一九四二），日本小說家，生於東京，一九三三年畢業於東京帝大文學科，一九四一年七月六日至一九四二年三月十七日前往帛琉工作和寫作，訪問各學校並替南洋廳編修國語課本。著有《山月記》，《光與風之夢》等作品。

帛琉島地圖及
細川隆英1941年7月7日至9月16日之採集路線

（胡哲明依標本資訊重繪標示，丸同連合製圖）

① 科羅 Koror（コロール村）

↓

7/23-29 ② 卡斯邦 Gaspan（ガスパン村）
(Hosokawa 9640-9687)

↓

7/30-8/5 ③ 艾梅利克 Aimiriik（アイミリーキ村）
(Hosokawa 9690-9700)

↓

8/9 ② 卡斯邦 Ngaspan（ガスパン村），南拓農場
(Hosokawa 9701-9709)

↓

8/11 ③ 艾梅利克 Aimiriik（アイミリーキ村）；熱研移轉地
(Hosokawa 9710-9716)

↓

8/13-14 ② 卡斯邦 Ngaspan（ガスパン村）
(Hosokawa 9717-9721)

↓

8/21-22 ④ 阿魯摩那桂 Almonogui（アルモノクイ村）（朝日村）
(Hosokawa 9722-9750)

↓

8/25 ⑤ 卡魯米斯康（ガルミスカン）（大和村）
(Hosokawa 9751-9757)

↓

8/26 ③ 艾梅利克 Aimiriik（アイミリーキ村）
(Hosokawa 9758-9771)

↓

8/29-30 ⑥ 歐羅普西亞加魯 Oropusyakaru（オロプシヤカル）
(Hosokawa 9772-9801)

↓

8/31 ① 科羅 Koror（コロール村）
(Hosokawa 9802-9808)

↓

9/8 ⑦ 索山 Mt. Sul (Hosokawa 9809-9819)

↓

9/11 ③ 艾梅利克 Aimiriik（アイミリーキ村）；熱研造林
(Hosokawa 9820-9826)

↓

9/13 ① 科羅 Koror（コロール村）
(Hosokawa 9827-9829)

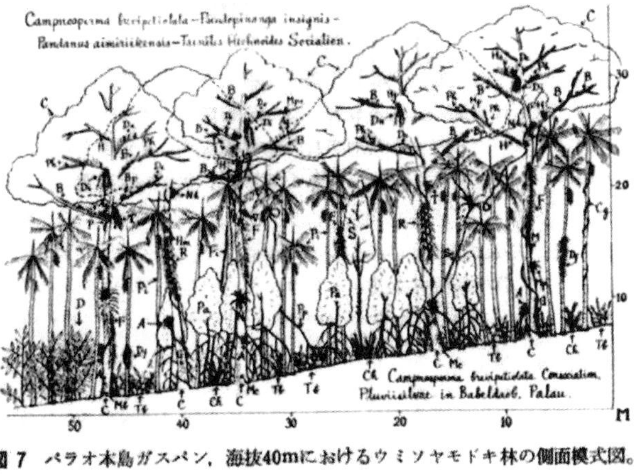

圖 10-2　細川隆英所繪製，帛琉巴伯爾圖阿普島卡斯邦附近，短柄鳩漆森林剖面圖。（細川隆英 1971）

圖 10-3　細川隆英在帛琉採集之照片（細川隆英 1943）

兩天有比較好，可惜今天又感到不舒服，我就讓他休息。至於展覽，」他皺著眉頭嘆一口氣，「原本預定十五日要開展，結果碰到防空演習，現在只能延到下個月，還不知道什麼時候可以成。」接著又說：「不過之前和商工課要的東西也遲遲沒來，或許延期也是好事。」

「你們熱生所的物資狀況如何？有沒有受到影響？」古畑教授轉頭向畑井詢問，阿刀田在畑井的另一邊坐下後代為回答：「所上一般性的用品都有庫存，但是實驗器材如果沒有再補貨，可能沒辦法撐太久。」

畑井點頭表示知道情況，「上個月英國和美國才凍結我們的海外資產，各行各業都叫苦連天，這個情形如果沒有改變，肯定會走向不該走的路。」說完皺起眉頭，不再說話。

「您是指會發動戰爭？」坐在一旁的加藤源治試探地問土方：「不會真的打起來吧？」

「這些政客應該不會這麼蠢，但也很難說，我看支持開戰的人也不會少。」土方接著說，「無論如何，米、糖等生活必需品的配給會愈來愈嚴，日子真的會很難過。」

「這個可能性是蠻高的，海軍軍部找過我好幾次，要求我們熱生所搬走，我猜是有上面的壓力要進行作戰準備。」一旁的阿刀田也加入話題，「但我們也是被逼的呀，現在ABCD（美國、英國、中國、荷蘭）[19]對帝國的包圍已然形成，反擊是唯一之路。」

「你被洗腦得挺徹底，包圍？是自己劃線圍住自己吧？」土方深深看阿刀田一眼，又仰頭把手上的酒一口喝完，「這可以說是像走在鋼索上，隨時都得小心翼翼，走錯一步

⑲ 在日本所稱大東亞戰爭中，日本被周遭的勢力壓迫，媒體以美國（America）、英國（Britain）、中國（China）、荷蘭（Dutch）英文的第一個字母組成「ABCD包囲陣」來形容這個包圍圈（吉田裕等2015）。

研究員　右より、加藤源治、阿刀田研二、伴善居
（南洋廳水產課）、和田淸治、羽根田彌太の諸氏

圖10-4　加藤源治、阿刀田研二與羽根田彌太等人的合影　圖片來源：《科學南洋》1940年第3卷第1號

就不得了了。」他呆看著見底的酒杯，「我只希望戰火不要波及這個偏遠而美麗的熱帶島嶼。」

這時侍者送上菜肴，大家暫時拋開這個煩人的話題，改為討論不同的料理。餐後阿刀田帶著熱生所的夥伴到附近的湖南莊看朝鮮舞蹈，細川也返回熱帶產業研究所的住宿處，隔天搭船到卡斯邦繼續調查研究。一週後細川再回到科羅，住在熱生所的宿舍，借熱生所的小船前往岩山灣南邊的歐羅普西亞加魯島設立樣區。[7]在這裡的森林中工作相當辛苦，因為有不少蚊蟲襲擊，得做足防護措施，但是臉、手仍然被叮得到處紅腫。

值此同時，國際局勢日趨緊繃，日本與美國的外交斡旋愈來愈難以達成共識，七月中第三度組閣的內閣總理大臣近衛文麿在軍方的支持下，將日美交涉的期限定在十月，並以十月下旬為目標完成對英美蘭印戰爭之準備，九月六日在天皇皇居的御前會議依此落實帝國國策推行要領，在和平解決可能日漸渺茫的情形下，大戰似乎一觸即發。

九月十六日，細川搭上最後一艘民間營運的回國船班，之後所有船運將由軍方全權掌控。有不少人都想擠這一艘船回日本，細川這次回去仍然帶著二百多份標本，加上採集裝備等行李，折騰一番靠著喜多村的幫忙才順利上船。從科羅港出發後雖然下一站是直抵羅塔和塞班島，但是途中會經過關島的海域，所有船上的人，包含船員和乘客都十分緊張，際此日美隨時可能開戰的時刻，誰都不知道會發生什麼事。所幸整個航程都沒有狀況，船班順利在九月二十五日抵達橫濱。

二次入伍

眼看外交努力沒有任何結果，新上任的東條英機內閣宣布帝國不能屈服於美國提出退出中國和廢除三國公約的要求，事態已到必須和美國、英國、荷蘭開戰的地步。昭和天皇最終於十二月一日的御前會議中，在開戰文書蓋上玉璽，正式批准開戰決定。

一九四一年十二月八日，日軍突襲美國珍珠港，開啟太平洋戰爭的序幕。一週內，日軍同時攻擊菲律賓的馬尼拉、昭南（新加坡）、（英屬）香港、荷屬東印度（印尼）等地，以勢如破竹的姿態占領太平洋近四分之一區域。

由於臺灣非屬於直接戰區，只以防空準備為主，即便美軍空襲的流言甚囂塵上，開戰初期的大勝基本上並沒有讓在臺灣的人有急迫的緊張，不過日常活動仍多少受到影響。臺北帝大因應年輕人會被徵召充員，決定將修學年限縮短，在十二月二十六日舉行第二次畢業典禮（畢業式），當時校內甚至有口號：「戰勝第一，教育第二」，為了大局，學業可以放一邊。[8]

一九四二年一月十四日，腊葉館又熱絡起來，這一天是植物分類．生態學談話會的第一百一十四次例會，包含細川隆英以「溪流樹木的適應性」（溪流樹木の適應性）為題的演講，以及山本由松報告一篇樟科木薑子屬植物分類的文章。[9]細川指出在溪流岸旁生長的植物葉片，會比離岸的葉子更細長，是適應大雨之後被暴漲的溪流淹沒之結果。

雖然討論也相當熱烈，但是在場大部分人卻有點心不在焉，因為細川、鈴木等人會後要連袂參加福山伯明和伊東貞子的婚禮。福山夫婦在婚禮後將搬到朱厝崙附近。⑳

對福山來說，還有另一件人生重大的事也同時發生，他預計返回母校臺北高等學校任教。這是一份難得的職缺，但是來得蠻突然，主要是原本生物科的河南宏老師在前一年十月悲劇式地結束了自己的生命。學校在尋找適合接替人選時，山本由松因為福山是臺北高校出身，於是推薦福山前往應徵。山本和河南在東京帝大是前後期的學生，都曾在小石川植物園學習，兩人且在同一年來到臺灣任教職，也同樣喜歡爬山而參加臺灣山岳會，是多年的好友。河南是臺北高校相當受歡迎的老師，教學也非常認真，去年初進行理科實驗時，不慎炸傷眼睛，治療後又因學校的諸多事務累積無法負荷的壓力，最後導致難以挽回的悲劇。這次福山以校友的身分回校任教，有著複雜的心情，但大家仍都給予萬分祝福。

兩個月後，隨著戰事的推展，日本也召募各式人才到新占領地。農林專門部的森邦彥決定離開學校，轉到三井農林株式會社，預計派往爪哇進行森林資源相關產業工作。於此同時，臺北帝大也組成第二回的海南島調查團，分為經濟與民族關係、理農學、農藝化學三班，成員仍以理農學部為主，不過這次腊葉館的夥伴都沒有參加，因這次調查的重點放在農業資源調查，以及一部分的民族學研究。山本由松另外承接海軍特務部委託「黎族及其環境調查」的部分計畫，自行前往海南島進行植物資源調查。

⑳ 福山結婚日期及新任所地點參見臺北帝大《學內通報》第二八二號，昭和十七年二月十五日出版。朱厝崙位於今日臺北市中山區內，復興北路和南京東路交會口附近。

日軍一年多來快速的軍事擴張，在一九四二年中開始受挫。五月的珊瑚海海戰和六月的中途島海戰，日軍失去不少主力軍艦，特別是中途島戰役損失的四艘航空母艦加賀號、蒼龍號、赤城號和飛龍號，以及重巡洋艦三隈號，同時折損數百架艦載機，並犧牲超過三千五百名人員。此兩役扭轉了日美雙方的海戰實力差距，使其後美軍得以從瓜達爾卡納爾島（瓜島，今索羅門群島主島）爭奪戰開始反擊。一九四二年八月七日至一九四三年二月九日的瓜島戰役相當慘烈，日軍有三十八艘軍艦沉沒，約三萬軍人陣亡。

昭和十七年（一九四二）十一月中，細川隆英搬到明石町[21]的家裡迎來了新成員，他和富代幫她取名為「由喜子」，而不到一個月前，福山貞子也誕下一個女孩。[22]兩家住得不算遠，常互相分享育兒經驗，也都為照顧嬰兒而忙得不亦樂乎，在戰雲籠罩的陰霾下，沒有什麼比新生命的誕生更讓人開心的事了。同時細川也在這一年整理多篇文章，包含密克羅尼西亞植物報告系列的第二十三到二十六號，以及作為博士學位申請主論文的〈波納佩島附生植物研究I，II，III〉三篇文章。此外也著手《南方熱帶植物概觀》（南方熱帯の植物概観）一書的撰寫，以比較科普的

[21] 由喜子出生於十一月十五日，臺北帝大《學內通報》第三〇一號記載住宅為臺北市明石町一丁目一番地，明石町為今日公園路至青島西路、南陽街、中山南路附近。

[22] 福山伯明的女兒於十月二十一日出生（臺北帝大《學內通報》第三〇一號），但名字不詳。

圖10–5　細川、富代，和剛出生的由喜子。
（永野洋與永野華那子提供）

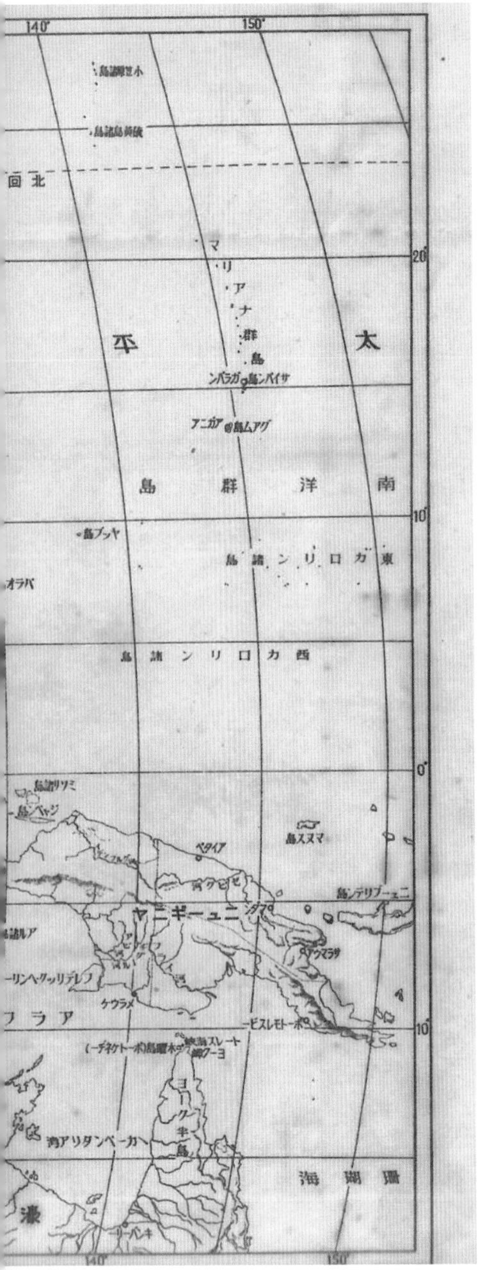

圖10-6　細川隆英一九四三年出版，《南方熱帶植物概觀》封面。（胡哲明收藏）

圖 10-7　細川隆英《南方熱帶植物概觀》書籍內容區域地圖全圖（胡哲明收藏）

筆法介紹內外南洋地區的植物相，可說是細川這幾年來的研究總整理。

《南方熱帶植物概觀》一書分為四個章節，第一、二章介紹整個南方熱帶區域的概況，包含植物探索的歷史等。作為主文的第三章，則先解釋氣候和植物相的關係，再分別就不同的植被，如熱帶降雨林、雨綠林[11]、草原等共分為十六個類型一一舉例說明。其次也花了很大的篇幅介紹不同地區的植物相，西起緬甸、泰國，東至新幾內亞和密克羅尼西亞，每個地區都從環境、植物相特色等加以描述，輔以引用文獻數據和照片，雖然是介紹性的書籍，但其科學嚴謹性亦相當值得關注。最後一章則是以宏觀的視角討論植物地理學的各項問題，不僅從各地植物組成的角度比較，還包含氣候因子的影響，以及援引古植物的證據，討論各區植物相的起源。相當特別的是細川認為不同的植物類群，因其生理生態的特性，在植物相的水平和垂直播遷上都會有所不同，這是當時少見能以不同尺度探討植物地理的文章。

臺北帝大校內在昭和十八年（一九四三）也有很大的組織變動，爭論已久的理農學部分家聲浪終於無法再被壓制，而決定分為理學部和農學部。臺北帝大成立之時有文政、理農兩學部，以及沿續農林學校的農林專門部，而自一九三五年設立醫學部以後，組織上就沒有太大的改動，但理、農兩領域的老師們劃分界限的情形不時有之。隨著戰事升溫，應用科學的需求和重視明顯提昇，致使理科的老師倍覺被打壓，希望與農學分開，獨立成部。而工學部也在籌設兩年後在這一年（一九四三）正式成立，包含機械、電氣、應用化學及土木工程四個學科。同年因應南進擴張，成立「南方人文研究所」和「南方資源科學研究所」，[12]另外也在海南島榆林設實驗所。

從前一年（一九四二）開始，細川正式在臺北帝大受聘為講師，並在隔年獲得日本學術振興會的計畫補助，進行臺灣附生植物的群落生態學研究。在臺北帝大只有另外三位老師在這年有得到補助，相當不容易。[13]細川可以說在工作和家庭都有不錯的進展，但是命運似乎不喜歡讓人順遂太久，到昭和十八年（一九四三）九月下旬，細川接到第二次的臨時入伍通知，應召至臺灣步兵第一聯隊補充隊，十二月中到臺灣俘虜收容所第六分所（今臺北大直培英公園一帶）擔任衛兵要員。㉓俘虜收容所主要拘留來自各地的戰俘，包含臺灣以外的地區，有不少英國和美國人被捕後就送至收容所。臺灣在不少地方都有類似的收容所，而第六分所是臺北最大的一處，有近五百名戰俘被監禁，多數是英國人。對細川來說，再次的入伍除了伙食正常外，其實與被監禁的感覺差不了太多，所有的研究工作都完全停頓。雖然衛兵的工作相對輕鬆，也不用上前線打仗，不過由於細川能以英文溝通，部隊長官對細川相當倚重，但他對戰俘的抱怨和不人道對待卻也感受特別深刻，日子並不好過。

一個多月後（一九四四年年初），細川離開收容所，回到第一聯隊補充隊報到，不久之後感染卡他性黃疸（catarrhal jaundice，一種病毒性肝炎），住進臺北陸軍病院東門臨時分院。期間富代帶著由喜子來探望細川幾次，但受限於探病時間規定，多數的時候只能通

㉓ 由有關細川第二次入伍描述，參考永野洋與永野華那子提供之細川隆英軍籍資料，以及臺灣俘虜收容所的資料網站「The story of the Taiwan POW Camps and the men who were interned in them.」(http://www.powtaiwan.org/index.php)。其上描述臺灣在戰時共有十四處的戰俘收容所。

信來傾訴思念。這次的病來勢洶洶，細川住院一直到六月初，期間有被重編軍伍，出院後被分配到步兵第三〇一聯隊第二中隊，但六月底才正式歸隊。十月中旬開始，細川也參與臺灣防衛戰的準備。㉔

玉碎㉕南島

這一年（一九四四）也是二戰戰情全面逆轉之時，德軍在非洲和歐陸戰場一再失利，而六月六日以英、美、加為主的西方同盟國軍隊在法國諾曼第地區登陸，突破德軍封鎖，加上蘇聯自東方進逼，盟軍西線的勝利已在預期之中。地球另一邊的亞洲地區，雖然中緬印戰區呈現膠著，但西太平洋區域的日美各項海戰此起彼落，處處烽火。美軍在瓜島戰役後，由吉爾伯特和馬紹爾群島開始反擊，一九四四年二月美軍占領馬紹爾群島，並開始以跳島戰術向西進攻。攻擊馬紹爾群島的同時，先避開防禦薄弱，最東邊的科斯雷島，而直接集中轟炸被日本海軍建設為海上要塞的楚克群島。

科斯雷島原本的美國宣教師在戰事初期便被要求回到本國，艾莉諾．威爾遜和珍．鮑德溫在一九四一年二月就返回美國，而訓練學校的學生們也多半回到自己家中。不久後，瑪連的村民被強迫搬離家園，遷往北邊的塔翁塞古，在一九四二年六月，所有三百一十二名男女老幼全數遷完，離開原本的居地。原本的村落被數以千計的日本軍人

㉔ 根據細川軍籍資料，他先在五月三日編入陸甲第四十七號步兵第五十師團，再配到第六中隊。而五月三十一日被命令到臨時編成的步兵第三〇一聯隊第十中隊，出院時才改編到第二中隊（永野洋提供）。

㉕ 玉碎是二戰末期日軍代稱守軍全體陣亡的說法，取其「寧為玉碎，不為瓦全」之意。

圖10-8 一九四四年二月美軍空襲楚克群島之空照圖，上方島嶼為夏島（Dublon），左下方則為竹島（Ethen）。圖片來源：Wikimedia Commons

占領，隔年山田小姐被日軍逮捕，關在來魯島普圖（Putuk）的牢房，只因她常使用英語，並與美國人走得太近。山田原本將許多個人物品埋在土裡，就怕被人發現她和美國人過去的往來書信和紀念品，結果還是被日軍挖出來沒收，也因此坐實她的罪名，不久之後山田就被遣送回日本。其餘留下來的外籍人士也被關在此處，雖然有日軍看守，但是有不少曾受過宣教師恩惠的當地人還是會偷偷送食物給被關的人。

渥特原本豢養的牲畜則全部被送到日本軍營，除了鮑德溫原本住的舊房舍，其餘的學校房屋木板都被拆下來移到瑪連給日本軍方建營舍使用。少數的日本軍人在渥特停留時，會住在僅存的房舍，大聲喧譁、喝酒、抽菸，身為教徒，嚴禁菸酒的島民們只能選擇沉默接受。所有的教會活動幾乎停擺，只能每天自己在家禱告，祈求上帝的慈悲與保護。當地居民大部分遷往山區躲藏，男丁們則被要求蒐集食物、砍樹，或替日本軍隊煮飯。一九四四年起，美軍空襲以來魯為主的地區，但進攻主力直接跳過科斯雷，讓這個東隅之島受戰火波及程度相對少很多。㉖

相較之下，有海上航母之稱的楚克群島就沒有這樣的好運道。昭和十九年（一九四四）二月十七日至十八日，美國以代號「冰雹行動」(Operation Hailstone)對楚克島實施大規模的海空襲擊行動，日方稱「トラック空襲」，美軍出動九艘航母和六百架艦載機進行轟炸。這個事件也被稱為「日本的珍珠港事件」，雖然日本聯合艦隊的主力戰艦提前疏散，㉗但仍有總計約二十萬噸的船隻被擊沉，港口設施嚴重毀損。楚克島從此喪失日軍在太平洋地區重要軍港和前進基地的地位，並在美軍後來的跳島戰術中被孤立，沒有登陸戰爭，直至二戰結束。

美軍的打算，首要是進占有戰略意義的馬里亞納群島，因為從該處可直接以長程轟炸機攻擊日本本土，具有強大的威脅力。因此實際登陸作戰只會局限在塞班島、硫磺島、琉球群島等地重點實施，其餘有堅強防禦陣地的日軍島嶼，則以大量炸彈轟炸使其設施癱瘓，另外再以潛艇伏擊任何從日本前來支援的補給船艦。如此一來，疲於奔命的日軍很難兼顧整條戰線並防守廣闊的海域。

㉖ 本段根據Buck (2005) 描述。此外，赫曼(Arthur Herman)和其姪子楊格史東(Jack Young-strom)在監禁期間，一位當地人湯姆．提法(Tom Tilfas)因偷運食物給他們，因此被砍斷右手數根手指。一九五八年，山田小姐聽聞第八屆泛太平洋暨東南亞婦女協會(Pan-pacific and Southeast Asia Women's conference)在日本東京舉行會議，於是隻身前往會場希望看望舊友。後來山田小姐和曾經在渥特教會學校共事的瑪麗·馬維倫(Rose Mackwelung)等人時隔十五年在異鄉重聚，談起往事都不勝唏噓。由於發現山田在日本生活拮据，瑪麗及其友人把身上所有的錢，連同一些衣物全部送給山田(Buck 2005)。

㉗ 聯合艦隊旗艦大和號於一九四四年一月十日回航瀨戶內海檢修改裝，同級的武藏號則於一九四四年二月十日，與大淀號輕巡洋艦、白露號驅逐艦一同離開原本停靠的楚克島，

幾乎同一時間，二月十六至二十六日，波納佩島的科洛尼亞也遭遇大空襲，美軍的B-24轟炸機群投下總共約一百二十噸的炸彈和數以千計的燃燒彈。整座城市九百幢房屋幾乎全被夷平，只剩下南貿商店、田中教會，以及產業研究所等少數建築殘存。沒有了港口和機場的波納佩島，立即失去海上的戰略意義。第一次空襲時，熱帶產業研究所的星野守太郎仍留守分場裡，但歷經一輪轟炸後，星野場長就已知勢不可為，日本看來是守不住波納佩島，十幾年努力的心血可能會毀於一旦，他呆看著園裡各種掛著日文名稱，千辛萬苦移植長大的植物，心中卻只掛念若是自己死去，之後到來的是看不懂日文的美國人，會不會一把火將這裡燒光呢？於是星野打定主意，趁晚上飛機較少會來轟炸的時候，帶著手電筒，將農場中的植物標牌一一由日文改為英文。雖然像是冒著生命危險在做傻事，但星野總是希望美軍登陸占領後，仍能因為看到英文標牌，聯想到這些樹木品種的價值而能留下它們。㉘

在進占馬里亞納群島之前，美軍最後一個要廓清的地點，就是南洋廳的所在地帛琉。南洋廳自一九三七年在科羅建置海軍基地後，就以帛琉作為太平洋區域的後援基地來思考其戰略位置。一九四一年底太平洋戰爭爆發後，所有設施和物資分配都以軍事第一來考量。非軍事相關人員陸續返回本國內地，土方久功和中島敦在一九四二年三月搭船回到橫濱。㉙位處岩山灣的熱帶生物研究所和海軍折衝的結果，由海軍所屬位在蘇拉威西的南方資源調查團將之整併改為「望加錫研究所」，㉚在一九四二年五月帛琉熱生所正式

二月十五日抵達橫須賀。（ja.wikipedia.org）

㉘ 星野相關的事蹟記錄於Mayo (1954)和Ragone et al. (2001)，根據後來的調查，大部份熱研所栽植的植物都在戰火中悻存，美國太平洋託管地委員會在蘆澤安平的協助下，在重新清點後，仍有記錄二百二十九種植物在園中（Mayo 1954）。有關科洛尼亞空襲，則參考Peattie (1988)和Spennemann & Sutherland (2007)。

㉙ 參考坂野徹（2019），以及清水久夫（2010、2014）。中島敦在該年十二月四日因氣喘復發病逝。

㉚ 日文「マカッサル研究所」，位於印尼蘇拉威西的望加錫（Makassar）。

解散。新的望加錫研究所也招募熱帶產業研究所的技師們如蘆澤安平等人前往，而原本預訂由畑井新喜司任研究所所長，但在日軍占領菲律賓後，改請畑井前往馬尼拉軍事行政部進行整頓，於是另委由熱生所出身的加藤源治擔任望加錫研究所所長。昭和十九年（一九四四）三月底美軍開始空襲帛琉，科羅和巴伯爾圖阿普島在連日的轟炸後滿目瘡痍。日軍雖然嘗試自雅浦和貝里琉派軍機往援，但在海空毫無優勢的情形下，猶如飛蛾撲火般地只能成為炮灰。殘存日本人逃往山區密林躲藏，但在食物匱乏的情形下，多半不是被槍彈打死，而是餓死在森林中。

馬里亞納群島位於日本在太平洋戰爭中，稱之為「絕對國防圈」㉛的核心，塞班島更是日軍重兵集結的所在。當鄰近的波納佩和帛琉被美軍癱瘓時，塞班島仍有近三萬的陸軍，和一萬五千的海軍部隊，平民則約有兩萬人。六月十五日美軍在塞班島加拉邦和恰蘭卡諾間的海岸登陸，經過死傷慘重的血戰，美軍踏著雙方陣亡的屍體一路進逼，數日後占領中央的制高點塔波丘山，駐地的日軍雖然知道勝利無望，但仍決定死守至最後一兵一卒。經過三個星期的苦戰，殘餘部隊最後多選擇自我了斷，包含第十四航空艦隊司令官南雲忠一中將和陸軍第四十三師團師團長齋藤義次中將等人都切腹自殺，數千名退守到塞班北部的平民，則爬上北岬角跳崖自盡。塞班島之役是太平洋戰爭中最慘烈的戰役之一，島上三萬多日人幾乎全滅，美軍也損失超過一萬名士兵。

攻陷塞班島後，美軍以超過五萬名的海軍陸戰隊兵力接著進攻西南的天寧島，島上

㉛ 一九四三年九月三十日的御前會議，決定戰爭指導大綱中，將自千島群島、小笠原群島、內南洋、西新幾內亞、東南亞至緬甸的區域，劃為對日本本土的國防圈。

九千名日軍在兵力懸殊下負隅頑抗，九天之後全體陣亡。

天寧島的北部地勢平坦，原本就有小型飛機場，美軍在占領此地後立刻開始擴建六條長飛機跑道，以供超級空中堡壘B-29起降之用。B-29轟炸機是當時最大最先進的飛機，其航程可達四千八百公里，由天寧島起飛，可以輕易轟炸日本本土、琉球群島以及菲律賓等地。天寧島也成為太平洋戰爭末期美軍最重要的作戰基地。

昭和十九年（一九四四）的夏末，美軍雖然持續在科斯雷、楚克、雅浦等未駐大軍的地區進行小規模的轟炸，但密克羅尼西亞地區實質上已全面在美軍控制之下，曾經繁華的科羅、科洛尼亞、加拉邦等地都已成為廢墟。

這時在臺灣的民眾，一方面猜估美軍下一個攻擊目標到底是臺灣或是菲律賓，一方面也積極備戰。但在塞班島等守軍接連傳來「玉碎」的消息後，人心惶惶，各種流言也在民間傳開，認為美軍很快就會登陸。臺灣人之間偷偷口耳相傳，若是穿著行為像日本人的話，會被敵人一起殺掉。民間祭拜媽祖的群眾也變多了起來，因為謠傳媽祖會以衣裙接炸彈等等。[14]

因應軍方要求，臺北帝國大學內外編成警備隊，各學部、專門部每單位編成警備團支部，及防護團各班，一部分的房舍亦被軍方徵收。到了年底美軍開始實施戰術型的轟炸，空襲臺灣各地的港口與機場設施，以支援菲律賓的雷伊泰登陸戰。臺北帝大開始安排師生人員疏散，文政學部疏散到圓通寺；理學部則至土城藤寮坑；圖書館人員及圖書分散在內湖、汐止、三峽、北投、草山、藤寮坑等地；總務部在臺中州下之田中、北斗菸草移民村；農學部之一部分如育種、獸醫等在北斗菸草移民村準備疏散。在疏散工作上，先以圖書、機械優先處理，其次才是各類物件。腊葉館則決定將一部分標本列為「疏散標本」，除了模式標本全數搬運外，每一個植物科也選擇一份最重要的標本作為代表，這些疏散標本分批運往烏來的龜山㉜存放在綠色的鐵櫃中。

美軍在年底雷伊泰島戰役重挫在菲律賓的日本軍隊，估計有五萬日軍於是役陣亡。在日軍已無具威脅性的航空兵力狀況下，美軍對臺灣的轟炸目標也增加部分建築物和產業設施。臺北帝大首次受到空襲，昭和二十年（一九四五）三月十九日臺北帝大植物病理學教室（一號館三樓東側）在空襲中，廊下天花板爆裂成直徑十呎之大窟窿。爆風及炸彈破片將各建築物的玻璃大部分破壞。㉝五月三十一日的臺北大空襲，美軍第五航空隊派出十架B-24轟炸機，共投下八十枚一千磅的炸彈，其中十枚命中總督府，而臺北帝大亦不能倖免，有多處建築遭到損壞，腊葉館建築西南角上方遭到轟炸，部分的標本櫃和標本也受損，所幸並未燃燒造成更大的災害，而這次的空襲造成三千民眾死亡。

不過以規模來說，臺北所受損害，遠不及日本所屬其他地方，如日本本土的東京、大阪等地。東京在戰時一直受到大小不等的轟炸，但在馬里亞納群島落入美軍手中之前，美軍都無法以遠程轟炸機進行大規模戰略轟炸，因為機上必須負載足夠的燃料回航，或由從航空母艦上起飛的飛機攻擊日本本土。等塞班和天寧的新機場建成後，重型轟炸機

㉜ 今日新北市新店區龜山里。

㉝ 臺北帝大植物病理學教室人員和家屬於五月三十一日、七月十六日及八月三日分三批移至臺中州六份篦麻蠶會社的農場內新建二棟竹造家屋（松本巍1960）。臺北帝大因應戰爭的描述，除參考松本巍（1960）外，有關臺灣空襲事件，參考杜正宇（2017），以及高木村口述，李哲豪整理（2005）之臺大植物植標館口述歷史。

不需要犧牲載彈量來運載燃料，整體戰力因此大增。昭和二十年（一九四五）三月九日晚間，美軍派出三百三十四架B-29轟炸機自關島、塞班、天寧島起飛，執行「火牛」行動，以燒夷彈轟炸東京，這種凝固汽油彈在投彈後會黏附在物體表面持續燃燒，也會消耗附近空氣中的氧氣，因此對於人員、建築都有極大殺傷力。延燒的烈焰將天空和地面染成赤紅，四分之一的東京在這次轟炸被夷為平地，造成十萬人死亡，而死者大部分並不是空襲當時被炸死，而是在後續的大火中喪生。接下來大阪、名古屋、神戶等地也接連受到轟炸。五月二十五日，四百七十架飛機再次大規模轟炸東京，東京一半的建築物被摧毀，數以百萬計的人口流離失所。

另一方面，一九四五年四月，二戰歐陸戰場最後一個大型戰役在柏林展開，由蘇聯向德軍兩方進擊，最終在柏林陷落後落幕，德軍領導人希特勒與其愛人布勞恩（Eva Braun）在柏林地堡中自戕，五月八日德國最高統帥部參謀長凱特爾（Wilhelm Keitel）代表向盟軍投降，歐洲的戰事正式結束。亞洲的戰場也嗅到終戰的氣息，日軍已到日薄西山的境地，像是打一場明知會輸的仗，卻沒有人能停下來。

鑑於日軍「玉碎」㉞式的頑抗防守和令人頭痛驚懼的「神風特攻隊」㉟自殺式攻擊，美軍希望以決定性的一擊，粉碎日本本土的焦土作戰可能，所憑藉的就是剛開發成功威力驚人的原子彈。一九四五年八月六日凌晨兩點四十五分，「艾諾拉．蓋」號自天寧島起飛，載著世上第一顆原子彈（代號「小男孩」）㊱，在早上八點十五分於廣島投下歷史性的毀滅

㉞ 一九四五年三月的硫磺島戰役，防守日軍戰至最後一人，造成超過兩萬日軍陣亡，美軍也犧牲六千多人。四月一日美軍登陸沖繩本島，至六月二十三日九萬守軍和一般民眾死亡者共計十萬，皆為玉碎式的犧牲。

㉟ 一九四四年十月起，標榜日本武士道精神的自殺戰術被利用在戰場上，包含雷伊泰灣海戰和沖繩島戰役，以一人一機換取最大破壞為目標，戰末統計有約四千名特攻隊員因此殉難。

㊱「艾諾拉．蓋」是英文Enola Gay的翻譯，是B-29空中堡壘轟炸機。代號「小男孩」的原子彈原文為Little Boy，為槍式引爆的濃縮鈾彈。「胖子」的原文為Fat Man，為一內爆式鈽彈。

武器。近十萬人當場死亡，因傷或輻射中毒而陸續死亡的也有十萬人。不像一般被轟炸的城市，之後都有仍在燃燒冒煙的痕跡，廣島在原爆後則是一片如時間定格般的荒蕪死寂，完全失去生命痕跡。

蘇聯在八月八日傍晚宣布中止《日蘇中立條約》，九日午夜對日宣戰，藉機進占滿洲。八月九日原本要投在北九州小倉市的第二顆原子彈「胖子」，因天候不佳，轉往第二地點長崎，十一點零二分在長崎上空投下，死者超過十四萬人，日本終於意識到唯有投降一途，差別只在如何投降。

八月十五日日本天皇發布終戰詔書，無條件接受《波茨坦宣言》，第二次世界大戰的亞洲戰場也劃下句點。太平洋戰爭中，日本付出軍民合計近三百萬條生命的慘痛代價。密克羅尼西亞各島嶼在日軍投降後，統一交由美國海軍接手管理。[15]同年年底，所有的日本人，包含南洋廳留守人員，如波納佩島星野守太郎和倖存的農場職員們，和轉任望加錫研究所的蘆澤安平等人，都陸續被遣返日本。

九月一日細川隆英自所隸屬的步兵第三〇一聯隊解除召集，回到家中。他和富代緊緊相擁，也不斷安慰著啜泣的母親，旁邊不到三歲的由喜子則瞪大眼睛，還不太明白發生了什麼事。過去的一年，像是一場無法醒來的噩夢。細川不敢想像在日本和密克羅尼西亞的朋友們的現況，或者他們到底有沒有能在戰爭的殘酷中存活下來。

圖10-9　廣島在原爆之後的地貌，攝於一九四五年，日期不詳。照片出處：美國國會圖書館。[16]

圖10-10　長崎原爆的蕈狀雲，攝於一九四五年八月九日。照片來源：美國國會圖書館。[17]

第十一章

遠颺・羈絆

臺北帝國大學學籍簿
理農學部 生物學科
引揚
現住所
戶主名
保證人
者
臺
細
氏
職
住
種別
學別
性行
思想
勤怠
特徵
趣味嗜好
風采
賞罰
諸種會員
役員又八
專攻科目
植物分類
入學
家庭
區別
氏名
年齡
職業
繼別
養母
實父
父
細川隆顕
46
教員
實
母
アイ
41
實
兵

從臺北帝大到臺大

一九四五年九月下旬的一個午後，距離戰爭結束已超過一個月，臺北帝大腊葉館內召集一個小型會議，參加會議的有理學部的日比野信一、正宗嚴敬、山本由松、細川隆英、鈴木時夫等人，再加上幾位年輕臺籍的雜役工。此外在臺北高校任職的福山伯明也特別趕回來，這是終戰後腊葉館的第一次全員正式聚會，[1]最資深的日比野站在眾人前方，首先深深一鞠躬，深吸一口氣平靜地說：「我們失敗了，但是過往的努力不會白費。」他略微停頓，「帝大無論如何，也會以大學的型式繼續存在，研究可以重新再站起來。」眾人默默聽著，但心裡仍處在戰後的一種徬徨和空虛感中。

鈴木時夫在前兩年名義上回到帝大擔任理學部的副手，但由於戰爭的關係，和掛名講師的細川一樣其實沒什麼機會留在校園裡工作，總是在疏開[2]或是備戰，到終戰後才正式回校。他忍不住向日比野詢問：「日比野老師，我們可以留下來繼續工作嗎？有沒有新的消息？」

「目前情況還不明朗，」日比野看向眼前充滿迷惘和擔憂的眾人，「雖然行政長官公署公開提到要盡力讓學校恢復上課，[3]但仍有很多問題待解決。我只知道接下來應該是會由羅宗洛先生來擔任校長，他大概下個月就會來臺灣交接。」他繼續說：「羅先生是北海道帝大畢業的，做過植物生理研究，有些人應該聽過他。」

① 本次聚會為作者所臆想杜撰，目前並無文獻佐證。

② 「疏開」即指疏散至其他地區，此處保留當時之日文用法。

③ 國民政府在一九四五年九月一日成立臺灣省行政長官公署，行政長官陳儀指示「工商不停頓、行政不中斷、學校不停課」的政策（歐素瑛 2010）。

正宗點頭表示他也知道這個消息，「安藤一雄總長[4]前幾天有提到，他會盡力爭取留任日本籍教職員，也會想辦法安排要回國的人引揚（遣返），但是他希望校內先行準備移交清單。」他眼光轉往站在角落一位黝黑瘦小，大約二十歲左右的年輕人，「高桑，腊葉館清點的部分，就由細川君的統籌指示處理。另外，疏散標本的搬運回館，你安排得如何了？」

這位被稱為「高桑」的年輕人名叫高木村，[5]四年前小學畢業後就來到理農學部擔任雜役工，理、農分家後留在理學院，主要協助植物學第二講座的日常庶務。高木村對於植物非常熱愛，喜歡跟著上山採集、壓標本，所以也常在腊葉館出入。戰爭末期他被徵召到海軍當第三期志願兵，九月的時候才從高雄回到學校。回校後他由日比野信一自掏腰包僱用當一般雇員，同樣在理學部植物學科的臺籍雜役還有謝阿才、陳鄭雀等人。由於終戰後臺灣反日情緒相當高張，腊葉館對外的交涉有時由臺灣籍的高木村來協助比較方便。腊葉館的疏散標本在戰爭末期陸續搬到烏來暫存，當時就是由高木村點收，戰爭結束後，這些標本預計要再搬回臺北帝大。

高木村小心回答：「目前貨車到處都很難找，雖然還沒有辦法確定，但我想再過幾天就可以去分批搬回來。」他平常不太說話，但是腊葉館的人都知道他是蠻可靠的小伙子，事情交辦下去，高桑都會努力完成，屬於苦幹實幹的類型。移藏至烏來的鐵櫃共有六、七座，清點搬運，以及回館後的歸檔，後續仍有不少作業。再加上要準備校方需要的移

④ 安藤一雄（一八八三—一九七三），明治十六年生於日本愛媛縣，一九〇八年東京帝國大學應用化學科畢業，歷任東京帝大助教授，九州帝大工科大學教授，一九四三年任臺北帝大工學部長，一九四五年三月接任第四任臺北帝大總長（校長）。一九四九至一九五三年任九州工業大學校長。

⑤ 高木村（一九二五—二〇〇六），生於臺北市景美，一九四一年進入臺北帝大植物學第二講座（日比野信一）下擔任雜役夫，一九四七年起任臺大植物標本館技正，一九九〇年退休。著有《臺灣民間藥》、《臺灣藥用植物手冊》等書。相關描述參考高木村口述，李哲豪整理（2005）之植標館口述歷史。

交清冊，接下來的幾個月，細川和幾位雇員在館裡忙個不休。

（一九四五年）十一月十五日，國民政府指派之臺灣教育復員輔導委員會主任委員羅宗洛先生與臺北帝大前總長安藤一雄完成大學接收工作，學校原擬改名為「國立臺北大學」，後行政院決議，十二月十五日正式易名為「國立臺灣大學」。接收的工作由羅宗洛校長為首，帶領趙迺傳、范壽康、陸志鴻、馬廷英、杜聰明、林茂生等委員辦理。原本的學部改為學院，由於羅校長本身具植物生理專業，故兼任新成立的植物學系系主任，腊葉館也在之後更名為中文的「植物標本館」。⑥但其實羅校長事務繁重，並沒能花太多時間在理學院植物學系的辦公室。

當時校內外的氛圍，有很大的呼聲要將日籍師生趕出校園，有許多個人和團體向羅宗洛校長建言，尤以醫學院學生最為激烈，甚至私下要求日籍學生不准來學校，否則其他人都不會到校上課。但羅校長堅持不能全面停用日人，而以長遠學術發展為優先考量，希望平息臺人之仇日對立心態。校內日籍老師雖然有相當多人想要留在學校，但仍必須面對各方的壓力，不穩定的情緒讓他們惶惶終日。

因應將日籍留用人員減至最低的政策和需求，理學院中第一批確定留任植物學領域的日籍老師原本只有教授級的日比野信一、正宗嚴敬兩人，其他人則未能決定。校務規畫中每個講座原則配一名教授、一名副教授，以及兩名講師，但希望以臺人優先，不過由於師資嚴重短缺，特別是動物、植物學科根本找不到臺籍老師，因此實際上難以達成

⑥ 參見《國立臺灣大學校史稿（1928–2004）》。臺大植物標本館館藏中，標注為一九四六年之標本仍沿用「臺北帝國大學」的標籤，但一九四七年採集的標本則已使用「國立臺灣大學」。

目標。日比野和羅宗洛校長多次交涉，希望能夠增加留用日人人數，以完整植物學師資。隔年（一九四六）一月十八日，日比野信一與農學部的山根甚信教授帶領山本由松往訪羅宗洛，簡單互相介紹，並說明目前留用日人的情形，羅校長以流利的日語和幾位老師交談，讓山本原本忐忑的心稍微平復，也對留校繼續研究重新樂觀起來。四天後（一月二十二日）山本由松帶著數十份自己過去文章的抽印本，再次拜訪羅校長住處，和他討論這幾年在防己科植物的研究，特別是千金藤在肺結核的治療效果，而由於中國的防己科不少，且是重要藥用植物，希望未來可以和中國植物學者合作。這次的談話，讓羅校長肯定山本的能力，也立即改聘他為教授。最後校方同意留任的植物學日籍師資共計八人，除日比野、正宗、山本外，還包括相馬悌介、吉川涼兩名副教授，細川隆英則以講師資格留任，另外還有兩名助教今野匡三、西田晃二郎。⑦

在臺日人的留用問題，臺大由於有羅宗洛校長斡旋堅持而衝擊較小，但在臺灣各地則有龐大的聲浪希望日本人全數離開臺灣。和臺北帝大有深刻關係的臺北高校也受到相當影響，後者在一九四五年十一月底改校名為「臺灣省立臺北高級中學」。社會各界認為中小學教育應以中文教學，力主不留任何日籍教師，在戰末甫回臺北高校任教的福山伯明等日人，還沒有機會好好在教學現場發揮，就必須面臨去留問題。

一九四六年年初，留用日人政策持續緊縮，而教育部亦以各種理由延遲日籍教師任用資格審查之法令訂定，使得大學一直無法發給他們正式聘書，薪資雖然仍照付，但學

⑦ 一九四五年版的《接收臺北帝國大學報告書》中，羅列理學院留用日籍教師共十名，植物學相關者僅有日比野信一和正宗嚴敬兩人，其餘為動物學的平坂恭介，地質學的早坂一郎、市村毅，化學的落合和男、野副鐵男、中塚佑一、瀨邊惠鎧，數學的松村宗治等人（歐素瑛 2010）。而在井上弘樹（2014，附表2）整理國立臺灣大學日本人留用政策資料中，植物學留用人員增加為八名。其中山本由松原職級注記為「教授」，但山本由松在臺北帝大時期職級實應為「副教授」，而在一九四六年一月才被臺大聘為「教授」（參考一九四七年十二月十六日出版之《臺大校刊》第六期描述）。山本拜訪羅宗洛校長之日期和描述，則參考李東華、楊宗霖（編）(2007)。

術研究補助卻比中國籍老師低一職級支給。[1]此外由於和日本匯兌不通，有家屬在日本本國的教授們，也面臨無法接濟遠方家人的問題。[2]身分未明的不安定感，和社會上到處充斥的敵意，讓不少原本留下來的日人再次重新思考長住臺灣的決定。

永別摯友

（一九四六年）三月六日的傍晚，細川回到家中，與母親、妹妹烋子，不到三歲的由喜子，以及懷了第二胎的富代，全家人在客廳進行一個小型家庭會議。這段時間他們都盡量保持低調減少出門，細川本身希望能長留臺灣，畢竟自己從小求學、工作都在此地，生活在臺灣已超過三十年，但是當前社會環境的混亂卻讓他憂心忡忡，舉棋不定。他接受母親和富代的提議，決定安排母親和烋子先回日本，烋子已二十三歲但未婚，在臺灣就業目前也很困難，由她帶母親回九州老家還有其他親戚可以照應，自己這邊也可以減輕負擔。富代還有兩個多月就臨盆，也不適合長途旅行，兩人希望等孩子出生後再進行安排。這一天的早上，細川接到校方通知，理學院已同意他母親榮子和妹妹烋子先行遣返日本，因此全家聚在一塊商討返回日本的各種事宜。飯後晚間突然接到福山貞子的哥哥伊東謙來電，通知福山伯明發生意外，囑細川到臺大醫院急診室協助。

富代很擔心貞子的情況，堅持和細川隆英同去醫院。但當他們抵達醫院時，很遺憾福山已無力回天。富代趕緊安撫在椅上痛哭的貞子，細川則拉著伊東謙到一旁詢問意外的來龍去脈。

「傍晚福山君和朋友到西門町吃晚餐，不知怎麼地和當地臺灣人起口角，結果被人刺傷後送到醫院，但流血太多，最後還是救不回來。」伊東沉痛地說。

「和人發生口角？怎麼可能？」細川皺起眉頭表示不相信，「你又不是不知道福山君的個性，他怎麼會和人起衝突？」

伊東低聲說：「好像是他們吃飯時，隔壁桌的人一直冷嘲熱諷，後來還直接辱罵，要福山他們滾回日本，他朋友氣不過就互相拉扯動起手來，福山在一旁勸架，但不知被誰拿出刀子刺傷，傷人的傢伙在混亂中溜到別的地方去了。」

細川呆看著坐在長廊另一端的富代和貞子，心裡充滿悲痛和無力感，不知為何個性溫文謙和的福山，會發生這樣不幸的遭遇。兩人坐在長椅上相對無語好一段時間。由於不敢太過聲張造成更大的騷動，福山的後事低調地在眾人協助下完成，成為未亡人的貞子和三歲半的女兒則暫由伊東家的家人照顧。⑧

幾天後細川心情平復些，和富代一起前往伊東家，富代拉著貞子坐在一旁，細川則和伊東謙走到另一個角落坐下。細川開口問伊東：「你們預科（先修班）的校舍有著落了嗎？先前有聽說會改到臺高的校地，現在狀況如何？」

「芝山岩那邊現在還是被軍隊占據，原本的皇軍撤出後，中國軍隊馬上就進占，羅

⑧ 關於福山伯明的死亡原因和日期，有數個不同的版本流傳。本文援引高木村口述，李哲豪整理之說法，認為是福山捲入爭執遇刺（高木村 2005）。發生意外的日期則引用正宗嚴敬發表福山伯明身前遺留手稿中，所提及之福山死亡日期（Fukuyama 1952）。

校長和上級交涉過幾次，但口頭上說說都不算數，我也不知道新來的學生要在哪裡上課。」⑨伊東是原本臺北帝大預科的化學科教授，目前也接受留任，但原本預科的校舍在戰時被軍方徵用後就一直沒歸還給學校。他苦笑著回答細川，「那你呢，有什麼打算？」

細川望向身懷六甲的富代，「我原本只是想先送我母親和烋子回九州，過一陣子穩定後再說，不過現在……」他感到喉嚨有東西哽住，停頓了一會，「我不知道留在臺灣是不是正確的決定，但無論如何我希望等孩子生下來再做打算。」伊東點頭表示瞭解，他和他的弟弟妹妹們都是在臺灣出生，再怎麼說這裡就是他們的家，若回到不熟悉的日本內地反而是不得已的最後選擇。伊東和細川兩人相對苦笑，在局勢膠著下，似乎也只能走一步算一步。

一九四六年的三月至五月間，原本留臺的三十萬日人中有二十八萬人被遣返，遣返作業由「臺灣省日僑管理委員會」主導，以及日人所組織的「日僑互助會」協同進行。日人在編組後，送至港口集中營候遣，發給八日份的糧食，供給集中營和上船後食用。上船時還由憲兵嚴格檢查，每人返國時只能攜帶現金一千圓和至多三十公斤之行李。[3]細川的母親和烋子在辛苦如戰犯的待遇下回到九州熊本，暫時回母親的老家，飽託郡的田迎村。⑩

五月初細川送出的博士申請論文通過基本審查，他私下拜託即將引揚的小笠原和夫往訪羅宗洛校長替他的論文寫序，希望因此能更加順利獲得博士學位。⑪五月底細川的

⑨ 臺北帝大在一九四一年於士林芝山岩設置預科，戰時被日本第六一一五部隊徵用，戰後則由中國國軍第三飛機製造所臺灣籌備處接收占用。羅宗洛校長力主預科校舍應歸還臺大，或與高等學校舊址交換，行政長官陳儀原本亦口頭應允，但後來仍由省府新設的省立師範學院（國立臺灣師範大學前身之一）使用高等學校舊址，而芝山岩預科校地始終未能還給臺大（李東華，楊宗霖 2007；李東華 2014）。

⑩ 今日日本九州熊本市南（永野洋與永野華那子提供資料）。

⑪ 參考李東華、楊宗霖（編）(2007)，羅宗洛五月三日在臺日記中所記錄。小笠原和夫於一九四六年六月引揚回日（井上弘樹 2014）。

二女兒在學校的富田町宿舍出生，取名「華那子」，大女兒由喜子則已三歲半，對剛出生的妹妹充滿好奇，不時到床邊逗弄她。

同時臺大內部的形勢益發嚴峻，羅宗洛在五月十八日離開臺灣抵達南京，面見教育部長朱家驊，以解決臺大懸而未決的經費問題，在得到部長支持後卻也堅決辭去代理校長職務，返回上海植物所履職，卻不打算再回臺灣，於是八月初教育部宣布以陸志鴻為新任臺大校長。[4]而八月底在臺日人留用的政策再次緊縮，臺灣省日僑管理委員會決定：「……除臺大各研究所，各醫院及氣象局可酌予留用外，其餘應盡量遣送。」且「自八月三十日起，十天內造送名冊，過期不管任何理由，一律予以遣送。」[5]

福山的意外遽逝，以及對日人愈趨不友善的大環境，讓細川感到留在臺灣已勢不可為，終於下定決心全家返回九州。細川一邊進行引揚申請，一方面開始整理多年來累積的家當。由於能帶回日本的物件有限，研究相關的如植物標本等，只好大部分留在植物標本館內，僅能選擇帶走最重要的筆記手稿。為了籌措旅費，細川將可變賣的物件都盡量處理，賣不掉的就只好送人。他將一部分在南洋所蒐集的紀念品，包含木製小船、木盤以及帛琉的故事板等整理好，前往詢問也是臺大留任，土俗人類學教室的宮本延人收藏的可能性。宮本當然不想錯過這批難得的物件，最後想辦法用學校有限的經費，以購入的方式留存典藏，同時多少補貼費用給細川。⑫

細川在標本館將自己最後幾份標本寫好標籤，放入夾著標本的報紙，準備留給高木

⑫ 這批共十五件的藏品，後入藏在臺大人類學博物館（胡哲明 2021a）。

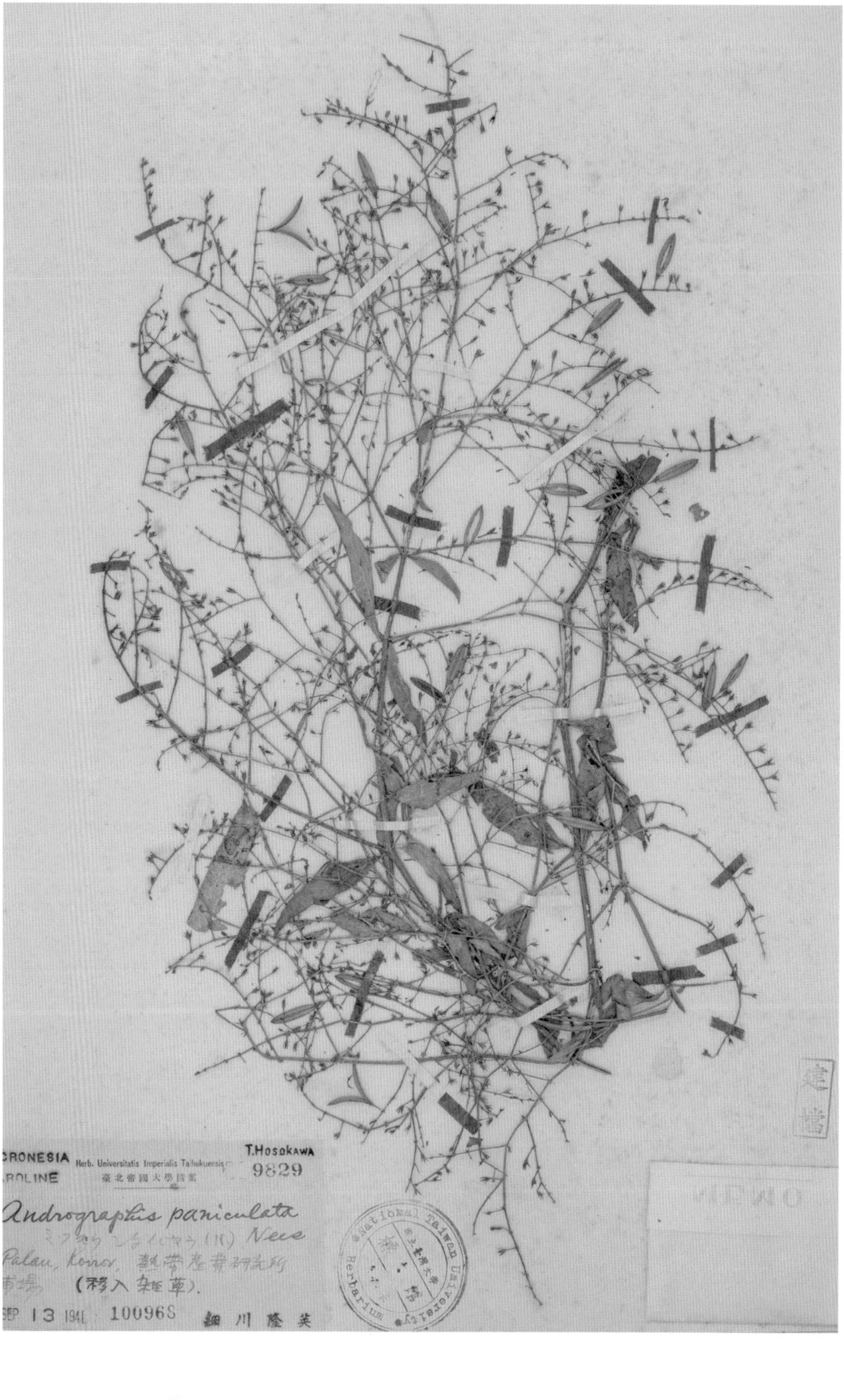
CRONESIA
ROLINE
Herb. Universitatis Imperialis Taihokuensis
臺北帝國大學臘葉
T.HOSOKAWA
9829
Andrographis paniculata Nees
Palau, Koror, 熱帯産業研究所
(移入雜草).
SEP 13 1941
100968
細川隆英
National Taiwan University Herbarium
建

圖11-1　細川隆英留在臺灣年代最晚近的標本代表。右頁：細川隆英於一九四一年九月十三日帛琉所採，採集編號Hosokawa 9829之標本。本頁：細川隆英於一九四三年三月十九日蘭嶼所採，採集編號9916之標本。⑬

⑬ 臺大植物標本館藏有紀錄為一九四三年三月十九日細川在蘭嶼所採集的五十餘份標本（編號Hosokawa 9833–9916），採集日期都是同一天，但地點遍及椰油溪、紅頭村、紅頭山、朗島等地。筆者前文（胡哲明2021a）推測標籤資訊有誤，而本文則接受標籤資訊大致無誤，但日期可能因故或因便而都編為同一天。

村等人上臺紙。這一批標本是他在一九四一年帛琉以及一九四三年蘭嶼採集所留下來，一直未及處理，他拿出其中的兩份標本放在高木村面前。

「這是我在南洋採集的最後一份標本。」細川指著標籤上印有「T.Hosokawa 9829」的標本，接著拿起另一份印有「9916」的標本，「這是我在臺灣的最後一份。」他輕拂著兩份夾著乾燥植物的報紙，呆看著像是標示著旅程終結的標本一會，有點苦澀地闔上報紙說道：「我要離開了，這些就麻煩你們上臺紙吧。」他的眼眶有些溼潤，但不想表現出來，深吸一口氣後拍拍高木村的肩膀，轉身離開標本館。快步出門後，細川想到不知道此後何時能再回到這裡，淚水再不受控制地流下。

莎呦娜啦，臺灣

交還宿舍前進行清理時，細川發現家中神棚裡放著一個彌封的小木盒。由於他母親回九州前有些倉促，並沒有交代家裡物件所有細節，細川不以為意地打開這個木盒。盒中放著一個層層疊起密封的紙包覆著不知是什麼薄薄的物件，上面書寫著「鎮靈八雲封」五個字。富代也好奇地湊過來看這個神祕的東西，兩人商量後小心打開來，結果裡面是一張小卡片，寫著「女靈」二字。細川愣了一下後，醒悟到這應該是他父親或是先祖所特別遺留下來，目的是將「女靈」封住，以保證家族香火可以由男丁傳下去。他本身是科學家，並不相信這類符咒之物，但因是家傳物件，還是謹慎地將卡片包回彌封的紙中，放入行李。木盒則得捨棄，因為規定引揚返日，每人隨身行李只能有一公尺長寬高⑭的木箱。細川和富代，再加上兩個小女兒，可以帶走的有四箱物品，雖然算起來比其他人更多，但空間仍極為有限，光是細川的手稿資料和望遠鏡等小型儀器就占了大半。⑮

十二月二十三日，細川和家人們從基隆港搭乘由驅逐艦改裝的「宵月丸」，帶著複雜的思緒離開難以割捨的臺灣，五天後（十二月二十八日）抵達九州。這次引揚船上的大多數是琉球籍日人，以及部分的臺北帝大引揚人員，和細川同一批出發的，還有植物學科的吉川涼，動物學科的青木文一郎、田中亮，地質學科的市村毅、齋藤齋，化學科的落合和男，以及歸屬在華南資源研究所的後藤一雄等人，除少數單身者外，大部分的人都帶著一家老小搭船回日。[6]

回到日本隔年，細川找到一份短暫教職，在九州熊本師範學校擔任老師，不久後轉到新設立的熊本縣立女子專門學校⑯任講師，一九四八年三月改聘為教授，生活勉強算是暫時安定下來。相對而言，留在臺灣的同伴們情況就辛苦許多，由於前一年（一九四七）年初爆發二二八事件，全臺風聲鶴唳，動盪不安，行政長官陳儀認為留臺日人有煽動之嫌，決意將日人盡量遣送回國。原本在臺大的留用教授和日僑等大部分被迫離開，一九四八年五月十二日，大批日僑搭乘海王丸自基隆返回日本，其中包含理學院的日比野信一、正宗嚴敬、平坂恭介，以及農學院的中村三八夫、一色周知、三宅捷、吉村貞彥、大

⑭ 不同時間點的規定略有不同，一九四七年時，一人可以帶兩件行李（森邦彥1979）。
⑮ 有關封有「女靈」的木盒描述，參考細川女兒的口述資料（永野洋與永野華那子提供）。靈日文原字為「霊」。
⑯ 今熊本縣立大學。

圖11-2　細川引揚回日所乘日本船艦「宵月」。上：一九四五年十月在日本吳市停靠，仍為驅逐艦型態的「宵月」，屬於秋月級驅逐艦，排水量二千七百噸。下：戰後改裝為復員輸送任務的引揚艦，可見主炮等武器均被拆除，攝於一九四七年。

圖片來源：Wikimedia Commons

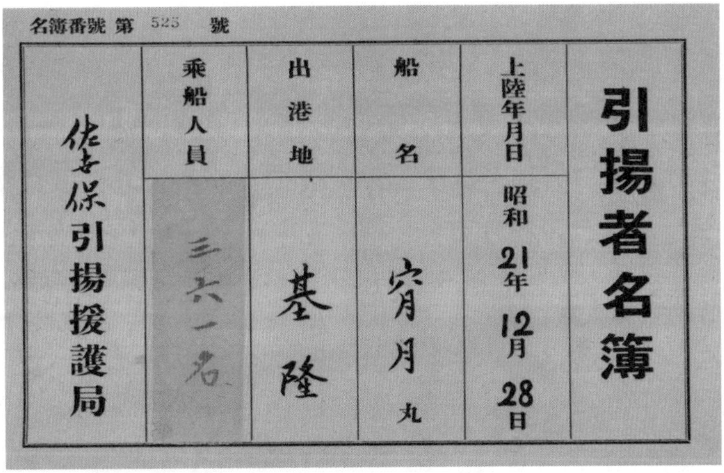
名簿番號 第 525 號

佐世保引揚援護局	乗船人員	出港地	船名	上陸年月日	引揚者名簿
	三六一名	基隆	宵月丸	昭和21年12月28日	

圖 11-3 細川隆英和家人遣返回日的「引揚者名簿」封面，注記在昭和二十一年（一九四六）十二月二十八日自基隆抵達九州。

（永野洋與永野華那子提供）

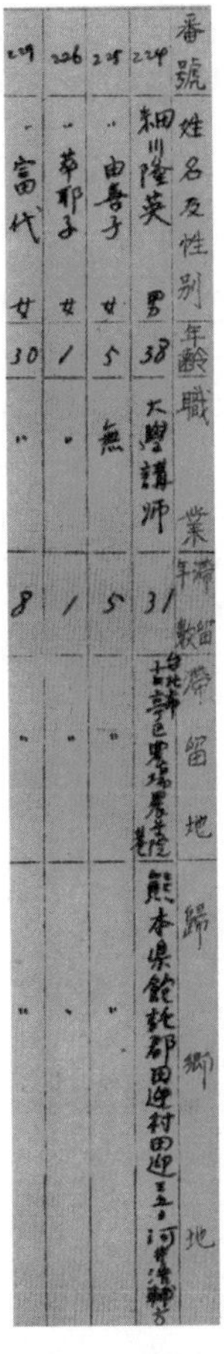

番號	姓名及性別		年齡	職業	滯留年數	滯留地	歸鄉地
224	細川隆英	男	38	大學講師	31	[illegible]	熊本県飽託郡田迎村田迎 [illegible]
225	〃 由喜子	女	5	無	5	〃	〃
226	〃 華耶子	女	1	〃	1	〃	〃
227	〃 富代	女	30	〃	8	〃	〃

圖 11-4 細川隆英和家人遣返回日的「引揚者名簿」內容，列名四人的編號（224–227）和個人資料。

（永野洋與永野華那子提供）

倉永治等人都在此次遣返回到日本。⑰日比野信一因較資深且具學術聲望，回國後順利前往金澤大學高等師範學校擔任教授，⑱但其餘眾人則回鄉或四散各地，多半在一兩年後才找到適合的學校工作。

這一年（一九四八）的八月，細川家也迎來第三個女兒知加子。細川隆英在女兒出生前抽空到金澤大學拜訪日比野信一，這是他引揚回日本後第一次和臺北帝大的老師碰面，兩人相見恍如隔世，一開始幾乎都說不出話來。日比野告訴細川其他友人近況，並帶來令人難過的消息，山本由松在前一年六月底突然逝世。山本在那年六月初參加臺大的蘭嶼科學調查團負責植物採集，但不久感染恙蟲病，送回臺灣的醫院一個星期後就不治驟逝。[7]在臺北帝大時，山本曾經幫過細川很多忙，也是非常熱心的老師，細川又想起早前過世的福山，心情久久無法恢復。日比野提及山本的家人在今年年初已搬回日本，還好有向臺大爭取提前發給省府的撫卹金，經濟不至於沒有著落。⑲

隔年（一九四九）熊本縣立女子專門學校改制為「熊本女子大學」，細川也仍繼續在學校任職至七月，但在學期結束後轉至九州大學理學部，加入新成立的生物學科陣容。在原任臺北帝大的眾多老師中，細川所在的九州大學大概是最幸運的教職選擇之一，其他的人多半只能在更小的學校覓得職缺。九州大學是原本日本帝國大學系統學校之一，也有悠久的歷史。能進到九州大學任教，除了細川本身的研究成就外，細川家族在九州的龐大影響力相信也有一定的助力。細川隆英在這裡重新建立自己的植物生態學研究

⑰ 參考《臺大校刊》第十四期，其餘同時遣返的教授還有植物學助教西田晃次郎，化學科的瀨邊惠鎧、衣笠俊男、北原喜男，及工學院大倉三郎等。

⑱ 金澤大學高等師範學校在一九四九年變更為金澤大學，日比野信一續任教授，一九五三年任金澤大學一般教養部長，至一九五四年退官（意指退休）。參考金澤大學《學術情報リポジトリ》。

⑲《臺大校刊》一九四八年一月一日第七期第四版，提及山本的家屬「最近要回日本」，原本省府有發月薪三〇%的撫卹金，而家屬要求提前發給。後來臺大轉請要求教育廳，在答應所求後將結餘的兩年撫卹金和薪津計二十三萬元，一次發給山本的家屬。

室，與其他戰後重建的單位一樣，希望工作和生活能夠回到正軌。一九五〇年的秋天，細川帶著四歲的華那子到東京參加一個小型研討會，順便拜訪在東京大學擔任助手的鈴木時夫。由於日本國鐵不收六歲以下兒童的車票費用，細川從福岡到東京或其他地方開會時，總會帶著年紀還小的女兒一起去。⑳細川和鈴木兩人久未見面，每次碰面都聊得很開心，也說起其他朋友的近況。

「我聽說正宗先生要去金澤大學，是真的嗎？」鈴木問起先前仍在橫濱國立大學擔任講師的正宗嚴敬。

細川點頭回應：「沒錯，有聽日比野信一教授提起，也是他大力推薦正宗先生過去金澤大學。」他略微停頓一下，「正宗先生在東京附近也流浪了幾個學校，希望去金澤之後有日比野老師照顧會比較穩定一點。」㉑

「你最近有和森邦彥聯絡嗎？」細川想起原本在戰後到山形縣農林學校（後來的山形大學）任教的森邦彥。

「沒有耶，山形的路程太遠，我最近忙著寫書都沒空出門。」鈴木兩手一擺。

細川眼睛一亮，「是之前你提過森林生態相關的書嗎？」

「是啊，現在正好有不少空檔，我就趁這個機會將過去的資料好好整理一下。」鈴木露出一點得意的微笑，「書名就叫《東亞的森林植物生態》」（東亞の森林植生）。

「好小子，我看我也得努力才行。」細川用拳頭搥向鈴木的肩膀，鈴木則輕巧地閃開，

⑳ 細川帶著女兒開會的描述，引自細川家人回憶紀錄。
㉑ 正宗嚴敬在一九五〇年去金澤大學之前，還歷任東京帝國大學農學部講師、神奈川師範學校講師，與橫濱國立大學講師（大場秀章 2007）。

也回敬一拳。兩人都有很長一段時間沒有和人打鬧，不由得一同笑了起來。

細川離開東京前還抽空前往距小石川植物園不遠的御茶水女子大學，拜訪剛剛到該校任教的津山尚。津山看起來精神還不錯，不過細川明顯感到他有時會心不在焉，對熱帶地區研究的熱情也幾乎完全消失。坐下來深聊後，津山才慢慢解釋，他本身是廣島人，在原爆時失去眾多親人，讓他消沉好一段時間，也對熱帶研究喪失了熱忱，做什麼都有點提不起勁來。[8]細川安慰幾句後，坦陳自己也有些害怕再去密克羅尼西亞，因為不想看到殘酷戰爭遺留的痕跡，或想起不知下落的朋友們。兩人因為共同經歷和共同煩惱而更認識彼此，也明白這些傷痛雖然會隨著時間減輕，但卻永遠不會消失。

三千份標本的羈絆

戰後的臺大，因為國共內戰後國民政府全面撤退至臺灣而面臨另外各式的挑戰，特別是在理學院下新設立的動物和植物學系，情況相較其他科系更為嚴峻。兩個科系建基在原本臺北帝大動物學和植物學講座上，但由於這兩個講座都沒有臺籍的教職員，僅有幾位「雜役」是臺灣人，在戰後交接和教學語言轉換上難度很高，而一九四七年二二八事件後，留臺日人皆被遣返，原本的教學全部歸零，青黃不接的情形更是雪上加霜。所幸情況不久後有些轉機，這時應羅宗洛校長邀請延聘來到植物學系及植物標本館主持的，

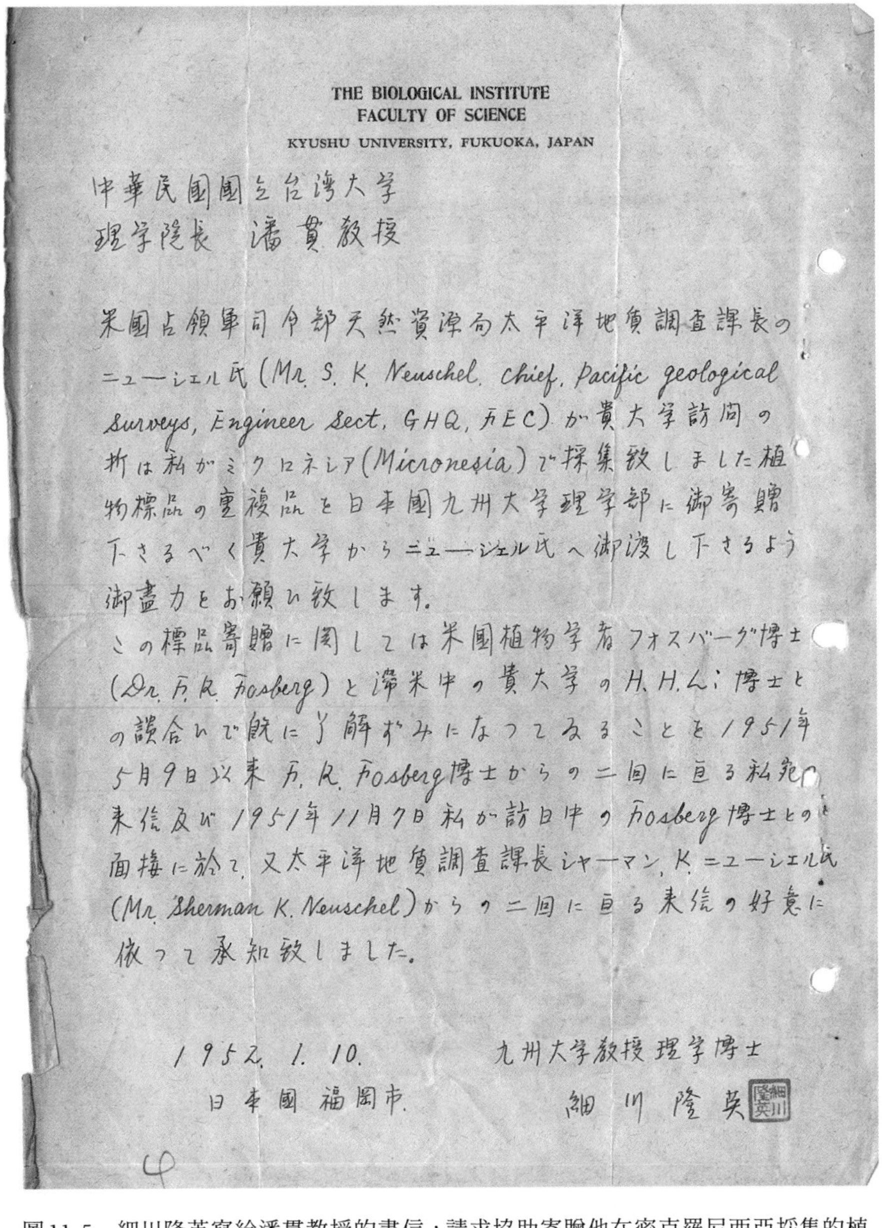

THE BIOLOGICAL INSTITUTE
FACULTY OF SCIENCE
KYUSHU UNIVERSITY, FUKUOKA, JAPAN

中華民國國立台灣大学
理学院長　潘貫教授

米國占領軍司令部天然資源局太平洋地質調査課長のニューシェル氏(Mr. S. K. Neuschel, chief, Pacific geological surveys, Engineer Sect, GHQ, FEC)が貴大学訪問の折は私がミクロネシア(Micronesia)で採集致しました植物標品の重複品を日本國九州大学理学部に御寄贈下さるべく貴大学からニューシェル氏へ御渡し下さるよう御盡力をお願ひ致します。

この標品寄贈に関しては米國植物学者フォスバーグ博士(Dr. F. R. Fosberg)と滞米中の貴大学のH. H. Li博士との話合いで既に了解ずみになつてゐることを1951年5月9日以来F. R. Fosberg博士からの二回に亘る私宛の来信及び1951年11月7日私が訪日中のFosberg博士との面接に於て、又太平洋地質調査課長シャーマン.K.ニューシェル氏(Mr. Sherman K. Neuschel)からの二回に亘る来信の好意に依つて承知致しました。

1952. 1. 10.　　九州大学教授理学博士
日本國福岡市　　細川隆英 [細川隆英]

4

圖11-5　細川隆英寫給潘貫教授的書信，請求協助寄贈他在密克羅尼西亞採集的植物標本，信中注記日期為一九五二年一月十日。資料來源：國立臺灣大學檔案館

是一位名叫李惠林，三十多歲的年輕植物學者。㉒李惠林是哈佛大學博士，在植物分類和演化研究上學有專精，不過他在臺大任教僅三年即前往美國工作直到退休，但就是這短暫的緣分，讓細川隆英又有機會重新和臺大連結。

李惠林一九五一年任職史密森尼學會（Smithsonian Institute）時，認識了一位美國植物學者福斯伯格（Francis Raymond Fosberg）。㉓福斯伯格從一九四六年開始參與美國在密克羅尼西亞戰後資源植物普查工作，其後持續接受美國政府委託，進行太平洋島嶼的生態調查。福斯伯格在開始研究後即發現細川隆英發表的一系列相關文獻，並從李惠林處得知細川回到日本任職。藉由他的牽線，福斯伯格輾轉聯絡上在九州大學任教的細川，半年後，福斯伯格在（一九五一年）十一月七日訪問日本，與細川會晤。兩人相談甚歡，但細川卻很抱歉地解釋，他所有的標本都留在臺灣，當初回日本的時候什麼也不能帶，而目前臺灣和日本的關係有些微妙，他不敢貿然直接和臺大索要標本。福斯伯格慷慨地希望提供協助，幫忙將細川存在臺大植物標本館的研究材料，運送一部分至九州大學給細川。

福斯伯格不久後找到他的長期合作夥伴紐且爾（Sherman K. Neuschel）㉔幫忙此事。紐且爾是地質學者，協助美國地質調查局進行太平洋群島的研究，兩人有多年合作地質圖和植被圖的繪製經驗。紐且爾是美國地質調查局太平洋島嶼繪製計畫主持人，並在一九四六年秋天在東京設立新的辦公室。紐且爾告訴細川隆英，他預計在一九五二年初以美國占領軍司令部天然資源局太平洋地質調查課課長的身分拜訪臺大，也許可以順便幫他將

㉒ 李惠林（一九一一—二〇〇二），生於蘇州，一九三〇年蘇州大學畢業，一九三二年燕京大學碩士，一九四二年獲得哈佛大學生物學博士，之後任職於費城自然史博物館（原名「Academy of Natural Sciences of Philadelphia」，後改名為「Academy of Natural Sciences of Drexel University」，卓克索大學自然史博物館。）一九四七年應聘臺大，擔任植物學系系主任兼植物標本館館長。他在一九五〇年離開臺灣，先後在維吉尼亞大學（一九五〇年）、史密森尼學會（一九五一年），以及賓州大學（一九五二至一九七九年退休）任職。他是《臺灣植物誌》英文版（*Flora of Taiwan*）的主編，對於臺灣植物研究有相當重要的貢獻（Li 1982）。

㉓ 福斯伯格（Raymond Francis Fosberg, 1908-1993），一九三九年賓州大學博士，美國植物學者，終其一生發表七百餘篇論文和書籍，對於新世界熱帶和太平

標本帶回日本。於是細川擬了一封信，附上整理好厚厚一疊複份標本的名錄，寫給他在臺北帝大時期理農學部化學科的學弟潘貫，請求他的幫忙。細川知道潘貫留任臺大化學系，且後來擔任理學院院長，若能有他的協助，應能事半功倍。不過細川不知道的是，潘貫教授早已在一九五〇年十月卸任院長，這個時候新任的理學院院長其實是物理系的鍾盛標教授。[9]

潘貫教授在接到細川的文件後將信轉給鍾院長，同時知會植物學系請標本館協助處理後續。然而無奈的是，自從李惠林老師離開臺大後，他雖仍掛名系主任，但人已赴美另有工作，所以臺大植物標本館一直處於群龍無首的情形。一般的庶務雖然有高木村、謝阿才、林榮顏等人的幫忙，實質上沒有教授主持館務，難以應付細川的要求。由於複份標本名錄上羅列超過三千份的標本，鍾院長和眾人商議後，雖然同意讓原採集人取回複份標本是合理的做法，不過考慮需要花不少時間整理，實在無法讓紐且爾馬上帶回日本，必須另外想辦法。當時校長錢思亮雖也同意細川的要求，但認為應要有九州大學的正式公文來文索取標本為宜，故另去信讓紐且爾帶回給細川。於此同時，植物標本館內開始由高木村等人整理名錄上的標本，抽出來後裝箱打包，紐且爾則拜託時任美國共同安全總署中國分署的林酒敏後續負責點收取件，再帶往九州大學。九州大學的正式函文後來在（一九五二年）四月十日送到臺大，植物標本館最後依名錄挑出三千零五十份細川隆英採集的植物標本，分成六十一包，由總務處保管組登記後，於五月八日點交給林酒

洋群島植物研究有重大貢獻。

㉔ 紐且爾 (Sherman Kennerson Neuschel, 1913–1991)，生於美國紐約，和其夫人維吉尼亞・史密斯 (Virginia Smith) 都是著名地質學者，紐且爾任職於美國地質調查局，曾任地質化學與石油支局副主任，後於一九七四年退休。

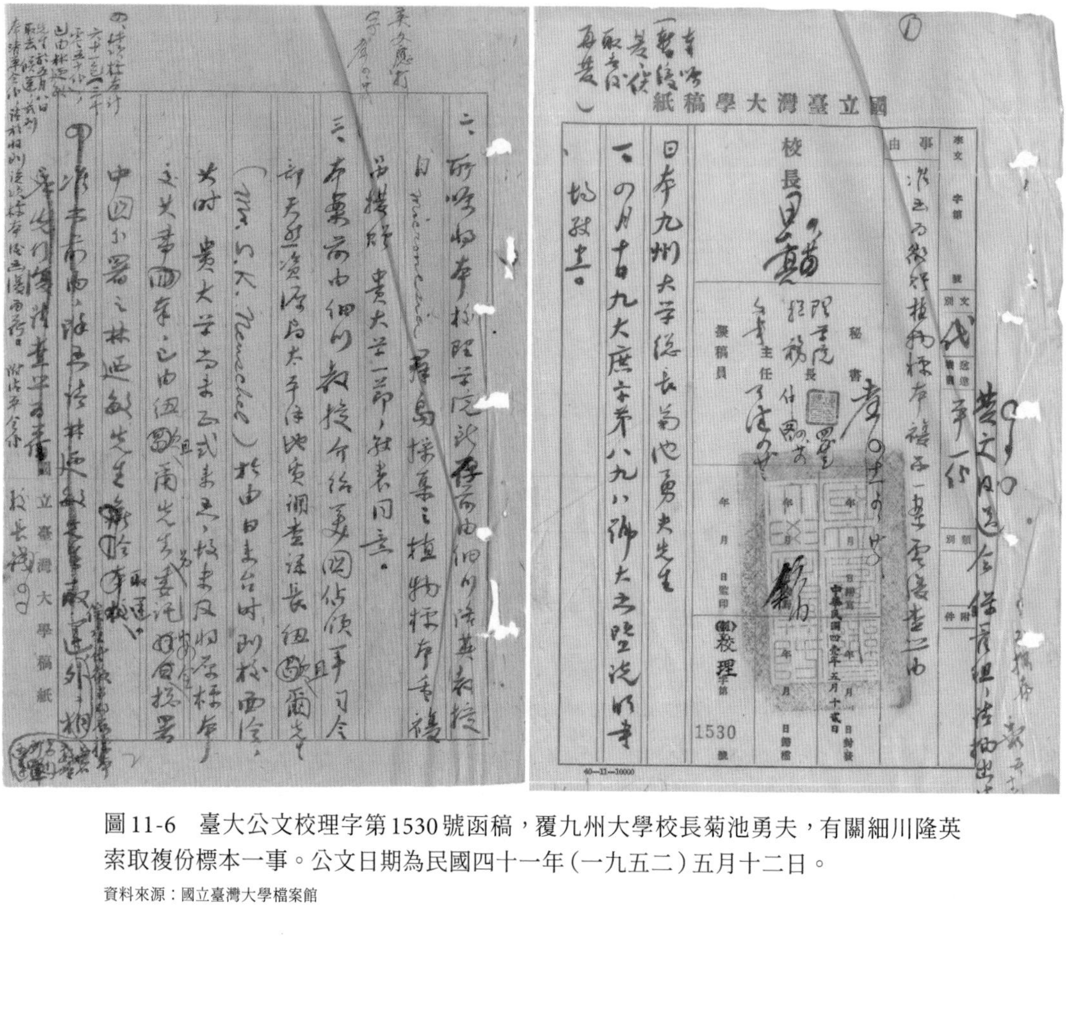

圖11-6　臺大公文校理字第1530號函稿，覆九州大學校長菊池勇夫，有關細川隆英索取複份標本一事。公文日期為民國四十一年（一九五二）五月十二日。

資料來源：國立臺灣大學檔案館

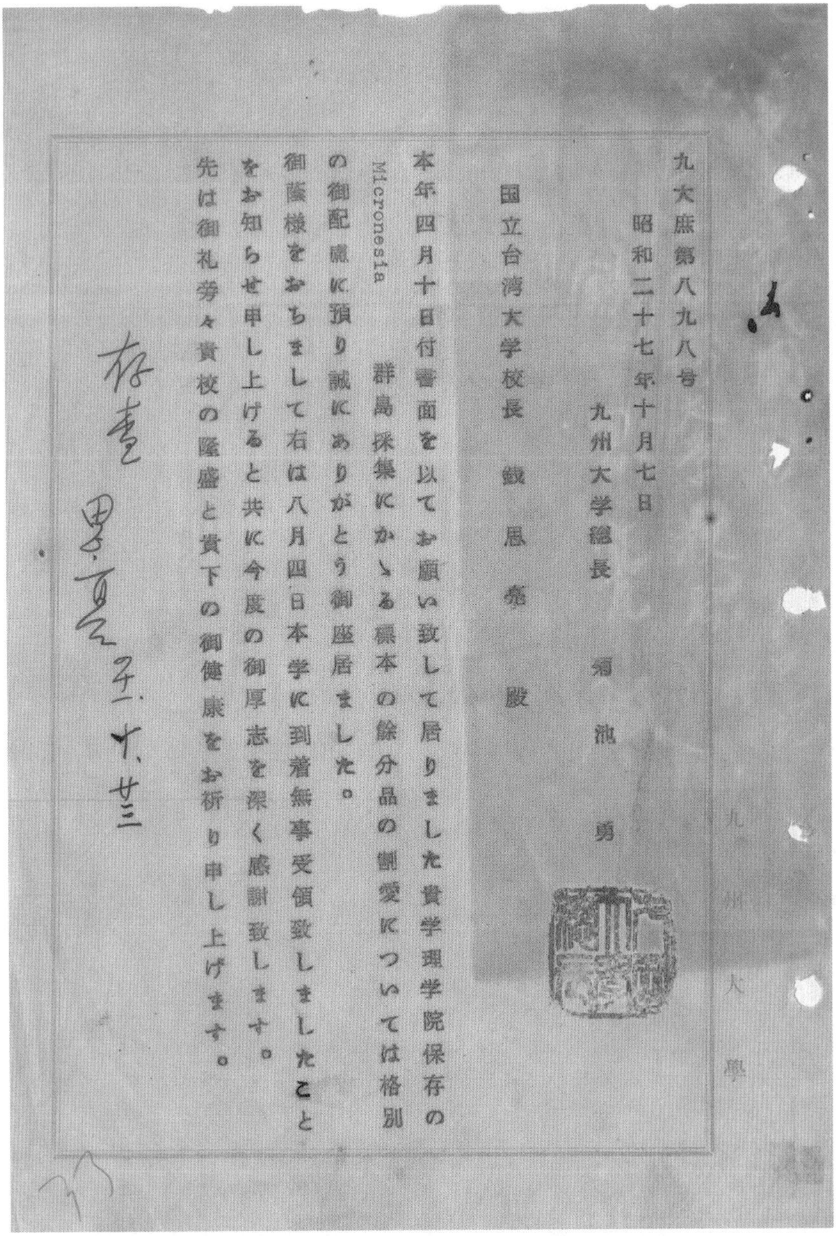

九大庶第八九八号
昭和二十七年十月七日
九州大学総長　菊池勇
国立台湾大学校長　銭思亮　殿
本年四月十日付書面を以てお願い致して居りました貴学理学院保存の
Micronesia　群島採集にかゝる標本の餘分品の割愛については格別
の御配慮に預り誠にありがとう御座居ました。
御蔭様をおちまして右は八月四日本学に到着無事受領致しましたこと
をお知らせ申し上げると共に今度の御厚志を深く感謝致します。
先は御礼旁々貴校の隆盛と貴下の御健康をお祈り申し上げます。

圖11-7　九州大學函覆臺大有關細川隆英複份標本送達一事，公文文號「九大庶第八九八號」，日期為昭和二十七年（一九五二）十月七日。

資料來源：國立臺灣大學檔案館

敏，並由文書組函告九州大學。

三個月後這批標本順利抵達九州大學，細川也特地請九大校長菊池勇夫正式函文，於十月七日回覆臺大並表達感謝之意。當三千份標本送到細川面前時，他幾乎熱淚盈眶，就像是找回失散的孩子般令人欣喜。

收到標本的同一個月月底，細川的第四個孩子出生在福岡家中，取名「博子」，也是一個女孩。細川想到在臺灣臨走時打開的女靈符咒，心中不禁苦笑，似乎應驗自己家族下一代真的會沒有男丁。

工作逐漸穩定，加上南洋採集標本複份拿回手上，讓細川的心又活躍起來。細川在（一九五二）年底到東京往訪津山尚，想要說服他一起參加隔年在馬尼拉舉辦的第八回太平洋學術會議（Pacific Science Congress）。這個會議是由成立於一九二〇年的太平洋科學協會（Pacific Science Association）所發起，前一次第七回會議是一九四九年在紐西蘭舉行，是二戰停辦十年後的第一次會議，會後眾人希望擴大參與，廣邀各國學者發表研究論文，地點則選在菲律賓馬尼拉。

細川和津山兩人約在東京車站往日本橋附近的一家餐廳吃飯，細川抵達時，津山正怔望著門口張貼的一張展覽海報。海報上是預訂隔年（一九五三）一月開展，土方久功第二回個展的訊息，圖上還有幅土方的畫作。[25]細川和津山看著畫上的帛琉人物圖像，思緒都被帶回遙遠南洋的島嶼上，細川輕嘆一口氣，拍拍津山肩頭，拉著他連袂進入餐廳。

[25] 土方久功在一九四二年三月與中島敦兩人回到日本，也辭去南洋廳的工作，後來短暫擔任婆羅洲博物館館長，戰末住在岐阜縣，一九四八年回到東京，一九五一年在日本橋丸善畫廊舉辦第一次的個展。一九五三年一月二十至二十四日在同一地點舉辦第二次個展，展品包含二十件木雕作品（清水久夫2010）。此處細川與津山的會面為筆者虛構。

席間兩人話題離不開南洋群島的許多人事，也聊起前一年被選為東京大學總長（校長）的矢內原忠雄，以及年初東大所發生的「波波羅事件」。矢內原忠雄在一九五一年十二月繼任南原繁，成為東京大學兩任六年期的總長。當時學校對於軍警特務介入校園的事件一直有爭議，而一九五二年二月二十日，東大學生組成的「波波羅劇團」（ポポロ劇団）因發現觀眾中雜有本富士警察署的四名便衣警官，而將他們抓出毆打並強迫寫謝罪文。事後施暴的兩名學生被起訴，但是矢內原校長以日本憲法所保障之學術自由和大學自治為由，力陳警方介入的失當，兩方關係相當緊繃。㉖

而對於終戰時在婆羅洲不知所終的鹿野忠雄，兩人都覺得凶多吉少，雖然也有人懷疑他仍在婆羅洲的深山中，但細川認為以鹿野不甘寂寞的性格，若有機會一定會出現在大家面前，不會隱居山林間。而帛琉熱帶生物研究所的夥伴，除早已退休的畑井新喜司，其餘眾人多仍留在學界。川上泉和細川是九州大學同事，臺北帝大的川口四郎則到岡山大學文理學部，津山和其他幾位都還有聯絡，因此向細川說起各人近況。原本慈惠醫大的羽根田彌太在戰時任職昭南（新加坡）博物館，一九四六年引揚回到岐阜老家，轉任橫須賀市教育部的衛生技師、檢查課長，阿刀田研二則回到東北大學任教。

津山尚在學術界仍然相當活躍，但細川知道津山對熱帶地區有些心障，所以還是努力邀他一起參加太平洋學術會議，最後津山終於被說動，決定和細川一起前往菲律賓，在植物主題的其中一個小組中，分別發表他們近年的成果。津山預定的發表題目是「火

㉖ 東大學生在事件後發起罷課以聲援被告學生，不過矢內原忠雄也不認同這樣的做法，提出「矢內原三原則」，將提出罷課議案的三名學生，連同接受罷課提議的學生大會議長和受理此議案的學生自治會委員長等五人一同退學。後來波波羅劇團案一、二審的判決皆判學生無罪，但最高裁判所（相當於最高法院）在一九六三年五月二十二日推翻原審，發回東京地方法院審理。最後在一九六五年六月二十六日一審認定被告有罪，判予六個月和四個月的監禁，緩刑兩年，後續上訴都被駁回，延宕十餘年的案件才告落幕。被告之一的千田謙藏後來活躍於政壇，在一九七一至一九九一年間當選五屆的橫手市市長。參考ja.wikipedia.org，矢內原伊作（2011）。

山島嶼的植物地理學」，細川則以「密克羅尼西亞鳩漆森林群落分布學研究」為題進行口頭報告。㉗

一九五三年十一月十四日早上五點半，細川搭乘的飛機抵達菲律賓上空，他透過窗戶看著下方的呂宋島。幾條小河流過格子狀的稻田間，河邊多有蒼鬱的森林，感覺既熟悉又陌生。這是細川第一次從空中好好地看熱帶島嶼，除了從軍時海南島的那一次短暫拜訪，先前的南洋採集全部都是搭船前往各島嶼，所能看到的地景角度完全不同。六點整飛機降落馬尼拉機場，從汽車車窗看出去，可以清楚看到菩提帶著尾尖的葉子，露兜樹和香蕉雜生道路兩旁，從椰子葉間露出的陽光，不斷提醒細川自己又回到熱帶地區。

會議自十一月十六日開始，前一天是市內參觀行程，包含各種紀念碑和博物館。正式會議前每人在胸前別著名牌，見面第一件事就是互相自我介紹。有不少人都是早已經由往來信件而認識，但從未真正面對面見過，於是「啊，原來你就是某某某」的

圖11-8　細川隆英一九五四年在九州大學任教時照片
（永野洋與永野華那子提供）

㉗ 津山的發表原文為「Phyto-geography of the volcano islands.」，細川的則為「A syn-chorological consideration of the Campnosperma forests.」（Anon 1953）。

聲音此起彼落，花了不少時間確認名字和臉孔的對應。細川順利找到原來就有通信的幾位教授，包含菲律賓博物館館長奎松賓博士（Eduardo Quisumbing），美國密西根大學丹斯洛博士（Pierre Dansereau），以及荷蘭萊頓標本館的史汀尼斯（van Steenis）等人。整個會議除本地人外，有世界各地超過二百六十名教授、科學家等正式代表，以及學生、家眷約七百人參加，是菲律賓科學史上從未有之盛事，熱鬧非凡。日本這次派的代表有二十一名，雖然比美國（一百零五名）、印尼（二十四名）少，但也包含各個不同領域的專家與會，如海洋、水產、植物、動物、人類、地質、土壤、農學等。五天的會議後，還有野外參訪行程，走訪附近景點。細川隆英在此次被推舉為太平洋學術連合．太平洋植物部門國際常置委員會委員，也負責區域性的植物生態研究規劃，等於是日本植物學界在太平洋區域研究的代表。[10]會議結束隔年，細川升等教授，正式成為生態學講座教授，站穩學術腳步。

一九五九年春天的一個午後，細川從學校返家，女兒們都還在上學不在家裡，富代正拿出一盤先前烤好的小餅乾坐下，身後留聲機放著費雪—迪斯考唱的《冬之旅》，㉘這是細川隆英和富代最喜歡的曲子之一，兩人常常在家裡一邊看書一邊聆聽音樂。富代招呼他一起坐下來享用點心，她注意到細川隆英似乎懷有心事，坐下來後就閉上眼睛休息，不過富代並沒有多問，只是靜靜地坐在一旁泡著紅茶。

細川等曲子告一段落後睜開眼睛，「我今天在學校遇到一位稀客，是久違的老友喜多村登。」他轉頭向著富代，「妳還記得嗎？我曾經提過，在波納佩和帛琉曾經和我一起出

㉘ 迪特里希．費雪—迪斯考（Dietrich Fischer-Dieskau，1925-2012）是德國著名男中音，《冬之旅》（*Winterreise*）是舒伯特創作於一八二七至一八二八年間的作品。細川夫婦對它的喜好，來自細川家族信件描述（永野洋與森川由喜子提供）。

野外，南洋廳工作的夥伴。他原來早回到九州，只是一直到前一陣子偶然知道我在九州大學當老師，才跑到學校來找我。」

「我們聊了蠻久的，讓我想起很多遺忘的事。」細川拿起桌上的茶杯，輕輕啜一口茶。「他知道我戰後再也沒去南洋做研究時有些驚訝，還鼓勵我該帶學生去南洋調查，而不是開會時順便去晃晃而已。」

富代知道丈夫常對於戰爭的慘烈和破壞表示反感，南洋玉碎的惡夢讓他一直排斥再度前往這些島嶼。細川寧可將最美好的記憶留在腦海，也不想破壞心中南洋的印象，富代總是默默陪著他，從沒有說過任何鼓勵或阻止的話。

「其實『學術探險研究會』[29]一直希望我能帶隊去南洋，山田總長和金關委員長詢問好幾次，但是我一直回說還在考慮。」細川把身體靠向椅背閉上眼睛，接著像自言自語，「也許我真的該出去走走。」

「你們打算去那裡呢？」富代試探性地問，同時幫丈夫把茶添滿。

「目前的預設目的地是印尼的加里曼丹，但也許會改變。」細川坐直身體，心中還是猶豫不決，抿起嘴望向富代。

富代像是從眼神看出丈夫的意圖，皺著眉頭說：「你就去吧，如果一直沒去成，你以後一定會後悔，我可不想將來一直看你唉聲嘆氣的。」

細川笑了笑，他知道富代一定會支持他的選擇，自己心裡也希望再次在熱帶的田野

㉙ 九州大學設立「學術探險研究會」（SESKU），以進行跨領域的聯合踏查，當時的會長為時任校長的山田穰，委員長是金關丈夫，副委員長為細川隆英。（《九州大學新聞》一九五九年七月十日）

橫衝直撞，大口呼吸南洋潮溼的海風。他啜口茶後，眼睛望向窗外，又陷入沉思。他沒有告訴富代的是，喜多村登提起在戰時陣亡的一些朋友，包含當時沒有隨研究員撤到望加錫而留守帛琉熱生所的人員，都在帛琉攻防戰中戰死。喜多村還說到有一個年輕志願護士在塞班島玉碎防衛戰中，選擇和軍醫留下來而不撤回內地的事蹟。㉚細川想起澄子和菲歐菈，但又不敢問喜多村細節，深怕聽到的是難以承受的消息，最後還是沒能問出口，他寧可在腦海中留著她們活潑的模樣。

幾天之後他回報九州大學的金關丈夫教授，同意前往印尼，於是一個六人的調查隊正式組成，由細川隆英擔任隊長，隊員則有種子田定勝（理學部地質學助教授，副隊長）、吉田禎吾（教育學部助教授，文化人類學專長）、永井昌文（醫學部助教授，體質人類學專長）、河端政一（理學部助手，動物生態專長）、緒方道彥（醫學部助手，環境生理專長）等人。學術探險隊自當年（一九五九）八月上旬出發，至十一月中旬回到日本，這次的印尼旅程，也是細川隆英最後一次的長程南洋旅行。

在細川進行印尼之行時，日本國內正因為《日美安保條約》的簽訂而發生大規模的示威和反美運動，自一九五九年延續到一九六〇年初，各個大學校園內都有學生運動支援。㉛細川隆英回到九州後，在一九六〇年一月十六日臨危受命為九州大學學生部長，應付學生的騷動，以及為維護大學自治而對抗警方強行進入校園的搜索。一直到同年秋天事件漸漸平息，細川也在九月底卸任學生部長，回到理學院生物學科。[11]對細川來說這

㉚ 此處所提有關塞班志願護士的事蹟，取材自真實人物菅野（舊姓三浦）靜子，一九四四年她十八歲，在塞班島野戰病院擔任特志看護婦，見證塞班玉碎戰中官兵和民眾戰死與最後集體自殺的悲慘過程，戰後回到日本，著有《戦火と死の島に生きる》一書（菅野靜子 2013 新版）；亦參考約翰．托蘭 2015）。

㉛ 一九六〇年的反美示威運動被稱為「安保鬥爭」，是日本戰後最大的社會運動。六月中東京大學女學生樺美智子在衝突中被殺身亡，造成學生大規模參與運動。安保鬥爭最後在秋天因左派內部分裂而以失敗告終（Kapur2018）。

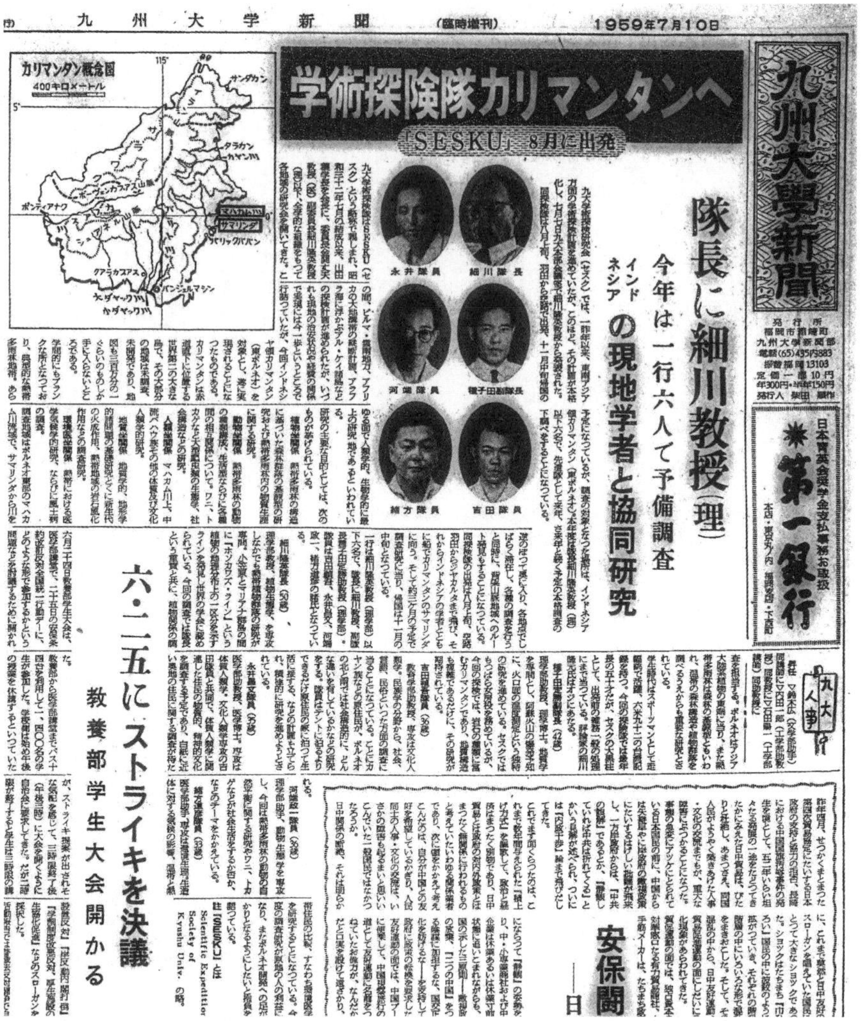
九州大学新聞（臨時増刊）1959年7月10日

学術探険隊カリマンタンへ

「SESKU」8月に出発

隊長に細川教授（理）

今年は一行六人で予備調査

インドネシアの現地学者と協同研究

細川隊長　榎子田副隊長　吉田隊員　永井隊員　河端隊員　緒方隊員

六・二五にストライキを決議

教養部学生大会開かる

安保闘

九州大學新聞

第一銀行

九大人事

圖11-9　《九州大學新聞》一九五九年七月十日一版，報導有關以細川隆英領隊之學術探險隊，至印尼加里曼丹進行調查。

資料來源：九州大學附屬圖書館

幾個月參與學校行政是吃力不討好的工作，雖然是身為教授的責任，但能夠回到生態學的專業研究領域還是開心得多。細川在九州大學致力於生態學教學，每年都會帶領學生在九州南部的蝦野高原（えびの高原）或九大自己的天草臨海實驗所進行野外實習。蝦野高原位於霧島國立公園西北，動植物相十分豐富，每年十天在此地的田野工作是九州生態研究學生最喜歡的活動之一。

「南洋伯父」回臺灣㉜

在兩年前（一九五七）鈴木時夫也回到老家九州的大分縣工作，在大分大學學藝部擔任教授，一九六二年得到海外研修機會前往歐洲德國、奧地利等地。一九六二年夏末回到日本後，投入日本中部山岳高山植物的研究，包含與小笠原和夫帶領的奧黑部總合調查等。接下來的幾年鈴木在各個山地四處奔波，但他和細川兩人因為都在九州的大學任教，所以一向有保持聯絡，只是各忙各的研究，不過至少在共同參加的會議上都還是會碰面。一九六九年三月底，細川突然接到鈴木的噩耗，他因連日過勞，在前往日本生態學會於早稻田大學舉辦的第十六回大會前夕，於自宅書齋因腦軟化症病倒緊急送醫。細川在會後從東京趕回九州，在醫院見到躺在病床上半身不遂的鈴木。[12]

細川在床邊坐下，看著這位多年好友轉醒，不禁百感交集。當年在臺北帝大的日比

㉜「南洋伯父」（南洋おじちゃま）是細川外甥町並陸生對細川的稱呼。資料來源：永野洋與永野華那子。

野信一和平坂恭介兩位老師都在這幾年過世，若再加上更早離世的工藤祐舜、山本由松、福山伯明、青木文一郎、佐佐木舜一等人，曾經的夥伴多已隨著歲月逐漸凋零。[33]而正宗嚴敬在一九六四年退休，森邦彥也聽說這一兩年會退下教職，能夠好好聊聊過往的朋友愈來愈少。

鈴木的精神仍然不佳，但知道細川來訪，仍勉力睜眼，「細川君！見到你真好，看來我撿回一條命，可惜沒能參加生態學會的大會，你會開得怎麼樣呢？」

「你還有閒情關心會議？」細川露出苦笑，「我都不知擔了多少煩惱，在開會時根本沒辦法集中精神。不過現在看到你還可以說笑，我總算可以放心一點。」

鈴木嘗試撐起身體，但發覺只有右半身能動，便又躺回床上。細川幫他整理一下枕頭，有點不知該說什麼好，看著原本精力旺盛，樂觀開朗的鈴木，知道他未來可能再也無法爬山，這該是被剝奪最開心、最想做的事，想到此處細川也只能黯然無語。鈴木望著天花板發愣一會後，側頭向細川，「病倒之後這兩天我想了不少事，也想起福山君。」他說話仍有點吃力且含糊不清，細川下意識地把椅子往鈴木移過去一點。

「我在想福山君遇刺時心裡是不是也和我一樣，想著『哎呀，我還有很多事沒做耶，怎麼辦？』」鈴木露出想像福山伯明一臉苦惱的樣子，嘴角微微上揚後又垮下來，眼眶卻止不住溼潤，只得閉上眼睛。細川聽得也呆了起來，他有好一陣子沒有想起臺北帝大的日子和朋友們，「轉眼已經二十多年了啊，如果福山還在的話，我們三人可以一起說說笑

[33] 此處所提各人之逝世年分：日比野信一（一九六八），平坂恭介（一九六五），工藤祐舜（一九三二），山本由松（一九四七），福山伯明（一九四六），青木文一郎（一九五四），佐佐木舜一（一九六〇）。

笑多好。」兩人又陷入一陣沉默。

窗外的夕陽漸漸沉入遠方暗綠的山脊，鈴木突然蹦出一句：「你都沒有回去臺灣吧？要不要找個機會回腊葉館看看？」他的眼神閃著炙熱的渴望，「你不是今年會去馬來西亞開太平洋學術會議？順路到臺灣應該沒有問題吧。」鈴木看著細川滿頭已開始稀疏的白髮，頓了一下說：「我們都已經快六十歲了，你不要像我這樣才後悔什麼事沒有做。」

細川點頭同意，和鈴木又閒聊幾句後，側頭認真想了想，「之前在國際會議上有遇過一位臺大植物系的楊寶瑜教授，也許我可以寫信給她，請她協助安排臺大的拜訪，時間就訂在會議結束的五月中。多停留個兩天的話，應該不至於會影響我在九大的課程。」兩人聊起臺北帝大的話題，思緒都馳想天外，渾然忘記身在醫院裡。

回到九州大學之後又過幾天，細川提筆寫信給臺大，時任植物系系主任的楊寶瑜老師，說明希望在五月十三日和十四日訪問臺大植物系，並願意提供一場演講。由於時間緊迫，楊寶瑜在接到信後考慮一會，因為書信往返費時太久，決定直接將回信請人帶去馬來西亞吉隆坡給參加太平洋學術會議的細川，並答應會幫忙安排他在臺大的參訪。最後細川順利在吉隆坡會後搭機到臺灣，並以「從生理生態學角度看森林中革葉物種生態分布的成因」為題，於（一九六九年）五月十四日下午三點在臺大舉行演講，並在中午和植物系、森林系的師生們一起吃午餐。

細川也抽空到植物標本館一趟，雖然人事全非，標本館左右也加蓋了新的實驗室，

KYUSHU UNIVERSITY
DEPARTMENT OF BIOLOGY, FACULTY OF SCIENCE
FUKUOKA, JAPAN

LABORATORY OF ECOLOGY

楊宝瑜教授
Prof. Pao-Yü Yang
Dept. of Botany,
College of Science,
National Taiwan University,
Taipei, Taiwan, China

April 25, 1969

Dear Prof. Yang,

I am going to Kuala Lumpur in Malaysia to attend the Inter-Congress Meeting of Pacific Science Association, which is to be held from May 5 to May 9, 1969. In the Meeting I am engaged to talk about an advancement of ecosystem study on a warm-temperate evergreen broad-leaved forest of IBP Special Research Area in Japan. Another load on my mind is to be requested to have me one of chairs at the one-day symposium, which was coordinated by the Standing Committee on Pacific Botany, and is entitled "The implementation of PSA actions pertinent to the mandated areas of standing committee interest".

My chair's session is to be from 9:00 to 10:40 and its theme is "The past PSA actions in reference to their implementation." The problems of what has been proposed in the past, what of these items have been accomplished, and what are the priorities on the remaining actions, are to be discussed in my session.

On my way home from Kuala Lumpur to Japan, I am intending to visit Taipei for only 2 days of 13th and 14th May. I am hoping in this case, if you like, to lecture before the students of Botany Department of the University on one of the undermentioned themes. I am also looking forward to seeing some of my friends there, and you also.

✓ 1) Causality of the ecological distribution of corticolous species in forests with special reference to the physio-ecological approach.
2) Ecosystem studies of evergreen broad-leaved forest in the IBP Minamata Special Research Area in Japan.
3) Life-form of vascular plants and the climatic conditions of the Micronesian Island-ecosystem.
✓ 4) Ecological studies of tropical epiphytes in forest ecosystem.
5) On the phytogeographical studies of the Micronesian Islands.

Yours sincerely,

T. Hosokawa

Takahide Hosokawa
Professor at Kyushu University

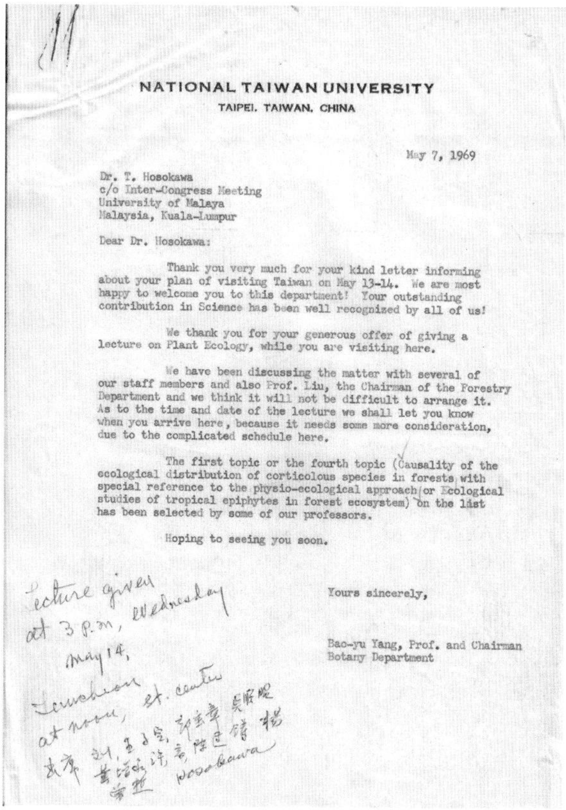

NATIONAL TAIWAN UNIVERSITY
TAIPEI, TAIWAN, CHINA

May 7, 1969

Dr. T. Hosokawa
c/o Inter-Congress Meeting
University of Malaya
Malaysia, Kuala-Lumpur

Dear Dr. Hosokawa:

Thank you very much for your kind letter informing about your plan of visiting Taiwan on May 13-14. We are most happy to welcome you to this department! Your outstanding contribution in Science has been well recognized by all of us!

We thank you for your generous offer of giving a lecture on Plant Ecology, while you are visiting here.

We have been discussing the matter with several of our staff members and also Prof. Liu, the Chairman of the Forestry Department and we think it will not be difficult to arrange it. As to the time and date of the lecture we shall let you know when you arrive here, because it needs some more consideration, due to the complicated schedule here.

The first topic or the fourth topic (Causality of the ecological distribution of corticolous species in forests with special reference to the physio-ecological approach or Ecological studies of tropical epiphytes in forest ecosystem) on the list has been selected by some of our professors.

Hoping to seeing you soon.

Yours sincerely,

Bao-yu Yang, Prof. and Chairman
Botany Department

Lecture given at 3 p.m., Wednesday May 14,
Luncheon at noon

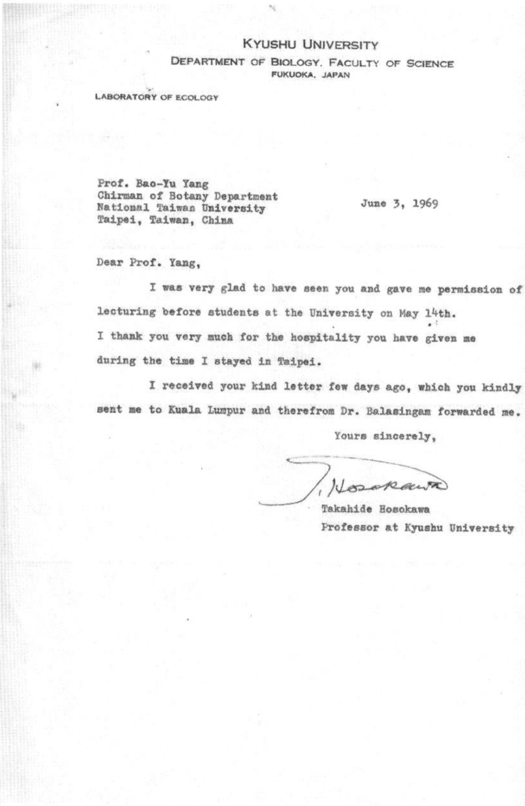

KYUSHU UNIVERSITY
DEPARTMENT OF BIOLOGY, FACULTY OF SCIENCE
FUKUOKA, JAPAN

LABORATORY OF ECOLOGY

Prof. Bao-Yu Yang
Chirman of Botany Department
National Taiwan University
Taipei, Taiwan, China

June 3, 1969

Dear Prof. Yang,

I was very glad to have seen you and gave me permission of lecturing before students at the University on May 14th.
I thank you very much for the hospitality you have given me during the time I stayed in Taipei.

I received your kind letter few days ago, which you kindly sent me to Kuala Lumpur and therefrom Dr. Balasingam forwarded me.

Yours sincerely,

T. Hosokawa
Takahide Hosokawa
Professor at Kyushu University

圖11-10 細川隆英在一九六九年四月到六月間，與臺大植物系楊寶瑜老師的通信。其中楊寶瑜五月七日的回信中，有手寫筆跡注記參與午餐的人員包含劉（棠瑞）、王子定、郭寶章、吳順昭、黃增泉、許（建昌）、高（木村）、陳建鑄、楊（寶瑜）等。

資料來源：臺灣大學植物標本館

但標本館內的櫃子桌椅都和細川離開時沒有什麼太大的差別。館內唯一細川還認識的就是高木村，但他也已是四十來歲的中年人，兩人相見都不禁感嘆歲月催人老。高木村從抽屜中拿出一張照片給細川，他指著中間的人，「你還記得他嗎？他叫近藤義生，是終戰那年（昭和二十年，一九四五）畢業的學生。他現在改名叫下村義生，在曉學園短期大學當老師，去年十月還有回來臺大。」[34]細川點頭表示有印象，但沒有想到他竟然還在學界，畢竟當年有許多學徒兵都沒能活下來。細川也和高木村說起在日本眾人的近況，知道鈴木時夫臥病在床，多位老師逝去或退休，高木村也感到很難過。接著高木村拿出幾本舊書，「這是你當年留下來的，就順便帶回去吧。」細川沒想到自己以前的藏書還有保存下來，鄭重地收下書後，也答應會再找機會來臺灣一趟，這次匆匆過境，勾起不少舊時回憶，和高木村互道珍重後，彼此約定希望下次能再好好聊一聊。

細川回到九州後兩年，也正式自九州大學退休，並受聘為名譽教授。同年（一九七一）八月，細川應臺大植物系于景讓教授之邀，再次回到臺灣，以密克羅尼西亞的豆科植物為題在系上演講。[13]這次他在植標館停留時間較多，他特別要求在二樓的長桌坐一會，讓這個既熟悉又陌生的感覺，和心裡的記憶相共鳴。

細川在傍晚時分離開植物標本館，走在校園的椰林大道上，他抬頭自言自語起來：「大王椰子已這麼高了，這大概是我最後一次看到它們吧。」他踩著椰子樹的影子前行，「我們的足跡，也許如影子般無法長久，但是所採集的植物標本們，應該可以在這裡一直

㉞ 近藤義生，日本三重縣人，昭和十六年（一九四一）四月臺北帝大理農學部植物專攻入學。一九六八年臺大的參訪資料，來自臺大植物標本館所藏簽名簿，注明他在十月二十七日拜訪植物標本館。曉學園短期大學位於日本三重縣四日市萱生町，該校已於二〇〇二年停辦。

留存下來吧。」細川停下腳步，微笑著深吸一口氣，脫下帽子後向著植物標本館行九十度的鞠躬，接著不理身旁學生的側目，就這麼大步走出校門。這是細川隆英最後一次來到臺灣。

飽受病痛折磨的鈴木時夫，在一九七八年三月十日，因心臟病逝世，享年六十七歲。但在生病期間的最後幾年，他仍完成布朗・布藍克（J. Braun-Blanquet）《植物社會學》（*Pflanzensoziologie*）兩冊的書籍翻譯，以及多篇學術論文，包含一九七三年在《細川隆英教授退官記念論文集》中，以日文書寫，但用德文寫摘要，特別致敬過往歲月的文章〈立山山腹和山背的植物生態特性〉（立山植生の腹背性）。

一九八一年五月二十三日早上六點，細川隆英在福岡市因糖尿病惡化病逝，享年七十二歲。退休後的細川，除了協助一些教科書的編輯出版外，大部分的時間都是和家人度過。

一九九三年六月十八日，正宗嚴敬逝世，享壽九十四歲，是臺北帝大腊葉館出身最長壽的學者。

一九九五年十一月十一日，森邦彥以九十歲的高齡逝世。臺北帝大植物分類・生態學研究室最後一位日籍耆老離開人世。那些曾經在臺北帝大腊葉館奮鬥的夥伴們，終於又全員在天上重聚。

圖11-11　植物標本館人物舊照，由左至右：高木村、近藤義生、林惠美子。照片日期不明，約在一九四五年左右。

圖片來源：臺灣大學植物標本館所藏照片，由高木村生前提供。

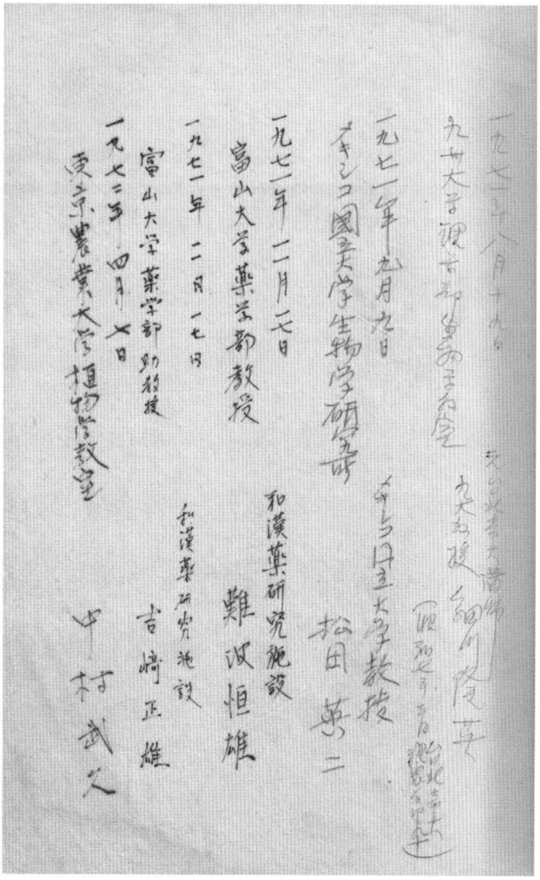

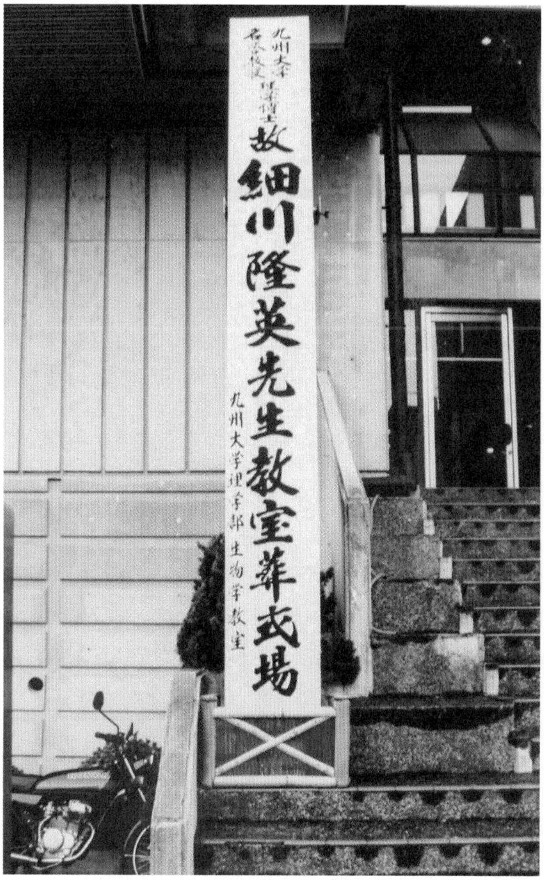

圖11-12　臺灣大學植物標本館所藏簽名簿，右側記載細川隆英於一九七一年八月十九日拜訪植標館。資料來源：臺灣大學植物標本館

圖11-13　細川隆英逝世奠儀場，一九八一年五月攝於日本福岡。

（永野洋與永野華那子提供）

後記

回到臺大任教十一年後，我在二〇一二年正式加入臺大植物標本館的工作陣容，首要的任務是爭取營運經費，以及設計整理新的展示空間。自二〇一一年起我參與由于宏燦老師發起開始的「行動展示盒」計畫，利用標本館的收藏重新設計教案，進行中小學的科普推廣工作，頗受好評和重視。此外，我也主持植標館展示空間改造，同時協助植標館的其他植栽計畫。但在充滿歷史感的標本館中工作之餘，我心中卻一直盤旋著一個植標館歷史研究的想法，希望能將數十年來收藏標本背後的故事整理出來。

二〇〇二年起臺大植標館承接數位典藏與數位學習國家型科技計畫，建立超過十萬筆的植物標本資料，除了將典藏標本數位化，並提供植物分類學用途，其跨越時空的資訊，也能藉由資料庫快速地將人、事串連起來，比如很多標本是因特定目的所採集，像是《臺灣植物誌》(*Flora of Taiwan*)的編撰，或是植物分類學修課學生野外實習的作業等。而在臺大植標館中，也存有大量來自海外的標本，有些是與各地標本館交換而來，但也有很多是來自於校內師生的採集。其中開始吸引我注意的是在許多標本櫃中都可以找到標注「密克羅尼西亞」地區的標本，而絕大多數都由細川隆英所採集。這些產自南洋地區的標本大半是我不熟悉的物種，但寫著「パラオ」(帛琉)、「ポナペ」(波納佩)等地名的標籤，總是在我腦海中揮之不去，讓我忍不住馳想有著椰子樹和美麗沙灘的熱帶風情。遺憾的是過去的數位典藏計畫並未處理非臺灣採集的標本，比如大洋洲或是海南島等地所採集的植物，而當時計畫也已結束，難以再大量建置相關的資料庫。我不知道標本館內到底有多少南洋的標本，而這位細川隆英又是何許人也，有太多的謎團等待解開，但卻又不知怎麼著手整理。

二〇一三年春天的一個黃昏，我的學生鄭怡如抱著一疊資料走進辦公室來找我，怡如和我已討論幾次她的碩士論文題目方向，雖還未決定實際的架構和內容，但大抵希望整理植標館所藏的舊標本。她滿臉笑容，顯然有一些重要的發現，坐下後怡如拿出最上層的文件，那是一批公文影印本，我略皺眉頭瞥一眼上面龍飛鳳舞的毛筆字，馬上被文稿上事由處寫著「為貴大學細川隆英教授來函徵求植物標本一案呈達查照」幾個字所吸引。怡如解釋這些是細川隆英向臺大索取密克羅尼西亞標本的往來公文，不含附件的標本列表，總共有十頁。裡面仔細記錄索要標本的來龍去脈，我從頭到尾很快地翻過一遍後，馬上和怡如熱烈討論起來，最後我們兩人都同意，這會是一個有趣的故事，也值得再深入挖掘，於是就此確定怡如以密克羅尼西亞的植物標本整理作為論文的主軸。雖然這不是我第一次以標本館的資料進行研究，但以此作為科學探索史的素材卻是全新的嘗試，對我和怡如來說都是邊摸索邊往前進。

怡如著手密克羅尼西亞標本的整理，除了標籤資訊的資料庫建立，同時也與現行分類系統的鑑定處理進行比對，由於必須逐櫃檢視標本，所需工作繁瑣而耗時，只能倚賴人工一份一份來看。另外，和細川相關人物資料的蒐集，由於我當時尚未熟悉史料整理，進展並不怎麼順利，工作相當緩慢。但是一個很重要的開端是來自在植標館工作的鄭淑芬博士所提供的一則小故事，她告訴我細川隆英的後人曾來臺大訪問，從淑芬所撰寫發表在植標館通訊（《TAI News》）第三十四期的一篇文章中，記錄了二〇一〇和二〇一一年細川的女兒們曾兩度來臺的過程。第一次是細川的二女兒華那子與其夫婿永野洋跟著一個他們自己的校友旅行團來臺灣旅遊，順便到臺大參訪。來訪的時間是二〇一〇年十一月二十六日下午兩點半，一行二十三人參觀植物標本館、人類學博物館及校史館等單位。

在驚訝臺大收藏細川隆英的眾多資料後，永野洋回日本後馬上來信希望安排第二次的訪問，這次的成員都來自細川家族，包含豐田烋子（細川隆英三妹）、町並陸生（細川隆英大妹貞子的兒子）、森川由喜子（大女兒）、永野華那子（二女兒）、吉

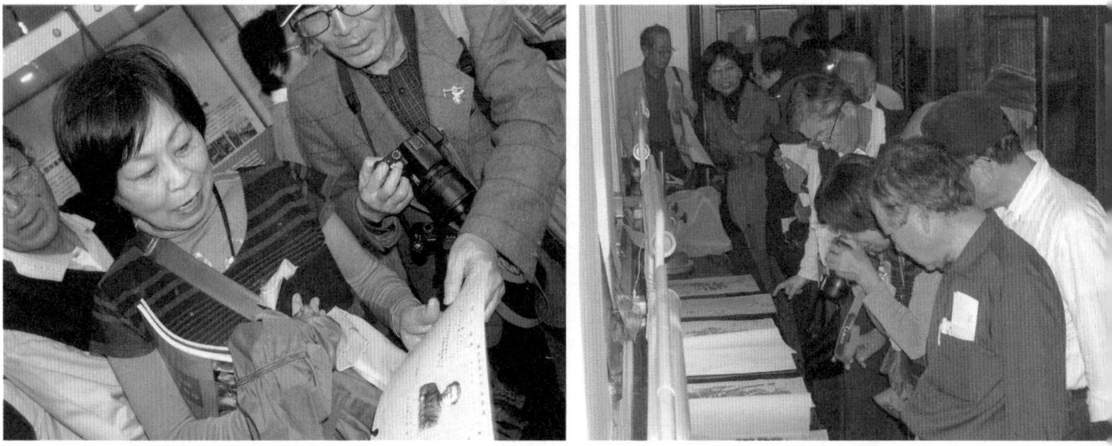

右：圖12-1　華那子等人二〇一〇年參觀臺大植物標本館，手持相機者為華那子。（郭煥莉攝，鄭淑芬提供）

左圖12-2　二〇一〇年華那子（右二）和永野洋（右一）在臺大校史館檢視細川隆英的學籍簿資料（郭煥莉攝，鄭淑芬提供）

田知加子（三女兒）、信崎博子（四女兒），以及華那子的夫婿永野洋等七人。他們在二〇一一年三月八日下午到達臺大，參訪的地點和前一次相同。可惜其時我還沒有加入植標館工作，和細川的家人們緣慳一面。但是由於永野洋有留下聯絡資訊，所以我得以和細川的後人們開始聯絡，並獲得各種珍貴資料。

植物標本整理仍在緩慢進行時，二〇一四年春天，一個意外的訪客帶來了新的連結和工作契機。在九州大學博物館工作的三島美佐子老師來到臺大訪問，她來訪的目的其實是為了進行自九州大學退休的金平亮三之研究，想要蒐集有關他在臺灣的足跡資料。不過臺大存有金平的資料不多，因為金平亮三大部分留臺的時間都在總督府林業部，也就是今日的林業試驗

右：圖12-3　細川家族成員在二〇一一年三月再度參訪臺大植標館，前右一為町並陸生，右二為永野洋。（郭煥莉攝，鄭淑芬提供）

左：圖12-4　細川家族成員在二〇一一年三月於原細川隆英宿舍位置合照，坐輪椅者為豐田𠇍子（細川三妹，已逝），站立者右起永野洋（細川二女婿）、森川由喜子（細川長女）、町並陸生（細川大妹貞子之長子）、永野華那子（細川次女）、吉田知加子（細川三女）、信崎博子（細川四女）。（郭煥莉攝，鄭淑芬提供）

所，只有短暫在臺北高等農林學校（臺北帝大前身）兼課。簡單交換意見後，我帶三島老師參觀臺大標本館，期間我問起她是否熟悉細川隆英這個人，細川曾是九大的教授，所以我想三島對他應該不會太陌生。三島對細川的瞭解主要來自於他在九州生態研究上的貢獻，對他過去在臺灣的工作並不清楚，而當我提及細川曾經向臺大索要三千多份的標本到九大時，三島也完全不知此事，表示得回去查看標本館的資料。我當下不以為意，心想也許只是分散歸檔在標本館的櫃子裡面，沒有注意到的可能性當然很高。

幾個月後我和幾位同事前往參加在八月舉辦的臺大—京都大學雙邊研討會，會前我特別安排先前往九州大學一趟，主要是到他們的博物館（包含植物標本館）進行交流訪問，其中的一項任務自然是查找細川的三千份密克羅尼西亞標本的去向。令人驚訝的是，三島告訴我，這段期間他們花了不少力氣搜尋九大的典藏庫，但都沒有看到這批標本，整個標本館中有關細川的只有零星幾份他晚年在九州採的標本，她也感到相當疑惑。我將臺大檔案館所藏的相關往來公文拿給三島，不死心地請她協助在九大的文書檔案中找一找相關資料。我和三島兩人跑了幾個辦公室後都一無所獲，甚至連九大校長一九五二年正式回函的公文紀錄，九大自己都沒有留下來。最後我只能苦笑地將我手上的九大公文影印本留給三島老師，讓九大留存這份也算珍貴的文件。

三千多份的標本不是小數目，再怎麼樣也不應該憑空消失，依我對植物學家的瞭解，大概是另外找到更適合收藏的地方，有可能在日本某處，也可能送到歐美的其他標本館。

從日本回到臺灣後不久，我就接到三島老師在八月底的回信，表示她在詢問一些朋友後找到一些線索，日本國立科學博物館任職的海老原淳[①]提到他們標本館內有一批細川隆英退休時贈送的標本，不過由於他們的資料庫還沒有建置完成，不知道那些是否就是我要找的標本。

由於當時我尚未認識國立科學博物館內的研究人員，且對細川的人際網絡仍不熟悉，在權衡輕重下只能先將此事擱在一旁，先專注手上其他的計畫工作，包含二〇一四年下旬到索羅門群島採集植物，二〇一五年又到沖繩西表島調查，暑假也前往加拿大參加美國植物學年會，和在印尼的暑期田野課程，十一月還跑了一趟廣西採集植物。直到二〇一五年年底時，我終於有機會再次回到日本。這次我是參加臺大—東京大學雙邊研討會，當時我正在進行一個寄生植物蛇菰的分類學研究，和東大小石川植物園的邑田仁[②]老師有不少往來，也在會議上共同發表研究成果。前一年彼此信件討論的時候，我曾簡單提及這批失踪的細川標本，他知道之後沒有說什麼，只輕描淡寫地說會幫忙，然後就岔到其他的話題。

出發參加會議前，邑田老師就有點故作神祕地來信要我將十二月十二日空下來，他要帶我去看我找尋已久的標本。當下我馬上意會應該是在科學博物館的細川標本，果不其然，會議結束後，邑田老師就帶著我一起搭電車前往筑波，拜訪國立科學博物館在當地的標本館。館內的田中伸幸[③]研究員正好是邑田老師以前的學生，田中才剛從牧野植

① 海老原淳，日本國立科學博物館植物研究部研究員，專長為蕨類植物分類。

② 邑田仁，植物分類學者，東京大學客員共同研究員。一九九〇年任東京大學理學部助手，歷任講師、教授，於二〇一七年退休後轉任特任研究員。

③ 田中伸幸，二〇〇〇至二〇一五年任職高知縣牧野植物園，二〇一五年迄今任職日本國立科學博物館植物研究部研究員，專長為熱帶地區植物分類。

圖12-5　二〇一四年筆者拜訪九州大學合影，左起鄭淑芬、林貴貞、胡哲明、三島美佐子、三島友人。（胡哲明提供）

上：圖12-6　日本國立科學博物館的田中伸幸研究員（前）和東京大學的邑田仁（後）檢視館藏細川隆英的植物標本（胡哲明提供）

下：圖12-7　日本國立科學博物館所藏細川隆英的植物標本，可見標本左下標籤上印有原本「臺北帝國大學腊葉」，以及臺灣大學植物標本館的橢圓章。右下方則為國立科學博物館入館後另外新編號的標籤。（胡哲明提供）

物園轉任此地，邑田老師先拜託他查閱館藏標本資料，終於找到這批細川的大洋洲標本，於是通知我親自來看。雖然沒有每一份去比對，但我隨機抽出名單上的幾十份標本都能順利找到，不禁大嘆一口氣，這些輾轉流浪多處的標本們，總算確認它們的下落。

有趣的是，包含田中、海老原等在國立科學博物館工作的人，他們其實都不清楚細川這些標本的來龍去脈，只知道他曾捐贈一批標本給標本館而已。大家都非常高興把這批標本的脈絡釐清，我也將我手邊的所有相關資料留給他們，如同放下一塊心頭的大石。

二〇一九年謝長富老師承接文化部國家文化記憶庫計畫，終於將臺大所藏太平洋的植物標本全部數位化，並匯入「臺灣植物資訊整合查詢系統」④中，供大眾查閱。包含細川隆英在內，臺北帝大日籍植物學者們的生平和研究成果，也終能以更完整的面貌呈現給所有人。而從這個時候開始，我興起要撰寫細川隆英生平故事的念頭，一寫就是三個年頭，但故事的開展，遠遠超過當時的想像。我不只將細川隆英的標本、研究、生命史做了一個總整理，同一時間我也建構臺北帝大時期植物學者們的網絡關係，以及初步梳理這個時期所採集的好幾萬份植物標本。它們靜靜地在植標館的木櫃中躺了超過半個世紀，偶爾有不同的植物學者在研究某個特定類群時，才會拿出這些標本檢視，但我想他們應該也和我一樣，每次瀏覽標本時，都會感念這些過往研究者一步一腳印的心血收藏。

在本書完成前夕的二〇二三年八月，我藉著家庭旅遊之便，在疫情後終於有機會前往日本，拜訪住在大阪交野市的永野洋、永野華那子，以及他們的女兒美那子開的咖啡

④ 網址：https://tai2.ntu.edu.tw/。

店Café Mina。我帶著臺大植標館所藏的幾份細川隆英當年發表文章的抽印本送給他們，而他們則回贈店裡的手工餅乾、蛋糕。我們一起度過十分愉快的下午，感受著這情牽數十年，由細川隆英所留下的緣分，和歲月積累承載的記憶。

回到工作崗位後，教學研究和生活總是追著人東奔西跑，但我特別喜歡抽空坐在臺大植物標本館二樓的長桌前工作，那是一種與歷史相連的感覺，在這建置超過九十年的典藏庫裡觀察標本。悠遊於植物研究的同時，我也希望有朝一日自己能成為代代相傳，眾多知識傳承者的一分子。

圖12-8　二〇二三年八月筆者拜訪細川隆英後人家庭，左起胡哲明、永野美那子（細川外孫女）、永野洋（細川女婿）、永野華那子（細川次女）。（胡哲明提供）

附錄一　細川隆英年表及相關大事記

胡哲明製

西元	年號	年齡	細川隆英年表	相關大事記
1860	萬延元年			• 細川隆虎（細川隆英祖父）出生於熊本縣
1884	明治17年			• 細川隆顯（細川隆虎長男，細川隆英父親）出生於熊本縣
1887	明治20年			• 細川隆虎二男細川隆志出生於熊本縣
1892	明治25年			• 細川隆虎三男細川隆一出生於熊本縣
1894	明治27年			• 細川隆虎二女トラ出生於熊本縣
1900	明治33年			• 細川隆虎四男細川隆元出生於熊本縣
1908	明治41年			• 細川隆顯與ヱイ結婚
1909	明治42年	0	• 細川隆英（細川隆顯長男）出生於熊本縣	
1912	大正元年	3		• 細川貞子（細川隆顯長女）出生於熊本縣
1914	大正3年	5		• 細川隆顯隻身搬到臺灣
1915	大正4年	6	• 細川隆英、母親和貞子三人來臺依親 • 三月細川隆英臺北市旭小學校入學	• 細川隆顯任教於大坪林公學校
1917	大正6年	8		• 細川隆顯任職臺北城南小學校 • 5月22日朝倉富代出生於東京 • 12月23日細川純子（細川隆顯次女）出生於臺北
1920	大正9年	11		• 8月18日細川隆顯任職頂雙溪尋常小學校
1921	大正10年	12	• 臺北市旭小學校卒業	

西元	年號	年齡	細川隆英年表	相關大事記
1923	大正12年	14		• 10月25日アイ（細川隆英祖母），逝世於臺北市。
1924	大正13年	15		• 1月4日細川烋子（細川隆顯三女）出生於臺北市 • 細川隆顯任職臺北州木柵公學校訓導
1925	大正14年	16	• 臺北高等學校尋常科修業 • 臺北高等學校高等科入學	• 細川隆顯任職高雄州琉球公學校訓導
1928	昭和3年	19		• 3月17日臺北帝國大學正式成立 • 4月23日細川隆虎（細川隆英祖父）逝世
1929	昭和4年	20	• 臺北高等學校高等科卒業 • 臺北帝國大學理農學部生物學科入學	
1930	昭和5年	21		• 10月27日霧社事件爆發
1931	昭和6年	22		• 細川隆顯任職高雄州甲仙尋常小學校／公學校訓導 • 九一八事變，日本占領東北。
1932	昭和7年	23	• 臺北帝大理農學部理學士試驗合格 • 臺北帝大理農學部生物學科勤務 • 理農學部副手（植物學第一講座）囑託	• 1月8日工藤祐舜心臟病去世 • 3月細川隆顯腦中風，9月9日去世。
1933	昭和8年	24	• 7月11日至10月28日第一次南洋調查（塞班、科斯雷、波納佩、楚克、帛琉）	• 細川貞子（21歲）嫁于町並久太郎 • 除夕夜細川純子（16歲）病逝於臺北
1934	昭和9年	25	• 任臺北帝大助手，及理農學部附屬植物園勤務。 • 6月24日至8月24日第二次南洋調查（馬里亞納群島）	• 1月13日早田文藏逝世於小石川家中
1935	昭和10年	26	• 7月4日至25日蘭嶼調查 • 任職臺北帝大附屬植物園助手	
1936	昭和11年	27	• 6月26日至9月23日第三次南洋調查（波納佩、楚克、菲律賓）	• 5月17日臺北帝大腊葉館「臺灣竝に南洋群島植物研究資料」（臺灣與南洋群島的植物研究資料）展覽
1937	昭和12年	28	• 7月12日至9月22日第四次南洋調查（雅浦、帛琉）	• 七七事變，8月15日中日全面戰爭。 • 11月24日鈴木重良胃癌逝世（44歲）

西元	年號	年齡	細川隆英年表	相關大事記
1938	昭和13年	29	• 6月23日至9月12日第五次南洋調查（科斯雷、塞班、楚克） • 9月25日與朝倉富代（30歲）結婚 • 10月3日臺灣步兵第一隊入隊	
1939	昭和14年	30	• 2至4月廣東服役 • 10月1日除隊 • 10月至1940年4月廣東植物調查	
1940	昭和15年	31	• 7月15日至9月30日第六次南洋調查（波納佩） • 任職臺北帝大附屬植物園助手	• 正宗嚴敬升任教授，並接下臺北帝大附屬植物園園長一職。 • 11月14日至12月23日臺北帝國大學海南島學術調查團
1941	昭和16年	32	• 7月7日至9月25日第七次南洋調查（馬里亞納群島、帛琉）	• 12月7日太平洋戰爭爆發 • 福山伯明任職理農學部助手
1942	昭和17年	33	• 任臺北帝大講師 • 11月15日長女由喜子誕生於臺北市	• 1月14日福山伯明與伊東貞子結婚，福山任職臺北高校。 • 1月起日本占領馬尼拉、新加坡、爪哇、仰光等地 • 6月5日中途島海戰
1943	昭和18年	34	• 獲得學術振興會「臺灣に於ける著生植物の群落生態學研究」昭和18年度補助 • 9月20日臨時召集臺灣步兵第一聯隊補充隊應召	• 3月臺北帝大理農學部分為理學部及農學部 • 11月25日美國首次空襲臺灣
1944	昭和19年	35	• 1月29日歸隊，4月26日至6月7日因黃疸住院。 • 10月12日至15日臺灣防衛戰鬥參加 • 臺北帝大講師囑託	• 2月22日科洛尼亞大空襲 • 3月30至31日帛琉大空襲
1945	昭和20年	36	• 9月1日召集解除 • 10月24日博士學位取得	• 5月31日臺北大空襲 • 8月6日廣島遭原子彈攻擊 • 8月9日長崎遭原子彈攻擊 • 8月15日終戰詔書 • 11月15日臺北帝大改制成為國立臺灣大學
1946	昭和21年	37	• 5月25日二女華那子誕生於臺北市 • 12月28日搭宵月丸回日本熊本（細川隆英，富代，由喜子，華那子）	• 3月6日臺大同意細川榮子（58歲）和細川烋子（23歲）先回日本 • 3月6日福山伯明遇刺身亡

西元	年號	年齡	細川隆英年表	相關大事記
1947	昭和22年	38	• 4月熊本師範學校授業囑託 • 8月熊本縣立女子大學專門學校講師	• 二二八事件 • 6月28日山本由松病逝臺大醫院
1948	昭和23年	39	• 3月熊本縣立女子專門學校教授 • 8月6日三女知加子誕生於熊本縣	• 5月12日正宗嚴敬、日比野信一等教授返回日本 • 11月27日金平亮三逝世
1949	昭和24年	40	• 4月熊本縣立熊本女子大學教授 • 8月九州大學理學部助教授	
1950	昭和25年	41	• 10月20日四女博子誕生於福岡市	
1952	昭和27年	43	• 1月10日細川致信臺大索取標本 • 8月4日3050份標本送抵九州大學	
1953	昭和28年	44	• 11月14日參加第八回太平洋學術會議	
1954	昭和29年	45	• 8月教授升任，生態學講座擔當至昭和48年3月退職。 太平洋學術連合：太平洋植物部門國際常置委員會委員	
1959	昭和34年	50	• 8月上旬至11月中旬，帶領九大學術探檢研究会至印尼加里曼丹進行調查。	
1960	昭和35年	51	• 1月16日任九州大學學生部部長；9月30日卸任。	
1965	昭和40年	56	• 出席第十回國際植物學會	
1969	昭和44年	60	• 5月5至9日參加馬來西亞吉隆坡主辦之太平洋學術會議 • 5月13至14日拜訪臺大植物系	
1971	昭和46年	62	• 3月九州大學退官 九州大學名譽教授就任	
1973	昭和48年	64	• 任職第一藥科大學教授至1978年 • 8月19日拜訪臺大植標館	
1981	昭和56年	72	• 4月29日勳三等旭日中綬章 • 5月23日病逝於福岡市，享年72歲。	

年分	著作目錄
1932a	〈弔辭：學生一同に代り謹みて申し奉る〉，《臺灣博物學會會報》第22卷第123號，頁545－546。
1932b	Leguminosarum formosanarum prodromus. Taihoku Imperial University.
1932c	Notulae Leguminosarum ex Asiae-Orientale I. *Journal of the Society of Tropical Agriculture, Taihoku Imperial University*, 4(2), 197-203.
1932d	Notulae Leguminosarum ex Asiae-Orientale II. *Journal of the Society of Tropical Agriculture, Taihoku Imperial University*, 4(3), 308-316.
1932e	Notulae Leguminosarum ex Asiae-Orientale III. *Journal of the Society of Tropical Agriculture, Taihoku Imperial University*, 4(4), 488-491.
1932f	高雄州琉球嶼植物小誌. *Transactions of the Natural History Society of Formosa*, 22(123), 470-475.
1932g	臺灣植物雜考 (I) =Revisio ad Floram Formosanam I. *Transactions of the Natural History Society of Formosa*, 22(121), 225-229.
1933a	Notulae Leguminosarum ex Asiae-Orientale IV. *Journal of the Society of Tropical Agriculture, Taihoku Imperial University*, 4(5), 57-61.
1933b	Notulae Leguminosarum ex Asiae-Orientale V. *Journal of the Society of Tropical Agriculture, Taihoku Imperial University*, 5(3), 287-290.
1933c	高雄州琉球嶼植物小誌 (二). *Transactions of the Natural History Society of Formosa*, 23(124), 30-43.
1933d	高雄琉球嶼植物小誌 (三). *Transactions of the Natural History Society of Formosa*, 23(126), 211-240.
1933e	荳科植物雜報一. *Transactions of the Natural History Society of Formosa*, 23(126), 241.
1933f	臺灣植物雜考 (II) =Revisio ad Floram Formosanam II. *Transactions of the Natural History Society of Formosa*, 23(125), 98-99.
1934a	〈我ガ裏南洋ミクロネシアに生育する椰子類に就て〉，《熱帶園藝》第四期，頁18－22。
1934b	A bibliography of Micronesian botany. *Kudoa*, 2(2), 51-60.
1934c	マリアナ群島に於ける木麻黄に就て. *Kudoa*, 2(3), 107-113.
1934d	〈クサイエ島の植物概觀〉，《植物及動物》第2卷第8號，頁1421－1426。
1934e	Balanophoraceae Micronesiae. *Journal of the Society of Tropical Agriculture, Taihoku Imperial University*, 6(3), 572.
1934f	Materials of the botanical research towards the flora of Micronesia. *Transactions of the Natural History Society of Formosa*, 24(132), 197-205.
1934g	Conspectus of the Genus *Lepinia*. *The Botanical Magazine, Tokyo*, 48(572), 528-530.

年分	著作目錄
1934h	Materials of the botanical research towards the flora of Micronesia II (Leguminosae Novae Micronesiae). *Transactions of the Natural History Society of Formosa*, 24(135), 414-415.
1934i	Phytogeographical relationship between the Bonin and the Marianne Islands laying stress upon the distributions of the Families, Genera and special Species of their vernacular plants. *Journal of the Society of Tropical Agriculture, Taihoku Imperial University*, 6(2), 201-209.
1934j	Phytogeographical relationship between the Bonin and the Marianne Islands laying stress upon the distributions of the Families, Genera and special Species of their vernacular plants. *Journal of the Society of Tropical Agriculture, Taihoku Imperial University*, 6(4), 657-670.
1934k	マリアナ群島の植物相（豫報）= Preliminary account of the *vegetatio*n of the Marianne islands group. *Bulletin of the biogeographical society of Japan*, 5(2),124-175.
1934l	荳科植物雜報 二. *Transactions of the Natural History Society of Formosa*, 24(132), 220.
1935a	An enumeration of Gramineae hitherto known from Micronesia under the Japanese mandate. *Journal of the Society of Tropical Agriculture, Taihoku Imperial University*, 7(4), 305-325.
1935b	Materials of the botanical research towards the flora of Micronesia III. *Transactions of the Natural History Society of Formosa*, 25(136-139), 17-39.
1935c	Materials of the botanical research towards the flora of Micronesia IV. *Transactions of the Natural History Society of Formosa*, 25(140), 117-128.
1935d	Materials of the botanical research towards the flora of Micronesia V. *Transactions of the Natural History Society of Formosa*, 25(142), 242-247.
1935e	Materials of the botanical research towards the flora of Micronesia VI. *Transactions of the Natural History Society of Formosa*, 25(143), 261-269.
1935f	Materials of the botanical research towards the flora of Micronesia VII. *Transactions of the Natural History Society of Formosa*, 25(147), 434-443.
1935g	南洋群島ポナペ島ノ植物資料. *Kudoa*, 3(4), 162-166.
1935h	〈紅頭嶼と植物〉，《臺灣教育》第399期，頁74－88。
1935i	〈紅頭嶼山岳原生林內に於ける Stiltrooting に就て〉，《科學》第2卷第5號，頁464。
1935j	紅頭嶼產 *Crytandra* 屬の一新種と屬分布に就いて. *Transactions of the Natural History Society of Formosa*, 25(146), 410-413.
1935k	〈植物地理学より見たるマリアナ諸島〉，《日本學術協會報告》第10卷第1號，頁146－151。
1935l	〈臺灣及び近接島嶼に於けるニツパヤシ果實の漂着に就て〉，《科學》第5卷第12號，頁498。
1936a	Arisaema の新種に就て. *Journal of Japanese Botany*, 12(3), 212-215.
1936b	A description of *Arisaema taihokensis* sp. nov. from Taiwan. *Journal of Japanese Botany*, 12(3), 212-215.

年分	著作目錄
1936c	Materials of the botanical research towards the flora of Micronesia VIII. *Transactions of the Natural History Society of Formosa*, 26(148), 44-51.
1936d	Materials of the botanical research towards the flora of Micronesia X. *Transactions of the Natural History Society of Formosa*, 26(149), 67-79.
1936e	Materials of the botanical research towards the flora of Micronesia XI. *Transactions of the Natural History Society of Formosa*, 26(150), 115-126.
1936f	Materials of the botanical research towards the flora of Micronesia XII. *Transactions of the Natural History Society of Formosa*, 26(152), 227-235.
1936g	Materials of the botanical research towards the flora of Micronesia XIII. *Transactions of the Natural History Society of Formosa*, 26(153), 244-248.
1937a	An Enumeration of the Plants Collected from Ponape (I). *Kudoa*, 5(2), 41-55.
1937b	An Enumeration of the Plants Collected from Ponape (II). *Kudoa*, 5(3), 79-96.
1937c	An Enumeration of the Plants Collected from Ponape (III). *Kudoa*, 5(4), 113-140.
1937d	Materials of the botanical research towards the flora of Micronesia XIV. *Journal of Japanese Botany*, 13(3), 194-197.
1937e	Materials of the botanical research towards the flora of Micronesia XV. *Journal of Japanese Botany*, 13(4), 274-284.
1937f	Materials of the botanical research towards the flora of Micronesia XVI. *Journal of Japanese Botany*, 13(8), 607-617.
1937g	A preliminary account of the phytogeographical study on Truk, Caroline. *Bulletin of the Biogeographical Society of Japan*, 7(11), 171-255.
1937h	〈Ptph.-Q 臺灣〉,《植物及動物》第5卷第7號,頁20—22。
1937i	〈臺北市に於ける植物の開花期に就て〉,《植物及動物》第5卷第9號,頁80—88。
1937j	〈トラツク島への旅〉,《臺灣教育》第414期,頁111—122。
1938a	Materials of the botanical research towards the flora of Micronesia XVII. *Transactions of the Natural History Society of Formosa*, 28(174), 61-67.
1938b	Materials of the botanical research towards the flora of Micronesia XVIII. *Transactions of the Natural History Society of Formosa*, 28(176), 145-157.
1938c	〈小笠原諸島の植物地理學私見〉,《植物及動物》第6卷第3至5號。

年分	著作目錄
1940a	Materials of the botanical research towards the flora of Micronesia XIX. *Journal of Japanese Botany*, 16(9), 535-545.
1940b	アポ山の植物探險豫報. *Transactions of the Natural History Society of Formosa*, 30(203), 333-336.
1940c	〈海南島植物相の概要(1)〉，《植物及動物》第8卷第5號，頁879－888。
1940d	〈海南島植物相の概要(2)〉，《植物及動物》第8卷第6號，頁1044－1050。
1940e	〈廣東の藥草に就て〉，《臺灣農事報》第36年第6號，頁525－538。
1941a	Materials of the botanical research towards the flora of Micronesia XX. *Transactions of the Natural History Society of Formosa*, 31(208), 39-46.
1941b	Materials of the botanical research towards the flora of Micronesia XXI. *Transactions of the Natural History Society of Formosa*, 31(213), 286-291.
1941c	Materials of the botanical research towards the flora of Micronesia XXII. *Transactions of the Natural History Society of Formosa*, 31(219), 468-477.
1941d	《外南洋の有毒植物》。臺北市：臺灣南方協會。
1942a	Materials of the botanical research towards the flora of Micronesia XXIII. *Transactions of the Natural History Society of Formosa*, 32(220), 5-20.
1942b	Materials of the botanical research towards the flora of Micronesia XXIV. *Transactions of the Natural History Society of Formosa*, 32(221), 101-105.
1942c	Materials of the botanical research towards the flora of Micronesia XXV. *Transactions of the Natural History Society of Formosa*, 32(227), 282-288.
1942d	〈東亞熱帶の高山性ハイデに就て〉，《植物及動物》第10卷第8號，頁11－16。
1942e	〈海南島新荳科植物報告〉，《臺灣博物學會會報》第32卷第223號，頁195－196。
1943a	Materials of the botanical research towards the flora of Micronesia (XXVI). *Acta Phytotaxonomica et Geobotanica*, 13, 163-171.
1943b	Studies on the life-forms of vascular epiphytes and the epiphyte flora of Ponape, Micronesia (I). *Transactions of the Natural History Society of Formosa*, 33(234), 35-55.
1943c	Studies on the life-forms of vascular epiphytes and the epiphyte flora of Ponape, Micronesia (II). *Transactions of the Natural History Society of Formosa*, 33(235), 71-89.
1943d	Studies on the life-forms of vascular epiphytes and the epiphyte flora of Ponape, Micronesia (III). *Transactions of the Natural History Society of Formosa*, 33(236), 113-141.

年分	著作目錄
1943e	ミクロネシアの植物研究資料（第27報）. *Transactions of the Natural History Society of Formosa*, 33(239), 210-214.
1943f	《南方熱帶の植物概觀》。大阪市：朝日新聞社。
1943g	《南方共榮圈の殖產気候》（與小笠原和夫、岡本勇共著）。東京市：南支調查會。
1949a	〈台灣の雨錄林について〉，《科学》第19卷第4號，頁186－187。
1949b	着生植物の生活形及び着生值物生活形分析表に関する研究. *Journal of Japan Botany* 24: 41-45.
1950a	Epiphyte-quotient. *The Botanical Magazine, Tokyo*, 63(739), 18-20.
1950b	ミクロネシアの蘚苔林に就いて（日本植物學會第14回大會講演）. *The Botanical Magazine, Tokyo*, 63(741), 29-30.
1951a	On the nomenclature of *Aerosynusis*. *The Botanical Magazine, Tokyo*, 64(755), 107-111.
1951b	氣候的指票としての生活形について. *Bulletin of the Society of Plant Ecology*, 1(1), 42-44.
1952a	A plant-sociological study in the mossy forests of Micronesian islands. *Memoirs of the Faculty of Science, Kyushu University. Series E Biology* , 1(1), 65-82.
1952b	On the relationship of climate to Vegetation in the Southern part of Formosa: in special reference to the raingreen forests. *Bulletin of the Society of Plant Ecology*, 2(1), 1-9.
1952c	A synchorological study of the swamp forests in the Micronesian islands. *Memoirs of the Faculty of Science, Kyushu University. Series E Biology*, 1(2), 101-123.
1952d	Forest vegetation of Eastern Asia, a book review. *Bulletin of the Society of Plant Ecology*, 2(1), 44-45.
1952e	"IUBS"と近年に於ける植物生態学界の動き. *Bulletin of the Society of Plant Ecology*, 2(2), 84-90.
1953a	獨國Schwaben地方の地衣植物相にしいて. *Bulletin of the Society of Plant Ecology*, 3(2), 87.
1953b	ニュージーランドの砂丘地帯に於ける蘚苔植物の生態學的研究. *Bulletin of the Society of Plant Ecology*, 3(2), 87.
1953c	ワンゲローグ島の地衣群落. *Bulletin of the Society of Plant Ecology*, 3(2), 87-88.
1953d	鈴木時夫著 森林植生単位の決定：林業解説シリーズ, 54,1953年5月発行. *Bulletin of the Society of Plant Ecology*, 3(1), 50. (book review)
1954a	On the structure and composition of the *Camnosperma* forests in Palau, Micronesia. *Memoirs of the Faculty of Science, Kyushu University. Series E Biology*, 1(4), 199-217.
1954b	On the *Campnosperma* forests of Yap, Ponape and Kusaie in Micronesia. *Memoirs of the Faculty of Science, Kyushu University. Series E Biology*, 1(4), 219-243.

年分	著作目錄
1954a	植物生態學界展望(A current status of plant ecological areas). *Bulletin of the Society of Plant Ecology,* 3(4), 302.
1954b	On the 8th Pacific Science Congress. *Bulletin of the Society of Plant Ecology,* 3(4), 295-301.
1954c	On the *Campnosperma* forests of Kusaie in Micronesia, with special reference to the community units of epiphytes. *Vegetatio*, 5/6(1), 351-360.
1954d	応用生態学の関する国際的協同研究の近況(On the recent organization of an international teamwork in research of applied ecology (ICAE)). *Japanese Journal of Ecology*, 4(3), 136-138.
1954e	西原幸男、小村精、細川隆英 英彦山のブナ林に於ける着生植物群落について(A sociological study of corticolous communities in the beech forests of Mt. Hiko in Japan). *Bulletin of the Society of Plant Ecology,* 3(4), 230-235.
1954f	細川隆英、小村精、西原幸男 森林内の着生植物群落の単位について(Social units of epiphyte communities in forests). *Japanese Journal of Ecology*, 4(1), 5-7. 同篇論文也發表在會議論文集： Hosokawa, T., Omura, M. and Nishihara, T. 1954. Social units of epiphyte communities in forests. VIIIe Congr. Intern. Bot. Paris. Reports Comm. Sect. 7: 11-16.
1954g	Outline of the *vegetatio*n of Formosa together with the floristic characteristics. *Angewandte Pflanzensoziologie, Festschrift für Erwin Aichinger zum 60. Geburtstag*, 1. Band, 504-511.
1955a	An introduction of 2×2 table methods into the studies of the structure of plant communities: on the structure of the beech forests, Mt. Hiko of S.W. Japan. *Japanese Journal of Ecology*, 5(2), 58-62.
1955b	《生物の分類と生態》。東京：研究社。
1955c	On the vascular epiphyte communities in tropical rainforests of Micronesia. *Memoirs of the Faculty of Science, Kyushu University. Series E. Biology*, 2(1): 31-44.
1955d	Hosokawa, T., M. Omura, and Y. Nishihara On the epiphyte communities in beech forests of Mt. Hiko in Japan. *Revue Bryologique et Lichénologique*, T. 24, fasc. 1-2, 59-68.
1956a	An introduction of 2×2 table methods into the studies of the structure of plant communities. *Japanese Journal of Ecology*, 5(3), 93-100.
1956b	An introduction of 2×2 table methods into the studies of the structure of plant communities: on the structure of the beech forests, Mt. Hiko of S.W. Japan. *Japanese Journal of Ecology*, 5(4), 150-153.
1956c	印度に於ける生態学研究の連絡研究機関の発足(On the establishment of the Indian council of ecological research (I.C.E.R.)). *Japanese Journal of Ecology*, 5(4), 182-183.

年分	著作目錄
1957a	Outline of the mangrove and strand forests of the Micronesian Islands. *Memoirs of the Faculty of Science, Kyushu University. Series E Biology*, 2(3), 101-118.
1957b	A synchorological consideration of the *Campnosperma* forests in Micronesia. *Proceedings of the Eighth Pacific Science Congress vol. 4*, 473-481.
1957c	Hosokawa, T., H. Kubota On the osmotic pressure and resistance to desiccation of epiphytic mosses from a beech forest, southwest Japan. *Journal of Ecology*, 45: 579-591.
1957d	Hosokawa, Takahide, Makoto Omura, Yukio Nishihara Grading and integration of epiphyte communities. *Japanese Journal of Ecology*, 7(3), 93-98. 同篇文章也發表在會議論文集： Hosokawa, T., M. Omura, and Y. Nishihara. 1957. Grading and integration of epiphyte communities. Proceedings of the Ninth Pacific Science Congress. Bangkok, Thailand. (presented by F.E. Egler)
1957e	Hosokawa, T., N. Odani The daily compensation period and vertical ranges of epiphytes in a beech forest. *Journal of Ecology*, 45, 901-915.
1958a	On the synchorological and floristic trends and discontinuities in regard to the Japan-Liukiu-Formosa area. *Vegetatio*, 8(2), 65-92.
1958b	《大分県国東町安国寺弥生式遺跡の調査》第五章第五節：植物質自然遺物。九州文化総合研究所編。東京：毎日新聞社，頁275－280。
1959a	On Hosokawa's Line and the Response. *Acta Phytotaxonomica et Geobotanica*, 18(1), 14-19.
1959b	Hosokawa, T., M. Omura On a brief study of community dynamics of epiphytes. *Memoirs of the Faculty of Science, Kyushu University. Series E Biology*, 3(1), 43-50.
1959c	Hosokawa, T., M. Omura On the detailed structure of a corticolous community analyzed on the basis of interspecific association. *Memoirs of the Faculty of Science, Kyushu University. Series E Biology*, 3(1), 51-63.
1960	《新編生態学汎論》。東京：養賢堂。
1961	Hosokawa, T., I. Miyata Seasonal variations of the photosynthetic efficiency and chlorophyll content of epiphytic mosses. *Ecology*, 42, 766-775.
1964	Hosokawa, T., N. Odani, H. Tagawa Causality of the distribution of corticolous species in forests with special reference to the physio-ecological approach. *The Bryologist*, 67, 396-411.
1965	第10回国際植物学会に出席して. *The Botanical Magazine, Tokyo*, 78(926), 344-346.
1966	細川隆英、小村精 〈アカマツ林の組成及び構造〉，《日本生態学会九州地区会会報》，特別號No. 1，頁26–30。

年分	著作目錄
1967a	Life form of vascular plants and the climate conditions of the micronesian islands. *Micronesica*, 3(1), 19-30.
1967b	On the phytogeography of the Micronesian Islands. *The Journal of the Indian Botanical Society*, 46, 365-373.
1967c	宮田逸夫，小村精，細川隆英 〈アカマツ林‧ツガ林の落葉枝量〉，《日本生態学会九州地区会会報》，特別號 No. 2，頁 27–33。
1967d	宮田逸夫，小村精，細川隆英 〈アカマツ林の分布構造〉，《日本生態学会九州地区会会報》，特別號 No. 2，頁 40–45。
1967e	宮田逸夫，小村精，細川隆英 〈アカマツ林‧ツガ林の落葉枝量〉，日本植物学会全国大会（福岡）要旨 21 號。
1968	Ecological studies of tropical epiphytes in forest ecosystem. Proceedings of the Symposium on Recent Advances in Tropical Ecology Part 2, 482-501.
1969a	Hosokawa, T., M. Omura, I. Miyata Forest *vegetatio*n of Minamata Special Research Area of IBP. *Memoirs of the Faculty of Science, Kyushu University. Series E Biology*, 5(2), 77-94.
1969b	An interim report on the ecosystem study of a warm-temperature evergreen broad-leaved forest of the JIBP-PT Minamata Special Research Area in Japan. *The Malayan Forester*, 32(4): 405-413.
1971a	On the tropical rainforest conservation to the proposed in Micronesia. Paper prepared for the Pre-Congress Conference, Indonesia. Symposium on Planned Utilization of the Lowland Tropical Forest, 150-164.
1971b	南洋諸島の私の植物探究覚書. *Natural Science and Museums*, 38(7), 184-199.
1971c	〈大学の生態〉（大学生活の問題［特集］），《教育と医学》第 19 巻第 3 號，頁 25－32。
1973	〈えびの高原野外生物実験室研究業績〉，《細川隆英教授退官記念論文集》。福岡：九州大学理学部生物学教室。
1974	《究明生物 1》（與宮村明正合著）。東京：文研出版。
1977	Hosokawa, T., H. Tagawa, and V. Chapman Mangals of Micronesia, Taiwan, Japan, the Philippines and Oceania. In V. J. Chapman (Ed.), *Ecosystems of the world: Wet coastal ecosystems*. New York: distributors for the United States and Canada, Elsevier/North Holland.
1978a	《福岡県の自然：自然の現状と保護対策 第 4 集　福岡県の野鳥》（細川監修）。福岡：福岡縣の自然を守る会。
1978b	Kira, T., Y. Ono, and T. Hosokawa Biological production in a warm-temperate evergreen oak forest of Japan. *JIBP Synthesis*, University of Tokyo Press, 18, 82-88.

演講題目	時間	地點
臺灣の豆科植物に就いて	1933-1-27	理農學部生物學第一講義室
植物學上より見たるミクロネシヤ視察談*	1934-1-19	理農學部生物學第一講義室
*Lepinia*の一種がポナペ島に產することに就て	1934-2-15	理農學部植物分類生態學教室
マリアナ群島に於ける植物*	1934-9-28	理農學部生物學第一講義室
*Glycine tomentella*の閉鎖花に就て(標本供覽)	1934-10-5	理農學部植物分類生態學教室
マリアナ群島の植物に就て	1934-11-7	理農學部植物分類生態學教室
ラウンケール氏葉ノ大キサニヨルフォーメーションノ比較ニ對スル植物地理學的研究法	1934-12-7	理農學部植物分類生態學教室
トラツク 島 の 植物相 について	1935-6-6	理農學部生物學第二講義室
紅頭嶼の植物相	1935-9-3	理農學部植物分類・生態學學生實驗室
ダツドレ—原著 ウエジテイシヤヨン・フォミュレ—(抄錄)	1935-10-1	理農學部生物學第二講義室
イハタバコモドキ屬紅頭嶼に產す(實物供覽)	1935-10-1	理農學部生物學第二講義室
レヒンゲル 原著 サモアの植物	1936-2-4	理農學部植物分類・生態學學生實驗室
メリル 原著 マレイシアに關する二三の植物地理學的問題	1936-4-7	理農學部生物學第二講義室
マルム 原著 小スンダ島及び其の近鄰の顯花植物フロラ に就て	1936-4-7	理農學部生物學第二講義室
ニユ—ギニア奧地の植被 (抄讀)	1936-4-22	理農學部生物學第二講義室
ビスマ—ク群島の植被に就て (抄讀)	1936-4-22	理農學部生物學第二講義室
サラワク、duli山降雨林の生態學的觀察(抄讀)	1936-5-6	理農學部生物學第二講義室
最近の支那に於ける二、三の植物文献(供覽解說)	1936-6-3	理農學部生物學第一講義室
本夏のミクロネシヤ、フイリツピン旅行談	1936-10-7	理農學部生物學第二講義室
スキンダプスス屬に就て	1936-11-4	理農學部生物學第二講義室
南洋群島の植物相(エピデイアスコ—プ)	1937-1-15	理農學部生物學第一講義室
Ptph-Qと臺灣	1937-2-14	理農學部生物學第一講義室

除星號注記為「生物學研究會」演講，其餘均為「植物分類・生態學談話會」。資料參考來源：臺北帝大《學內通報》(1929-1944)，以及《*Kudoa*》雜報。

演講題目	時間	地點
ヒゲクサ臺灣に產す	1937-2-14	理農學部生物學第一講義室
トラツク島の植物地理學的研究	1937-3-10	理農學部生物學第二講義室
びジ—、ピ—、ウイルダ—原著ララトンガ島植物相及びマカテア島植物相	1937-3-10	理農學部生物學第二講義室
エル、エス、ギブス原著、蘭領ニユ—ギニア、アルフアツク山の植物地理學的、及び區系的研究	1937-4-14	理農學部生物學第二講義室
フォ—レスト、ビ—、エツチ、ブラオン原著、南東ポリネシアの植物相	1937-4-14	理農學部生物學第二講義室
アルバ—ト、シ—、スミス原著、フォ—島の植物研究	1937-4-14	理農學部生物學第二講義室
エルリング、クリストフエルゼン原著、サモア島の顯花植物研究	1937-4-14	理農學部生物學第二講義室
ダブリュ—、ア—ル、ビ—、オリ—バ—原著、コプロスマ屬の分類學的研究	1937-4-14	理農學部生物學第二講義室
臺北市に於ける植物の開花期に就て	1937-5-13	理農學部生物學第二講義室
小笠原諸島の植物地理學的私見	1937-5-13	理農學部生物學第二講義室
ヒリツビン群島の森林型を臺灣に比較して	1937-5-26	理農學部生物學第二講義室
スキ—ニス原著、植物地理學上のマレイムアとマレイマムとの用語に就て	1937-6-9	理農學部生物學第二講義室
メリル原著、マレイマア、ヒリツピンズ、ポリネシアの裸子植物	1937-6-9	理農學部生物學第二講義室
南洋群島旅行談	1937-10-13	理農學部生物學第二講義室
フアエウガン・ ウイ—エ原著、マウリシアス島植生の研究	1937-11-2	理農學部生物學第二講義室
植物區系地理學に於るメラネシアの限界を問ふ	1937-12-1	理農學部生物學第二講義室
リ—ウエン原著、サラヤ—ル島の植物探究の報告	1937-12-8	理農學部生物學第二講義室
支那浙江省虎頭島の植物	1937-12-8	理農學部生物學第二講義室
パラオ島產エゴノキ屬の一新種とその地理分布的一知見	1937-12-8	理農學部生物學第二講義室
プラタス島の植物	1938-2-9	理農學部生物學第二講義室

演講題目	時間	地點
ケイエア屬の分布とマレイシアに於けるオトギリサウ科に就て	1938-2-9	理農學部生物學第二講義室
マレイシアの植物學的文獻に關して	1938-2-23	理農學部生物學第二講義室
英領ボルネオ、キナバル山の植相に就て	1938-3-9	理農學部生物學第二講義室
マレイシアの植物學的文獻に就て	1938-3-9	理農學部生物學第二講義室
ミクロネシアの莎草科植物	1938-3-	理農學部生物學第二講義室
クサイエ島の植相に就て	1938-4-26	蘇澳郡大南澳浪速族館
南洋旅行談	1938-9-30	昭和町大學俱樂部
廣東省の植物	1940-5-11	生物學第二講義室
プラス原著英領ニユ—ギニア·フライ河流域の植物群落	1940-7-1	生物學第二講義室
ポナペ島旅行談	1940-10-14	生物學第二講義室
着生植物の生活形とポナペ島の着生植物相に就て	1941-3-12	生物學第二講義室
デイカ—ソン原著、ヒリピン群島に於ける生物分布に就て	1941-5-28	生物學第二講義室
シゼア屬に就て	1941-10-15	生物學第二講義室
パラオ諸島の植相	1941-10-15	生物學第二講義室
溪流樹木の適應性	1942-1-14	生物學第二講義室
ニユ—ギニアの植生	1942-2-13	理農學部生物學第二講義室
東亞熱帶に於ける高山のハイデに就て	1942-2-26	理農學部生物學第二講義室

附錄四 人物關連圖

胡哲明製

細川隆英

臺北帝大老師

工藤祐舜　山本由松　正宗嚴敬
日比野信一　平坂恭介

臺北帝大腊葉館助手

鈴木重良　森邦彥　高木村

臺北帝大腊葉館學弟

鈴木時夫
（好友）
福山伯明　島田秀太郎

研究合作者

小笠原和夫

南洋研究前輩

矢內原忠雄　金平亮三

南洋研究同儕

津山尚　川上泉

南洋研究協助者

星野守太郎　若松貞二
蘆澤安平　粟野龜藏
岡谷昇　長崎協三
喜多村登　吉野剛
菲歐菈*　多雷斯*
松江春次　澄子*
江川一雄

臺北高校同學

鹿野忠雄
（友人）
明石哲三

「*」者為本書虛構人物

引證模式	注記
Kudo & Suzuki 15732, Hosokawa 3048 (Taiwan)	現名 *Chamaecrista garambiensis* (Hosok.) H.Ohashi, Tateishi & T.Nemoto
Hosokawa 3038 (Taiwan)	
Hosokawa 3077 (Taiwan)	
Yamamoto s.n., Kanehira & Sasaki, s.n. (Taiwan)	
Hosokawa 3250 (Taiwan)	
Hayata & Kawakami s.n. (Taiwan)	
Sasaki s.n. (Taiwan), Henry s.n. (Hongkong)	現併入 *Uraria lagopodioides* (L.) DC.
Shimada 4493, Shimada 1344 (Taiwan)	現名 *Glycine max ssp. formosana* (Hosok.) Tateishi & H.Ohashi
Suzuki 3297, Hosokawa s.n., 3353, 3357, Yamamoto s.n., Kudo & Sasaki 15110, 15944, Tanaka s.n., Matsuda 152 (Taiwan)	現名 *Pueraria montana* var. *lobata* (Willd.) Maesen & S.M.Almeida ex Sanjappa & Predeep
Hosokawa 3026, Kudo & Sasaki 15604 (Taiwan)	
Hosokawa 3201, 3202, 3203, Kobayasi s.n., Kawakami s.n. (Taiwan)	現併入 *Dolichos trilobus* L.
Hosokawa 2389 (Taiwan)	現併入 *Clinopodium javanicum* (Blume) I.M.Turner
Hosokawa 3011 (Taiwan)	
Hosokawa 1872 (Taiwan)	現名 *Corchorus aestuans* var. *brevicaulis* (Hosok.) T.S.Liu & H.C.Lo
Hosokawa 1770 (Taiwan)	
Hosokawa 93 (Taiwan)	
Hosokawa 1628 (Taiwan)	現併入 *Portulaca psammotropha* Hance
Yamamoto s.n. (Taiwan)	現併入 *Lespedeza chinensis* G.Don
Ohwi 309 (Korea)	
Hosokawa 3332, Suzuki 6369 (Taiwan)	
Hosokawa 5968 (Ponape)	

年分	學名	發表文獻
1932	*Cassia garambiensis* Hosokawa (Fabaceae)	*J. Soc. Trop. Agr.* 4:197
	Crotalaria albida f. *membranacea* Hosokawa (Fabaceae)	*J. Soc. Trop. Agr.* 4:198
	Crotalaria albida var. *gracilis* Hosokawa (Fabaceae)	*J. Soc. Trop. Agr.* 4:198
	Indigofera ramulosissima Hosokawa (Fabaceae)	*J. Soc. Trop. Agr.* 4:199
	Indigofera byobiensis Hosokawa (Fabaceae)	*J. Soc. Trop. Agr.* 4:200
	Tephrosia purpurea var. *glabra* Hosokawa (Fabaceae)	*J. Soc. Trop. Agr.* 4:200
	Uraria aequilobata Hosokawa (Fabaceae)	*J. Soc. Trop. Agr.* 4:202
	Glycine formosana Hosokawa (Fabaceae)	*J. Soc. Trop. Agr.* 4:308
	Pueraria thunbergiana var. *formosana* Hosokawa (Fabaceae)	*J. Soc. Trop. Agr.* 4:310
	Apios taiwaniana Hosokawa (Fabaceae)	*J. Soc. Trop. Agr.* 4:310
	Dolichos kosyunensis Hosokawa (Fabaceae)	*J. Soc. Trop. Agr.* 4:312
	Satureja kudoi Hosokawa (Lamiaceae)	*Trans. Nat. Hist. Soc. Formos.* 22(121):225
	Carpesium spathiforme Hosokawa (Asteraceae)	*Trans. Nat. Hist. Soc. Formos.* 22(121):225
	Corchorus brevicaulis Hosokawa (Malvaceae)	*Trans. Nat. Hist. Soc. Formos.* 22(121):226
	Evolvulus alsinoides var. *argenteus* Hosokawa (Convolvulaceae)	*Trans. Nat. Hist. Soc. Formos.* 22(121):227
	Cerastium parvipetalum Hosokawa (Caryophyllaceae)	*Trans. Nat. Hist. Soc. Formos.* 22(121):227
	Portulaca insularis Hosokawa (Portulacaceae)	*Trans. Nat. Hist. Soc. Formos.* 22(121):229
1933	*Lespedeza formosensis* Hosokawa (Fabaceae)	*J. Soc. Trop. Agr.* 4:287
	Vicia ohwiana Hosokawa (Fabaceae)	*J. Soc. Trop. Agr.* 4:288
	Phaseolus minimus f. *linealis* Hosokawa (Fabaceae)	*J. Soc. Trop. Agr.* 4:289
1934	*Lepinia ponapensis* Hosok. (Apocynaceae)	*Bot. Mag. (Tokyo)* 48:529

引證模式	注記
Hosokawa 5848 (Ponape)	現併入 *Pandanus tectorius* Parkinson ex Du Roi
Hosokawa 7035 (Palau)	
Hosokawa 5989 (Ponape)	現併入 *Isachne globosa* (Thunb.) Kuntze
Hosokawa 7040 (Palau)	
Hosokawa 6288 (Kusaie)	現併入 *Fagraea berteroana* A.Gray ex Benth.
	細川建立之新屬，引證 Hosokawa 7514 (Palau)
Hosokawa 6288a (Kusaie)	
Hosokawa 6834 (Palau)	現名 *Hedyotis divaricata* (Valeton) Hosok.
Hosokawa 6972 (Palau)	現併入 *Ixora casei* var. *lanceolata* Kaneh.
Hosokawa 7437 (Palau)	現名 *Archidendron palauense* (Kaneh.) I.C.Nielsen
Kanehira 1711 (Truk)	現併入 *Macropsychanthus lauterbachii* Harms
Hosokawa 7298 (Palau)	
Hosokawa 6766 (Palau)	
Hosokawa 7880 (Sarigan)	現併入 *Balanophora fungosa* J.R.Forst. & G.Forst.
Hosokawa 7885, 7940 (Marianne)	現併入 *Alsophila aramaganensis* (Kanehira) Hosok.
Hosokawa 5699, 6010 (Ponape)	現名 *Corybas ponapensis* (Hosok. & Fukuy.) Hosok. & Fukuy.
Hosokawa 6921, 7062, 7137, 7242 (Palau)	
Hosokawa 7137, 7534 (Palau)	
Hosokawa 7053 (Palau)	現名 *Phyllanthus macrosepalus* (Hosok.) W.L.Wagner & Lorence
Kanehira 241 (Palau), Hosokawa 7506 (Palau)	現名 *Phyllanthus kanehirae* (Hosok.) W.L.Wagner & Lorence
Hosokawa 7453 (Palau)	現併入 *Phyllanthus otobedii* W.L.Wagner & Lorence

年分	學名	發表文獻
	Pandanus palkilensis Hosokawa (Pandanaceae)	*Trans. Nat. Hist. Soc. Formos.* 24(132):197
	Pandanus odontoides Hosokawa (Pandanaceae)	*Trans. Nat. Hist. Soc. Formos.* 24(132):198
	Isachne ponapensis Hosokawa (Poaceae)	*Trans. Nat. Hist. Soc. Formos.* 24(132):200
	Paspalum scrobiculatum L. var. *trispicatum* Hosokawa (Poaceae)	*Trans. Nat. Hist. Soc. Formos.* 24(132):200
	Fagraea kusaiana Hosokawa (Gentianaceae)	*Trans. Nat. Hist. Soc. Formos.* 24(132):202
	Protocyrtandra todaiensis Hosokawa (Gesneriaceae)	*Trans. Nat. Hist. Soc. Formos.* 24(132):202
	Cyrtandra kusaimontana Hosokawa (Gesneriaceae)	*Trans. Nat. Hist. Soc. Formos.* 24(132):203
	Hedyotis plurifurcatus Hosokawa (Rubiaceae)	*Trans. Nat. Hist. Soc. Formos.* 24(132):203
	Ixora confertiflora Val. var. *parvifolia* Hosok. (Rubiaceae)	*Trans. Nat. Hist. Soc. Formos.* 24(132):204
	Pithecolobium palauense Hosokawa (Fabaceae)	*Trans. Nat. Hist. Soc. Formos.* 24(135):414
	Macropsychanthus carolinensis Kanehira & Hosokawa (Fabaceae)	*Trans. Nat. Hist. Soc. Formos.* 24(135):414
	Dalbergia oligophylla Hosokawa (Fabaceae)	*Trans. Nat. Hist. Soc. Formos.* 24(135):415
	Dalbergia palauensis Hosokawa (Fabaceae)	*Trans. Nat. Hist. Soc. Formos.* 24(135):415
	Balanophora mariannae Hosokawa (Balanophoraceae)	*J. Soc. Trop. Agr.* 6:572
	Alsophila kanehirae Hosokawa (Cyatheaceae)	*Bull. Biogeo. Soc. Jap.* 5(2):129
1935	*Corysanthes ponapensis* Hosokawa et Fukuyama (Orchidaceae)	*Trans. Nat. Hist. Soc. Formos.* 25(136-139):17
	Phyllanthus palauensis Hosokawa (Phyllanthaceae)	*Trans. Nat. Hist. Soc. Formos.* 25(136-139):19
	Phyllanthus rupiinsularis Hosokawa (Phyllanthaceae)	*Trans. Nat. Hist. Soc. Formos.* 25(136-139):19
	Glochidion macrosepalum Hosokawa (Phyllanthaceae)	*Trans. Nat. Hist. Soc. Formos.* 25(136-139):21
	Glochidion kanehirae Hosokawa (Phyllanthaceae)	*Trans. Nat. Hist. Soc. Formos.* 25(136-139):22
	Glochidion palauense Hosokawa (Phyllanthaceae)	*Trans. Nat. Hist. Soc. Formos.* 25(136-139):22

引證模式	注記
Hosokawa 5523, 5551, 5900, 6037 (Ponape), Kanehira 1724 (Truk), Hosokawa 6485 (Truk)	現併入 *Glochidion ramiflorum* J.R.Forst. & G.Forst.
Hosokawa 5716, 5737, 5770, 5758 (Ponape)	現名 *Phyllanthus ponapensis* (Hosok.) W.L.Wagner & Lorence
Hosokawa 7148 (Palau)	
Hosokawa 7284 (Palau)	現併入 *Mallotus tiliifolius* (Blume) Müll.Arg.
Hosokawa 6124 (Ponape)	現併入 *Mallotus tiliifolius* (Blume) Müll.Arg.
Hosokawa 5814 (Ponape)	
Hosokawa 7079 (Palau)	
Hosokawa 8014 (Saipan)	現名 *Croton saipanensis* Hosokawa
Hosokawa 7804 (Tinian)	
Hosokawa 7912 (Alamagan), 7995 (Agrigan)	現併入 *Eurya boninensis* Koidz.
Hosokawa 7689 (Rota)	
Hosokawa 6922, 7170 (Palau)	現併入 *Eurya nitida* Korth.
Hosokawa 5576, 5635, 5781, 5883 (Ponape), Kanehira 804 (Ponape)	現併入 *Eurya nitida* Korth.
Hosokawa 7903 (Alamagan), 7994 (Agrigan), 8027 (Saipan)	現名 *Geniostoma rupestre* var. *glaberrimum* (Benth.) B.J.Conn
Hosokawa 7614 (Rota)	現併入 *Psychotria hombroniana* (Baill.) Fosberg
Kanehira 1339 (Kusaie)	現名 *Psychotria hombroniana* var. *kusaiensis* (Kaneh.) Fosberg
Hosokawa 7888 (Sarigan)	現併入 *Hedyotis laciniata* Kaneh.
Hosokawa 7924 (Alagagan)	現併入 *Hedyotis laciniata* Kaneh.
Hosokawa 8025 (Saipan)	現併入 *Hedyotis scabridifolia* Kaneh.
Hosokawa 7675 (Rota)	現名 *Psychotria hombroniana* var. *ladronica* (Hosok.) Fosberg
Hosokawa 7476 (Palau)	現名 *Psychotria rotensis* var. *palauensis* (Hosok.) Fosberg

年分	學名	發表文獻
	Glochidion puberulum Hosokawa (Phyllanthaceae)	*Trans. Nat. Hist. Soc. Formos.* 25(136-139):23
	Glochidion ponapense Hosokawa (Phyllanthaceae)	*Trans. Nat. Hist. Soc. Formos.* 25(136-139):24
	Claoxylon longiracemosum Hosokawa (Euphorbiaceae)	*Trans. Nat. Hist. Soc. Formos.* 25(136-139):25
	Mallotus palauensis Hosokawa (Euphorbiaceae)	*Trans. Nat. Hist. Soc. Formos.* 25(136-139):25
	Mallotus ponapensis Hosokawa (Euphorbiaceae)	*Trans. Nat. Hist. Soc. Formos.* 25(136-139):26
	Macaranga kanehirae Hosokawa (Euphorbiaceae)	*Trans. Nat. Hist. Soc. Formos.* 25(136-139):27
	Acalypha indica L. var. *hirsuta* Hosokawa (Euphorbiaceae)	*Trans. Nat. Hist. Soc. Formos.* 25(136-139):27
	Saipania glandulosa Hosokawa (Euphorbiaceae)	*Trans. Nat. Hist. Soc. Formos.* 25(136-139):28
	Euphorbia tinianensis Hosokawa (Euphorbiaceae)	*Trans. Nat. Hist. Soc. Formos.* 25(136-139):29
	Eurya ladronica Hosokawa (Pentaphylacaceae)	*Trans. Nat. Hist. Soc. Formos.* 25(136-139):30
	Cupaniopsis marianna Hosokawa (Sapindaceae)	*Trans. Nat. Hist. Soc. Formos.* 25(136-139):30
	Eurya palauensis Hosokawa (Pentaphylacaceae)	*Trans. Nat. Hist. Soc. Formos.* 25(136-139):31
	Eurya ponapensis Hosokawa (Pentaphylacaceae)	*Trans. Nat. Hist. Soc. Formos.* 25(136-139):32
	Geniostoma glaberrima Hosokawa (Loganiaceae)	*Trans. Nat. Hist. Soc. Formos.* 25(136-139):34
	Amaracarpus rotensis Hosokawa (Rubiaceae)	*Trans. Nat. Hist. Soc. Formos.* 25(136-139):35
	Amaracarpus kanehirae Hosokawa (Rubiaceae)	*Trans. Nat. Hist. Soc. Formos.* 25(136-139):35
	Hedyotis sariganensis Hosokawa (Rubiaceae)	*Trans. Nat. Hist. Soc. Formos.* 25(136-139):36
	Hedyotis alamaganensis Hosokawa (Rubiaceae)	*Trans. Nat. Hist. Soc. Formos.* 25(136-139):37
	Hedyotis saipanensis Hosokawa (Rubiaceae)	*Trans. Nat. Hist. Soc. Formos.* 25(136-139):37
	Psychotria ladronica Hosokawa (Rubiaceae)	*Trans. Nat. Hist. Soc. Formos.* 25(136-139):38
	Psychotria palauensis Hosokawa (Rubiaceae)	*Trans. Nat. Hist. Soc. Formos.* 25(136-139):38

引證模式	注記
Hosokawa 7505 (Palau)	
Hosokawa 6324 (Kusaie)	
Hosokawa 6748, 7138, 7207, 7361, 7407 (Palau)	
Hosokawa 6632, 6654, 6663 (Saipan)	
Hosokawa 7784 (Tinian), Hosokawa 7665 (Rota)	
Hosokawa 6278 (Kusaie)	
Hosokawa 5926, 6036 (Ponape)	現併入 *Mucuna platyphylla* A.Gray
Hosokawa 6605, 6647, 6684, 6725 (Saipan)	
Hosokawa 7592 (Rota)	
Hosokawa 7735 (Tinian)	
Hosokawa 7628 (Rota)	
Hosokawa 7120, 7304, 7400 (Palau)	現併入 *Hemigraphis reptans* (G.Forst.) T.Anderson ex Hemsl.
Hosokawa 6816, 7179 (Palau)	
Hosokawa 6417 (Kusaie)	
Hosokawa 7418, 7512 (Palau)	現名 *Cayratia palauana* (Hosok.) Suess.
Hosokawa 7934 (Alamagan)	現併入 *Schoenus maschalinus* Roem. & Schult.
Hosokawa 5981 (Ponape)	現名 *Rhynchospora rugosa* f. *ponapensis* (Hosok.) T.Koyama
Hosokawa 6798 (Palau)	
	現併入 *Ixora casei* Hance
	現併入 *Ixora casei* Hance
Hosokawa 6297, 6392 (Kusaie)	
Hosokawa 6839 (Palau)	

年分	學名	發表文獻
	Piper carolinense Hosokawa (Piperaceae)	*Trans. Nat. Hist. Soc. Formos.* 25(140):117
	Piper kusaiense Hosokawa (Piperaceae)	*Trans. Nat. Hist. Soc. Formos.* 25(140):118
	Piper palauense Hosokawa (Piperaceae)	*Trans. Nat. Hist. Soc. Formos.* 25(140):118
	Peperomia pacifica Hosokawa (Piperaceae)	*Trans. Nat. Hist. Soc. Formos.* 25(140):119
	Peperomia mariannensis Hosokawa (Piperaceae)	*Trans. Nat. Hist. Soc. Formos.* 25(140):120
	Peperomia kusaiensis Hosokawa (Piperaceae)	*Trans. Nat. Hist. Soc. Formos.* 25(140):120
	Mucuna ponapeana Hosokawa (Fabaceae)	*Trans. Nat. Hist. Soc. Formos.* 25(140):122
	Mucuna pacifica Hosokawa (Fabaceae)	*Trans. Nat. Hist. Soc. Formos.* 25(140):123
	Derris mariannensis Hosokawa (Fabaceae)	*Trans. Nat. Hist. Soc. Formos.* 25(140):124
	Corchorus tiniannensis Hosokawa (Malvaceae)	*Trans. Nat. Hist. Soc. Formos.* 25(140):125
	Solanum mariannense Hosokawa (Solanaceae)	*Trans. Nat. Hist. Soc. Formos.* 25(140):126
	Hemigraphis pacifica Hosokawa (Acanthaceae)	*Trans. Nat. Hist. Soc. Formos.* 25(140):127
	Hemigraphis palauana Hosokawa (Acanthaceae)	*Trans. Nat. Hist. Soc. Formos.* 25(140):127
	Elatostema fenkolensis Hosokawa (Urticaceae)	*Trans. Nat. Hist. Soc. Formos.* 25(140):243
	Columella palauana Hosokawa (Vitaceae)	*Trans. Nat. Hist. Soc. Formos.* 25(142):244
	Schoenus mariannae Hosokawa (Cyperaceae)	*Trans. Nat. Hist. Soc. Formos.* 25(143):263
	Rhynchospora ponapensis Hosokawa (Cyperaceae)	*Trans. Nat. Hist. Soc. Formos.* 25(143):263
	Carex fuirenoides Gaudich. var. *gracilis* Hososkawa (Cyperaceae)	*Trans. Nat. Hist. Soc. Formos.* 25(143):264
	Ixora carolinensis Hosokawa (Rubiaceae)	*Trans. Nat. Hist. Soc. Formos.* 25(143):268
	Ixora volkensii Hosokawa (Rubiaceae)	*Trans. Nat. Hist. Soc. Formos.* 25(143):269
	Selaginella kusaiensis Hosokawa (Selaginellaceae)	*Trans. Nat. Hist. Soc. Formos.* 25(147):440
	Selaginella palauensis Hosokawa (Selaginellaceae)	*Trans. Nat. Hist. Soc. Formos.* 25(147):441

引證模式	注記
Hosokawa 7681 (Rota), Hosokawa 7799 (Marianne)	
Hosokawa 5982 (Ponape)	現併入 *Isachne myosotis* Nees
Hosokawa 8129 (Taiwan)	現併入 *Cyrtandra umbellifera* Merr.
Ohnuma s.n.	現併入 *Arisaema ringens* (Thunb.) Schott
Hosokawa 5672, 5967 (Ponape)	
Hosokawa 7440 (Palau)	現併入 *Cyclosorus rupiinsularis* (Fosberg) Lorence
Hosokawa 7518 (Palau)	現名 *Cyclosorus carolinensis* (Hosokawa) Lorence
Hosokawa 6358 (Kusaie)	
Hosokawa 7494 (Palau), Hosokawa 6538 (Truk)	
Hosokawa 6882 (Palau), Kanehira 516 (Pelew)	
Hosokawa 5882 (Ponape), Kanehira 494 (Pelew)	
Hosokawa 6875, 6999, 7214, 7360 (Palau)	
Hosokawa 6020 (Ponape)	
Hosokawa 5623, 5938 (Ponape)	
Hosokawa 5975 (Ponape)	
Hosokawa 8308 (Truk)	
Hosokawa 8334 (Truk)	現併入 *Rhaphidophora korthalsii* Schott
Hosokawa 8459 (Truk)	
Hosokawa 8325 (Truk)	
Hosokawa 8357, 8400 (Truk)	現併入 *Dysoxylum mollissimum* subsp. *molle* (Miq.) Mabb.
Hosokawa 8014 (Saipan)	重新發表
Hosokawa 8434 (Truk)	現併入 *Syzygium thompsonii* (Merr.) N.Snow

年分	學名	發表文獻
	Sporobolus farinosus Hosokawa (Poaceae)	*J. Soc. Trop. Agr.* 7(4):321
	Isachne cacuminis Hosokawa (Poaceae)	*J. Soc. Trop. Agr.* 7(4):317
	Cyrtandra kotoensis Hosokawa (Gesneriaceae)	*Trans. Nat. Hist. Soc. Formos.* 25(146):412
1936	*Arisaema taihokensis* Hosokawa (Araceae)	*J. Jap. Bot.* 12:212
	Alsophila ponapeana Hosokawa (Cyatheaceae)	*Trans. Nat. Hist. Soc. Formos.* 26(148):51
	Dryopteris rupicola Hosokawa (Thelypteridaceae)	*Trans. Nat. Hist. Soc. Formos.* 26(149):73
	Dryopteris carolinensis Hosokawa (Thelypteridaceae)	*Trans. Nat. Hist. Soc. Formos.* 26(149):74
	Dryopteris kusaianus Hosokawa (Dryopteridaceae)	*Trans. Nat. Hist. Soc. Formos.* 26(149):77
	Dryopteris mollis Hieron var. *subglabra* Hosok. (Dryopteridaceae)	*Trans. Nat. Hist. Soc. Formos.* 26(149):78
	Humata carolinensis Hosokawa (Davalliaceae)	*Trans. Nat. Hist. Soc. Formos.* 26(150):119
	Davallia bilabiata Hosokawa (Davalliaceae)	*Trans. Nat. Hist. Soc. Formos.* 26(150):123
	Prosaptia palauensis Hosokawa (Polypodiaceae)	*Trans. Nat. Hist. Soc. Formos.* 26(150):124
	Asplenium ponapense Hosokawa (Aspleniaceae)	*Trans. Nat. Hist. Soc. Formos.* 26(152):231
	Phegopteris ponapeana Hosokawa (Thelypteridaceae)	*Trans. Nat. Hist. Soc. Formos.* 26(152):233
1937	*Freycinetia mariannensis* var. *microsyncarpia* Hosokawa (Pandanaceae)	*J. Jap. Bot.* 13(3):191
	Scindapsus carolinensis Hosokawa (Araceae)	*J. Jap. Bot.* 13(3):194
	Rhaphidophora trukensis Hosokawa (Araceae)	*J. Jap. Bot.* 13(3):195
	Piper trukense Hosokawa (Piperaceae)	*J. Jap. Bot.* 13(3):200
	Hypserpa trukensis Hosok. (Menispermaceae)	*J. Jap. Bot.* 13(4):274
	Dysoxylum abo Hosokawa (Meliaceae)	*J. Jap. Bot.* 13(4):277
	Croton saipanensis Hosokawa (Euphorbiaceae)	*J. Jap. Bot.* 13(4):279
	Eugenia trukensis Hosokawa (Myrtaceae)	*J. Jap. Bot.* 13(4):281

引證模式	注記
Hosokawa 8433 (Truk)	
Hosokawa 6540, 8322, 8373 (Truk)	
Hosokawa 6241, 6280, 6294, 6423, Kanehira 1380 (Kusaie)	
Hosokawa 8438 (Truk)	
Hosokawa 8428, 8474 (Truk)	現併入 *Smilax bracteata* C.Presl
Hosokawa 6522, 8333, 8432 (Truk)	
Hosokawa 9137 (Palau)	
Hosokawa 9028 (Palau)	
Hosokawa 8885 (Yap)	現併入 *Pueraria montana* var. *lobata* (Willd.) Sanjappa & Pradeep
Hosokawa 9084 (Palau)	
Hosokawa 7452 (Palau)	
Hosokawa 9044 (Palau)	現併入 *Styrax agrestis* (Lour.) G. Don
Hosokawa 9027 (Palau)	
Hosokawa 9178 (Palau)	
Hosokawa 9251, 9280 (Palau)	
Hosokawa 9142 (Palau)	
Hosokawa 9265 (Palau)	現名 *Pronephrium palauense* (Hosok.) Holttum
Hosokawa 9132 (Palau)	
Hosokawa 8839 (Yap)	現併入 *Schizachyrium fragile* (R.Br.) A.Camus
Hosokawa 9189 (Palau)	現名 *Schizachyrium pseudeulalia* (Hosok.) S.T.Blake
Unknown collector 95	現併入 *Fimbristylis umbellaris* (Lam.) Vahl
Hosokawa 9226, 9292 (Palau)	

年分	學名	發表文獻
	Hoya trukensis Hosokawa (Apocynaceae)	*J. Jap. Bot.* 13(4):282
	Maesa carolinensis Mez. var. *subsessilis* Hosokawa (Primulaceae)	*J. Jap. Bot.* 13(8):613
	Astronidium kusaianum Hosokawa (Melastromataceae)	*J. Jap. Bot.* 13(8):614
	Hedyotis ponapensis Kanehira var. *robusta* Hosokawa (Rubiaceae)	*J. Jap. Bot.* 13(8):616
	Smilax trukensis Hosokawa (Smilacaceae)	*Bull. Biogeo. Soc. Jap.* 7(11):185
	Fagraea sair Gilg & Benedict var. *pogas* Hosokawa (Gentianaceae)	*Bull. Biogeo. Soc. Jap.* 7(11):198
1938	*Parkia parvifoliola* Hosokawa (Fabaceae)	*Trans. Nat. Hist. Soc. Formos.* 28(174):61
	Crudia cynometroides Hosokawa (Fabaceae)	*Trans. Nat. Hist. Soc. Formos.* 28(174):62
	Pueraria volkensii Hosokawa (Fabaceae)	*Trans. Nat. Hist. Soc. Formos.* 28(174):62
	Casearia hirtella Hosokawa (Salicaceae)	*Trans. Nat. Hist. Soc. Formos.* 28(174):63
	Discocalyx palauensis Hosokawa (Primulaceae)	*Trans. Nat. Hist. Soc. Formos.* 28(174):64
	Styrax rostratus Hosokawa (Styracaceae)	*Trans. Nat. Hist. Soc. Formos.* 28(174):65
	Hedyotis suborthogona Hosokawa (Rubiaceae)	*Trans. Nat. Hist. Soc. Formos.* 28(174):66
	Hedyotis tuyamae Hosokawa (Rubiaceae)	*Trans. Nat. Hist. Soc. Formos.* 28(174):67
	Adiantum palauense Hosokawa (Pteridaceae)	*Trans. Nat. Hist. Soc. Formos.* 28(176):147
	Phegopteris pseudarfakiana Hosokawa (Thelypteridaceae)	*Trans. Nat. Hist. Soc. Formos.* 28(176):147
	Meniscium palauense Hosokawa (Thelypteridaceae)	*Trans. Nat. Hist. Soc. Formos.* 28(176):148
	Dimeria paniculata Hosokawa (Poaceae)	*Trans. Nat. Hist. Soc. Formos.* 28(176):149
	Eulalia simplex Hosokawa (Poaceae)	*Trans. Nat. Hist. Soc. Formos.* 28(176):150
	Microstegium pseudeulalia Hosokawa (Poaceae)	*Trans. Nat. Hist. Soc. Formos.* 28(176):151
	Fimbristylis hypsocolea Hosokawa (Cyperaceae)	*Trans. Nat. Hist. Soc. Formos.* 28(176):152
	Piper decumanum L. var. *palauense* Hosokawa (Piperaceae)	*Trans. Nat. Hist. Soc. Formos.* 28(176):153

引證模式	注記
Hosokawa 9233 (Palau)	
Hosokawa 9051 (Palau)	
Hosokawa 9128 (Palau)	
Hosokawa 8673 (Philippines)	
Hosokawa 8617 (Philippines)	應為 *Haloragis paucidentata* Hosokawa
Hosokawa 9557 (Ponape)	
Hosokawa 8267, 8291, 8462 (Truk), 9527 (Ponape)	
Hosokawa 9536 (Ponape)	
Hosokawa 9565 (Ponape)	現併入 *Pericopsis mooniana* Thwaites
Hosokawa 9617 (Ponape)	
Hosokawa 9018, 9761, 9811 (Palau)	
Hosokawa 9719 (Palau)	
Hosokawa 9769 (Palau)	
Hosokawa 7622 (Rota)	
Hosokawa 6883, 9049, 9152, 9260, 9694 (Palau)	
Hosokawa 5815, 8199, 8222, Kanehira 1673 (Ponape), 9477 (Kusaie)	現併入 *Mapania pacifica* (Hosok.) T.Koyama
Hosokawa 9817 (Palau)	現併入 *Mapania macrocephala* (Gaudich.) K.Schum.
Hosokawa 8748 (Yap)	現併入 *Mapania macrocephala* (Gaudich.) K.Schum.
Hosokawa 9755 (Palau)	
Hosokawa 9627a (Rota)	
Hosokawa 9778 (Palau)	現併入 *Planchonella calcarea* (Hosok.) P.Royen
Hosokawa 9790 (Palau)	
Hosokawa 9779 (Palau)	現併入 *Cyclophyllum barbatum* (G.Forst.) N.Hallé & J.Florence
Hosokawa 8328, 8423 (Truk)	現併入 *Gynochthodes epiphytica* (Rech.) A.C.Sm. & S.P.Darwin

年分	學名	發表文獻
	Trema integrifolia Hosokawa (Cannabaceae)	*Trans. Nat. Hist. Soc. Formos.* 28(176):154
	Kayea pacifica Hosokawa (Calophyllaceae)	*Trans. Nat. Hist. Soc. Formos.* 28(176):155
	Pseuderanthemum inclusum Hosokawa (Acanthaceae)	*Trans. Nat. Hist. Soc. Formos.* 28(176):157
1940	*Diplazium polystichoides* Hosokawa (Athyriaceae)	*Trans. Nat. Hist. Soc. Formos.* 30(203):335
	Halorrhagis paucidentata Hosokawa (Haloragaceae)	*Trans. Nat. Hist. Soc. Formos.* 30(203):335
1941	*Schizaea ponapensis* Hosokawa (Schizaeaceae)	*Trans. Nat. Hist. Soc. Formos.* 31(208):39
	Crepidomanes pseudo-nymani Hosokawa (Hymenophyllaceae)	*Trans. Nat. Hist. Soc. Formos.* 31(208):44
	Elatostema flumineorupestre Hosokawa (Urticaceae)	*Trans. Nat. Hist. Soc. Formos.* 31(213):286
	Derris ponapensis Hosokawa (Fabaceae)	*Trans. Nat. Hist. Soc. Formos.* 31(213):287
	Psychotria rhombocarpoides Hosokawa (Rubiaceae)	*Trans. Nat. Hist. Soc. Formos.* 31(213):287
	Selaginella pseudo-volkensii Hosokawa (Selaginellaceae)	*Trans. Nat. Hist. Soc. Formos.* 31(219):471
	Selaginella dorsicola Hosokawa (Selaginellaceae)	*Trans. Nat. Hist. Soc. Formos.* 31(219):472
	Grammitis palauensis Hosokawa (Polypodiaceae)	*Trans. Nat. Hist. Soc. Formos.* 31(219):475
	Goniophlebium rotense Hosokawa (Polypodiaceae)	*Trans. Nat. Hist. Soc. Formos.* 31(219):476
	Polypodium palao-insulare Hosokawa (Polypodiaceae)	*Trans. Nat. Hist. Soc. Formos.* 31(219):476
1942	*Thoracostachyum pacificum* Hosokawa (Cyperaceae)	*Trans. Nat. Hist. Soc. Formos.* 32(220):6
	Mapania palauensis Hosokawa (Cyperaceae)	*Trans. Nat. Hist. Soc. Formos.* 32(220):7
	Mapania yapensis Hosokawa (Cyperaceae)	*Trans. Nat. Hist. Soc. Formos.* 32(220):8
	Dendrobium patenti-filiforme Hosokawa (Orchidaceae)	*Trans. Nat. Hist. Soc. Formos.* 32(220):11
	Dendrobium oblongimentum Hosokawa et Fukuyama (Orchidaceae)	*Trans. Nat. Hist. Soc. Formos.* 32(220):12
	Elattostachys palauensis Hosokawa (Sapindaceae)	*Trans. Nat. Hist. Soc. Formos.* 32(220):16
	Sideroxylon calcareum Hosokawa (Sapotaceae)	*Trans. Nat. Hist. Soc. Formos.* 32(220):17
	Canthium rupestre Hosokawa (Rubiaceae)	*Trans. Nat. Hist. Soc. Formos.* 32(220):18
	Gynochthodes trukensis Hosokawa (Rubiaceae)	*Trans. Nat. Hist. Soc. Formos.* 32(220):18

引證模式	注記
Hosokawa 9006, 9031, 9809 (Palau)	現併入 *Psychotria leptothyrsa* var. *longicarpa* Valeton
Hosokawa 9716 (Palau), 8753 (Yap)	
Masamune & Fukuyama 380 (Hainan)	
Masamune & Fukuyama 487 (Hainan)	
Hosokawa 5686, 5939, 5976, 8212, 9518 (Ponape), 9402 (Kusaie)	
Hosokawa 9221 (Palau)	
Hosokawa 9498 (Kusaie)	
Hosokawa 6790, 6993, 7107 (Palau), 8798 (Yap), Kanehira 405 (Pelew)	
Hosokawa 7805 (Tinian)	現併入 *Pandanus tectorius* Parkinson ex Du Roi
Hosokawa 7708, 7961 (Pagan)	現併入 *Pandanus tectorius* Parkinson ex Du Roi
Hosokawa 7670 (Rota)	現併入 *Pandanus tectorius* Parkinson ex Du Roi

發表文獻	命名者注記
Acta Phytotax. Geobot. 3(2), 98–99 (1934)	北村四郎
Acta Phytotax. Geobot. 1, 57 (1932)	北村四郎
Occas. Pap. Bernice Pauahi Bishop Mus. Xxii(67). (1958)	福斯伯格
Bot. Mag. (*Tokyo*) 48, 297. (1934)	福山伯明
Bot. Mag. (*Tokyo*) 51, 903 (1937)	福山伯明
Trans. Nat. Hist. Soc. Formos. 29(188), 97 (1939)	福山伯明
Trans. Nat. Hist. Soc. Formos. 31(213), 290-291 (1941)	福山伯明
Harvard University., Bot. Mus. Leaflet 7, 147. (1939)	L.O.Wms
Bot. Mag. (*Tokyo*) 50(597), 522 (1937)	金平亮三
Willdenowia 20(1-2), 261. (1991)	福斯伯格
Allertonia 6, 257. (1991)	福斯伯格

年分	學名	發表文獻
	Psychotria tubiflora Hosokawa (Rubiaceae)	*Trans. Nat. Hist. Soc. Formos.* 32(220):19
	Oberonia rotunda Hosokawa (Orchidaceae)	*Trans. Nat. Hist. Soc. Formos.* 32(221):101
	Tephrosia coccinea var. *stenophylla* Hosokawa (Fabaceae)	*Trans. Nat. Hist. Soc. Formos.* 32(223):195
	Bauhinia corymbose var. *longipes* Hosokawa (Fabaceae)	*Trans. Nat. Hist. Soc. Formos.* 32(223):196
	Elaphoglossum carolinense Hosokawa (Dryopteridaceae)	*Trans. Nat. Hist. Soc. Formos.* 32(227):284
	Glaphyropteris palauensis Hosokawa (Thelypteridaceae)	*Trans. Nat. Hist. Soc. Formos.* 32(227):285
	Piper micronesiacum Hosokawa (Piperaceae)	*Trans. Nat. Hist. Soc. Formos.* 32(227):287
	Alphitonia carolinensis Hosokawa (Rhamnaceae)	*Trans. Nat. Hist. Soc. Formos.* 32(227):288
1943	*Pandanus koidzumii* Hosokawa (Pandanaceae)	*Acta Phytotax. Geobot.* 13:163
	Pandanus pseudomenne Hosokawa (Pandanaceae)	*Acta Phytotax. Geobot.* 13:164
	Pandanus rotensis Hosokawa (Pandanaceae)	*Acta Phytotax. Geobot.* 13:166

科名	學名
Asteraceae 菊科	*Carpesium hosokawae* Kitam.
Asteraceae 菊科	*Cirsium hosokawai* Kitam.（細川氏薊）
Cucurbitaceae 瓜科	*Trichosanthes hosokawae* Fosberg
Orchidaceae 蘭科	*Habenaria hosokawae* Fukuy.
Orchidaceae 蘭科	*Microtatorchis hosokawae* Fukuyama = *Geissanthera hosokawae* (Fukuyama) A.D.Hawkes
Orchidaceae 蘭科	*Moerenhoutia leucantha* Schlechter var. *hosokawae* Fukuyama = *Moerenhoutia hosokawae* (Fukuyama) Tuyama, Bot. Mag. 54 (1940) （クサイククリラン，科斯雷黎蘭）
Orchidaceae 蘭科	*Oberonia hosokawae* Fukuyama（細川氏鳶尾蘭）
Orchidaceae 蘭科	*Taeniophyllum hosokawae* L.O.Wms = *Geissanthera hosokawae* (Fukuyama) A.D.Hawkes
Pandanaceae 露兜樹科	*Pandanus hosokawai* Kanehira（細川氏露兜樹）
Phyllanthaceae 油柑科	*Glochidion hosokawae* Fosberg =*Phyllanthus hosokawae* (Fosberg) W.L.Wagner
Rubiaceae 茜草科	*Psychotria hosokawae* Fosberg

附錄七　《塵封的椰影》章頭圖錄說明

胡哲明撰

日式家屋／序章

夏日午後的緣側，風鈴在流動的空氣中旋舞。

隔壁校長家的庭園裡賣力降溫的小涼扇也想打個盹，好好享受冰涼的西瓜。

臺北帝國大學校門／第一章

昭和三年（一九二八）三月十七日，臺灣第一所大學「臺北帝國大學」正式成立。校門建築完成於一九三一年，由總督府官房營繕課設計，以唭哩岸石為建材，覆以褐色面磚，目前也為臺北市市定古蹟。

杯萼海桑／第二章

海桑生於滄海之濱，卻無關桑田，杯萼海桑是海桑屬植物的一員，廣泛分布自非洲東部、東南亞，到太平洋各島嶼的熱帶潮溼地區，是紅樹林的常見樹種。杯萼海桑是細川隆英第一次南洋旅程時最早記錄的植物之一。

撒考／第三章

撒考又稱醉椒或卡瓦胡椒，是胡椒科的木質藤本植物，穗狀花序密生許多小花。太平洋群島的居民會利用它的根部製作特別的飲料「撒考」，具有致幻的效果。

海龜故事板／第四章

一九二〇年代起，在日人土方久功的大力推廣下，帛琉人會將不同的故事雕刻在木板上保存神話的紀錄，現在也已成為送禮紀念品。這個故事板描述的是一對原本相隔兩地的戀人，在小島幽會時發現海龜產卵週期的傳說。

波納佩雷平氏木／第五章

圖中所繪的是一個夾竹桃科的植物波納佩雷平氏木。它的果實像一個籃子，由五個心皮合生而成。這個植物是由細川隆英在一九三四年所發表，特產於波納佩島的物種。

大野牡丹／第六章

細川隆英和鹿野忠雄於一九三五年夏天共同在蘭嶼採集調查，在大森山沿路看到一種葉背密被金黃銹色毛的植

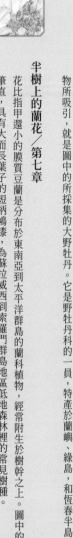

物所吸引，就是圖中的所採集的大野牡丹。它是野牡丹科的一員，特產於蘭嶼、綠島，和恆春半島。

半樹上的蘭花／第七章

花比指甲還小的膜質豆蘭是分布於東南亞到太平洋群島的蘭科植物，經常附生於樹幹之上。圖中的背景是樹幹筆直，具有大而長葉子的短柄鳩漆，為蘇拉威西到索羅門群島地區低地森林裡的常見樹種。

雅浦少女／第八章

傳統雅浦島的女性會身著蓬蓬的草裙，草裙的材料多為黃槿莖撕成長條的纖維，加上椰子葉、香蕉葉的長纖維一起編織而成。女子成年第一次離開月經小屋後，會戴上繞頸垂下一條由黃槿纖維編成的黑色帶子。圖中的女孩的草裙和身上，還有海岸擬茀蕨、薑黃等的葉片進行點綴。

科斯雷的盛宴／第九章

科斯雷和許多密克羅尼西亞的住民一樣，會將沼澤芋的大葉子鋪在地上放著各種食材準備料理。麵包樹（左）的果實、芋頭的根莖（右中）和葉柄（右）都是常作為蒸煮料理的食材。圖中央還有一個以椰子葉包覆的魚，準備拿來烘烤。

叢林裡的傷痕／第十章

太平洋戰爭如同一陣風暴般橫掃原本葱鬱的熱帶島嶼，在短短的三年多奪走了兩百多萬軍民的生命。貝里琉島是其中的一個慘烈的戰場，但在玉碎處處的叢林中，生銹的機關槍和頭盔，和所有欣欣依然的垂枝石松、車前蕨、灰莉、落尾麻等，都一起靜靜地躺在欖仁樹的板根懷抱裡。

離家回家／第十一章

二戰結束後，一批批的留臺日人被遣送回日本。細川隆英和許多日本人一樣，在臺灣已居留半生，但因新政府政策和社會壓力，被迫回母國，離開這個曾經的家園。

標本館印記／後記

臺大植物標本館自一九二九年成立以來，歷經戰亂和政權更迭，不同的植物學者們自四面八方而來駐足其間，檢視百年來所累積的標本。所有的細節觀察也許靜謐不為人知，但是標籤上的每一筆注記，都是學者們跨越時空的對話。

3. 細川隆英(1941a, b)。
4. 參考昭和十六年版《南洋廳職員錄》。
5. 該次研究成果，發表在《民族衛生》第11卷(古畑種基等，1943)。
6. 有關羽根田彌太的學經歷，以及對旅行的熱愛，參考《臺北帝國大學一覽》和臺北帝大《學內通報》昭和六年至昭和七年資料，以及坂野徹(2019)描述。
7. 對應細川在臺大植標館的植物標本，採集編號Hosokawa 9772–9801。
8. 參見松本巍(1960)《臺北帝國大學沿革史》。
9. 參見臺北帝大《學內通報》第280號，昭和十七年一月十五日出版。
10. 參考大場秀章(2007)。
11. 此處之雨綠林指高雨量的常綠闊葉林。
12. 這兩個研究所在國立臺灣大學成立之後仍短暫存在，但因應當時政治局勢分別更名為「華南人文研究所」和「華南資源科學研究所」，而後因經費不足，二者在一九四六年九月停辦(項潔2005《國立臺灣大學校史稿》)。
13. 資料參考臺北帝大《學內通報》第325號，昭和十八年十二月十五日。
14. 臺灣戰時的流言蜚語，參見郭怡棻(2011)。
15. 其後由聯合國決議，整個密克羅尼西亞地區(關島因原本就是美國屬地，故不在此列)成立「太平洋島嶼託管區(Trust Territory of the Pacific Islands)，一九四七年起由美國託管，其後分為六個區域：楚克、馬里亞納群島、馬紹爾群島、帛琉、波納佩，和雅浦。一九八六年託管關係結束，各島嶼進行區域性的整合，目前馬紹爾群島共和國，帛琉共和國，密克羅尼西亞聯邦(雅浦、楚克、波納佩、科斯雷)為獨立國家。北馬里亞納群島(塞班、羅塔、天寧島等)則為美國的一個自治邦。
16. *General panoramic view of Hiroshima after the bomb ... shows the devastation ... about 0.4 miles ... / official U.S. Army photo.* Japan Hiroshima, 1945. Photograph. https://www.loc.gov/item/2004669950/.
17. United States Army Air Forces, photographer. *Nagasaki, Japan under atomic bomb attack / U.S. Army A.A.F. photo.* Japan Nagasaki, 1945. [Nagasaki, Japan, 9 August] Photograph. https://www.loc.gov/item/2002722137/.

第十一章　遠颺・羈絆

1. 臺大校內薪資發放描述，參考歐素瑛(2005)。
2. 參考李東華、楊宗霖(編)(2007)，羅宗洛在臺日記中所述，一九四六年二月四日安藤一雄來訪所提日籍教授現況和要求。
3. 參考河原功(編)(1998)及歐素瑛(2010)有關戰後日人遣返之描述。
4. 參考李東華(2014)。
5. 一九四六年九月四日，《臺灣省行政長官公署檔案》〈日籍留用與遣散〉，國史館臺灣文獻館藏，典藏號00306510022005。
6. 參考臺大檔案《函送本校業經解職應予遣送日籍人員名冊》，校人字第91號。
7. 資料參考Hisazumi(1948)，以及《臺大校刊》一九四七年十月一日第1期第3版描述。
8. 有關津山尚生平及其後來不再從事熱帶研究的描述，參見金井弘夫(2001)。
9. 參見《國立臺灣大學校史稿(1928–2004)》。
10. 有關細川與會的描述，參考細川隆英(1954b)。
11. 參考九州大學新聞及細川隆英(1973)。
12. 參考福嶋司(1978)及細川隆英(1973)。
13. 參考黃增泉口述歷史描述(筆者二〇二三年二月紀錄)。

22. 學名*Leucopogon philippinensis* Hosokawa（杜鵑花科），採集編號Hosokawa 8596。POWO資料庫處理為廣布於東南亞的*Acrothamnus suaveolens* (Hook.f.) Quinn之同物異名。
23. 學名*Scirpus merrillii* Kükenth，採集編號Hosokawa 8607。
24. 細川隆英在後續的處理（Hosokawa 1940b）中，發表疏齒小二仙草*Halorrhagis paucidentata* Hosokawa（小二仙草科）的新種學名，但現在主要植物資料庫都沒有收錄此名，且屬名應更改為*Haloragis*，但這是另一個命名問題。
25. 細川隆英阿波山的採集調查行程，參考Hosokawa（1940b,1942d, 1971b）。
26. Yu Jose and Dacudao (2015); Dacudao (2018).
27. Ricklefs, B. Lockhart, P. Reyes & M. Aung-Thwin(2010).
28. Saniel (1966); Yu-Jose & Dacudao (2015).

第八章　雅浦的草裙・盛開的花

1. 細川隆英於一九三七年上半年發表三篇論文：Hosokawa（1937d,e,f）。
2. Hosokawa (1937a,b,c).
3. 雅浦島當時街景，包含車輛統計與人口資料，參考三平将晴（1938），南洋廳長官官房調查課編（1939）《昭和十四年版南洋群島現勢》，和Ono & Ando（2012b）。
4. 參考南洋廳《職員錄》。
5. 學名*Ximenia americana* L.，採集編號Hosokawa 8759。
6. 與楊桃同屬的另一種，學名Averrhoa bilimbi L.，參考金平亮三（1933）及Falanruw（2015）描述。
7. 學名*Macaranga caroinensis* Volkens（大戟科），採集編號Hosokawa 8731，有關廁紙的利用，參考岡部正義（1943）和Falanruw（2015）的描述。
8. 有關雅浦性病及性行為之相關性討論，參考矢內原忠雄（1935）文中，提及雅浦藤井保醫院長的〈雅浦島卡那卡族性病檢查成績報告書〉內容。
9. 參考岡部正義（1943）、Lessa（1977）、Falanruw（1989），以及Merlin et al.（1996）。
10. 學名*Phymatosorus scolopendria* Ching（水龍骨科），細川隆英在此地也有採集這種植物的標本，採集編號Hosokawa 8905。
11. 有關卡魯米斯康殖民地狀況，參考池田雄藏（1939），南洋經濟研究所（1943），《南洋廳職員錄》，以及Ono et al.（2002）。
12. 採集編號Hosokawa 9198-9245。
13. 參考坂野徹（2019）。
14. 細川在帛琉的植物採集編號為Hosokawa 9006-9295。

第九章　海角的君子之島・風起

1. 參考臺北帝大《學內通報》第183號，昭和十二年十月十五日出版。
2. 參考臺北帝大《學內通報》第186號，昭和十二年十一月三十日出版。
3. 參考臺北帝大《學內通報》第181號，昭和十二年九月十五日出版。
4. 參考臺北帝大《學內通報》第194號，昭和十三年四月十五日出版。
5. 有關馬紹爾群島及賈博魯島上概況和日治時期資料，參考Ono & Ando（2012b）及Peattie（1988）。
6. 瑪連（マーレム）村，英名Malem，在科斯雷島東南。烏瓦（ウッワ）村，英名Utwa，在科斯雷島西南。
7. 波納佩桫欏（*Alsophila ponapeana* Hosokawa, =*Sphaeropteris lunulata* (Forst.) R.M.Tryon）發表於Hosokawa（1936f），科斯雷距藥野牡丹（*Astronidium kusaianum* Hosokawa, =*Astronidium carolinense* (Kaneh.) Markgr.）發表於Hosokawa（1937f）。
8. 有關科斯雷傳統料理「*fahfah*」的描述，參考Merlin et al.（1993）。
9. 參考〈飯田支隊海南島攻略戰鬪詳報〉，昭和十四年一月二十六日－二月十五日。
10. 今中國廣東省廣州市荔灣區。
11. 參考松永健哉（1940）。
12. 臺北帝大《學內通報》第245號，昭和十五年（一九四〇）六月三十日出版。
13. 參考臺灣南方協會編（1941）《蘭印植物紀行》。
14. 參考津山尚（1940）文章描述，初島住彥發表的學名為*Spathiphyllum micronesicum* Hatusima，時間（1939）早於津山所發表的*Spathiphyllum funereum* Yuyama（1940）。以同一物種的學名而言，津山發表的學名會被列為同物異名。
15. 資料參考今西錦司（1944）。

第十章　南島烽煙・夏花秋葉

1. 參考由臺北帝大農林專門部的平川勝和醫學部的牧道孝所撰寫之〈臺北帝大海南島派遣學徒團報告書〉，發表於昭和十五年（一九四〇）十月號之《臺灣時報》。
2. 細川隆英（1941d）。

39. 學名*Pandanus kafu* Martelli（露兜樹科），POWO資料庫訂名為*Pandanus tectorius* Parkinson ex Du Roi之同物異名。
40. 學名*Pandanus fragrans* Gaud.（露兜樹科），POWO資料庫訂名為*Pandanus tectorius* Parkinson ex Du Roi之同物異名。
41. 學名*Cerbera manghas* L.（夾竹桃科）。

第六章　赤蟲島的紳士們

1. 有關鹿野和細川在臺高的入學紀錄，參見徐聖凱（2012）及臺北高等學校網頁校友資料庫（http://archives.lib.ntnu.edu.tw/exhibitions/Taihoku/origin.jsp）。
2. 細川隆英（1934f, 1934h）。
3. 細川的三篇相關文章發表在《熱帶農學會誌》（Hosokawa 1934i,j），和《日本生物地理學會會報》（Hosokawa 1934k）。
4. 參考日本學術振興會學術部編《昭和十年度事業報告》。
5. Hosokawa (1935a,b,c,d).
6. 在POWO資料庫，屬名更改為*Omalanthus*。
7. 這份編號Hosokawa 8129的標本，後來細川隆英命名為紅頭漿果苣苔（*Cyrtandra kotoensis* Hosokawa, Hosokawa 1935j），但後來被併入菲律賓北部的一種植物*Cyrtandra umbellifera*之中。
8. 參考郭立婷（2010）論文。
9. 金平亮三（1935），同篇文章也收錄在《日本林學會誌》第17卷第7號。
10. Hosokawa (1935h).
11. 鹿野忠雄（1935）。
12. 臺北帝大《學內通報》第122號。
13. Kanehira (1935b).
14. Hosokawa (1934j,k).
15. 行程資料參考臺北帝大《學內通報》第142及143號，以及*Kudoa* 4(1):39描述。
16. 山本由松（1938）。
17. 臺北帝國大學理農學部植物分類生態教室（1936）。

第七章　半樹上的世界

1. 火山噴發的歷史紀錄參考Global Volcanism Program, Smithsonian Institution（https://volcano.si.edu/）。
2. 有關科洛尼亞此時的街況，參考Ono & Ando（2012b）描述。
3. 採集編號Hosokawa 8181-8231。
4. 有關楚克島的描述，參考細川隆英（1937g, j）。
5. 楚克島的採集歷史，參考河越重紀（1927），金平亮三（1935）和細川隆英（1937g）。
6. 有關各公學校校長名字及任期，參考南洋廳《職員錄》。
7. 人口資料參考Ono & Ando（2012）。
8. 公共設施設立相關資料，參考宮內久光（2018），各項統計資料，參考三平将晴（1938）。
9. 公學校學生人數資料，參考南洋群島教育會（1938）統計資料。
10. 學名*Exorrhiza carolinensis* Burret，目前POWO資料庫中，將之併入*Clinostigma carolinense* (Becc.) H.E.Moore & Fosberg。標本編號Hosokawa 8284。
11. 學名*Ficus carolinensis* Warb.，目前POWO資料庫中，將之併入廣布種*Ficus virens* Aiton（黃葛樹）中。標本編號Hosokawa 8275。
12. 學名*Mischocarpus guillauminii* Kaneh.，目前POWO資料庫中，將之轉移至*Lepidocupania*屬中，成為*L. guillauminii* (Kaneh.) Buerki。標本編號Hosokawa 8280。
13. 學名*Psychotria leptothyrsoides* Kaneh.，目前POWO資料庫中，將之併入*Eumachia leptothyrsa* var. *leptothyrsoides* (Kaneh.) Barrabé, C.M. Taylor & Razafim.。標本編號Hosokawa 8272。
14. 學名*Timonius ledermannii* Valeton，標本編號Hosokawa 8260。
15. Hezel (2003).
16. 女宣教師的描述和學校狀況，參考細川隆英（1937j）和南洋群島教育會（1938）。
17. 學名*Garcinia trukensis* Kaneh.（藤黃科），標本編號Hosokawa 8386。目前POWO資料庫定名為*Garcinia ponapensis* var. *trukensis* (Kaneh.) Fosberg的同物異名。
18. 學名*Pentaphalangium carolinensis* Lauterb.（藤黃科），標本編號Hosokawa 8369。目前POWO資料庫定名為*Garcinia carolinensis* (Lauterb.) Kosterm.（加羅林藤黃）的同物異名。
19. 學名*Trukia carolinensis* (Val.) Kaneh.（茜草科），標本編號Hosokawa 8405。目前POWO資料庫定名為*Atractocarpus carolinensis* (Val.) Puttock的同物異名。
20. 這份細川隆英的標本，採集編號Hosokawa 8434，隔年細川發表為楚克蒲桃（*Eugenia trukensis* Hosokawa, Hosokawa 1937e），幾年後又改名為*Jambosa trukensis* (Hosokawa) Hosokawa（Hosokawa 1940a），目前POWO資料庫則移至赤楠屬下，命名為*Syzygium trukense* (Hosokawa) Costion & E.Lucas。
21. 學名*Phyllocladus hypophyllus* Hook.f.（枝葉科），採集編號Hosokawa 8585。

37. 學名*Buchanania palawensis* Lauterb.（漆樹科），採集編號Hosokawa 7449。
38. 學名*Cleistanthus carolinianus* Jabl.（油柑科），採集編號Hosokawa 7461。
39. 學名*Peperomia palauensis* C.DC.（胡椒科），採集編號Hosokawa 7465，POWO（2021）將之處理為「銀脈椒草」（Peperomia argyroneura Lauterb.）之異名。
40. 採集編號Hosokawa 7438，同地金平亮三所採集的Kanehira 2468則在隔年發表為新種「光葉鐵色」（*Drypetes nitida* Kanehira，非洲核果木科）（Kanehira 1934）。
41. 後來根據歐羅普西亞加魯島所採集的標本，細川隆英共發表了「岩隙毛蕨」（*Dryopteris rupicola* Hosokawa）（=*Cyclosorus rupiinsularis* (Fosberg) Lorence，鱗毛蕨科），根據採集編號Hosokawa 7440（Hosokawa 1936d）、「帛琉饅頭果」（*Glochidion palauense* Hosokawa，油柑科），根據採集編號Hosokawa 7453、「帛琉九節木」（*Psychotria palauensis* Hosokawa，茜草科），根據採集編號Hosokawa 7476（Hosokawa 1935b），「帛琉盤金牛」（*Discocalyx palauensis* Hosokawa，櫻草科），根據採集編號Hosokawa 7452（Hosokawa 1938a），以及「帛琉頷垂豆」（*Pithecollobium palauense* Hosokawa，豆科），根據採集編號Hosokawa 7437（Hosokawa 1934g）等五個新種植物。
42. 有關帛琉貨幣之描述，主要參考矢內原忠雄（1935）。
43. 也有拼為「delobech」的寫法（Parmentier 2002）。

第五章　振翅高飛

1. Hosokawa (1934g).
2. Hosokawa (1934f).
3. Hosokawa (1934b).
4. Hosokawa (1934c).
5. Hosokawa (1934d).
6. Hosokawa (1934f).
7. Ono et al. (2002: 337-338).
8. 原文之形容為「整然たる文化都市」（松江春次1932，p.188-189）。
9. 學名*Cynometra carolinensis* Kanehira。
10. 採集編號Hosokawa 7711。標籤學名*Guamia mariannae* Merr.（POWO=*Meiogyne cylindrocarpa* (Burck) Heusden）。
11. 採集編號Hosokawa 7698，學名*Psychotria mariana* Bartl.。
12. 採集編號Hosokawa 7794，學名*Aglaia mariannensis* Merr.。
13. 採集編號Hosokawa 7696，學名*Pisonia grandis* R.Br.。
14. 採集編號Hosokawa 7804，後來發表為新種天寧大戟（*Euphorbia tinianensis* Hosokawa，Hosokawa 1935b）。
15. 採集編號Hosokawa 7787，學名*Ochrocarpus excelsus* Vesque（POWO=*Ochrocarpos odoratus* (Raf.) Merr.）。
16. 採集編號Hosokawa 7765，學名*Trema orientale* (L.) Blume（大麻科）。
17. 南洋貿易（1942）《南洋貿易五十年史》。
18. チャモ人，Chamorro people（駒沢幸男1991）。
19. 「カレータ」（carreta），參考駒沢幸男（1991）。羅塔島的開發史，參考松江春次（1932）。
20. 學名*Intsia bijuga* (Colebr.) Kuntze。
21. 學名*Grewia mariannensis* Merr.，在POWO資料庫中，現為桃葉扁擔杆（*Grewia prunifolia* A.Gray）的同物異名。
22. 學名*Elaeocarpus joga* Merr.。
23. 學名*Claoxylon marianum* Muell.。
24. 細川隆英（1934k）。
25. 學名*Miscanthus japonicus* Anders.（禾本科），採集編號Hosokawa 7830。
26. 學名*Barringtonia asiatica* (L.) Kurz（玉蕊科）。
27. 學名*Hernandia ovigera* L.（蓮葉桐科）。
28. 學名*Aglaia mariannensis* Merr.（楝科）。
29. 學名*Ficus carolinensis* Warb.（桑科），POWO資料庫目前訂名為*Ficus prolixa* var. *carolinensis* (Warb.) Fosberg之同物異名。
30. 學名*Boehmeria macrophylla* D. Don（蕁麻科），採集編號Hosokawa 7900。注31
31. 後來細川隆英命名為拉卓柃木（*Eurya ladronica* Hosokawa）（五列木科），採集編號Hosokawa 7912（Hosokawa 1935b）。
32. 在同年（一九三四），金平亮三發表此杜鵑花科植物，命名為馬里亞納松柏石楠（*Cyathode mariannensis* Kanehira, Kanehira 1934b），細川在後來也以此名鑑定該份標本，採集編號Hosokawa 7913。
33. 學名*Pipturus argenteus* (Forst. f.) Wedd.，蕁麻科灌木，採集編號Hosokawa 7960。
34. 採集編號Hosokawa 7959。
35. 學名*Trema orientalis* var. *argenteus* (Pl.) Lauterb.，大麻科灌木，採集編號Hosokawa 7946。
36. 即蘭嶼觀音座蓮，學名*Angiopteris evecta* (G. Forst.) Hoffmann（合囊蕨科），採集編號Hosokawa 7894。
37. 學名*Laportea saipanensis* Kanehira（蕁麻科），POWO資料庫訂名為*Dendrocnide latifolia* (Gaudich.) Chew之同物異名。
38. 學名*Eugenia thompsonii* Merr.（桃金孃科），POWO資料庫訂名為*Syzygium thompsonii* (Merr.) N.Snow之同物異名。

20. Petersen (1990).
21. 學名*Enhalus acoroides* (L.f.) Royle（水鼈科），採集編號Hosokawa 5839。
22. 統計數字來源：今西錦司（1944）。
23. 後三個物種在採集編號Hosokawa 5925、5912、5957分別有紀錄。
24. 學名*Cinnamomum sessilifolium* Kanehira（樟科），採集編號Hosokawa 5954。
25. 學名*Ilex mertensii Max.* var. *volkensiana* Loes.（冬青科）（日文名：カロリンモチノキ），標本編號Hosokawa 5947。
26. 學名*Pandanus patina* Martelli（露兜樹科）（日文名：アカミノタコノキ）。
27. 學名*Timonius ledermannii* Valeton（茜草科），採集編號Hosokawa 5970。
28. 採集編號Hosokawa 5906-6042。

第四章　月光下的故事板

1. 參考南洋廳（1929）。
2. 科羅都市樣貌描述參考Peattie（1988）；Ono et al.（2002）。
3. 相關描述，參考細川隆英（1973），和金平亮三（1931）。
4. 學名*Horsfieldia amklaal* Kanehira，細川隆英在此地有一份標注為「*Horsfieldia palauensis*」（帛琉風吹楠）的標本（採集編號Hosokawa 6756），依葉片形態來看，可能為錯誤鑑定，應重新鑑定為安卡風吹楠。
5. 學名*Calophyllum cholobtaches* Lauterb.，參見細川隆英（1943f）《南方熱帶の植物概觀》。
6. 標本編號Hosokawa 6767, 6769兩份標本標籤學名記為*Salacia naumannii* Engl.，目前在POWO（2021）併入*Salacia chinensis* L.（五層龍）的學名之中。
7. Nayana et al.（2015）.
8. 宮內久光（2018）。
9. 採集編號Hosokawa 6765。
10. 學名*Gmelina palawensis* H.J.Lam（唇形科），標本編號Hosokawa no. 6969。
11. 學名*Melastoma mariannum* Naud.（野牡丹科），採集編號Hosokawa 6784、6936。
12. 學名*Nepenthes mirabilis* Druce（豬籠草科），採集編號Hosokawa 6759、6833。
13. 學名*Schizaea dichotoma* (L.) Sm.（莎草蕨科），採集編號Hosokawa 6817、6860、6893。
14. 學名*Fagraea ksid Gilg* & Gilg-Ben.，採集編號Hosokawa 6951。POWO（2021）列為*Fagraea berteroana* A.Gray ex Benth.之同物異名。
15. 學名*Aglaia palauensis* Kanehira，採集編號Hosokawa 6995。
16. 學名*Decaspermum raymundi* Diels，採集編號Hosokawa 6984。
17. 學名*Humata heterophylla* Desv.（骨碎補科），採集編號Hosokawa 7002。
18. 學名*Hymenophyllum blumeanum* Spr.（膜蕨科），採集編號Hosokawa 7001。
19. 參考矢內原忠雄文庫史料《パラオ運送組合「昭和八年七月份予定表」》，及宮內久光（2018）。
20. 學名*Blumea sericans* Hook.f.，採集編號Hosokawa 7020。POWO（2021）列為*Blumea hieraciifolia* (Spreng.) DC.之異名。
21. 學名*Glossogyne tenuifolia* Cass.，採集編號Hosokawa 7049。POWO（2021）列為*Glossocardia bidens* (Retz.) Veldkamp之異名。
22. 學名*Wedelia canescens* Merr.，採集編號Hosokawa 7026。POWO（2021）更名為*Wollastonia biflora* var. *canescens* (Gaudich.) Fosberg。
23. 學名*Cyrtosperma chamissonis* Merr.（天南星科），採集編號Hosokawa 7073。POWO（2021）列為*Cyrtosperma merkusii* (Hassk.) Schott的異名。
24. 參考Plucknett（1976）和Bishop（2003）。
25. 日文名「ウカル」，學名*Serianthes grandiflora* Benth.，採集編號Hosokawa 7181。植物利用參考金平亮三（1933）和Kitalong et al.（2011）。
26. 學名*Colubrina asiatica* Brongn.，採集編號Hosokawa 7182。
27. 學名*Abroma augusta* L.f.，採集編號Hosokawa 7189。
28. 學名*Inocarpus edulis* J.R. Forst. & G.Forst.（豆科），採集編號Hosokawa 7206。POWO（2021）列為Inocarpus fagifer (Parkinson ex F.A. Zorn) Fosberg之異名。
29. Kitalong et al. (2013).
30. 日名「チーク」，學名*Tectona grandis* L.f.（唇形科）。
31. 日名「マホガニー」，學名*Swietenia* spp.（楝科）。
32. 日名「シタン」，*Pterocarpus indicus* Willd.（豆科）。
33. 日名「タマナ」，*Calophyllum inophyllum* L.（胡桐科）。
34. 參考南洋廳（1932a）《南洋廳施政十年史》。
35. 可可李科（或稱金殼果科，Chrysobalanaceae）植物，日文名「アプガオ」，採集編號Hosokawa 7277。金平亮三在《南洋群島植物誌》中所使用的學名為*Parinarium palauense* Kanehira，目前POWO則將它列為舊熱帶廣泛分布種*Maranthes corymbosa* Blume的異名。
36. 參考南洋廳（1932）《パラオ支廳勢要覽》。

Britain），一九三八年三月及一九四〇年一月則與初島住彥到南洋群島、新幾內亞和馬來半島、蘭領東印度諸島等地。有關南洋船班上的艙等情況，也參考金平亮三（1934）。資料來源：九州大學附屬圖書館農學部進退書類（藤岡健太郎 2015）。

4. 資料來源：南洋興發（1940）。
5. Cordy, R. (1982); Richards, Z. T. et al. (2015).
6. Ritter, P. L. (1981).
7. 露兜樹屬（*Pandanus*，露兜樹科）植物。
8. 屬名 *Scirpodendron*。
9. 學名 *Sonneratia caseolaris* (L.) Engl.（千屈菜科，採集編號 Hosokawa 6173, 6336）。
10. 學名 *Rhizophora mucronate* (L.) Lam.（紅樹科，採集編號 Hosokawa 6334）。
11. 學名 *Rhizophora apiculate* Blume（紅樹科）。
12. 學名 *Bruguiera gymnorhiza* (L.) Lam.（紅樹科）。
13. 學名 *Xylocarpus granatum* J.Koenig（楝科）。
14. 學名 *Lumnitzera littorea* (Jack) Voigt（使君子科，採集編號 Hosokawa 6339）。
15. 學名 *Nypa fruticans* Wurmb（棕櫚科，採集編號 Hosokawa 6350）。
16. 學名 *Asplenium nidus* L.（鐵角蕨科，採集編號 Hosokawa 6199）。
17. 學名 *Davallia solida* (Forst.) Sw.（水龍骨科，採集編號 Hosokawa 6302）。
18. 學名 *Nephrolepis hirsutula* (G. Forst.) C. Presl.（水龍骨科，採集編號 Hosokawa 6170）。
19. 採集編號 Hosokawa 6331-6352。
20. 學名 *Terminalia catappa* L.（使君子科）。
21. 學名 *Terminalia carolinensis* Kaneh.（使君子科）。
22. 學名 *Couthovia loua* Kaneh.（馬錢科，採集編號 Hosokawa 6372）。
23. 學名 *Horsfieldia nunu* Kanehira（肉豆蔻科，採集編號 Hosokawa 6415）。
24. 學名 *Ponapea ledermanians* Becc.（棕櫚科，採集編號 Hosokawa 6368）。
25. 學名 *Rubus moluccana* L.（薔薇科，採集編號 Hosokawa 6236, 6293, 6315）。
26. 學名 *Pipturus argenteus* Wedd.（蕁麻科，採集編號 Hosokawa 6206）。
27. Hayes, F.E. (2016).
28. 學名 *Strongylodon lucidus* Seem（豆科，採集編號 Hosokawa 6330, 6401, 6444）。
29. 後來發表新種，學名為 *Astronidium kusaianum* Hosokawa（野牡丹科，採集編號 Hosokawa 6423）。
30. 學名 *Lycopodium cernuum* var. *capillaceum* Spring（採集編號 Hosokawa 6425）。
31. 採集編號 Hosokawa 6218, 6354-6445。

第三章　天外飛石・撒考的魔力

1. 學名 *Cyrtosperma chamissonis* (Schott) Merr.（天南星科）。
2. 南洋教育會編(1938)，《南洋群島教育史》。
3. 參見金平亮三（1933）。
4. 學名 *Camnosperma brevipetiolata* Volkens（漆樹科），採集編號 Hosokawa 5546。
5. 學名 *Curcuma australasica* Hook. f.（薑科）。
6. 學名 *Asplenium macrophyllum* Sw.（鐵角蕨科），採集編號 Hosokawa 5534。
7. 學名 *Fimbristylis dichotoma* (L.) Vahl（莎草科），採集編號 Hosokawa 5490, 5548。
8. 學名 *Alpinia carolinensis* Koidz.（薑科），採集編號 Hosokawa 5476。
9. 金平亮三《南洋群島植物誌》使用的學名是 *Bentinckiopsis ponapensis* Becc.（棕櫚科），日文名為「男椰子」，細川隆英(1935 *Kudoa*)紀錄中則使用 *Exorrhiza ponapensis* (Becc.) Burret。POWO (2021) 資料庫則將之列為 *Clinostigma ponapense* (Becc.) H.E. Moore & Fosberg 的異名。
10. 金平亮三《南洋群島植物誌》使用的學名是 *Bentinckiopsis ponapensis* Becc.（をとこやし）（棕櫚科）。今日列為 *Clinostigma ponapensis* Moore et Fosberg 的同物異名。
11. 金平亮三《南洋群島植物誌》中象牙椰子使用的學名為 *Coelococcus amicarum* (H.Wendl.) W.Wight（棕櫚科），目前 POWO（2021）資料庫更新為 *Metroxylon amicarum* (H.Wendl.) Hook.f.。
12. 學名 *Astronia ponapensis* Kaneh.（野牡丹科），採集編號 Hosokawa 5611、5702。
13. 學名 *Astronia palauensis* Kaneh.（野牡丹科）。
14. 學名 *Astronia carolinensis* Kaneh.（野牡丹科）。
15. 學名 *Phaius amboinensis* Bl.（蘭科），採集編號 Hosokawa 5649、5704。
16. 學名 *Bulbophyllum micronesiacum* Schltr.（蘭科），採集編號 Hosokawa 5619、5629、5752。
17. 學名 *Dendrobium carolinense* Schltr.（蘭科），採集編號 Hosokawa 5595、5787。
18. 在尼尼歐尼山細川隆英的採集號為 Hosokawa 5591-5704，多隆多山的採集編號 Hosokawa 5705-5793，採集數字統計根據臺大植物標本館存放的標本數。
19. Ayres (1990).

注釋

序章

1. 矢野暢(1979)《日本の南洋史観》。
2. 南洋廳(1939)《第9回南洋廳統計年鑑》。
3. Willig et al. (2003).
4. Myers et al. (2000).
5. Smith and Beccaloni (2008).
6. Howe, K.R. et al. (1994).
7. Volkens (1902, 1915).
8. Diels (1921a,b, 1925, 1930).
9. Merrill (1914, 1919).
10. Kawagoe (1914-1915, 1919), Koidzumi (1916, 1917).
11. 南洋廳(1927)《委任統治地域南洋群島調査資料第一輯》。
12. Kanehira (1931).
13. 當主為日本近世對家族領導者之稱呼。有關細川家族相關資料來源:細川隆英女兒那華子及女婿永野洋家族資料。
14. 參閱雙溪鄉公所(2001)。
15. 參考徐聖凱(2012)所著《日治時期臺北高等學校與菁英養成》。
16. 資料來源:臺北高等學校資料室網頁資料。

第一章　臺北帝大

1. 參考《臺北帝國大學一覽》昭和三年、昭和四年資料,以及臺北高等學校校友資料。第一屆的臺高畢業生中,有四位進入臺北帝大化學科(網屋吉朗、內藤力、西益良、山本正水)。
2. 描述參考平坂恭介(1932)。
3. 有關工藤祐舜之略歷,參考山本由松(1932)和Hibino (1932)。
4. 此數字來自臺大植物標本館的統計資料,但包含稍晚一九三〇年十二月的四份採集。一九二九至一九三〇年間細川隆英在小琉球以外地方的採集則有六十二份,合計共五百四十四份。細川在一九三二到一九三三年間陸續發表了三篇〈高雄州琉球嶼植物小誌〉(I, II, III)的科學文章,刊登在《臺灣博物學會會報》(Hosokawa 1932f, g; 1933c, d)。
5. Henry (1896).
6. Hayata (1911-1921).
7. 佐佐木舜一(1928).
8. 論文原文題目為「Leguminosarum Formosanarum Prodromus」(Hosokawa 1932b)。
9. 中央研究院人社中心GIS專題中心 (2020). [online] 臺灣百年歷史地圖. Available at: http://gissrv4.sinica.edu.tw/gis/twhgis/ [Accessed date: 2021.1.22]。
10. 學名*Hydrangea aspera* D. Don(八仙花科),採集編號Hosokawa 2413。
11. 學名*Rubus petalobus* Hayata(薔薇科),採集編號Hosokawa 2296。
12. 學名*Dianthus superbus* L. var. *longicalycinus* (Maxim.) Will.(石竹科),採集編號Hosokawa 2173。
13. 學名*Spiraea formosana* Hayata(薔薇科),採集編號Hosokawa 2436。
14. 細川隆英(1932a)。
15. 昭和七年(一九三二)四月十一日起聘,參考臺北帝大《學內通報》第55號,昭和七年四月十五日出刊。
16. 職務調整,參考臺北帝大《學內通報》第51、52、65號(昭和七年)。
17. 細川隆英在一九三二年四月底送出了其中的I、II兩篇,十一月時再發表第三篇。最後的兩篇(IV、V)則在隔年(一九三三)的二月和五月發表。
18. Hosokawa (1932c).
19. 採集編號Hosokawa 3026。
20. Hosokawa (1932c).
21. 參考大場秀章(2006, 2007)。

第二章　首航·未知的南洋

1. 原圖網址:http://legacy.lib.utexas.edu/maps/historical/pacific_islands_1943_1945/japanesse_shipping.jpg。
2. 學名*Peperomia pacifica* Hosokawa(胡椒科),採集編號Hosokawa 6632、6654、6662,發表於Hosokawa (1935c)。
3. 金平亮三(1934)有關於馬里亞納群島的紀行是金平亮三在密克羅尼西亞區域研究的最後紀錄,之後金平亮三在南洋其他地區仍受命出差四次,一九三六年八月到新幾內亞,十二月到南洋群島(只停波納佩)和新不列顛島(New

Ragone, D. 2002. Breadfruit storage and preparation in the Pacific Islands. In Vegeculture in Eastern Asia and Oceania, Yoshida S. & P. J. Matthews (eds.). JCAS Symposium Series 16. Osaka, Japan. pp. 217–232.

Ragone, D. and B. Raynor. 2009. Breadfruit and its traditional cultivation and use on Pohnpei. In *Ethnobotany of Pohnpei: plants people and island culture*, M. J. Balick and collaborators (eds.). pp. 63–88. University of Hawai'i Press, Honolulu.

Ragone, D., D. H. Lorence, and T. Flynn. 2001. History of plant introduction to Pohnpei, Micronesia and the role of the Pohnpei Agricultural Station. *Economic Botany* 55(2): 290–324.

Ramarui, G. and R. Limberg. 1970. The Palaun handicraft guidebook and 30 storyboard stories - Kldachelbai ra Berau. Palau Community Action Committee, Koror.

Richards, Z. T., C.–C. Shen, J.–P. A. Hobbs, C.–C. Wu, X. Jiang, and F. Beardsley. 2015 New precise dates for the ancient and sacred coral pyramidal tombs of *Leluh* (Kosrae, Micronesia). *Science Advances* 1(2): e1400060.

Ricklefs, M. C., B. Lockhart, A Lau, P. Reyes, and M. Aung–Thwin. 2010. *A new history of southeast Asia*. Palgrave Macmillan, New York.

Ritter, P. L. 1981. The population of Kosrae at contact. *Micronesica* 17: 11–28.

Sack, P. 1997. The 'Ponape Rebellion' and the phantomization of history. *Journal de la Société des océanistes* 104: 23–38.

Safford, W. E. 1905. The useful plants of the island of Guam. Washington: Government Printing Office.

Saniel, J. M. 1966. The Japanese minority in the Philippines before Pearl Harbor; social organization in Davao. *Asian Studies* 6(1): 103–126.

Smith, C. H. and G. Beccaloni (eds.). 2008. *Natural Selection and Beyond*. Oxford University Press.

Spennemann, H. R. and G. Sutherland. 2007. Archaeological survey of the former Japanese Agricultural Research Station at Pwunso, Kolonia, Pohnpei State, Federated States of Micronesia. Historic Preservation Office of Pohnpei State, Federated States of Micronesia and the National Historic Preservation Office, Federated States of Micronesia.

Tanaka, T. and K. Odashima. 1938. A census of Hainan plants. *Journal of the Society of Tropical Agriculture* 10(4): 357–402.

Tateishi, Y. and H. Ohashi. 1992. Taxonomic studies on *Glycine* of Taiwan. *The Journal of Japanese Botany* 67: 127–147.

Touron, M., Q. Genet, C. Gaspar. 2018. Final report on the green sea turtle egg–laying season of 2017–2018 (*Chelonia mydas*) on the atoll of Tetiaroa, French Polynesia. Te mana o te moana.

Tu, K. K. L. 2018. Wa and tatala: the transformation of indigenous canoes on Yap and Orchid island. Ph.D. dissertation, Australian National University.

Van Oosterhout, A. 1983. Spatial conflicts in rural Mindanao, the Philippines. *Pacific Viewpoint* 24(1): 29–49.

Volkens, G. L. A. 1902. Die Vegetation der Karolinen, mit besonderer Berücksichtigung der von Yap. *Botanische Jahrbücher für Systematik, Pflanzengeschichte und Pflanzengeographie* 31: 412–477. Stuttgart: Schweizerbart.

Volkens, G. L. A. 1915. Beiträge zur Flora von Mikronesien. *Botanische Jahrbücher für Systematik, Pflanzengeschichte und Pflanzengeographie* 52: 1–18. Stuttgart: Schweizerbart.

Willig M. R., D. M. Kaufman, R. D. Stevens. 2003. Latitudinal gradients of biodiversity: pattern, process, scale, and synthesis. *Annual Review of Ecology, Evolution, and Systematics* 34: 273–309.

Wilson, E. 1891–1972. Eleanor Wilson papers. Archives at the Library of Simmons University, USA.

Yamamoto, Y. 1925–1932. *Supplementa Iconum Plantarum Formosanarum* Vol. 1–5. Depart. of Forestry, Government Research Institute, Taihoku, Formosa.

Yamashita, V. J. 2011. The storyboards of Palau: cultural expressions from Micronesia. Ph.D. dissertation, University of Washington, USA.

Yu–Jose, L. N. 1996. World War II and the Japanese in the prewar Philippines. *Journal of Southeast Asian Studies* 27: 64–81.

Yu Jose, L. N. and P. I. Dacudao 2015. Visible Japanese and invisible Filipino narratives of the development of Davao, 1900s to 1930s. *Philippine Studies* 63(1): 101–129.

Zaiki, M. and T. Tsukahara. 2007. Meteorology on the southern frontier of Japan's empire: Ogasawara Kazuo at Taihoku Imperial University. *East Asian Science, Technology and Society: an International Journal* 1: 183–203.

Lessa, W. 1977. Traditional uses of the vascular plants of Ulithi Atoll, with comparative notes. *Micronesica* 13: 129–190.

Levin, M. 2017. Breadfruit fermentation in Pohnpei, Micronesia: site formation, archeological visibility, and interpretive strategies. *The Journal of Island and Coastal Archaeology* 13:1, 109–131. DOI: 10.1080/15564894.2017.1382618

Levy, J. 2008. Micronesian government: yesterday, today, and tomorrow. *A Micronesian civics textbook.* National Department of Education, Palikir, Pohnpei, Federated States of Micronesia.

Li, H.-L. 1982. *Contributions to Botany: Studies in plant geography, phylogeny and evolution, ethnobotany and dendrological and horticultural botany*. Epoch Publishing Company.

Ling, D. L. 2011. Material culture, prepared for the course ethnobotany. http://danaleeling.blogspot.com/2011/03/material-culture.html, accessed June 7, 2021.

Lingenfelter, S. G. 2019. *Yap, political leadership and culture change in an island society*. University of Hawaii Press, Honolulu, USA.

Marksbury, R. A. 2004. Yapese. In Ember, C.R., Ember, M. (eds.) *Encyclopedia of sex and gender*. Springer, Boston, MA.

Mayo, H. M. 1954. Report on the plant relocation survey and agricultural history of the Palau Islands. Office of the Forestry-Conservation Officer. TTPI, Koror, Palau.

Merlin, M., R. Taulung, and J. Juvik. 1993. *Sahk kap ac kain in acn Kosrae. Plants and environments of Kosrae*. East-West Center, Honolulu, Hawaii.

Merlin, M., A. Kugfas, T. Keene, and J. Juvik. 1996. *Gidii nge Gakiiy nu Wa'ab. Plants, people and ecology in Yap*. East-West Center, Honolulu, Hawaii.

Merrill, E. D. 1914. An enumeration of the plants of Guam. *The Philippine Journal of Science* 9: 17–97.

Merrill, E. D. 1919. Addition to the flora of Guam. *The Philippine Journal of Science* 15: 539–544.

Myers, N, R. A. Mittermeier, C. G. Mittermeier, G. A. B. da Fonseca, J. Kent. 2000. Biodiversity hotspots for conservation priorities. *Nature* 403: 853–858.

Nayana, E. K. E., S. Subasinghe, M. K. T. K. Amarasinghe, K. K. I. U. Arunakumara, and H. K. M. S. Kumarasinghe. 2015. Effect of maturity and potting media on vegetative propagation of *Salacia reticulata* (Kothalahimbatu) through stem cuttings. *International Journal of Minor Fruits, Medicinal and Aromatic Plants* 1(1): 47–54.

Ngirchemat, C. 2020. Beluu el diak le belumam: reclaiming and decolonizing Palauan-American cultural heritage. Master's theses. 1278. The University of San Francisco, USA.

Nowell, C. E. 1962. "Cuenta de Antonio Pigafetta" . *El viaje de Magallanes alrededor del mundo*. Evanston: Prensa de la Universidad de Northwestern.

Odashima, K. and T. Tanaka. 1939. Supplement to the census of Hainan plants. *Journal of the Society of Tropical Agriculture* 12: 193–204.

Oliver, D. L. 1989. *Native cultures of the Pacific Islands*. University of Hawaii Press.

Ono, K., J. P. Lea, and T. Ando. 2002a. A study of urban morphology of Japanese colonial towns in Nan'yo Gunto. Part 1. Garapan, Tinian and Chalan Kanoa in Northern Marianas. *Journal of Architecture, Planning and Environmental Engineering*, AIJ 556: 333–339.

Ono, K., J. P. Lea, and T. Ando. 2002b. A study of urban morphology of Japanese colonial towns in Nan'yo Gunto. Part 2. Koror in Palau. *Journal of Architecture, Planning and Environmental Engineering*, AIJ 562: 317–322.

Ono, K. and T. Ando. 2012a. A study of urban morphology of Japanese colonial towns in Nan'yo Gunto. Part 4. Natsujima, Truk islands. *Journal of Architecture and Planning*, AIJ 77(671): 207–215.

Ono, K. and T. Ando. 2012b. A study of urban morphology of Japanese colonial towns in Nan'yo Gunto. Part 5. Ponape, Yap, and Jaluit branch districts (shicho). *Journal of Architecture and Planning*, AIJ 77(676): 1521–1530.

Pandiselvi, P., M. Manohar, M. Thaila, and A. Sudha. 2019. Pharmacological activity of *Morinda citrifolia* L. (noni). *In Pharmacological Benefits of Natural Products*, P. Saranraj et al. (eds.). JPS Scientific Publications, India.

Parmentier, R. J. 2002. Money walks, people talk, systemic and transactional dimensions of Palaun exchange. *L'Homme* 162: 49–80.

Peattie, M. R. 1988. *Nan'yō: the rise and fall of the Japanese in Micronesia, 1885–1945*. University of Hawaii Press.

Petersen, G. 1990. *Lost in the Weeds: Theme and Variation in Pohnpei Political Mythology*. Center for Pacific Islands Studies, University of Hawai'I at Mānoa, Honolulu, USA.

Plucknett, D. L. 1977. Giant swamp taro, a little known Asian Pacific food crop. Proceedings of the 4th International Society for Tropical Root Crops Symposium, 1-7 Aug. 1976, Cali, Colombia.

POWO. 2021. Plants of the World Online. Facilitated by the Royal Botanic Gardens, Kew. Published on the Internet; http://www.plantsoftheworldonline.org/, Retrieved 16 August 2021

Presl, K. B., Haenke, T., Sternberg, K., & N. M. V. Praze. 1825-1830. Reliquiae Haenkeanae, seu, Descriptiones et icones plantarum :quas in America meridionali et boreali, in insulis Philippinis et Marian is collegit Thaddaeus Haenke /redegit et in ordinem digessit Carolus Bor. Presl. *Cura Musei Bohemici* (Vol. 1). Pragae Apud J.G. Calve.

Presl, K. B., Haenke, T., Sternberg, K., & N. M. V. Praze. 1831-1835. Reliquiae Haenkeanae, seu, Descriptiones et icones plantarum :quas in America meridionali et boreali, in insulis Philippinis et Marian is collegit Thaddaeus Haenke /redegit et in ordinem digessit Carolus Bor. Presl. *Cura Musei Bohemici* (Vol. 2). Pragae Apud J.G. Calve.

University of Hawaii.

Ernst, M. and A. Anisi. 2016. The historical development of Christianity in Oceania. In *The Wiley Blackwell companion to world Christianity,* L. Sanneh & M. J. McClymond (eds.), John Wiley & Sons, Ltd.

Falanruw, M. V. C. 2015. Trees of Yap: a field guide. Gen. Tech. Rep. PSW-GTR-249. Hilo, HI: U.S. Department of Agriculture, Forest Service, Pacific Southwest Research Station.

Fitzpatrick, S. M. 2002. A radiocarbon chronology of Yapese stone money quarries in Palau. *Micronesia* 34(2): 227–242.

Fosberg, F. R. 1960. The vegetation of Micronesia. *Bulletin of the American Museum of Natural History* 119: 1–75.

Fosberg, F. R. and M.-H. Sachet. 1975. Flora of Micronesia, 1. Gymnospermae. *Smithsonian Contribution to Botany* 20: 1–15.

Fosberg, F. R. 1975. Flora of Micronesia. 2. Casuarinaceae, Piperaceae, and Myricaceae. *Smithsonian Contribution to Botany* 24: 1–28.

Fosberg, F. R. 1977. Flora of Micronesia. 3. Convolvulaceae. *Smithsonian Contribution to Botany* 36: 1–34.

Fosberg, F. R. 1980. Flora of Micronesia. 4. Caprifoliaceae–Compositae. *Smithsonian Contribution to Botany* 46: 1–71.

Fosberg, F. R. and R. L. Oliver. 1991. C. L. Ledermann's collection of flowering plants from the Caroline Islands. *Willdenowia* 20: 257-314.

Fosberg, F. R. and M.-H. Sachet. 1991. Studies in Indo-Pacific Rubiaceae. *Allertonia* 6: 191-278.

Fosberg, F. R., M.-H. Sachet, and R. L. Oliver 1993. Flora of Micronesia, 5: Bignoniaceae–Rubiaceae. *Smithsonian Contribution to Botany* 81: 1–135.

Fukuyama, N. 1937a. Studia Orchidacearum Japonicarum. IX. Orchidaceae novae Micronesianae a T. Hosokawa collectae. *The Botanical Magazine, Tokyo* 51: 900–906.

Fukuyama, N. 1937b. *Dipodium freycinetioides* Fukuyama, eine neue stammepiphytische Orchidee aus Mikronesien. *Transactions of the Natural History Society of Formosa* 27(171): 265–267.

Fukuyama, N. (edited by G. Masamune). 1952. Contribution to the orchid flora of the Ryukyu Archipelago I. *Acta Phytotaxonomica Geobotanica* 14: 123-126。

Gaudichaud-Beaupré, C. 1826. *Voyage autour du monde: fait par ordre du Roi sur les corvettes de S.M.* l'Uranie et la Physicienne.

Gilliland, C. L. C. 1975. *The stone money of Yap. A numismatic survey*. Smithsonian Institution Press, Washington.

Gorenflo, L. J. 1996. Demographic change in the Republic of Palau. *Pacific Studies* 19(3): 37–106.

Hawkes, A. D. 1952. Notes on a collection of orchids from Ponape, Caroline Islands. *Pacific Science* 6: 3–12.

Hayata, B. 1911–1921. *Icones Plantarum Formosanarum*. Vol. 1–10. Bureau of Productive Industry, Government of Formosa. Taihoku.

Hayes, F. E., H. D. Pratt, and C. J. Cianchini. 2016. The avifauna of Kosrae, Micronesia: history, status, and taxonomy. *Pacific Science* 70: 91–127.

Henry, A. 1896. A list of plants from Formosa. *Transactions of the Asiatic Society of Japan* 24: 1–118.

Hezel, F. X. 2003. *The catholic church in Micronesia*, electronic edition (http://www.micsem.org/pubs/books/catholic/).

Hezel, F. X. 1995. *Strangers in their own land: a century of colonial rule in the Caroline and Marshall Islands.* University of Hawai'i Press.

Hibino, S. 1932. Yushun Kudo, 1887–1932. *Transections of the Natural History of Formosa* 22(123): 399–405.

Hisazumi, H. 1948. Yoshimatsu Yamamoto. *Taiwania* 1: 7–11.

Hobbs, W. H. 1922. The island of Yap and its people. *Current History* (1916–1940) 15(5): 762–769.

Howe, K. R., R. Kiste, and B. V. Lal (eds.). 1994. *Tides of history: the Pacific Islands in the twentieth century.* Honolulu: University of Hawaii Press.

Kanehira, R. 1931. An enumeration of the woody plants collected in Micronesia, Japanese Mandate (in 1929 and 1930). *The Botanical Magazine, Tokyo* 45(534): 271–296.

Kanehira, R. 1933. New or noteworthy trees from Micronesia IV. *Botanical Magazine, Tokyo* 47: 669–680.

Kanehira, R. 1934a. New or noteworthy trees from Micronesia VI. *Botanical Magazine, Tokyo* 48: 400–405.

Kanehira, R. 1934b. New or noteworthy trees from Micronesia VII. *Botanical Magazine, Tokyo* 48: 730–736.

Kanehira, R. 1935a. Plantae Novae Micronesicae. *Transactions of the Natural History Society of Formosa* 25: 136–139.

Kanehira, R. 1935b. An enumeration of Micronesian plants. *Journal of the Department of Agriculture*, Kyushu Imperial University. 4(6): 237–435.

Kapur, N. 2018. *Japan at the crossroads: conflict and compromise after Anpo*. Harvard University Press, Cambridge, USA.

Kitalong, A. H., R. A. DeMeo, and T. Holm. 2013. *Native trees of Palau: a field guide*, 2nd ed. The Environment, Inc., Koror, Palau.

Koidzumi, G. 1916. Plantae Novae Micronesiae I. *The Botanical Magazine, Tokyo*, 30(360), 400–403.

Koidzumi, G. 1917. Plantae Novae Micronesiae II. *The Botanical Magazine, Tokyo*, 31(361), 232–233.

Krause, S. M. 2015. The art of communication in Yap, FSM: traditional forms of respectful interactions. In *Traditional knowledge and wisdom: themes from the Pacific islands*, S. Lee (ed.), pp. 46-59. ICHCAP: UNESCO.

*Kudoa*編輯部。1933–1937。Volumes 1–5。臺北帝國大學理農學部。

Kurokura, H. 2004. The importance of seaweeds and shellfishes in Japan: present status and history.*Bulletin of Fisheries Research Agency*. Supplement 1: 1–4.

郭立婷，2010，〈味覺新滋味——日治時期菓子業在臺灣的發展〉，國立政治大學臺灣史研究所碩士論文。
郭怡棻，2011，〈警察與戰時臺灣流言蜚語的管制〉，《師大臺灣史學報》第4期，頁203－257。
陳玉苹，2019，〈文化商品化與文化保存：帛琉故事板於當代的發展〉，逢甲大學第四屆歷史與文物研討會《文化資產與物質文化研究回應與挑戰》論文集。
童元昭，2004，〈標本採集收藏與帝國發展以臺大大洋洲民族學標本為例〉，《考古人類學刊》第63期，頁27—49。
項潔，2005，《國立臺灣大學校史稿（1928-2004）》。臺北市：國立臺灣大學出版中心。
富山一郎，1997，〈殖民主義與熱帶科學："島民"差異的學術分析〉，《臺灣社會研究季刊》第28期，頁121－143。
黃郁茜，2021，〈論路徑、行走，與創造路徑——從雅浦與蘭嶼的村落路徑談起〉，《臺灣人類學刊》第19卷第2期，頁57－106。
黃蘭翔，2018，《臺灣建築史之研究：他者與臺灣》。臺北市：財團法人空間母語文化藝術基金會。
葉碧苓，2009，〈臺北帝國大學的學術調查（1938-1945）〉，《兩岸發展史研究》第7期，頁73－144。
葉碧苓，2010，《學術先鋒：臺北帝國大學與日本南進政策之研究》。新北市：稻鄉出版。
葉榮鐘著，葉芸芸補述，2000，《日據下臺灣大事年表》。臺中市：晨星出版。
楊蕙華，2017，〈國史館藏帛琉木雕故事板〉，《國史館研究通訊》第13期，頁192－213。
鄭安晞等，2013，《臺灣登山史》第二冊紀事，頁82－82。臺北市：內政部營建署。
鄭怡如，2016，〈臺北帝大時期太平洋島嶼的植物資源調查〉，國立臺灣大學生態學與演化生物學研究所碩士論文。
鄭怡如、胡哲明，2021，〈從植物標本看臺北帝大時期學者在太平洋島嶼的植物資源調查〉，陳佳利編，《歷史：覆蓋、揭露與淨化昇華》，博物館研究專刊第08號，頁49－66。臺北市：國立臺灣博物館。
臺灣植物紅皮書編輯委員會，2017，《2017臺灣維管束植物紅皮書名錄》。南投縣：行政院農業委員會特有生物研究保育中心、行政院農業委員會林務局、臺灣植物分類學會。
歐素瑛，2005，〈戰後初期臺灣大學留用的日籍師資〉，《國史館學術集刊》第6期，頁145－192。
歐素瑛，2010，〈戰後初期在臺日人之遣返與留用：兼論臺灣高等教育的復員〉，《臺灣文獻》第61卷第3期，頁287－330。
謝長富，2019，〈臺灣大學生命科學館的世界爺樹木圓盤橫斷面來臺始末〉，《植物苑》電子報第3期，頁2－22。
雙溪鄉公所，2001，《雙溪鄉志》。臺北縣：雙溪鄉公所。

三、英文部分

Anon. 1953. 'General programme: eighth Pacific Science Congress of the Pacific Science Association, and fourth Far-Eastern Prehistory Congress, November 16th to 28th, 1953, campus of the University of the Philippines, Quezon City, Philippines.', in 1953 Manila: National Research Council of the Philippines.
Atchley, J. and P. A. Cox. 1985. Breadfruit fermentation in Micronesia. *Economic Botany* 39(3): 326–335.
Ayres, W. S. 1990. Pohnpei's position in eastern Micronesian prehistory. *Micronesica Suppl.* 2: 187–212.
Balick, M. J. (ed.). 2009. *Ethnobotany of Pohnpei: plants, people, and island culture.* University of Hawai'i Press, Honolulu.
Balick, M. J. and A. H. Kitalong. 2020. *Ethnobotany of Palau Vol. 2. Plants, people, and island culture.* The Belau National Museum, Republic of Palau. New York Botanical Garden, USA.
Bishop, R. V. 2003. Taro production and value adding in Palau. Third Taro Symposium in 2003 at SPC–Fiji.
Buck, E. M. 2005. *Islands of angels: the growth of the church on Kosrae.* Watermark Publishing.
Buden, D. W. and J. Haglelgam. 2010. Review of crocodile (Reptilia: Crocodilia) and dugong (Mammalia: Sirenia) sightings in the Federated States of Micronesia. *Pacific Science* 64: 577–583.
Chang, J.-T., C.-T. Chao, K. Nakamura, H.-L. Liu, M.-X. Luo, and P.-Chun Liao. 2022. Divergence with gene flow and contrasting population size blur the species boundary in Cycas Sect. Asiorientales, as inferred from morphology and RAD-seq data. Front. *Plant Sciences* 13: 1081728.
Cody, C. E. 1959. The Japanese way of life in prewar Davao. *Philippine Studies* 7(2): 172–186.
Cordy, R. 1982. Lelū, the stone city of Kosrae: 1978–1981 research. *The Journal of Polynesian Society* 91(1): 103–119.
Dacudao, P. I. 2018. ABACA: the socio-economic and cultural transformation of frontier Davao, 1898–1941. Doctoral thesis, Murdoch University, Australia.
Dean, D. M. 1996. Churu – the dance-chants of Yap (Micronesia): a contemporary perspective. *Musicology Australia* 19: 60–71.
Diels, F. L. E. 1921a. *Beiträge zur Flora von Mikronesien und Polynesien. Botanische Jahrbücher für Systematik, Pflanzengeschichte und Pflanzengeographie* 56: 429– 577. Stuttgart: Schweizerbart.
Diels, F. L. E. 1921b. Die Myrtaceen Mikronesiens. *Botanische Jahrbücher für Systematik, Pflanzengeschichte und Pflanzengeographie* 56: 533. Stuttgart: Schweizerbart.
Diels, F. L. E. 1925. Beiträge zur Flora von Mikronesien und Polynesien. *Botanische Jahrbücher für Systematik, Pflanzengeschichte und Pflanzengeographie* 59: 1–29. Stuttgart: Schweizerbart.
Diels, F. L. E. 1930. Beiträge zur Flora von Mikronesien und Polynesien. *Botanische Jahrbücher für Systematik, Pflanzengeschichte und Pflanzengeographie* 63: 271– 324. Stuttgart: Schweizerbart.
Dolan, S. A. B. 1974. Truk: the lagoon area in the Japan years, 1914–1945. A thesis submitted to the graduate division of the

911－935；第12卷第11號，頁997－1020；第12卷第12號，頁1107－1133。
鹿野忠雄，1941，〈紅頭嶼生物地理と新ワーレス線北端の改訂〉，引自太平洋協會（編）《大南洋：文化と農業》，頁220－323。東京：河出書房。
将口泰浩，2011，《「冒険ダン吉」になった男森小弁》。東京：産経新聞出版。
福鳴司，1978，〈故鈴木時夫博士を悼む〉，《北陸の植物》第25卷第4號，頁220。
森邦彥，1979，《北日本產樹木図集》。鶴岡市：ヱビスヤ書店。
森沢孝道，1985a，〈トラックの森ファミリーその百年の足跡（1）〉，《太平洋学会誌》第25卷，頁63－81。
森沢孝道，1985b，〈トラックの森ファミリーその百年の足跡（2）〉，《太平洋学会誌》第26卷，頁32－54。
飯田晶子、野口翠、大澤啓志、石川幹子，2010，〈ミクロネシア島嶼パラオ共和国における集落の文化的景観に関する研究〉，《都市計画論文集》第45卷第3號，頁97－102。
飯田晶子、大澤啟志、石川幹子，2011，〈南洋群島・旧日本委任統治領における開拓の実態と現状に関する研究——パラオ共和国バベルダブ島の農地開拓とボーキサイト採掘の事例〉，《都市計画論文集》第46卷第3號，頁319－324。
「飯田支隊派遣人員に関する件」JACAR（アジア歴史資料センター）Ref.C04120687700、支受大日記（密）其71，73冊の內。昭和13年自12月21日（防衛省防衛研究所）。
「飯田支隊海南島攻略戦闘詳報　昭14年1月26日～14年2月15日」JACAR（アジア歴史資料センター）Ref. C11110377200、飯田支隊海南島攻略戦闘詳報　昭14年1月26日～14年2月15日（防衛省防衛研究所）。
鈴木時夫（譯），1971，《植物社會學I, II》，J. Braun-Blanquet原著。東京：朝倉書店。
鈴木時夫，1973，〈立山植生の腹背性〉，えびの高原野外生物實驗室研究業績第1號《細川隆英教授退官記念論文集》，頁1－18。福岡：九州大學理學部生物學教室。
新井輝，1990，〈戦前・戦中・終戦直後のポナペ〉，《太平洋学会誌》第13卷第1號，頁13－34。
臺北帝國大學，1928–1944，《臺北帝國大學一覽》，昭和3年至昭和18年。臺北市：臺北帝國大學。
臺北帝國大學《學內通報》，1931-1944，第三十二號至第三三二號。臺北市：臺北帝國大學。
臺北帝國大學理農學部植物分類生態教室，1936，《臺灣竝に南洋群島植物研究資料》。臺北市，臺北帝國大學理農學部。
《臺灣山岳彙報》，1935，昭和10年9月5日第9號。
《臺灣日日新報》，1929年4月5日及4月7日。
臺灣南方協會編，山本由松監修，1941，《蘭印植物紀行》。東京：三省堂。
駒沢幸男，1991，〈南洋生活十五年間の思い出(2)[ポナペ島編]〉，《太平洋学会誌》第14卷第1號，頁17－32。
横田武編，1939，《大南洋興信録（第一輯）南洋群島編》。東京：大南洋興信録編纂會。
藤岡健太郎，2015，〈九州帝国大学のアジア調査研究〉，《帝国大学のアジア調査研究：九州帝国大学を中心に》。平成24～26年度科学研究費助成事業研究成果報告書。

二、中文部分

山崎柄根著，楊南郡譯注，1998，《鹿野忠雄》。臺中：晨星出版。
文可璽，2014，《臺灣摩登咖啡屋》。臺北市：前衛出版。
王麗蕉，2020，〈臺灣總督府職員錄系統在人文研究之應用：以日治臺灣初等學校教師及其跨境為中心〉，《臺灣史研究》第27卷第3期，頁167-212。
矢內原伊作著，李明峻譯，2011，《矢內原忠雄傳》。臺北市：行人文化實驗室。
何義麟，2018，《矢內原忠雄及其《帝國主義下之台灣》》。臺北市：五南圖書。
杜正宇，2017，〈論二戰時期的臺灣大空襲（1938–1945）〉，《國史館館刊》第51期，頁59－95。
李東華，2014，《光復初期臺大校史研究1945－1950》。臺北市：國立臺灣大學出版中心。
李東華、楊宗霖（編），2007，《羅宗洛校長與臺大相關史料集》。臺北市：國立臺灣大學出版中心。
明石哲三，1935，〈幸福と云ふもの〉，《ネ・ス・パ》。引自顏娟英（2001）譯著《風景心境：臺灣近代美術文獻導讀》（臺北市：雄獅圖書），頁137－139。
林丁國，2008，〈觀念、組織與實踐：日治時期臺灣體育運動之發展(1895–1937)〉，國立政治大學歷史系博士論文。
松本巍著，蒯通林譯，1960，《臺北帝國大學沿革史》。臺北：作者自刊。
胡哲明，2021a，〈植物學者的人類學偶拾——日本植物學者細川隆英二十世紀初期在密克羅尼西亞和蘭嶼行蹤的初探〉，《原住民族文獻》第47期，頁45－59。
胡哲明，2021b，〈臺北帝大時期的植物學教學小誌〉，《臺大校友雙月刊》第137期，頁49－57。
約翰・托蘭（John Toland）著，吳潤璿譯，2015，《帝國落日：大日本帝國的衰亡》（上）（下）。新北市：八旗文化。
洪致文，2013，《臺北帝大氣象學講座物語》。臺北市：國立臺灣師範大學地理學系氣候實驗室出版。
宮本延人口述，宋文薰、連照美譯，1998，《我的臺灣紀行》。臺北市：南天書局。
徐聖凱，2012，《日治時期臺北高等學校與菁英養成》。臺北市：國立臺灣師範大學出版中心。
高木村口述，李哲豪整理，2005，〈TAI館史口述歷史〉，《臺大生態學與演化生物學研究所植物標本館通訊》第25號，頁5－8。
高傳棋，〈中山女高百年來的時空變遷〉，北臺文史網站：http://ms2.ctjh.ntpc.edu.tw/~tlf/BT-402.htm。
許進發，1999，〈臺北帝國大學的南方研究（1937–1945年）〉，《臺灣風物》第49卷第3期，頁19－59。

岡部正義，1942，〈東カロリン群島（タラツク夏島）所生植物〉，《日本林学会誌》第24卷第6號，頁287－307。
岡部正義，1943，〈ヤップ島民の生活と植物との關係〉，《南洋群島》第9卷，頁27－38。
金井弘夫，2001，〈追悼津山尚博士Dr. Takasi Tuyama (1910–2000)〉，《植物研究雜誌》（*The Journal of Japanese Botany*）第76卷，頁56－58。
金平亮三，1931，〈委任統治南洋の森林植物に就きて〉，《林学会雜誌》第13卷第10期，頁755－787。
金平亮三，1933，《南洋群島植物誌》。南洋廳。
金平亮三，1934，〈マリヤナ北部諸島の植物探險〉，《植物及動物》第2卷第5號，頁913－922。
金平亮三，1935，〈樹木の地理的分布から見た紅頭嶼と比律賓との關係〉，《日本林学会誌》第17卷第7號，頁530－535。
金平亮三，1936a，〈ロタ島の森林植物〉，《植物及動物》第4卷第1號，頁63－70。
金平亮三，1936b，〈ミクロネシア産タコノキ図說（其一）〉，《植物研究雜誌》（*The Journal of Japanese Botany*）第12卷第11號，頁783－792。
明石哲三，2002，《南方絵筆紀行——太陽に向かって旅する者》。東京：文芸社。
長野道雄，1938，《南洋関係会社要覧（昭和十三年版）》。東京：南洋経済研究所。
松江春次，1932，《南洋開拓拾年誌》。南洋興発株式会社。
東北大学史料館，1975，著作目錄（阿刀田研二）。東北大学史料館111號。東北大学史料館出版。
河原功（編），1998，《台湾協会所藏台湾引揚・留用紀錄》，全十卷。東京： ゆまに書房。
河越重紀，1914–1915，《新領南洋諸島植物目錄》。
河越重紀，1919，〈占領南洋諸島產植物考察（第一報）〉，《鹿兒島高等農林學校學術報告》第3期，頁117–190。
河越重紀，1927，〈新占領南洋諸島植物調查報告書〉，引自南洋廳（1927）編《委任統治地域南洋群島調查資料第一輯》，頁138－201。
拓務大臣官房文書課編，1941，《拓務要覽（昭和十五年版）》。日本拓殖協會。
武村次郎，1985，〈太平洋人物誌——松江春次〉，《太平洋学会誌》第27號，頁74—75。
南洋協會南洋群島支部編，1925，《南洋群島寫真集》。
《南洋群島》編輯部，1942a，〈パラオ本島指定開拓地訪問記〉，《南洋群島》第8卷第1號，頁76－82。
《南洋群島》編輯部，1942b，〈パラオ本島指定開拓地訪問記（二）〉，《南洋群島》第8卷第2號，頁80－84。
南洋群島教育会，1938，《南洋群島教育史》。東京：南洋群島教育会。
南洋経済研究所，1938，《南洋関係会社要覧》（昭和十三年版）。東京：南洋経済研究所。
南洋経済研究所，1943，《パラオ朝日村建設年表》。東京：南洋経済研究所。
南洋興発，1940，《伸びゆく"南興"：南洋開拓と南洋興発株式会社の現況》。(https://www.dl.ndl.go.jp/api/iiif/1274750/manifest.json)
南洋廳，1927，《委任統治地域南洋群島調查資料第一輯》。
南洋廳，1929，《委任統治地域南洋群島事情》。
南洋廳，1930，《南洋群島島勢調查書》。
南洋廳，1932a，《南洋廳施政十年史》。
南洋廳，1932b，《パラオ支廳勢要覽》。
南洋廳，1932c，《南洋廳始政十年記念　南洋群島寫真帖》。
南洋廳，1931–33，《職員錄》。
南洋廳，1939，《第9回南洋廳統計年鑑》。
南洋廳，1939，《南洋群島島民舊慣調查報告書》。
南洋廳長官官房調查課編，1939，《昭和十四年版南洋群島現勢》。南洋群島文化協會發行。
南洋廳長官官房祕書課編，1941，昭和十六年《南洋廳職員錄》。
南洋廳長官官房總務課編，1943，昭和十八年《南洋廳職員錄》。
長谷川仁，1967，〈明治以降故昆虫關係者経歷資料〉，《昆虫》第35卷第3號，頁1－98。
馬越文雄，1930，《ダバオ写真帳》。達沃（Davao, Philippines）：幸写真館發行。
津山尚，1940，〈南洋植物に関するのーとから〉，《植物研究雜誌》（*The Journal of Japanese Botany*）第16卷第10號，頁630－632。
宮內久光，2018，〈近代的な施設の立地からみた島嶼型植民地・南洋群島の地域形成〉，《国際琉球沖縄論集》第7卷，頁15－38。
海軍省海軍軍事普及部，1933，《海の生命線》。東京：海軍省海軍軍事普及部。
高坂喜一，1931，《トラック島写真帖》。トラック教育支会。
清水久夫，2010，〈土方久功年譜〉，国立民族学博物館調查報告第89號，頁549－562。
清水久夫，2014，《土方久功日記Ｖ》。国立民族学博物館調查報告第124號，頁2－554。
菅野靜子，2013，新版《戰火と死の島に生きる》。東京：偕成社文庫。
鄉隆，1942，《南洋貿易五十年史》。東京：南洋貿易株式会社。
国分直一，1963，〈赤虫島紳士錄——ヤミ族綺談〉，《太陽》十月號，頁29－33。
鹿野忠雄，1935－1936，〈紅頭嶼生物地理学に關する諸問題〉（1）至（7），《地理学評論》第11卷第11號，頁950－959；第11卷第12號，頁1027–1055；第12卷第1號，頁33－46；第12卷第2號，頁154－177；第12卷第10號，頁

參考文獻(細川隆英之著作另參考附錄二)

一、日文部分

三平将晴，1938，《南洋群島移住案內》。東京：大日本海外青年会。
小笠原和夫，1945，《南方氣候論》。東京：三省堂。
大矢幸久，2017，〈昭和戦前期の東京郊外における都市化と景観表象——馬込文士村を事例にして〉，《学芸地理》第73期，頁16–31。
大宜味朝德，1940，《南洋群島人事錄》。海外研究所發行。20世紀日本のアシア関係重要研究資料3，2005年復刻版単行圖書資料第88卷。龍溪書舍。
大場秀章，2006，《大場秀章著作選——植物学史・植物文化史》。東京：八坂書房。
大場秀章編，2007，《植物文化人物事典——江戸から近現代・植物に魅せられた人々》。東京：日外アソシエーツ株式会社。
山本由松，1932，〈工藤祐舜教授の略歴〉，《臺灣博物學會會報》第22卷第123號，頁506–509。
山本由松，1933，〈池野成一郎博士ヲ臺北に御迎へして〉，《植物研究雜誌》(*The Journal of Japanese Botany*)第9卷第8號，頁71–76。
山本由松，1938，〈臺灣に於ける甘蔗園の雜草調查報告〉，《臺灣蔗作研究会報》第16卷第1號，頁1–7。
山本由松，1942，〈故河南宏氏の略歷〉，《臺灣博物學會會報》第32卷第221號，頁108-110。
太田興業株式會社，1941，《バゴ農事試驗場要覽》昭和十五年十二月編。
井上弘樹，2014，〈国立台湾大学における日本人留用政策〉，《日本台湾学会報》第16號，頁84–106。
中村武久(編著)，1985，《ポナペ島——その自然と植物》。東京：第一法規出版株式會社。
中島洋，1984，〈明治34年のトラック在住日本人全員追放事件〉，《太平洋学会誌》第23卷，頁62–65。
中島敦，2001，《南洋通信》。東京：中央公論新社。
天野代三郎(編，年代未知)，《ヤップ島寫真集》。天野代三郎商店發行。引自日本國會圖書館電子資源。
日本学術振興会学術部編，1935，《昭和十年度事業報告》。
日本学術振興会学術部編，1936，《昭和十一年度事業報告》。
日本內閣印刷局，1921–1943，《職員錄》。
日本植物学会百年史編集委員会，1982，《日本の植物学百年の歩み——日本植物学会百年史》。東京：日本植物学会。
丹野勲，2015，〈戦前日本企業の南洋群島進出の歴史と戦略–南洋興發、南洋拓殖、南洋貿易を中心として〉，《国際経営論集》第49卷，頁13–36。
今西錦司，1944，《ポナペ島–生態學的研究》。東京：講談社。
矢內原忠雄，1935，《南洋群島の研究》。東京：岩波書店。
矢內原忠雄文庫史料，1932，〈ポナペ島キチー公學校長による回答「南洋群島島民教育ニ関スル調書」〉。琉球大學附屬圖書館藏。
矢內原忠雄文庫史料(無年代)。〈パラオ運送組合「昭和八年七月份予定表」〉。琉球大學附屬圖書館藏。(http://ir.lib.u-ryukyu.ac.jp/bitstream/20.500.12000/38130/1/yanaihara200.pdf)
矢野暢，2009，《「南進」の系譜——日本的南洋史觀》。東京：千倉書房。
平坂恭介，1932，〈古日記より〉，《臺灣博物学会会報》第22卷第123號，頁509－514。
加藤邁、杉本作兵衛，1987，〈太平洋戦史研究部会報告(4) 太平洋戦史研究部会第4回セッション–トラック空襲その二〉，《太平洋學会誌》第35卷，頁25－47。
古畑種基、羽根田彌太、吉江常子，1943，〈パラオ島民の血液型並に指紋調查〉，《民族衛生》第11卷，頁133－148。
辻原万規彥，2004，〈舊南洋群島における日本委任統治期の建築物の殘存状況—2001~2003年の現地調查結果〉。《太平洋学会誌》第27卷第93號，頁25－32。
田中長三郎，1939a，〈海南島の科学探險〉，《臺灣時報》，昭和十四年三月。
田中長三郎，1939b，〈海南島植物資源〉，《臺灣時報》，昭和十四年三月。
《正宗嚴敬追悼紀念文集》，1993，追悼文集編輯委員会。
西野元章 ，1935，《海の生命線我が南洋の姿——南洋群島寫真帖》。二葉屋吳服店。
吉田裕等編，2015，《アジア・太平洋戦争辞典》。東京：古川弘文館。
池田雄藏，1939，《南洋關係會社要覽(昭和十四年版)》。南洋經濟研究所。
成田茂，2021，《氷晶の人——小笠原和夫》。東京：郁朋社。
竹下高見，1987，〈太平洋戦史研究部会報告(3) 太平洋戦史研究部会第3回セッション–トラック空襲その一〉，《太平洋學会誌》第34卷，頁42－57。
伊藤友治郎，1933，《南洋旅行案內》。南洋專修學校出版部。
村山健二、石川幹子，2010，〈東京湾における地先海面の共同利用の歴史的変遷に関する研究——大森の海苔養殖を事例として〉，《都市計画論文集》第45卷第3號，頁403－408。
佐佐木舜一，1928，《臺灣植物名彙》。臺灣博物学会。
坂野徹，2019，《〈島〉の科学者——パラオ熱帶生物研究所と帝国日本の南洋研究》。東京：勁草書房。

Voice
春山之聲
048

塵封的椰影：
細川隆英的南洋物語和臺北帝大植物學者們的故事

Archived Shadows: Hosokawa Takahide's Seven Adventures in South Seas Mandate and the Story of Botanists in the age of Taihoku Imperial University

作　　者　胡哲明
資料整理　鄭怡如

總 編 輯　莊瑞琳
責任編輯　莊瑞琳．胡嘉穎
行銷企畫　甘彩蓉
業　　務　尹子麟
封面設計　黃子欽
內頁美術統籌　丸同連合 UN-TONED Studio
法律顧問　鵬耀法律事務所戴智權律師

出　　版　春山出版有限公司
地址　11670 臺北市文山區羅斯福路六段297號10樓
電話　02-29318171
傳真　02-86638233

總 經 銷　時報文化出版企業股份有限公司
電話（02）23066842
地址　33343 桃園市龜山區萬壽路二段351號
電話　02-23066842
製　　版　瑞豐電腦製版印刷股份有限公司
印　　刷　搖籃本文化事業有限公司

初版一刷　2023年10月
定　　價　680元
I S B N　978-626-7236-52-9（紙本）
978-626-7236-53-6（PDF）
978-626-7236-54-3（EPUB）

有著作權 侵害必究（缺頁或破損的書，請寄回更換）

春山出版
Email　SpringHillPublishing@gmail.com
Facebook　www.facebook.com/springhillpublishing/

填寫本書線上回函

國家圖書館預行編目資料

塵封的椰影：細川隆英的南洋物語和臺北帝大植物學者們的故事／胡哲明著.—初版.—臺北市：春山出版有限公司，2023.10，540面；17×23公分—（春山之聲；48）
ISBN 978-626-7236-52-9（平裝）
1.CST：細川隆英　2.CST：標本採集　3.CST：植物標本　4.CST：密克羅尼西亞群島
375.12　　112013386

細川隆英家族照片選

細川家族提供

上：朝倉富代於一九三七年(與細川隆英結婚一年前)照片
下：細川隆英與富代，一九四〇年七月於日本熊本水前寺公園合照。

上：細川隆英家族照片（約一九七二年），前排由左至右為：豐田烋子（三妹）、森川由喜子（長女）、細川富代（妻）、細川隆英、吉田知加子（三女）、信崎博子（四女），後排右三為永野華那子（二女）。
下：細川隆英與富代，一九七四年四月參加次女華那子之婚禮。

上：細川隆英的四個女兒於華那子婚禮時之合影，由左至右為由喜子（長女）、華那子（次女）、知加子（三女）、博子（四女）。

下：細川隆英家族一九七七年合影，前排（成人）由左至右為吉田啓二（三女婿）、吉田知加子（三女）、信崎博子（四女）、永野華那子（次女）、森川昌彥（長女婿），後排（成人）由左至右為森川由喜子（長女）、細川隆英、細川富代（妻）、信崎健一（四女婿）、永野洋（次女婿）。

上：一九七八年，細川隆英、富代，與次女華那子之長男合影。
下：一九八〇年一月，細川隆英與町並貞子（大妹）合影。

All Voices from the Island

島嶼湧現的聲音